Abts

Einführung in die Kautschuktechnologie

Georg Abts

Einführung in die Kautschuktechnologie

3., überarbeitete Auflage

HANSER

MIX
Papier | Fördert gute Waldnutzung
FSC® C016368

Print-ISBN: 978-3-446-48381-1
E-Book-ISBN: 978-3-446-48432-0
E-Pub-ISBN: 978-3-446-48563-1

Die allgemein verwendeten Personenbezeichnungen gelten gleichermaßen für alle Geschlechter.

Bibliografische Information der Deutschen Nationalbibliothek:
Die Deutsche Nationalbibliothek verzeichnet diese Publikation in der Deutschen Nationalbibliografie; detaillierte bibliografische Daten sind im Internet unter http://dnb.d-nb.de abrufbar.

Vilshofener Straße 10 | 81679 München | info@hanser.de
www.hanser-fachbuch.de
Lektorat: Dr. Mark Smith
Herstellung: Cornelia Speckmaier
Coverkonzept: Marc Müller-Bremer, www.rebranding.de, München
Covergestaltung: Max Kostopoulos
Titelmotiv: © Mit freundlicher Genehmigung von Weber & Schaer GmbH & Co. KG, Hamburg
Satz: Eberl & Kœsel Studio, Kempten
Druck: Elanders Waiblingen GmbH, Waiblingen
Printed in Germany

Dieses Buch ist meinem Vater Gerhard Abts gewidmet (1932–2018).

Der Autor

Dipl.-Ing. Georg Abts arbeitete nach seinem Studium 20 Jahre in der damaligen Abteilung Anwendungstechnik des Geschäftsbereichs Kautschuk der Bayer AG, Leverkusen. Danach wechselte er in den Geschäftsbereich Polycarbonates der Covestro AG (ehemals Bayer MaterialScience AG), blieb aber dem Werkstoff Kautschuk gemäß dem Motto „Dem Gummi geht keiner verloren" immer verbunden. Er wirkte aktiv in verschiedenen nationalen und internationalen Arbeitskreisen mit, etwa im CAMPUS-Arbeitskreis, und blickt heute auf eine 40-jährige Erfahrung mit polymeren Werkstoffen zurück.

Vorwort

Gummi klebt und verdirbt den Charakter
(Julius Peter)

Die Entdeckung der Vulkanisation von Kautschuken zu Gummi und damit die Entwicklung leistungsfähiger Elastomere haben den technischen Fortschritt vielleicht ebenso nachhaltig beeinflusst wie die Erfindung des Rades, der Dampfmaschine und die Nutzung der Elektrizität.

Häufig werden Elastomere jedoch nur mit Autoreifen in Verbindung gebracht. Dort übertragen sie enorme Beschleunigungs- und Verzögerungskräfte und erlauben durch das eingeschlossene Luftpolster komfortables Fahren. Dabei ist eine große Zahl heute selbstverständlich erscheinender Anwendungen ohne das breite Spektrum moderner Elastomere überhaupt nicht denkbar. Sie erfüllen vielfältige Funktionen, jedoch meist im Verborgenen, und werden daher oft unterschätzt oder gar vernachlässigt. So verhindern etwa Dichtungen das Austreten fester, flüssiger oder gasförmiger Stoffe. Schläuche und Förderbänder sind unverzichtbare flexible Bestandteile von Transportsystemen. Antriebsriemen übertragen Kräfte, Zahnriemen steuern Ventile, Bau- und Motorlager dämpfen Vibrationen und Stöße und Kabelmäntel isolieren gegen elektrische Spannungen. Um ihre Aufgaben zuverlässig zu erfüllen, müssen Elastomere nicht nur gute mechanische Eigenschaften, meist verbunden mit hoher dynamischer Belastbarkeit, sondern oft auch Beständigkeit gegen Umwelteinflüsse wie Hitze und/oder Kälte, UV-Licht oder Ozon sowie gegen verschiedenste Chemikalien aufweisen.

Die Herstellung eines Elastomerwerkstoffs erfordert nicht nur Kenntnisse der einzelnen Komponenten, sondern auch eine große Erfahrung hinsichtlich ihrer Wechselwirkungen untereinander. Das Wissen über die korrekte Verarbeitung eines solchen komplexen Stoffgemisches ist eine weitere Grundvoraussetzung für das Erreichen des gewünschten Eigenschaftsprofils eines Elastomerwerkstoffs.

Im Gegensatz zu thermoplastischen Werkstoffen sind Mischungsaufbau und Verarbeitung von Kautschuken wesentlich komplexer. Thermoplastgranulate sind mehr oder weniger für die gewählte Anwendung maßgeschneidert, sie enthalten in der Regel bereits alle notwendigen Additive und müssen beim Verarbeiter im Prinzip nur noch durch Aufschmelzen unter genügend hohem Druck in die gewünschte Geometrie überführt werden, die sie nach dem Abkühlen beibehalten. (Für eine detaillierte Beschreibung der Thermoplasten und ihrer Verarbeitung sei auf mein Buch *Kunststoff-Wissen für Einsteiger* verwiesen.)

Demgegenüber beginnt der Weg vom Kautschuk zum fertigen Elastomererzeugnis zunächst mit der Auswahl des geeigneten Kautschuks und der Komposition einer spezifischen Rezeptur für die gewünschte Anwendung und das hierfür prädestinierte Verarbeitungsverfahren. Die jeweiligen Rezepturbestandteile müssen sorgfältig aufeinander abgestimmt sein, da sie sich teilweise gegenseitig in ihrer Wirkung beeinflussen. Weiterhin müssen Fließfähigkeit und Vernetzungsgeschwindigkeit an das jeweilige Verarbeitungsverfahren angepasst sein, welches durch die Funktion und damit durch die Gestalt des Elastomerwerkstoffs festgelegt ist. Zusammen mit den korrekt gewählten Verarbeitungs- und Vulkanisationsbedingungen sind dies die entscheidenden Parameter für den optimalen Einsatz der schließlich hergestellten Elastomere.

Mit dieser nun in dritter Auflage vorliegenden *Einführung in die Kautschuktechnologie* sollen die oben genannten Zusammenhänge erläutert und damit das grundlegende Verständnis für diese doch sehr spezielle und hochkomplexe Technologie vermittelt werden, die zuweilen an Alchemie erinnern mag. Tatsächlich wird aber, aufgrund deutlich erkennbarer Analogie bei der Verarbeitung, die Kautschuktechnologie oft mit dem Bäckerhandwerk verglichen. Nach einem historischen Rückblick und der Darstellung der wirtschaftlichen Bedeutung folgt eine Einführung in das Gebiet der Polymere sowie in die Spezifika elastomerer Werkstoffe. Anschließend werden die Eigenschaften der einzelnen Elastomere erläutert. Danach werden der Aufbau von Kautschukmischungen sowie die hierbei verwendeten Zuschlagstoffe vorgestellt. Schließlich werden die üblichen Verarbeitungsverfahren sowie die wichtigsten Prüfmethoden erläutert. Abgerundet wird das Buch mit einer Darstellung typischer Produkte sowie einer kurzen Darstellung der Recyclingoptionen.

Hinsichtlich der geschichtlichen Entwicklung ist zu berücksichtigen, dass die genannten Jahreszahlen in einigen Fällen mit einer gewissen Ungenauigkeit behaftet sind. Die Zeitpunkte der Entdeckung, Veröffentlichung oder Patentierung oder der industriellen Umsetzung stimmen in den verwendeten Quellen nicht immer überein. Hinweise sowie Anregungen und Kommentare zum Inhalt werden gerne entgegengenommen.

An dieser Stelle möchte ich mich bei folgenden Firmen für die Überlassung von Bildmaterial bedanken:

- Gerlach Maschinenbau GmbH, Nettetal
- GÖTTFERT Werkstoff-Prüfmaschinen GmbH, Buchen
- Harburg-Freudenberger Maschinenbau GmbH, Freudenberg
- Klöckner DESMA Elastomertechnik GmbH, Fridingen
- KraussMaffei Berstorff GmbH, Hannover
- TROESTER GmbH & Co. KG, Hannover
- WEBER & SCHAER GmbH & Co. KG, Hamburg
- Zwick Roell AG, Ulm

Mein ganz besonderer Dank für tatkräftige Unterstützung gilt Frau Dr. Stephanie Waschbüsch, Frau Dr. Veronika Beer sowie Herrn Michael Berthel vom WdK. Weiterhin bedanke ich mich bei allen Mitarbeiterinnen und Mitarbeitern des Hanser Verlags, insbesondere Dr. Mark Smith für seine Unterstützung als Lektor sowie Frau Rebecca Wehrmann und Frau Cornelia Speckmaier für die Umsetzung und Produktion dieses Buches.

Inhalt

1 Einleitung

Die Nutzung des Kautschuks hat mindestens eine Jahrhunderte alte, wenn nicht sogar eine Jahrtausende alte Tradition. Allerdings liegt der Beginn der großtechnischen industriellen Nutzung sowie die Entwicklung von Synthesekautschuken gerade einmal ein Jahrhundert zurück.

Bevor auf die näheren Einzelheiten eingegangen wird, erscheint es sinnvoll, zunächst einige häufig genannte Begriffe zu erklären.

Naturkautschuk ist ein elastischer Feststoff, der aus dem Saft eines tropischen Baumes, der *Hevea brasiliensis*, gewonnen wird. Durch eine spezielle Ritztechnik, dem sogenannten Zapfen, wird zunächst eine weiße, milchähnliche Flüssigkeit erhalten, die sich an Luft langsam verfestigt und dabei verdunkelt. Der Ähnlichkeit zur Milch verdankt diese Flüssigkeit den Namen *Latex*. Der Name Kautschuk geht auf die indigene Bezeichnung „weinender Baum" zurück. Vor allem die in Südamerika wildwachsenden Kautschukbäume bildeten insbesondere in den ersten Jahrzehnten des zwanzigsten Jahrhunderts die Basis aller Elastomererzeugnisse, bis der ostasiatische Plantagenkautschuk den überwiegend aus Brasilien stammenden Wildkautschuk verdrängte. Dazu gesellten sich im Laufe des zwanzigsten Jahrhunderts viele Spielarten neu entwickelter Synthesekautschuke.

Kautschuk ist elastisch, das heißt, er ist in der Lage, nach einer Verformung in gewissen Grenzen seine ursprüngliche Form wieder anzunehmen. Solche Stoffe bezeichnet man generell als *Elastomere*. Allerdings weist reiner Kautschuk, gleich ob Natur- oder Synthesekautschuk, nur eine begrenzte Elastizität auf. Er lässt sich mit vergleichsweise geringer Kraft überdehnen und demnach plastisch verformen. Außerdem wird Kautschuk bei Wärmeeinwirkung klebrig, bei Kälte jedoch so steif, dass er nur mit großen Kräften zu verformen ist. Aufgrund seines molekularen Aufbaus kann Kautschuk nicht wie ein Thermoplast durch Erwärmen aufgeschmolzen werden, vielmehr wird er bei zu großer Hitzeeinwirkung zersetzt.

Seine herausragenden Eigenschaften, insbesondere die hohe Gummielastizität, erhält Kautschuk erst durch die *Vernetzung*, bei der die Kautschukmoleküle in bestimmter Weise chemisch miteinander verbunden werden (vgl. Kapitel 3). Da dieser Vorgang in der Regel bei Temperaturen oberhalb von 100 °C abläuft, wird er auch als *Vulkanisation* bezeichnet, die hierdurch erhaltenen Produkte heißen demnach *Vulkanisate*. Die Begriffe Elastomer, Vulkanisat und *Gummi* werden definitionsgemäß nur für vernetzten Kautschuk verwendet und sind somit ebenbürtig. (Im internationalen Sprachgebrauch bezeichnet man jedoch sowohl Kautschuk als auch Vulkanisate als „rubber" oder „elastomers".) Die deutsche Bezeichnung „Gummi" beruht dabei auf der ursprünglichen und falschen Annahme, dass Latex identisch mit dem Pflanzensaft bestimmter Akazienarten sei, der als *Gummi arabicum* bezeichnet wird. Beim populären „Gummibaum" *(Ficus elastica)* handelt es sich übrigens um eine Feigenart, die Pflanze ist nicht mit der *Hevea brasiliensis* verwandt.

Gummierzeugnisse sind in der weit überwiegenden Mehrheit schwarz eingefärbt, da spezielle Ruße zur Erzielung guter mechanischer und dynamischer Eigenschaften eingesetzt werden. Bei weißen oder farbigen Gummierzeugnissen werden Kieselsäuren, Talkum, Kaolin, Kreide und dergleichen als Füllstoff verwendet. Man bezeichnet diese als *helle Füllstoffe*. Zudem werden bei der Verarbeitung Weichmacher verwendet, die nicht nur die Viskosität reduzieren, sondern im Verbund mit den Füllstoffen die Härte des Vulkanisats bestimmen oder die Kälteflexibilität verbessern. Neben Füllstoffen und Weichmachern sind noch Alterungsschutzmittel, Verarbeitungshilfsmittel und insbesondere die Chemikalien des Vulkanisationssystems in einer Kautschukmischung enthalten. Die Dosierung aller Komponenten wird additiv zu 100 Teilen Kautschuk berechnet und als *phr* (per hundred rubber) ausgedrückt.

1.1 Historische Entwicklung

Das genaue Datum des ersten Kontakts mit Kautschuk bleibt im Dunkel der Vergangenheit verborgen. Die Einwohner Südamerikas verwendeten den Saft des Kautschukbaums, der Hevea brasiliensis, wahrscheinlich schon seit Urzeiten.

Während ihrer Reisen nach Südamerika (1495/1519) stießen der Entdecker Christoph Kolumbus und der Konquistador Hernán Cortez erstmals auf elastische Bälle, die bei den dortigen Einwohnern in Verwendung waren, maßen aber ihrer Entdeckung keine weitere Bedeutung bei. In Europa wurde das Interesse an Kautschuk aufgrund von Berichten des Astronomen und Geographen Charles-Marie de La Condamine und des Ingenieurs François Fresneau geweckt, die sich seit 1736 zur Vermessung von Meridianen in Südamerika aufhielten und dabei das Zapfen von Kautschukbäumen beobachteten. Aus der Rinde des später von Botanikern „Hevea brasiliensis" genannten Baumes gewannen die Einwohner eine weiße, klebrige Flüssigkeit, die ihnen ermöglichte, verschiedene wasserdichte Gebrauchsgegenstände herzustellen. Aufgrund der äußerlichen Ähnlichkeit zu Milch (lateinisch „lac“, spanisch „lacteo“: milchig sein) prägte de La Condamine die Bezeichnung *Latex* für den Pflanzensaft, der bis zu 40% Kautschuk enthält. Die einheimische Bezeichnung „caa ochu“ für weinender Baum wurde über das französische Wort caoutchouc zum heutigen Begriff *Kautschuk*. (In der Literatur finden sich auch weitere hiervon abweichende Schreibweisen.)

Der Verwendung dieses neuen Rohstoffs für die Herstellung wasserdichter Artikel wie Regenplanen oder Stiefel stand jedoch seine geringe Haltbarkeit entgegen. Problematisch war insbesondere der durch Zersetzungsprozesse der in Naturlatex enthaltenen Eiweiße entstehende Geruch. Um dieses Problem zu umgehen, wurde der Latex schließlich unmittelbar nach seiner Gewinnung über offenem Feuer getrocknet. Der Rauch diente dabei auch als Konservierungsmittel. Dieses Verfahren wird auch heute noch in abgewandelter Form bei der Gewinnung von Naturkautschuk angewendet; die erhaltenen Felle nennt man „*smoked sheets*“ (vgl. Abschnitt 5.2).

Der auf diese Weise erhaltene Kautschuk ließ sich zwar verschiffen, war aber für eine weitere Verarbeitung zu zäh. Somit waren Verarbeitung und Anwendung von Latex auf regionale Erzeugnisse beschränkt, oder man musste die zu beschichtenden Gegenstände auf die kostspielige und zeitaufwendige Reise nach Brasilien senden. Getreu der Devise „Wenn der Prophet nicht zum Berg kommt, dann muss der Berg zum Propheten kommen“ ließ beispielsweise der damalige König von Portugal im Jahr 1755 seine Reitstiefel nach Brasilien verschicken, um sie dort wasserfest beschichten zu lassen. Fresneau gelang es 1761, Kautschuk in Terpentin zu lösen. Die beiden Wissenschaftler Pierre-Joseph Macquer und L. A. M. Hérrisant stellten ab 1763 Formartikel aus in Terpentin gelöstem Kautschuk her, 1768 ersetzten sie Terpentin durch Ether. Sie bestrichen Wachsformen mit solchen Kautschuklösungen und konnten (nach Verdunsten des Lösungsmittels) durch Abschmelzen des Wachses die ersten Formartikel wie Schläuche oder Schuhe herstellen. Allerdings waren die Eigenschaften dieser Kautschukerzeugnisse völlig unzureichend, da das Verfahren der Vulkanisation noch nicht bekannt war. Die Produkte waren in der Wärme klebrig und verbreiteten hauptsächlich durch die bei der Verarbeitung verwendeten Lösungsmittel besonders im Sommer immer noch einen starken Geruch. Im Winter verhärteten die Produkte durch die einsetzende Kristallisation des Kautschuks. Es war jedoch immerhin möglich, die Gasdurchlässigkeit von Textilien durch Beschichtungen mit Kautschuk zu reduzieren. So konstruierte der Physikprofessor Jacques Alexandre César Charles aus mit Kautschuk beschichteter Seide 1783 den ersten Wasserstoffballon. Schließlich fand Antoine François De Fourcroy 1791 heraus, dass sich Latex durch Zugabe vom Alkalien stabilisieren ließ und somit für den Transport von Brasilien nach Europa haltbar gemacht werden konnte. Allerdings gelangte erst 1824 eine erste Lieferung derart stabilisierten Latex nach Europa.

Der Mechaniker Edward Nairne entdeckte 1770 die Möglichkeit, fehlerhafte Bleistiftzeichnungen durch Reiben mit Kautschuk anstelle des bisher benutzten Brotes zu korrigieren. Dieser Effekt wurde vom Chemiker Joseph Priestley veröffentlicht, der daher für lange Zeit auch als der Erfinder des Radiergummis galt. Nairne vermarktete seine Radierer unter dem Namen *Indian Rubber* das Wort „rubber" („Reiber") wird im englischen Sprachgebrauch heute sowohl für unvulkanisierten Kautschuk als auch für Gummi verwendet. J. Ingenhousz nutzte 1779 die hohe Klebrigkeit frisch angeschnittenen Kautschuks zur Fertigung erster Schläuche. S. D. de la Vega verwendete 1798 Latex zum Verkleben von Ledersäcken.

Weitere frühe Einsatzgebiete für Naturkautschuk waren elastische Bänder für Hosenträger und Strumpfbänder (1803), mit Kautschuk beschichtete Textilriemen (John Bright, 1810), Bezüge für Laufräder (Karl Friedrich Christian Ludwig Freiherr Drais von Sauerbronn, 1818) sowie Regenmäntel. Der Arzt James Syme fand 1821 heraus, dass sich Kautschuklösungen auf Basis des preiswerten Naphta, das bei der Erdöldestillation gewonnen wird, herstellen ließen. Der Chemiker Charles Macintosh umging das Problem der hohen Klebrigkeit durch das erste Sandwichverfahren: ein mit in Naphta gelöstem Kautschuk bestrichenes Baumwollgewebe wurde mit einer zweiten Gewebelage abgedeckt (1823). Allerdings waren auch diese Regenmäntel im Winter immer noch sehr steif und unhandlich und das Problem der Geruchsentwicklung in der Wärme war ebenfalls noch nicht gelöst. Der Name Macintosh prägte aber immerhin den noch heute in der englischen Umgangssprache gebräuchlichen Begriff *Mackintosh* oder kurz „Mac" für Regenmäntel. Er hat sogar in der Popmusik Einzug gehalten (im Lied „Penny Lane" der Beatles). Es lässt sich aber nicht mehr nachvollziehen, wann und warum der Buchstabe „K" hinzugefügt wurde.

1826 erhielt H. C. Lacy ein Patent auf eine Kutschenfederung durch Kautschukblöcke. Thomas Hancock, der ursprünglich das Handwerk des Möbelschreiners erlernt hatte, beschäftigte sich mittlerweile intensiv mit Kautschuk und arbeitete schließlich mit Charles Macintosh zusammen. 1824 hatte er bereits vorgeschlagen, Kunstleder aus mit Latex beschichtetem Gewebe herzustellen, 1830 vertrieb er mit Latex beschichtete Kleidung. Schon im Jahr 1828 erhielt auch J. N. Reithofer ein Patent auf gummierte Fäden zur Herstellung von elastischen Textilien.

Der Siegeszug des Gummis wurde schließlich durch die Entdeckung der Vulkanisation eingeläutet. Die Vulkanisation stellt gleichzeitig die erste chemische Umwandlung eines Naturstoffs durch Zusatz von Chemikalien dar. Der Ursprung dieser zentralen Entdeckung für die gesamte Kautschuktechnologie beruhte interessanterweise auf Überlegungen zur Verbesserung der Verfahrenstechnik. Nach wie vor bestand das Problem, dass getrockneter Kautschuk äußerst schwierig zu verarbeiten war. Artikel aus Kautschuklösungen wiesen dagegen eine hohe Klebrigkeit und einen unangenehmen Geruch auf. Thomas Hancock hatte 1821 beobachtet, dass man frisch angeschnittene Kautschukstücke durch Verpressen miteinander verbinden konnte. Mit einer von ihm konstruierten Maschine, dem sogenannten *Masticator*, sollte der zähe Kautschuk daher zerkleinert werden, um leichter zu verarbeitende Stücke zu erhalten. Es stellte sich jedoch heraus, dass durch die mechanische Bearbeitung die Klebrigkeit noch weiter zunahm, und der Kautschuk schließlich sogar eine teigige Konsistenz annahm (vgl. Mastikation, Abschnitt 8.2).

Verschiedene Forscher versuchten, die Klebrigkeit durch Puderung zu kompensieren, ein damals übliches Pudermittel war Schwefel. 1832 beobachtete Friedrich Wilhelm Lüdersdorff, dass ein Gemisch aus Kautschuk und wenig Schwefel nach Erwärmen eine deutlich reduzierte Klebrigkeit aufwies. Nathaniel Hayward bemerkte 1838, dass die Oberfläche von mit Schwefel gepudertem Naturkautschuk durch Solarisation, also unter Einwirkung von Sonnenlicht, verhärtete, allerdings auf Kosten der Haltbarkeit. Der amerikanische Erfinder Charles Nelson Goodyear erwarb von Hayward das entsprechende Patent und stellte mit diesem Verfahren 150 Postsäcke her, die allerdings nach einiger Zeit nur noch eine klebrige Masse bildeten. Versuche, Schwefel mit Terpentin in den Kautschuk einzuarbeiten, scheiterten. Goodyear, der in dieser Zeit oft in bitterer Armut lebte, arbeitete wie besessen daran, die hohe Klebrigkeit des Kautschuks zu eliminieren und haltbare Produkte herzustellen. Er hatte inzwischen erkannt, dass Bleiweiß (basisches Bleioxid, heute üblicherweise durch Zinkoxid ersetzt) die Reaktion des Kautschuks mit Schwefel aktivierte, und dass diese Reaktion durch Wärme begünstigt wurde. Schließlich stellte er 1839 fest, dass eine versehentlich auf eine Herdplatte gefallene Mischung aus Kautschuk, Schwefel und Bleiweiß nicht mehr klebrig war, sondern teilweise verkohlt. Somit war Kautschuk von seinen Nachteilen befreit (oder geheilt: *„cured“* – im englischen Sprachgebrauch synonym mit „vernetzt“ oder „vulkanisiert“). In den folgenden Jahren versuchte Goodyear, die optimalen Bedingungen zu finden, die zu einem nicht mehr klebrigen, aber elastischen Produkt führten. Schließlich beschrieb er eine Erhitzung mit Dampf von 130 °C unter Druck und über einen Zeitraum von vier bis sechs Stunden als geeignet. Es bedurfte jedoch noch einer Reihe weiterer Experimente, bis Goodyear endlich die für eine vollständige Vernetzung erforderlichen Parameter kannte, um aus dem klebrigen Kautschuk elastischen Gummi herzustellen, sodass Goodyear das entsprechende Patent erst im Januar 1844 einreichen konnte. Jedoch erhielt Thomas Hancock bereits im November 1843 nach systematischen Versuchen ein Patent zur Vulkanisation von Kautschuk, nur durch Eintauchen in geschmolzenen Schwefel. Aufgrund der dazu erforderlichen hohen Temperaturen prägte Hancocks Geschäftspartner William Brockedon den Begriff *Vulkanisation.* Nun war die Herstellung wesentlich leistungsfähigerer Produkte möglich, die nicht mehr die Nachteile unvulkanisierten Kautschuks aufwiesen. Die ursprüngliche Klebrigkeit in der Wärme war praktisch nicht mehr vorhanden, die Kristallisation in der Kälte deutlich verzögert, dafür waren die Produkte nun jedoch hochelastisch.

Im Jahr 1845 wurde von Robert William Thomson bereits der erste Luftreifen zum Patent angemeldet. Diese Erfindung war jedoch – mangels Fahrzeugen – noch ihrer Zeit weit voraus. Der irische Tierarzt John Boyd Dunlop erfand 1888, zwei Jahre nachdem Benz und Daimler unabhängig voneinander die ersten Motorfahrzeuge konstruiert hatten, einen Luftreifen für das Fahrrad seines Sohnes. Dunlop konnte sich den Reifen nochmals patentieren lassen, da Thomson sich seine Erfindung als elastischen Riemen hatte eintragen lassen. Im Jahr 1891 entwickelten die Gebrüder Édouard und André Michelin, die sich bisher mit der Fabrikation von landwirtschaftlichen Maschinen beschäftigt hatten, den ersten mit vertretbarem Aufwand demontierbaren Autoreifen. Den Anstoß für diese Entwicklung gab ein Radfahrer, der bei den Gebrüdern Michelin, die bereits mit den Vorteilen von vulkanisiertem Kautschuk vertraut waren, nach Hilfsmitteln für eine Reifenreparatur fragte. Bislang waren alle Reifen direkt auf die Felge aufvulkanisiert und konnten nur in einer Werkstatt gewechselt werden.

Der einsetzende Siegeszug des Gummis führte zu einem erheblichen Preisanstieg seitens des Haupterzeugerlandes Brasilien; der Kilopreis überstieg zeitweilig (1860) sogar den von Silber. Thomas Hancock hatte mittlerweile bereits vorgeschlagen, Samen der Hevea brasiliensis in die britischen Kolonien in Asien zu bringen, um dort die Bäume in Plantagen zu züchten. Schließlich gelang es dem Abenteurer Henry Alexander Wickham, im Jahr 1876 etwa 70 000 der immerhin bis zu 3,5 Zentimeter durchmessenden Samen aus Brasilien nach England zu bringen, wovon jedoch aufgrund der unzureichenden klimatischen Bedingungen nur 2397 aufgingen. (Entgegen mancher anderer Berichte gab es im Jahr 1876 noch keine Ausfuhrbeschränkungen.) Von den verbliebenen Setzlingen wurden zunächst 1919 Exemplare und später noch einmal weitere 100 nach Ceylon (dem heutigen Sri Lanka) verschifft. Gleichzeitig gingen 50 Setzlinge nach Singapur, wo sie aber nach einem Monat unbeachteter Lagerung eingegangen waren. Dem Botaniker Robert MacKenzie Cross, der für den Fall des Scheiterns von Wickham nach Brasilien gesandt wurde, gelang es, im gleichen Jahr etwa 1000 Setzlinge nach England zu bringen. Im Jahr 1877 gelangten 100 Stecklinge nach Sri Lanka und 50 nach Indien. Von Sri Lanka aus gelangten wiederum 22 Stecklinge nach Singapur. Neun davon bildeten den Grundstock für etwa 75 % der Hevea-Bäume in den heutigen Kautschukplantagen Malaysias. In Sri Lanka zählte man im Jahr 1880 noch etwa 300 lebende Pflanzen.

Da zwei Baumgenerationen erforderlich waren, bis genügend Samen für eine systematische Plantagenwirtschaft zur Verfügung standen, und man die Bäume erst nach sieben Jahren anzapfen konnte, dauerte es noch etwa 20 Jahre, bis die Plantagen in Südostasien zu einer ernsthaften Konkurrenz für Brasiliens Wildkautschuk herangewachsen waren.

Mit der einsetzenden Motorisierung Anfang des zwanzigsten Jahrhunderts stieg der Bedarf an Naturkautschuk insbesondere für die Herstellung von Luftreifen, aber auch für Schläuche und Riemen enorm an. Lag der Weltkautschukverbrauch 1890 noch bei 2300 Tonnen, hatte er zehn Jahre später bereits ca. 50 000 Tonnen erreicht. Der brasilianische Wildkautschuk konnte diesen Bedarf langfristig nicht decken, gleichzeitig suchte man nach einem Weg, sich aus der Abhängigkeit des nun in den britischen Kolonien gezüchteten Plantagenkautschuks zu befreien. Dessen Preis hatte mittlerweile ebenfalls eine Schwindel erregende Höhe erreicht.

Eine Möglichkeit, den Preis für aus Kautschuk hergestellte Artikel zu reduzieren, bestand im Strecken mit billigen anorganischen Füllstoffen wie etwa Kreide oder Ruß. Damit konnte man den steigenden Kautschukpreis zumindest teilweise kompensieren, ohne die elastischen Eigenschaften allzu sehr zu verringern. (Im Zuge der Einführung von Synthesekautschuken Anfang des zwanzigsten Jahrhunderts wurde schließlich der verstärkende Effekt von speziellen Rußen, aber auch von Kieselsäuren gefunden. Durch dosierte Zugabe solcher verstärkenden Füllstoffe ließen sich nun mechanische Eigenschaften wie etwa Zugfestigkeit oder Härte insbesondere von Vulkanisaten auf Basis von Synthesekautschuken deutlich erhöhen.)

Die chemische Industrie strebte nun danach, durch synthetische Ersatzprodukte eine möglichst vollständige Unabhängigkeit von Naturkautschuk zu erreichen. Allerdings waren auch Ende des 19. Jahrhunderts nähere Einzelheiten zur Polymerstruktur von Naturkautschuk nicht bekannt. Michael Faraday erkannte schon 1826, dass Naturkautschuk ein Kohlenwasserstoff ist, dessen Kohlenstoff- und Wasserstoffatome im Verhältnis 5:8 vorliegen. Greville Williams isolierte im Jahr 1860 diesen Kohlenwasserstoff durch trockene Destillation (Pyrolyse) aus Naturkautschuk und nannte ihn Isopren. Auf diese Weise gewonnenes Isopren wurde 1876 durch Gustave Bouchardat in einem mehrmonatigen Prozess in eine kautschukähnliche Masse umgewandelt. Bouchardat legte also erste Grundlagen für die Polymerisation. W. A. Tilden wiederholte 1882 diesen Versuch mit aus Terpentin gewonnenem Isopren. Damit wurde erstmals Kautschuk synthetisiert, wenn auch die Eigenschaften bei Weitem noch nicht an die von Naturkautschuk heranreichten.

Carl Dietrich Harries erkannte im Jahr 1905 nach Spaltversuchen mit Ozon, das Naturkautschuk offenbar aus einer langen Kette von Isopreneinheiten besteht. Schließlich setzte die Firma Farbenfabriken vormals Friedrich Bayer & Co, Vorläufer der heutigen Bayer AG, im Jahr 1906 einen Preis von 20000 Goldmark (heute etwa 250000 €) für ein synthetisches Ersatzprodukt aus. Dem dort angestellten Chemiker Fritz Hofmann gelang es schließlich, innerhalb der für das Preisgeld gesetzten Frist (bis November 1909) ein Verfahren zur Herstellung synthetischen Isoprenkautschuks zu entwickeln. Das Verfahren erwies sich aber als zu kostspielig, daher wurden weitere Versuche mit dem im Vergleich zu Isopren wesentlich leichter verfügbaren Dimethylbutadien als Ausgangsstoff durchgeführt. Der russische Chemiker Iwan Lawrentjewitsch Kondakow hatte auf dieser Basis bereits im Jahr 1900 erste, jedoch noch mit unbefriedigenden Eigenschaften ausgestattete Polymere hergestellt. Der nun erzeugte *Methylkautschuk* (abgeleitet vom Trivialnamen Methylisopren für Dimethylbutadien) sollte Naturkautschuk in möglichst vielen Anwendungen ersetzen, insbesondere aber bei der Produktion von Luftreifen. Allerdings lagen Elastizität und Zugfestigkeit noch deutlich unter der von Naturkautschuk. Daher wurden synthetischem Kautschuk von vornherein kaum Zukunftsaussichten zugesprochen. Zudem gestaltete sich gerade die Reifenproduktion aufgrund der großen Qualitätsschwankungen des Methylkautschuks als sehr problematisch und konnte nur durch Verschnitt mit gleichen Anteilen Naturkautschuk ermöglicht werden. Andererseits lag die Laufleistung von Reifen auf Basis dieser Verschnitte bei für damalige Verhältnisse unglaublichen 6735 Kilometern. Daraufhin ließ auch der deutsche Kaiser Wilhelm II. seine Fahrzeuge mit solchen Reifen ausrüsten.

Aufgrund der durch den Ersten Weltkrieg bedingten mangelnden Verfügbarkeit von Naturkautschuk wurde Methylkautschuk ab 1915 großtechnisch mit einer Kapazität von 600 bis 700 Tonnen pro Jahr hergestellt, insbesondere zur Herstellung von Hartgummi für Batteriekästen in Unterseebooten, wofür jeweils 10 bis 15 Tonnen Methylkautschuk verarbeitet wurden.

Ab 1918 sanken aber die Preise für den wieder verfügbaren Naturkautschuk so weit, dass sich die Herstellung von synthetischem Kautschuk zunächst nicht mehr lohnte. Hinzu kamen technische Schwierigkeiten. Unvernetzter Methylkautschuk oxidierte relativ schnell, sodass geeignete Stabilisatoren gefunden werden mussten.

Walter und Wolfgang Oswald legten bereits ab 1908 mit aliphatischen und cycloaliphatischen Aminen den Grundstein für die Entwicklung der heutigen Alterungsschutzmittel für Kautschuke. Gleichzeitig suchte man nach Produkten, die die im Vergleich zu Naturkautschuk relativ langsame Vernetzungsgeschwindigkeit von Methylkautschuk erhöhten. Mit der Stoffklasse der Dithiocarbamate wurden 1912 erstmals sogenannte Vulkanisationsbeschleuniger gefunden (F. Hofmann, K. Delbrück, K. Gottlob), die zwar für Methylkautschuk entwickelt wurden, aber relativ rasch auch in Naturkautschuk Anwendung fanden. Daraufhin wurden systematisch weitere Verbindungen gesucht, auf denen das weite Feld der heute verwendeten Kautschukchemikalien basiert.

Parallel zu den Syntheseversuchen in Europa suchte der Industrielle und Automobilhersteller Henry Ford nach Möglichkeiten, sich aus der Abhängigkeit der überwiegend britischen Reifenhersteller zu lösen. Diese verfügten mittlerweile über beträchtliche Mengen Naturkautschuk aus den neuen Plantagen in Asien. Ford erwarb ein Stück Urwald am Rio Tapajós im brasilianischen Bundesstaat Pará. Dort ließ er im Jahr 1928 eine Kautschukplantage und eine Kleinstadt nach amerikanischem Muster anlegen, die Fordlandia genannt wurde und in der bis zu 5000 Kautschukzapfer wohnten. Allerdings scheiterte dieses Projekt aus vielfältigen Gründen, hauptsächlich aufgrund einer verheerenden Pilzerkrankung der zu dicht gepflanzten Kautschukbäume (vgl. Abschnitt 5.2), und wurde im Jahr 1948 aufgegeben. (Eduardo Sguiglia verfasste zu diesem Thema einen auf Tatsachen basierenden Roman.) Die Stadt Fordlandia existiert heute noch, allerdings sind die meisten technischen Einrichtungen wie das Elektrizitätswerk nahezu verfallen.

Im Jahr 1925 begannen bei der mittlerweile aus fünf großen deutschen Chemiefirmen gebildeten IG Farben Arbeiten zur großtechnischen Herstellung von Butadienkautschuk. Bereits im Jahr 1910 hatten Harries und unabhängig davon F. E. Matthews und E. H. Strange entdeckt, dass sich Alkalien, insbesondere Natrium, günstig auf die Reaktionsgeschwindigkeit der Polymerisation auswirken. Der auf diese Weise erzeugte Butadienkautschuk wurde ab 1927 unter dem Namen Buna® (Butadien/Natrium) vermarktet, konnte sich aufgrund ungünstiger Eigenschaften aber noch nicht durchsetzen. Daher fokussierten sich die weiteren Arbeiten zunächst auf Styrol-Butadien-Kautschuk (Walter Bock, 1929). Ein ölbeständiger Acrylnitril-Butadien-Kautschuk (Erich Konrad, Eduard Tschunkur, Helmut Kleiner) wurde im Jahr 1930 entwickelt. 1931 entwickelten Wallace Hume Carothers und Julius Arthur Nieuwland bei DuPont in den USA den gegenüber den bisher bekannten Produkten deutlich ozon- und witterungsbeständigeren Chloroprenkautschuk.

Mittlerweile lagen auch gesicherte Erkenntnisse über den tatsächlichen Aufbau der *Makromoleküle* (griechisch: makros = groß) vor. Daher konzentrierte sich die Forschung nicht mehr auf Ersatzstoffe für Naturkautschuk, sondern auf die Entwicklung neuer Polymere, einschließlich neuer Thermoplaste und Duroplaste, mit bisher nicht vorhandenen Eigenschaften.

Samuel Pickles veröffentlichte bereits im Jahr 1910 eine erste, relativ exakte Darstellung der Polyisopren-Makromoleküle in Naturkautschuk, ging aber von der falschen Annahme aus, dass sich diese an ihren Enden zu großen Ringen verbinden müssten. Der Grundstein für die heutige makromolekulare Chemie wurde erst im Jahr 1920 durch Hermann Staudinger gelegt, der sich seit 1910 mit der Synthese von Kautschuken beschäftigte. Etliche Wissenschaftler der damaligen Zeit waren davon überzeugt, dass Molmassen über 5000 g/mol nicht möglich seien. Riesenmoleküle aus Tausenden von identischen Bausteinen wurden somit nicht akzeptiert. Stattdessen sollten sich Kautschuke aus Zusammenballungen sehr vieler kleiner Moleküle zusammensetzen, den sogenannten *Micellen*. Welche Art Bindungskräfte aber diese Micellen zusammenhalten sollten, konnte niemand erklären. Staudinger formulierte dagegen die Existenz langkettiger Polymerstrukturen, die er Makromoleküle nannte, und stieß auf heftigen Widerstand. Es dauerte daher noch fast bis zum Ende des Jahrzehnts, bis Staudingers Theorie durch Röntgenstrukturuntersuchungen, erstmals durch Hermann Mark (1926), belegt wurden. Staudinger erhielt 1953 für seine Arbeiten den Nobelpreis. Allerdings akzeptierte Staudinger nie die heute allgemein gültige Theorie von Kurt Hans Meyer, dass die hohe Elastizität von gedehntem Kautschuk auf einer Streckung von im Ruhezustand aufgerollten Makromolekülen beruht. Staudinger war der Ansicht, alle Makromoleküle beständen aus steifen Kettensegmenten.

Auch wenn bereits 1960 insgesamt mehr Synthesekautschuk als Naturkautschuk produziert wurde, stellt Naturkautschuk heute nach wie vor mit etwa 46 % den bei Weitem größten Anteil am Gesamtkautschukverbrauch. Dabei hat der ursprüngliche Wildkautschuk gegenüber dem Plantagenkautschuk bereits völlig an Bedeutung verloren, wie Bild 1.1 zeigt.

Tabelle 1.1 sowie Bild 1.2, Bild 1.3 und Bild 1.4 zeigen die historische Entwicklung der Kautschukindustrie.

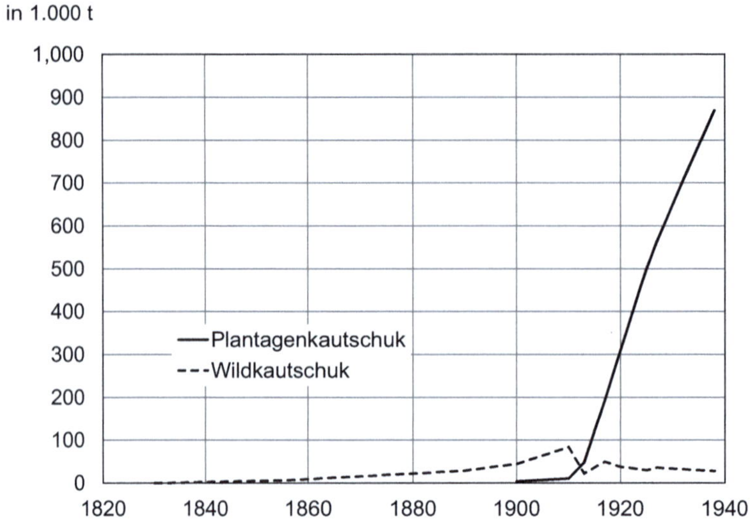

Bild 1.1 Produktionsmengen an Wildkautschuk und Plantagenkautschuk in 1000 t bis 1940

Tabelle 1.1 Historische Entwicklung der Kautschukindustrie

1493 1519	Elastische Bälle bei den Einwohnern Haitis (C. Kolumbus) und Mexicos (H. Cortez)
1736	Zapfen des Latex (C. M. de La Condamine und C. F. Fresneau)
1761	Kautschuklösungen in Terpentin (C. F. Fresneau)
1763	Erste Formartikel über ein Lösungsverfahren (P. J. Macquer und L. A. M. Herrisant)
1769	Wasserdichte Reitstiefel durch mehrfaches Beschichten mit in Ether gelöstem Kautschuk (P. J. Macquer)
1770	Radiergummi („indian rubber", E. Nairne; veröffentlicht durch J. Priestley)
1779	Schläuche aus unvulkanisiertem Naturkautschuk (J. Ingenhousz)
1783	Abdichtung eines Wasserstoffballons aus mit Kautschuk beschichteter Seide (J. A. C. Charles)
1791	Patent über gummierte Gewebe durch Bestreichen mit gelöstem Kautschuk (S. Peal) Stabilisierung von Latex durch Alkalien (A. F. De Fourcroy)
1803	Hosenträger und Strumpfbänder
1810	Antriebsriemen (J. Bright)
1818	Bezüge für Laufräder (K. F. C. L. Freiherr Drais von Sauerbronn)

1821	Masticator (T. Hancock) Naphta als günstiges und effektives Lösemittel für Kautschuk (J. Syme)
1823	Regenmäntel (Sandwichverfahren, C. Macintosh)
1826	Dämpfung von Pferdekutschen durch Kautschukblöcke (H. C. Lacy)
1828	Elastische Textilien auf Basis gummierter Fäden (J. N. Reithofer)
1832	Reduzierte Klebrigkeit durch Erwärmen eines Gemischs von Kautschuk und einer geringen Menge Schwefel (F. W. Lüdersdorff)
1834	Walzwerk mit zwei unabhängigen Walzen sowie Kalander (Edwin M. Chaffee)
1838	Verhärtung von Naturkautschuk im Sonnenlicht („Solarisation“, E. Hayward)
1839	Vernetzung von Naturkautschuk mit Schwefel – erste chemische Umsetzung eines Naturproduktes (C. Goodyear), patentiert 1844
1843	Patent zur Vulkanisation von Kautschuk durch Eintauchen in geschmolzenen Schwefel (T. Hancock) Hartgummi (Ebonit) durch gezieltes „Übervernetzen“ von Naturkautschuk (T. Hancock)
1845	Luftreifen (R. W. Thomson)
1846	Kaltvulkanisation mit Schwefelmonochlorid (A. Parkes) Vulkanisierter Zellgummi für Kissen (T. Hancock) Vollgummireifen für dampfbetriebene Fahrzeuge (T. Hancock)
1847	Unterseekabel aus Guttapercha (J. J. Craven), erfolgreich verlegt 1850 (J. Brett, J. W. Bett) Schuhe und Überschuhe (W. Brockedon) Ammoniumcarbonat als Treibmittel (W. Brockedon) Ballons aus vulkanisiertem Gummi (J. G. Ingram)
1853	Stabilisierung von Latex mit Ammoniak (W. Johnson)
1854	Vulkanisationspresse (W. Johnson)
1855	Überlegungen zu Rußen und anderen Füllstoffen (C. Goodyear)
1859	Erste Kabel mit Isolation aus vulkanisiertem Kautschuk (W. Hooper)
1861	Schneckenextruder (F. Shaw)
1862	Stempelgummi (J. Leighton) Fußball mit Gummiblase (Sanderson)
1867	Vollgummireifen für dampfbetriebene Fahrzeuge und Hochräder (R. W. Thomson)
1870	Phenol und Cresol als Antioxidantien (Murphy)
1876	Rund 70 000 Kautschuksamen und 1000 Setzlinge werden aus Brasilien nach London verschifft (H. A. Wickham, R. M. Cross)

1877	Etwa 2000 Setzlinge der Hevea brasiliensis gelangen über London nach Sri Lanka, Malaysia und Singapur
1878	Grundlagen zur Polymerisation von Isopren (G. Bouchardat)
1882	Synthese von Isopren aus Terpentin (W. A. Tilden)
1884	Hohlraum-Fahrradreifen (C. Macintosh)
1888	Luftreifen (J. B. Dunlop)
1891	Leicht demontierbarer Fahrradreifen (E. und A. Michelin)
1892	Förderband (T. Robins)
1895	Erster Luftreifen für Kraftfahrzeuge (E. und A. Michelin)
1900	Synthesekautschuk auf Basis von Dimethylbutadien (J. Kondakov)
1903	Erster schlauchloser Reifen (P. W. Litchfield)
1904	Entdeckung der verstärkenden Wirkung von Rußen, eingesetzt ab 1906 (S. C. Moke)
1906	Beschleunigende Wirkung von Anilin auf die Vulkanisation, später ersetzt durch Diphenylthioharnstoff (G. Oenslager)
1908	Entdeckung der Schutzwirkung von aliphatischen und cycloaliphatischen Aminen (W. und W. Oswald)
1909	Synthese von Polyisopren (F. Hofmann)
1910	„Methylkautschuk" aus Dimethylbutadien (F. Hofmann) Polybutadien (S. V. Lebedev) Katalyse der Polymerisation von Dienen durch Alkalien, insbesondere Natrium (C. D. Harries sowie F. E. Matthews und E. H. Strange)
1911	Entdeckung der Schutzwirkung phenolischer Verbindungen (E. Fickendly)
1912	Dithiocarbamate als Vulkanisationsbeschleuniger (F. Hofmann, K. Delbrück. K. Gottlob)
1913	Emulsionspolymerisation (K. Gottlob)
1915	Vernetzung mit Peroxid und Nitrobenzol (I. Ostromislenski)
1916	Innenmischer (F. H. Banbury)
1917	Keilriemen (J. Gates)
1920	Diphenylguanidin als Vulkanisationsbeschleuniger (G. D. Kratz) Thiurame als Vulkanisationsbeschleuniger (B. E. Lorentz) Aldehyd-Amine als Alterungsschutzmittel (S. M. Cadwell)
1921	Merkaptobenzthiazol als Vulkanisationsbeschleuniger (G. Bruni, E. Romani sowie C. W. Bedford, L. B. Sebrell)

1923	Zinkdithiocarbamate als Vulkanisationsbeschleuniger (E. Hopkinson, G. Bruni)
1924	Polysulfidkautschuk (J. C. Patrick)
1926	Erste Synthese von Polybutadien (I. G. Farben AG)
1929	Styrol-Butadien-Kautschuk (W. Bock)
1930	Acrylnitril-Butadien-Kautschuk (E. Konrad, E. Tschunkur, H. Kleiner) Acrylatkautschuk (E. Konrad, W. Bock)
1931	Chloroprenkautschuk (W. H. Carothers, J. A. Nieuwland)
1932	Sulfenamide als Vulkanisationsbeschleuniger (E. Zaucker, L. Orthner, M. Bögemann)
1933	„O-Ring"-Dichtung (N. Christensen)
1937	Butylkautschuk (Standard Oil Company)
1938	Paraphenylendiamine als Alterungs- und Ozonschutzmittel (Bayer AG)
1944	Silikonkautschuk (General Electric Company)
1951	Chlorsulfoniertes Polyethylen (E. I. du Pont de Nemours and Company)
1955	Ethylen-Propylen-Kautschuk (G. Natta, G. Crespie) Fluorkautschuke (M. W. Kellogg Ltd, E. I. du Pont de Nemours and Company, 3M Company)
1957	Linearschubvulkameter (J. Peter)
1961	Ethylen-Vinylacetat-Kautschuk (H. Bartl, J. Peter)
1962	Styrol-Butadien-Block-Copolymere – erste thermoplastische Elastomere (G. Holden, R. Milkovich)
1965	Chlor- und Epichlorhydrinkautschuk (B. F. Goodrich Company)
1969	Thermoplastisches Polyurethan (Bayer AG, basierend auf Arbeiten von O. Bayer, 1937)
1975	Polynorbornenkautschuk (CdF Chimie) Ethylen-Acrylatkautschuk (E. I. du Pont de Nemours and Company) Hydrierter Nitrilkautschuk (Bayer AG)
1979	Thermoplastische Elastomere auf Basis von Verschnitten aus vernetztem Ethylen-Propylen-Kautschuk und Polyolefinen (Monsanto Company)
1985	Fluoralkoxyphosphazenkautschuk (Ethyl Corporation)
1987	Thermoplastische Polyether-Polyamid-Block-Copolymere (Atochem Inc.)

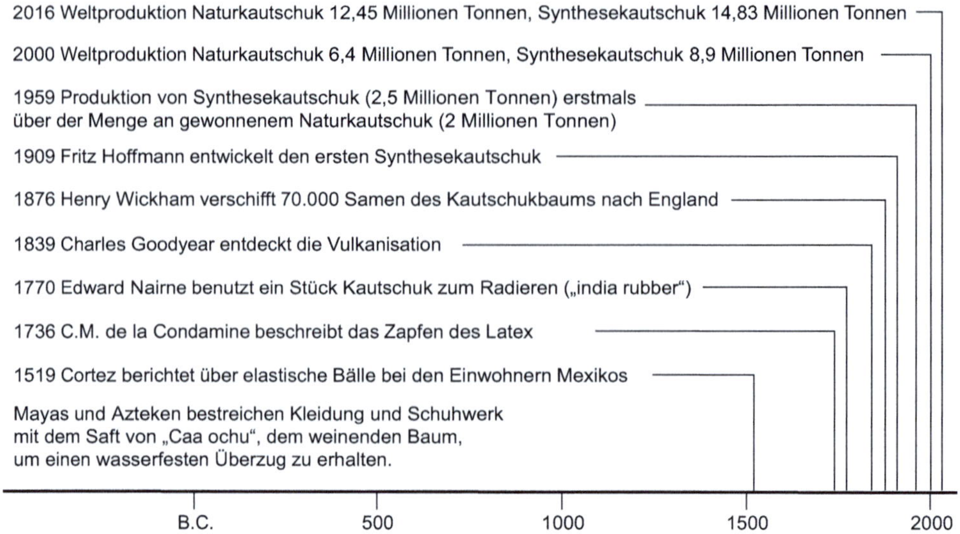

Bild 1.2 Eckdaten zur Geschichte der Kautschuktechnologie

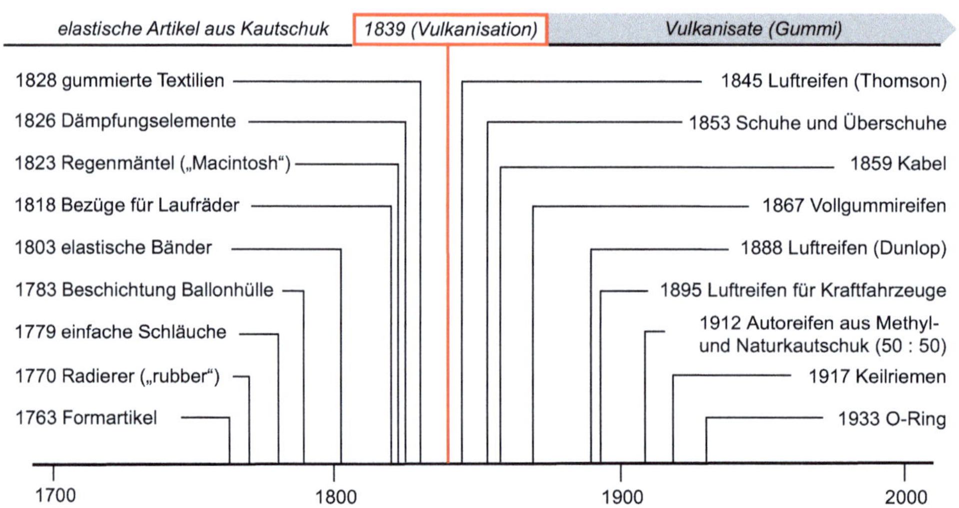

Bild 1.3 Historische Entwicklung verschiedener Artikel aus Kautschuk und Gummi

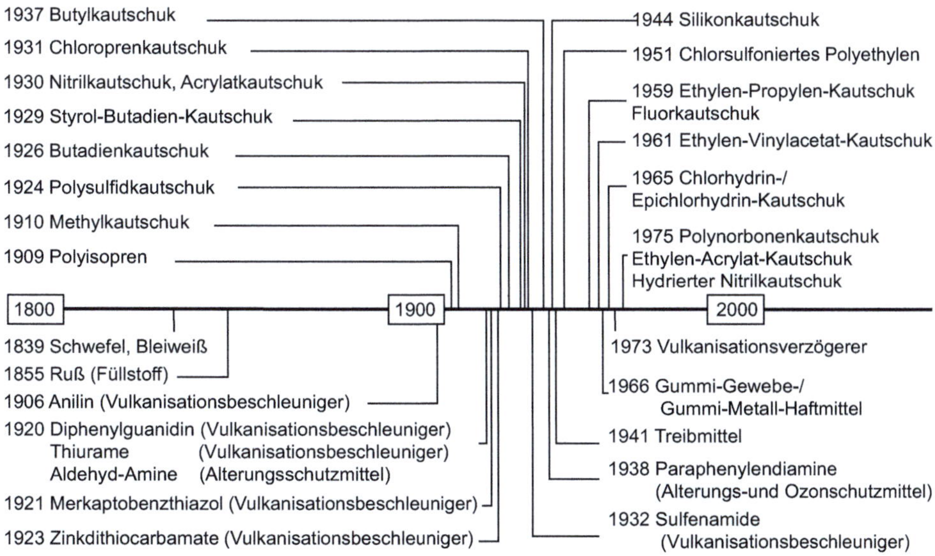

Bild 1.4 Historische Entwicklung verschiedener Kautschuke und Mischungsbestandteile

1.2 Wirtschaftliche Bedeutung

Im ausklingenden neunzehnten Jahrhundert beschäftigte sich die industrielle Chemie hauptsächlich mit der Suche nach Alternativen für Naturkautschuk und Naturfasern sowie Farbstoffen und – noch in geringem Maßstab – pharmazeutischen Produkten. Die bedeutendsten Rohstoffe dieser Zeit waren Stahl, Kohle und Gummi.

Aufgrund von Monopolstellungen der Lieferländer stiegen die Preise für Naturkautschuk, Baumwolle, Seide, Indigo und anderer natürliche Farbstoffe immer weiter an. Mit der wachsenden Industrialisierung und Motorisierung, vor allem in Westeuropa und Nordamerika, erhöhte sich insbesondere der Bedarf an Kautschuk nahezu sprunghaft. Anfang des zwanzigsten Jahrhunderts war es, auch vor dem Hintergrund der beiden Weltkriege und der damit einhergehenden Verknappung von Rohstoffen, vordringliches Ziel, Alternativen zu Naturkautschuk zu finden. Parallel dazu führten die ab etwa 1920 gewonnenen Erkenntnisse über die Struktur polymerer Werkstoffe auch zur Entwicklung von Thermoplasten und Duroplasten.

Bis weit in die 1960er-Jahre hinein dominierten Natur- und Synthesekautschuke die Welt der makromolekularen Werkstoffe, wurden dann jedoch aufgrund vieler neuer Anwendungsmöglichkeiten von den rasant wachsenden Thermoplasten überholt. Einsatzgebiete, die Flexibilität und insbesondere hohe dynamische Belastbarkeit erfordern, bleiben aber nach wie vor die Domäne von Elastomeren. Aufgrund ihrer leichteren Verarbeitung haben sich in vielen Bereichen mittlerweile auch die verschiedenen Spielarten thermoplastischer Elastomere Anwendungsmöglichkeiten erschlossen. Vernetzte Elastomere auf Basis von Natur- oder Synthesekautschuk bleiben aber aufgrund ihrer spezifischen Eigenschaften insbesondere in anspruchsvollen Anwendungen unverzichtbar.

Dies zeigt sich auch im stetigen Wachstum der erzeugten Menge, insbesondere von Naturkautschuk. Im Jahr 1960 übertraf die produzierte Menge an Synthesekautschuk mit 2,65 Millionen Tonnen erstmals die im gleichen Zeitraum gewonnene Menge an Naturkautschuk (2,08 Millionen Tonnen) und erreichte im Jahr 2021 mit 15,724 Millionen Tonnen ihren bisherigen Höchstwert. Die Produktionszahlen liegen mittlerweile aber wieder gleichauf. Im Jahr 2023 wurden weltweit 13,813 Millionen Tonnen Naturkautschuk und 13,854 Millionen Tonnen Synthesekautschuk produziert (Bild 1.5). Außerdem wurden im Jahr 2023 weltweit 1,455 Millionen Tonnen Naturlatex verbraucht.

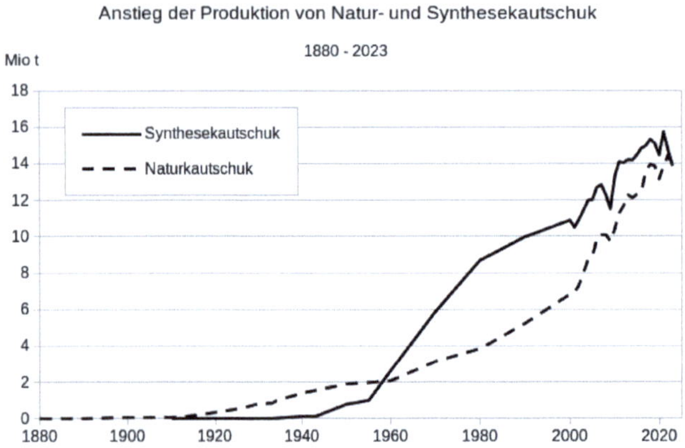

Bild 1.5 Anstieg der Produktion von Natur- und Synthesekautschuk von 1880 bis 2023

Die Gesamtmenge der im Jahr 2023 hergestellten thermoplastischen Elastomere (vgl. Kapitel 6) wird auf etwa 6 Millionen Tonnen geschätzt. Für diese Werkstoffgruppe wird auch nach wie vor ein kontinuierliches jährliches Wachstum von 5–6 % pro Jahr prognostiziert.

Zum Vergleich: im Jahr 2023 wurden insgesamt 356,3 Millionen Tonnen Thermoplaste hergestellt, fast 10 % davon übrigens durch mechanisches Recycling, sowie 57,5 Millionen Tonnen Duroplaste. Die Welt-Rohstahlerzeugung lag im Jahr 2023 bei 1850 Millionen Tonnen, die Kohleförderung bei 8993 Millionen Tonnen.

Naturkautschuk wird hauptsächlich in Südostasien gewonnen, die wichtigsten Erzeugerländer sind Thailand (34,4 %), Indonesien (15,4 %) und die Côte d'Ivoire (11,2 %), die ihren Anteil an der Gewinnung von Naturkautschuk in den letzten fünf Jahren mehr als verdoppelt hat und damit Vietnam (9,4 %) auf den vierten Platz verdrängte.

Danach folgen Indien (6,1 %), China (5,8 %), Kambodscha (3,7 %) und schließlich Malaysia (2,5 %). Die ursprüngliche Heimat des Kautschukbaums, Brasilien, trägt noch mit 1,5 % Anteil zur Gewinnung von Naturkautschuk bei (Bild 1.6).

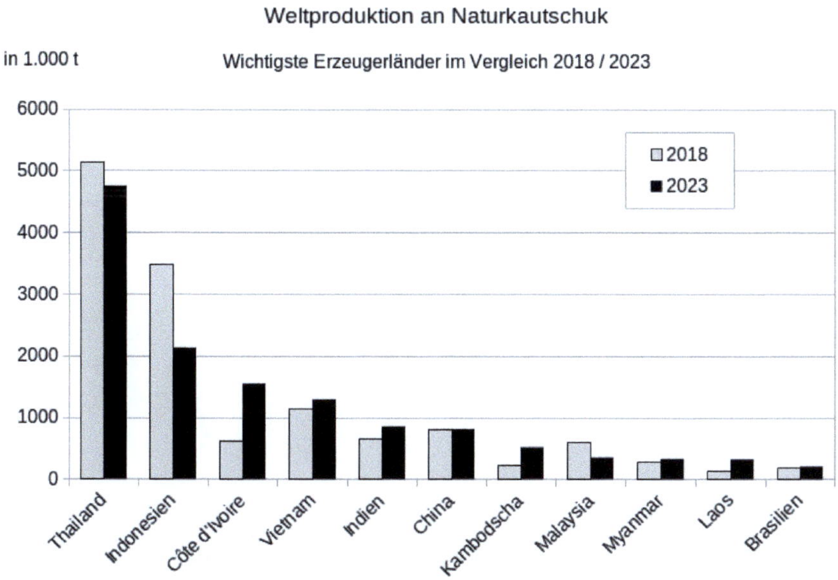

Bild 1.6 Die wichtigsten Erzeugerländer für Naturkautschuk 2016

Klimabedingt liegen die Anbaugebiete für Naturkautschuk (vgl. Abschnitt 5.2) in Äquatornähe. Dagegen sind die Produktionsstätten für Synthesekautschuke weltweit verteilt. China ist mittlerweile der größte Produzent von Synthesekautschuken und liegt deutlich vor den traditionellen Produzenten Europa und Nordamerika. Daneben sind Japan, Südkorea und Russland noch als bedeutende Produzenten von Synthesekautschuk zu nennen (Bild 1.7). Der Anteil Deutschlands an der Weltproduktion von Synthesekautschuken betrug im Jahr 2023 etwa 5 %, bezogen auf Europa rund 39 %.

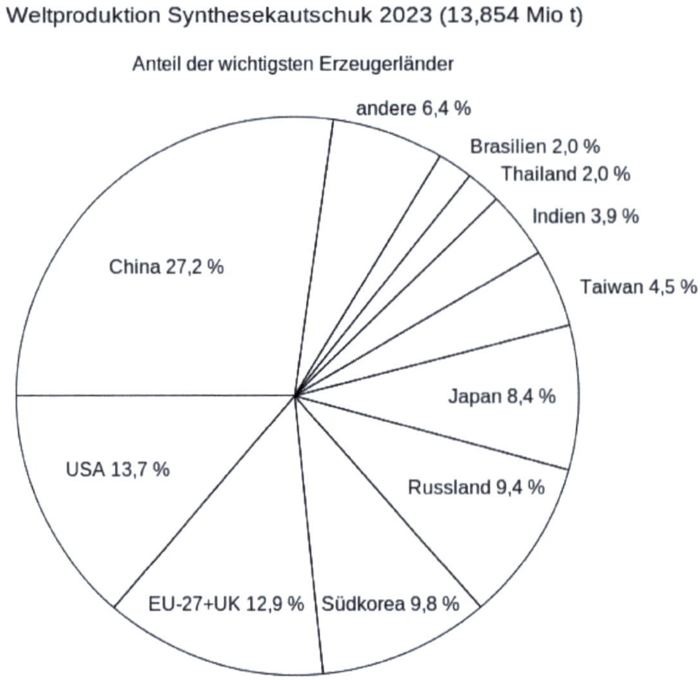

Bild 1.7 Die wichtigsten Herstellerländer für Synthesekautschuk 2016

Die Verbrauchszahlen für Synthesekautschuk sind in den letzten Jahren vor allem in Europa und den USA, wo Synthesekautschuke rund zwei Drittel des Kautschukbedarfs ausmachen, rückläufig. Hier steht allerdings die Produktion technischer Gummiwaren im Vordergrund. Nur bei Silikonkautschuk ist ein deutliches Wachstum feststellbar, unter anderem aufgrund höheren Bedarfs in der Automobilindustrie, vor allem bei Elektrofahrzeugen. China dominiert mit rund 65 % Anteil den Silikonmarkt.

Länder wie Thailand, Vietnam, Indien und China verzeichnen einen mehr oder weniger konstanten Verbrauch an Synthesekautschuk, dessen Anteil am Gesamtkautschukverbrauch aber auch nur etwa 40 % oder weniger beträgt. In diesen Ländern ist auch immer noch ein Anstieg des Verbrauchs an Naturkautschuk festzustellen, in allen anderen stagniert oder sinkt dessen Verbrauch ebenfalls.

In Deutschland wird etwa die Hälfte der technischen Gummiwaren in der Automobilindustrie verwendet, die derzeit weit unter den geplanten Absätzen bleibt. Zudem sind, getriggert auch durch geopolitische Krisen, die Kosten für Energie und Rohstoffe extrem angestiegen. Weiterhin erfordert die Transformation in Richtung Elektromobilität nicht nur zusätzliche hohe Investitionen, sondern reduziert auch den Bedarf insbesondere an hochwertigen Komponenten wie etwa hitze- und ölbeständigen Dichtungen und Schläuchen für Fahrzeuge mit Verbrennungsmotoren.

Die wichtigsten Synthesekautschuke sind Styrol-Butadienkautschuk (SBR) und Butadienkautschuk (BR), die zusammen etwas weniger als zwei Drittel der produzierten Menge ausmachen (Bild 1.8). Sie sind neben Naturkautschuk (NR) die wichtigsten Rohstoffe für die Reifenfertigung, die als größter Verbraucher wiederum etwa zwei Drittel der gesamten Kautschukproduktion (Natur- und Synthesekautschuk) verarbeitet.

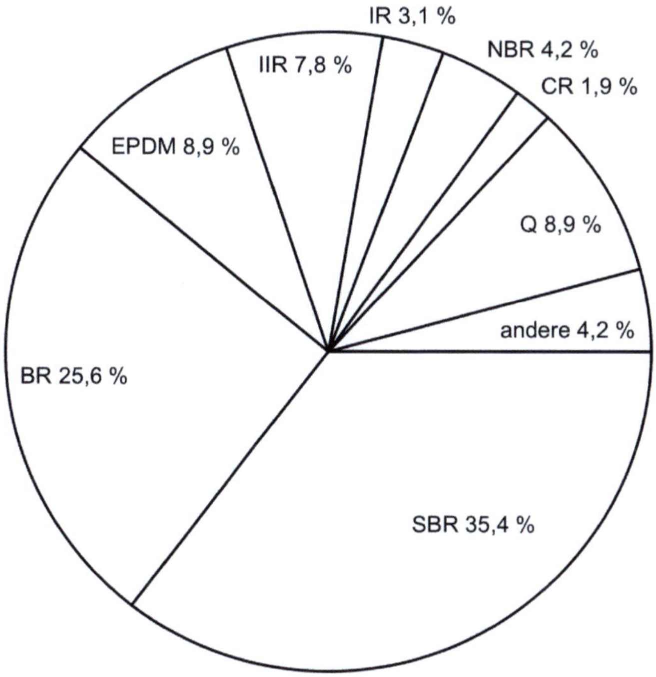

Bild 1.8 Verteilung der Synthesekautschuke

Die Gummiindustrie wird traditionell in die Sparten Reifenindustrie (Herstellung von Reifen und deren Runderneuerung) und Technische Elastomer-Erzeugnisse (TEE oder GRG für General Rubber Goods) unterteilt. Zu den technischen Elastomer-Erzeugnissen gehören Formartikel wie etwa Dichtungen und Bälge, Gummi-Metall-Verbundwerkstoffe wie etwa Motorlager, verstärkte und unverstärkte Schläuche, Profile, Kabel, Antriebs- und Steuerriemen, Förderbänder, Membranen, Auskleidungen, Schuhsohlen und vieles mehr.

In der Europäischen Union (EU-27+UK) wurden im Jahr 2023 etwa 1,02 Millionen Tonnen Naturkautschuk verbraucht (2016: 1,2 Millionen Tonnen), davon rund drei Viertel für die Reifenproduktion. Im gleichen Zeitraum wurden rund 2,08 Millionen Tonnen Synthesekautschuk verarbeitet (2016: 2,5 Millionen Tonnen), wovon knapp die Hälfte ebenfalls auf die Reifenindustrie entfiel. Da Elastomere sowohl auf Basis von Natur- als auch Synthesekautschuk noch den Zusatz von Füllstoffen, Weichmachern und anderen Kautschukchemikalien erfordern, ist die Masse an produzierten Gummiwaren übrigens jeweils etwas mehr als doppelt so hoch.

Der Transportsektor ist das wichtigste Einsatzgebiet für technische Elastomer-Erzeugnisse. Die Hälfte der hergestellten Produkte wird von den Automobilherstellern und ihren Zulieferern bezogen, wie etwa Dichtungen und Formteile, Schläuche, Zahn- und Keilriemen, Schwingungsdämpfer und andere. Weitere 13 % finden Anwendungen für Artikel in den Bereichen Bahnverkehr, Luft- und Schifffahrt. Nahezu gleichauf liegen der Energiesektor (einschließlich Elektroindustrie und Offshore-Förderung) mit 11 %, die Hausgerätetechnik (10 %) sowie industrielle Anwendungen (Maschinenbau, Bauindustrie, Bergbau, Landwirtschaft) mit 9 %.

Weitere Einsatzgebiete sind Lebensmittel- und Medizintechnik sowie Sport- und Freizeitartikel (Bild 1.9).

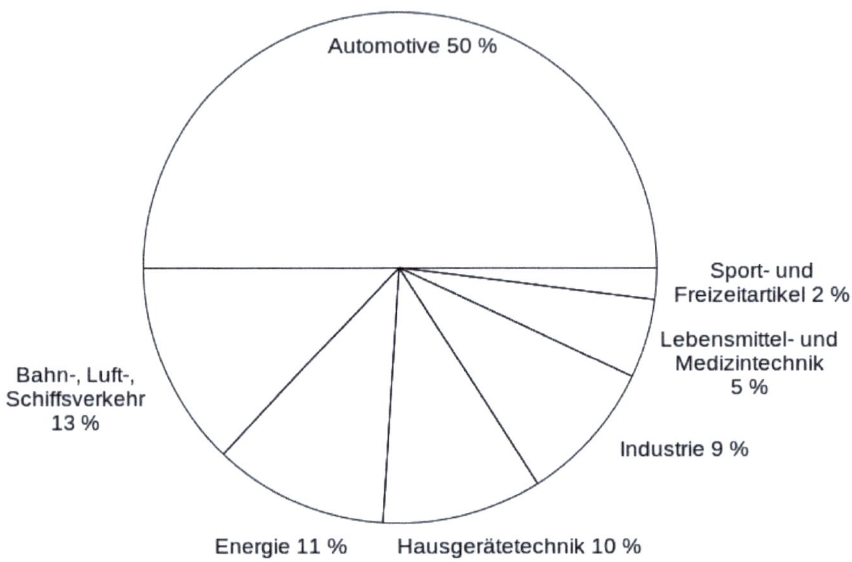

Bild 1.9 Anwendungsbereiche für technische Elastomer-Erzeugnisse

In Deutschland geht der Kautschukverbrauch seit einigen Jahren kontinuierlich zurück. Im Jahr 2023 wurden 355 000 Tonnen Synthesekautschuk und 190 000 Tonnen Naturkautschuk zu insgesamt 1,15 Millionen Tonnen Kautschukerzeugnissen verarbeitet. Etwa 55 % des Naturkautschuks und rund 34 % der verschiedenen Synthesekautschuke (im Wesentlichen BR und SBR) werden für die Fertigung von Reifen verwendet.

Die etwa 65 900 Beschäftigten der Gummiindustrie erwirtschafteten im Jahr 2023 einen Umsatz von 11,47 Milliarden Euro, davon entfallen zwei Drittel auf technische Gummiwaren.

Literatur Kapitel 1

[1] Abts, G.: Kunststoff-Wissen für Einsteiger. München: Carl Hanser Verlag 2020

[2] Braun, D.: Kleine Geschichte der Kunststoffe. München: Carl Hanser Verlag 2013

[3] Engels, H. W. et al.: Rubber, 4. Chemicals and Additives, in: Ullmann's Encyclopedia of Industrial Chemistry. Weinheim: Wiley VCH Verlag 1993

[4] Hofmann, W.: Vulkanisation und Vulkanisationshilfsmittel. Stuttgart: Berliner Union 1965

[5] Jünger, W.: Kampf um Kautschuk. Leipzig: Goldmann Verlag 1940. Nachdruck: Historisches Wirtschaftsarchiv. Paderborn: Salzwasser Verlag 2012

[6] Loadman, J.: Tears of the Tree. Oxford: Oxford Universal Press 2005

[7] Nagdi, K.: Gummi-Werkstoffe. Ratingen: Gupta-Verlag 2004

[8] Sguiglia, E.: Fordlandia. Bergisch-Gladbach: Lübbe 1997

[9] Slack, C.: Noble Obsession. New York: Hyperion 2002

[10] Plastics – the Facts 2024. PlasticsEurope. *https://plasticseurope.org*, abgerufen am 30. 01. 2025

[11] IRSG: Rubber Statistical Bulletin. Vol. 29 (2024).

[12] wdk: Die Kautschukindustrie 2023 – 2024. *https://www.wdk.de*, abgerufen am 06. 01. 2025

[13] December 2023 crude steel production and 2023 global crude steel production totals. *https://worldsteel.org*, abgerufen am 01. 02. 2025

[14] Coal 2024. *https://www.iea.org*, abgerufen am 01. 02. 2025

[15] The Rubber Goods Industry at a Glance. *https://www.etrma.org*, abgerufen am 02. 02. 2025

2 Grundlagen

Der Chemical Abstracts Service (CAS) registrierte Anfang des Jahres 2025 etwa 219 Millionen chemischer Verbindungen, davon zählen rund 98 % zu den organischen Verbindungen. Dies sind im Wesentlichen Verbindungen des Kohlenstoffs mit Wasserstoff *(Kohlenwasserstoffe)*. Daneben finden sich in organischen Verbindungen noch die Elemente Sauerstoff, Stickstoff, Schwefel, Phosphor sowie die Halogene Fluor, Chlor und Brom in nennenswerter Häufigkeit. Alle anderen Elemente sind in der organischen Chemie weit weniger repräsentiert, etwa in Metallsalzen organischer Säuren sowie in metallorganischen Verbindungen. Es mag etwas erstaunen, dass bei über 100 bekannten chemischen Elementen, wovon immerhin 80 stabil sind und seit Jahrtausenden in der Natur vorkommen, die Kombination aus nur wenigen Elementen eine derartige Vielfalt hervorruft.

Der Schlüssel liegt in der einzigartigen Fähigkeit des Kohlenstoffs, sich praktisch unendlich mit sich selbst zu verbinden. Dies erklärt einerseits, warum Kohlenstoff als Diamant und Graphit elementar vorkommt, andererseits ist dies wiederum die Voraussetzung zur Bildung extrem großer Moleküle, die erstmals von Staudinger als *Makromoleküle* bezeichnet wurden (vgl. Abschnitt 1.1). Zwar sind auch höher molekulare Verbindungen des Siliciums bekannt, das im Periodensystem direkt unter dem Kohlenstoff steht und somit auch vierbindig ist. Allerdings liegen etwa bei Siliconen oder Silikaten Molekülverbände auf Basis von Silicium-Sauerstoff-Brücken vor. Silicium ist auch nicht in der Lage, analog zu Kohlenstoff *Mehrfachbindungen* mit sich selbst zu bilden. Solche *Doppel- und Dreifachbindungen* ermöglichen erst wesentliche Reaktionen der organischen Chemie, darunter auch die Polymerisation.

Ein einfaches Beispiel für ein Molekül mit einer Doppelbindung ist Ethen (C_2H_4). Im Gegensatz zu Ethan (C_2H_6) werden jeweils zwei der vier Bindungsmöglichkeiten jedes Kohlenstoffatoms für die Verbindung zum benachbarten Kohlenstoffatom benutzt, somit verbleiben für jedes Kohlenstoffatom nur jeweils zwei Bindungen zu Wasserstoff (Bild 2.1). Da ohne Doppelbindung also noch insgesamt zwei weitere Wasserstoffatome hätten angebunden werden können, spricht man auch von einem *ungesättigten Kohlenwasserstoff.*

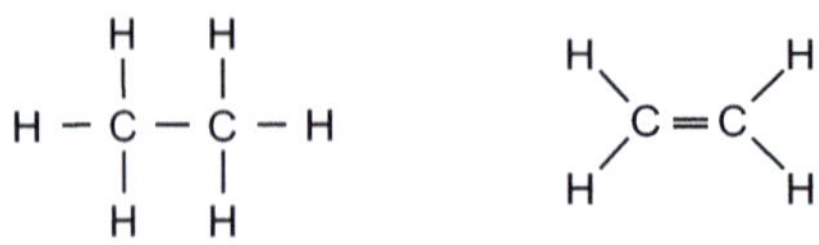

Ethan C_2H_6 Ethen C_2H_4

Bild 2.1
Vergleich von Einfach- und Doppelbindung am Beispiel Ethan/Ethen

Die einzelnen chemischen Bindungen einer Doppelbindung weisen voneinander abweichende Bindungsenergie und somit unterschiedliche Stabilität auf. Eine dieser Bindungen geht daher relativ leicht Bindungen zu weiteren Atomen ein. In der organischen Chemie ist dies meist wiederum Kohlenstoff. Insofern sind ungesättigte Kohlenwasserstoffe besonders wichtige Rohstoffe für die Herstellung von Polymeren.

Zu der großen Anzahl an natürlich vorkommenden Makromolekülen wie etwa Cellulose, Stärke, Lignin und Proteinen gehört auch Naturkautschuk. Seit etwa 100 Jahren ist die moderne Chemie jedoch in der Lage, synthetische Makromoleküle durch Polymerisation zu erzeugen. Im Folgenden sollen deshalb einige Grundlagen erläutert werden.

2.1 Vom Monomer zum Polymer

Im Gegensatz zu den überwiegend niedermolekularen Verbindungen insbesondere der anorganischen, aber auch der organischen Chemie, setzen sich die *Makromoleküle* (makros [griechisch] = groß) der *Polymere* (polys [griechisch] = viel; meros [griechisch] = Teil) aus sehr vielen (etwa zwischen 10^4 bis 10^6) gleich aufgebauten Teilen, den sogenannten *Monomeren* (monos [griechisch] = allein) zusammen. Die Kombination dieser Monomeren zu Polymeren wird *Polymerisation* genannt (Bild 2.2).

Zur anschaulicheren Darstellung, insbesondere von größeren Molekülen, wird in der Chemie eine Kurzschreibweise verwendet. Bei kürzeren und eindeutig identifizierbaren Molekülen wird die Summenformel verwendet, gegebenenfalls werden funktionelle Gruppen besonders dargestellt. Atome wie Sauerstoff, Schwefel, Halogene etc. werden einzeln eingezeichnet. Größere Moleküle werden als Zick-Zack-Ketten dargestellt. Jeder Knick sowie die Anfangs- und Endpunkte stehen für ein Kohlenstoffatom. Die Wasserstoffatome werden üblicherweise weggelassen. Längere identisch aufgebaute Abschnitte werden als Summenformel mit Indizes für die Anzahl der Polymersegmente zusammengefasst (Bild 2.3).

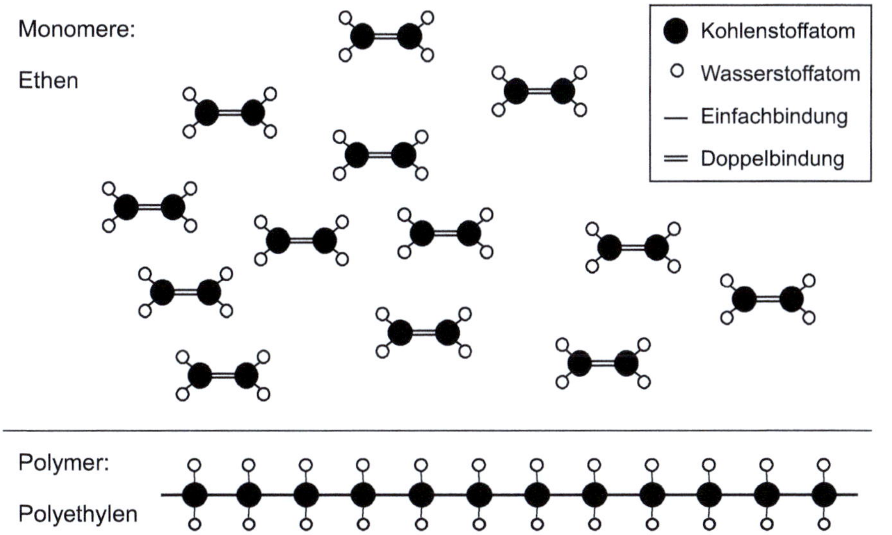

Bild 2.2 Vergleich von Monomeren und Polymer am Beispiel Ethylen/Polyethylen

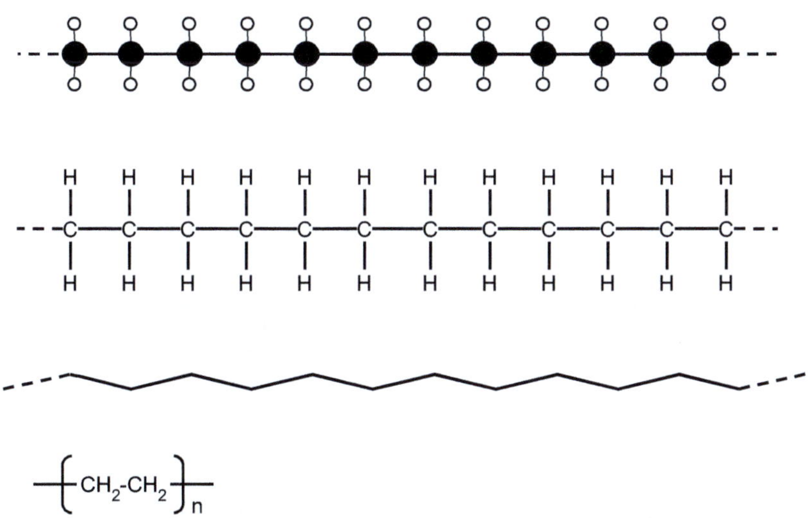

Bild 2.3 Vereinfachte Schreibweise am Beispiel Polyethylen

Monomere sind chemische Verbindungen, die die Eigenschaften der Polymere wesentlich bestimmen. Durch entsprechende Wahl der Monomere und gezielter Steuerung der Polymerisation ist es möglich, Werkstoffe mit neuen Eigenschaften herzustellen. Dabei werden auch unterschiedliche Monomere miteinander polymerisiert, um Eigenschaften beider Grundstoffe miteinander zu kombinieren (*Copolymerisation*, Bild 2.4). Über die jeweiligen Anteile der Monomere sowie über die Reaktionsbedingungen lassen sich nicht nur die durchschnittliche Kettenlänge und die Molmassenverteilung, sondern auch die Gruppierung der Monomerbausteine untereinander (Bild 2.5) sowie die Entstehung linearer oder verzweigter Polymere steuern (Bild 2.6).

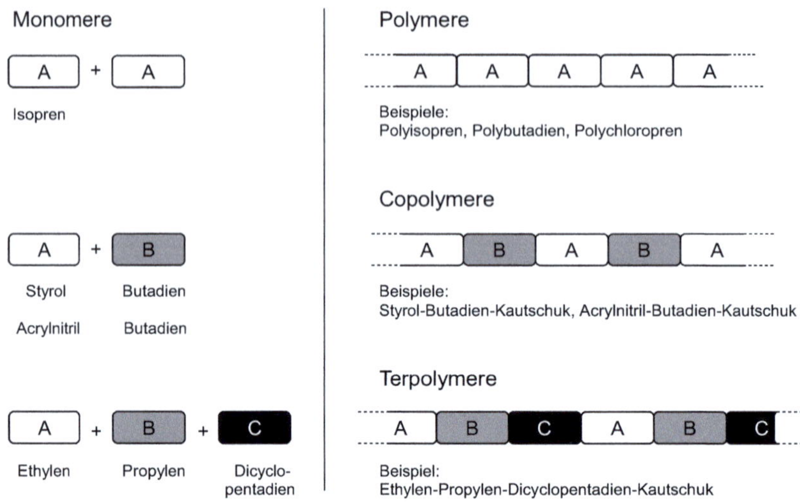

Bild 2.4 Schematischer Aufbau von Homopolymeren, Copolymeren und Terpolymeren

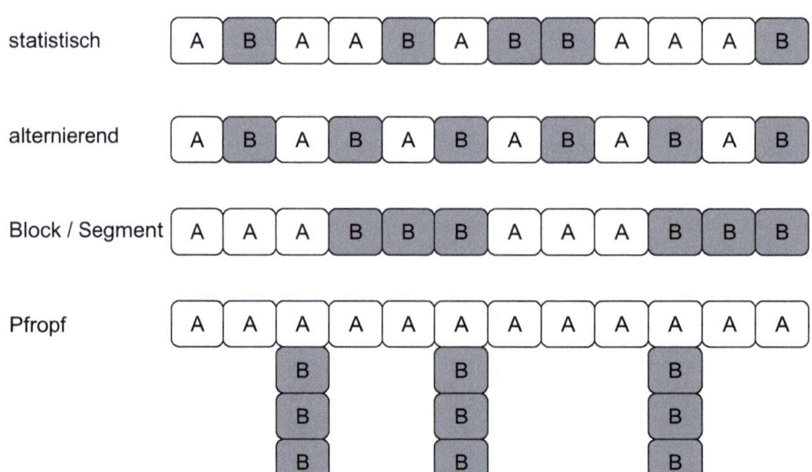

Bild 2.5 Mögliche Anordnungen von Monomeren bei der Copolymerisation

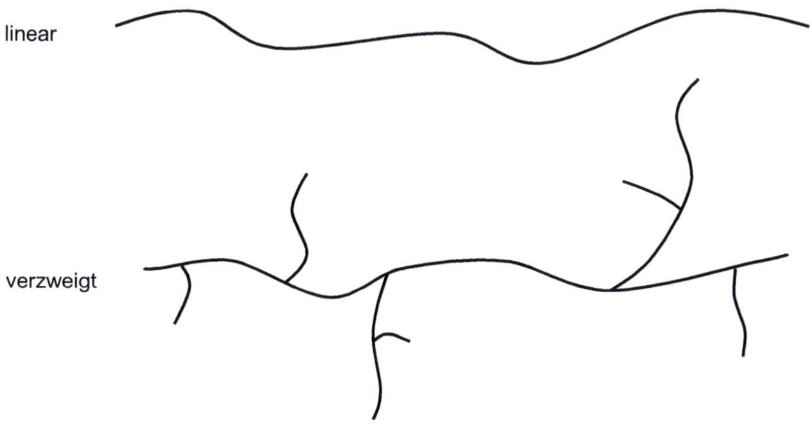

Bild 2.6 Struktur linearer und verzweigter Polymere

Die Polymerisation ist eine Kettenreaktion. Ein spezielles Initiatormolekül öffnet die weniger stabile Bindung der Doppelbindung des Monomeren, wodurch diesem die Möglichkeit gegeben wird, sich mit dem nächsten Monomermolekül zu verbinden. Initiatoren sind üblicherweise *Ionen* (elektrisch positiv oder negativ geladene Moleküle) oder *Radikale* (Verbindungen mit einem freien, das heißt ungebundenen Elektron). Auf diese Weise läuft ähnlich dem beliebten Umwerfen von Dominosteinen die Kettenreaktion ab, bis entweder keine Monomere mehr vorhanden sind oder die Reaktion durch spezielle Verbindungen abgebrochen wird (Bild 2.7). Durch diese *Kettenpolymerisation* werden die meisten Synthesekautschuke und Thermoplaste hergestellt.

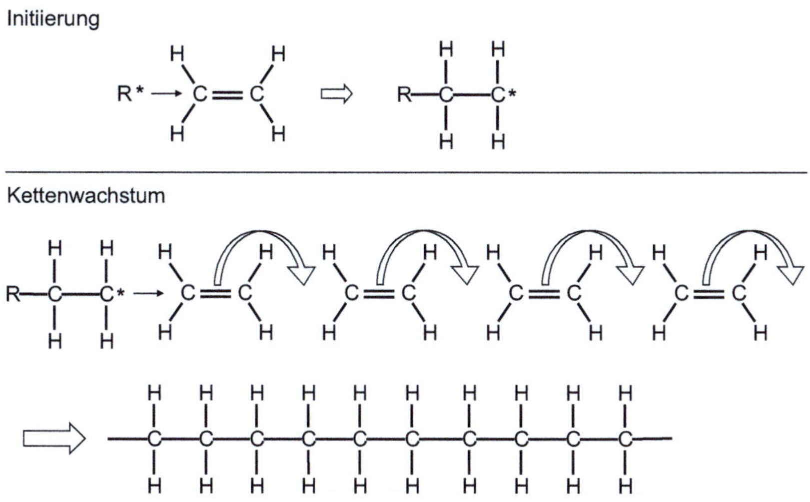

Bild 2.7 Polymerisation ungesättigter Verbindungen am Beispiel Ethen (schematisch)

Das wichtigste Monomer für die Herstellung von Synthesekautschuken ist *1,3-Butadien*, das sowohl alleine als auch in Kombination mit anderen Monomeren wie Styrol oder Acrylnitril (vgl. Copolymerisation) verwendet wird. Wie *Isopren* (2-Methyl-1,3-butadien), der Grundbaustein des Naturkautschuks, enthält es zwei Doppelbindungen, man bezeichnet solche Stoffe als *Diene*. In Bild 2.8 werden die Strukturen gezeigt. Die Ziffern bezeichnen in der organischen Chemie die Positionen von Doppelbindungen und Seitengruppen bezogen auf die C-Atome der Hauptkette.

1,3-Butadien Isopren (2-Methyl-1,3-butadien)

Bild 2.8 Struktur wichtiger Diene

Von besonderer Bedeutung ist hier, dass sich bei 1,3-Butadien und Isopren die Doppelbindungen mit Einfachbindungen abwechseln. Solche Anordnungen werden als *konjugierte Doppelbindungen* bezeichnet und zeichnen sich gegenüber Verbindungen mit gleich vielen, aber nicht konjugierten Doppelbindungen durch eine etwas höhere Stabilität aus. Da im Zuge der Polymerisation je Monomer nur eine Doppelbindung verwendet wird, verbleibt die zweite auch nach der Polymerisation in der Polymerkette. Aufgrund der im Vergleich zu Einfachbindungen generell höheren Reaktivität sind diese Doppelbindungen wesentlich für die Vernetzungsreaktion der Kautschuke mit Schwefel. Aus dem gleichen Grund bilden Doppelbindungen in der Polymerkette aber auch Schwachstellen bei Kontakt mit anderen reaktiven Substanzen. So besitzen ungesättigte Polymere, die also noch über Doppelbindungen in der Hauptkette verfügen, in der Regel nur eine begrenzte Widerstandsfähigkeit gegenüber Witterungseinflüssen, insbesondere Ozon und UV-Licht.

Vergleicht man die Strukturen von Isopren und 1,3-Butadien, so fällt auf, dass bei Isopren ein Wasserstoffatom durch eine Methylgruppe ausgetauscht (substituiert) wurde. Dabei nimmt nicht nur die Art, sondern auch die räumliche Anordnung solcher *Substituenten* Einfluss auf die Eigenschaften des Polymeren. So zeigt Polyisopren gegenüber Polybutadien eine etwas geringere Kälteflexibilität. Polare Substituenten wie etwa Chlor (Polychloropren) tragen beispielsweise zu erhöhter Ölbeständigkeit bei.

Je nach Position der Substituenten wird das Gleiten der Ketten und damit das Fließverhalten erleichtert oder erschwert, was sich auch bei ansonsten gleicher Zusammensetzung etwa in einer abweichenden Glastemperatur bemerkbar machen kann. Man bezeichnet die möglichen Anordnungen als:

- *ataktisch* (ungeordnet),
- *isotaktisch* (gleichförmig an einer Seite) oder
- *syndiotaktisch* (regelmäßig an beiden Seiten wechselnd).

Die verschiedenen Anordnungen zeigt Bild 2.9 am Beispiel Polypropylen. Die unterschiedliche räumliche Anordnung bei ansonsten gleichem Aufbau nennt man *Stereoisomerie*.

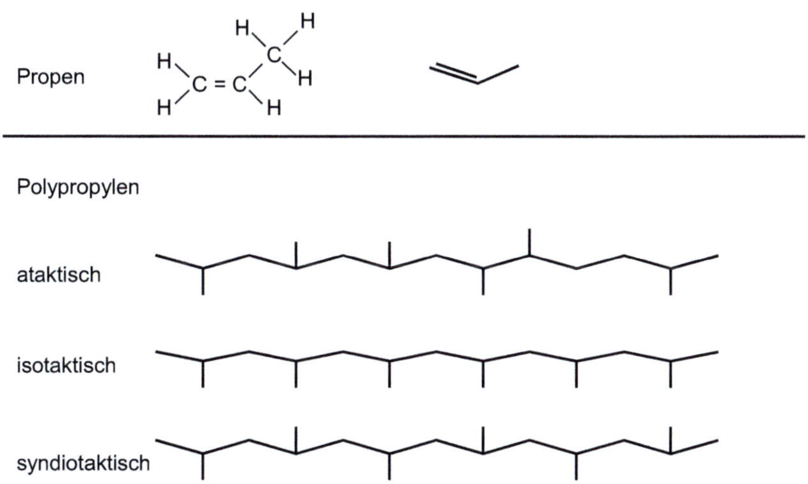

Bild 2.9 Anordnungen von Seitengruppen am Beispiel Polypropylen

Wie bereits erwähnt, verbleibt bei der Polymerisation von Dienen eine Doppelbindung im Polymer (zum Beispiel bei Polyisopren und Polybutadien). Die räumliche Anordnung von Doppelbindung und Polymerkette beeinflusst die Eigenschaften des Polymers in ausgeprägtem Maße. Stehen die Polymerketten auf der gleichen Seite der Doppelbindung, liegt die *cis-Konfiguration* vor, stehen die Substituenten oder Polymerketten gegenüber, handelt es sich um die *trans-Konfiguration*. Solche sogenannten *cis- und trans-Isomere* weisen deutlich abweichende physikalische und *chemische Eigenschaften* auf. Bild 2.10 zeigt die *cis-trans-Isomerie* am Beispiel Isopren. Der elastische Naturkautschuk besteht fast ausschließlich aus cis-1,4-Polyisopren, die thermoplastische Guttapercha besteht im Wesentlichen aus trans-1,4-Polyisopren (vgl. Abschnitt 5.1). Durch spezielle Katalysatoren ist es möglich, die Lage der Substituenten zur Doppelbindung gezielt zu beeinflussen.

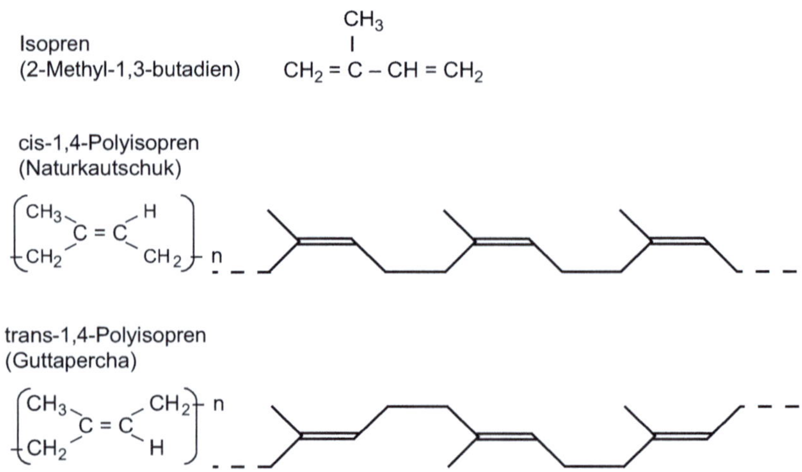

Bild 2.10 Stereoisomerie bei Polyisopren

2.2 Weitere Verknüpfungsarten

Neben der Polymerisation lassen sich geeignete Ausgangsstoffe auch durch Polyaddition oder Polykondensation miteinander verbinden. Solche Verbindungen verfügen über bestimmte funktionelle Gruppen und reagieren zunächst zu kleineren, dann immer größeren Molekülverbänden (Bild 2.11 a). Im Gegensatz zur Polymerisation laufen bei der *Polyaddition* und der *Polykondensation* viele voneinander unabhängige Einzelreaktionen ab. Auf diese Weise lassen sich räumlich dicht vernetzte Polymere herstellen, die man als *Duroplaste* (manchmal noch *Duromere*) bezeichnet (Bild 2.11 b).

Bei der Polykondensation werden auch niedermolekulare Spaltprodukte freigesetzt, wie zum Beispiel Wasser (hierauf ist der Name Polykondensation zurückzuführen), Alkohole oder andere (Bild 2.12 a und b). Typische Vertreter der Polyadditionsprodukte sind Polyurethane oder Epoxidharze, Beispiele für Polykondensationsprodukte sind Polyamide, Polyester, Phenoplaste und Aminoplaste.

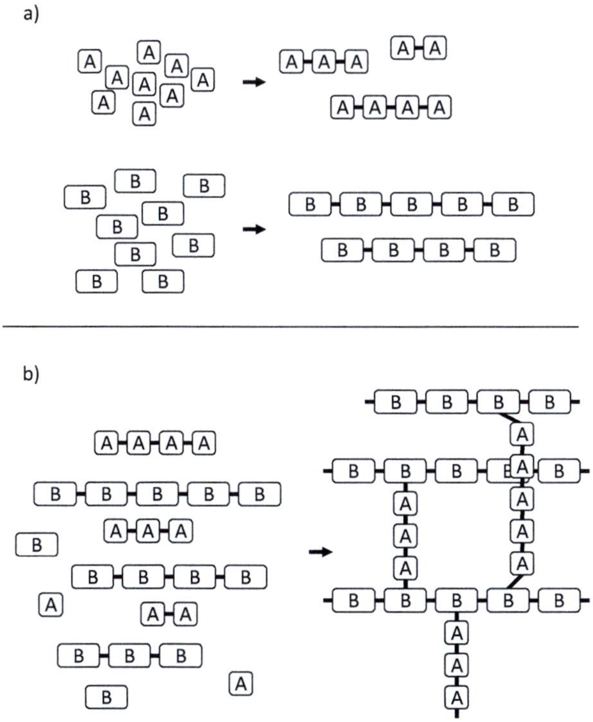

Bild 2.11 Schematische Darstellung der Polyaddition

a) Bildung von Präpolymeren

b) Kombination der Präpolymere untereinander sowie mit restlichen Monomeren zum räumlich vernetzten Duroplasten

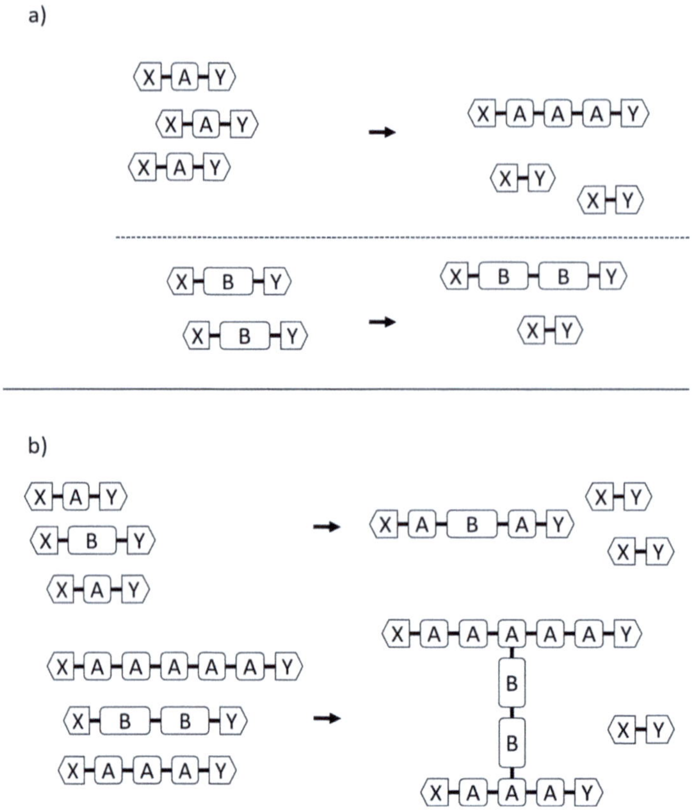

Bild 2.12 Schematische Darstellung der Polykondensation
a) Freisetzung niedermolekularer Verbindungen bei der Bildung von Präpolymeren
b) Freisetzung niedermolekularer Verbindungen bei der Kombination beider Komponenten oder von Präpolymeren

2.3 Arten polymerer Werkstoffe

2.3.1 Übersicht

Polymere Werkstoffe lassen sich sowohl anhand ihres molekularen Aufbaus als auch anhand ihres mechanischen Verhaltens bei verschiedenen Temperaturen in Elastomere, Thermoplaste und Duroplaste aufteilen.

Elastomere grenzen sich vor allem durch ihre Gummielastizität von Thermoplasten und Duroplasten ab. Sie lassen sich durch Erwärmen nur unwesentlich erweichen, bei zu hoher Temperatur tritt Zersetzung ein. Zur Herstellung von Elastomeren werden die meist als Ballen erhältlichen Kautschuke mit weiteren, pulverförmigen oder flüssigen Komponenten unter Einsatz hoher Scherkräfte vermengt. Nach der Formgebung erfolgt die Vernetzung, die in der Regel hohe Temperaturen und eine gewisse Verweilzeit erfordert und durch spezielle Chemikalien initiiert und gesteuert wird.

Thermoplaste sind bei Raumtemperatur meist mehr oder weniger hart, erweichen aber bei genügend hohen Temperaturen. Sie werden als Granulate angeboten und enthalten in der Regel bereits Zuschlagstoffe wie etwa Farbmittel, Glasfasern oder Flammschutzmittel. Die Granulate werden aufgeschmolzen und in die gewünschte Form überführt, die sie nach Abkühlung beibehalten.

Thermoplastische Elastomere weisen bei Raumtemperatur gummielastisches Verhalten auf, lassen sich aber ebenfalls bei höheren Temperaturen erweichen. Somit verläuft ihre Formgebung mit den bei Thermoplasten üblichen Verfahren.

Duroplaste entstehen durch Polyaddition oder Polykondensation und sind wie Elastomere irreversibel vernetzt, jedoch ist die Vernetzungsdichte weit höher als bei Elastomeren. Charakteristisch für Duroplaste ist daher ihre hohe Temperaturbeständigkeit; sie zeigen bis zu ihrer Zersetzungstemperatur kein Erweichen, was in der Namensgebung zum Ausdruck kommt (durus [lateinisch] = hart). Insofern muss auch bei Duroplasten die Formgebung vor der Vernetzung, die bei Duroplasten auch als Härtung bezeichnet wird, abgeschlossen sein.

Einen schematischen Vergleich der verschiedenen polymeren Werkstoffe zeigen Bild 2.13 und Bild 2.14.

Werkstoffklasse	Charakteristik	t_1 Raumtemperatur belastet	t_2 erhöhte Temperatur belastet	t_3 Raumtemperatur unbelastet
Thermoplaste	- nicht vernetzt - reversibel wärmeformbar - in Lösungsmitteln gering bis stark quellbar oder löslich			
Thermoplastische Elastomere	- physikalisch vernetzt - gummieleastisch - reversibel wärmeformbar - in Lösungsmitteln gering bis stark quellbar oder löslich			
Elastomere	- weitmaschig chemisch vernetzt - gummielastisch - nicht wärmeformbar - Formgebung vor der Vernetzung - in Lösungsmitteln gering bis stark quellbar, aber nicht löslich			
Duroplaste	- engmaschig chemisch vernetzt - nicht wärmeformbar - Formgebung vor der Vernetzung - in Lösungsmitteln nicht quellbar oder löslich			

Bild 2.13 Prinzipieller Vergleich polymerer Werkstoffe

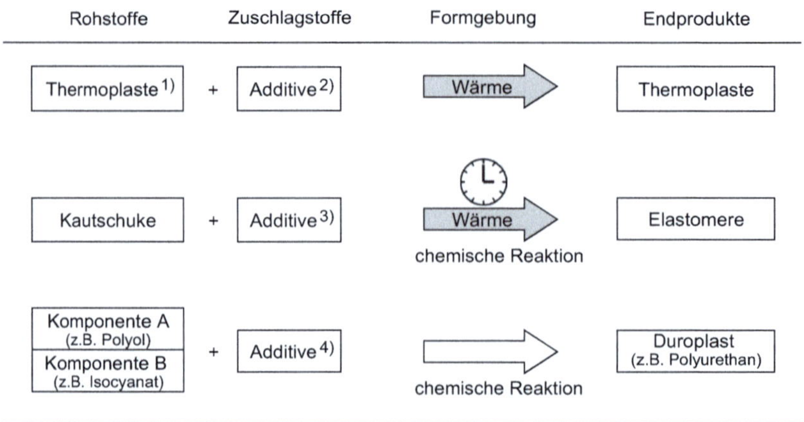

1) einschließlich der thermoplastischen Elastomere

2) Farbstoffe, Füllstoffe, Flammschutzmittel in der Regel bereits vom Hersteller zugemischt

3) Füllstoffe, Weichmacher, Alterungsschutzmittel, Treibmittel, Vernetzungschemikalien

4) Schaumstabilisatoren, Emulgatoren, Treibmittel, Füllstoffe, Flammschutzmittel; bei Lacken: spezielle Additive

Bild 2.14 Verarbeitung verschiedener polymerer Werkstoffe

2.3.2 Rheologisches Verhalten

Polymere Werkstoffe, insbesondere Kautschuke, verhalten sich unter mechanischer Belastung deutlich verschieden von ideal elastischen Körpern oder idealen Flüssigkeiten. Ihr Verhalten bei Verformung hängt unter anderem von der Verformungsgeschwindigkeit und von der Temperatur ab.

Bei ideal elastischen Körpern sind Spannung und Verformung proportional, sie gehorchen also dem *Hookeschen Gesetz*. Ideal elastische Körper werden daher auch als Hookesche Körper bezeichnet und in der Rheologie durch ein Federsymbol modelliert. Sie dehnen sich bei Belastung unverzüglich aus und ziehen sich bei Entlastung reversibel und unmittelbar auf die Ausgangslänge zusammen.

Dagegen reagieren Flüssigkeiten verzögert auf einwirkende Kräfte, wobei eine Scherung der einzelnen Schichten eintritt. Der Widerstand gegenüber der Scherung aufgrund intermolekularer Kräfte wird als Zähigkeit oder (Scher-)*Viskosität* η bezeichnet. Bei idealen Flüssigkeiten (Newtonsche Flüssigkeiten) sind Schubspannung und Schergeschwindigkeit proportional, die Viskosität bleibt konstant. Die Verformung ist jedoch plastisch, sie geht auch nach Entlastung nicht mehr zurück. Als Modellsymbol dient in der Rheologie ein Dämpfer.

Bei zu hoher Spannung tritt auch bei elastischen Körpern aufgrund von Versetzungen der Atomebenen (Kristalle) oder Streckung von Makromolekülen (Polymere) irreversible plastische Verformung *(Fließen)* auf; bei Metallen etwa ab 0,1 bis 0,2 % Dehnung, bei Polymeren etwa ab 2 %.

Polymere verhalten sich oberhalb ihres Glasübergangsbereiches (vgl. Abschnitt 2.3.3) sowohl viskos als auch elastisch. Somit weisen Kautschuke im Gebrauchstemperaturbereich und Thermoplaste im geschmolzenen Zustand eine ausgeprägte *Viskoelastizität* auf. Eine aufgebrachte Dehnung geht nach Entlastung oft nur teilweise zurück. Das viskoelastische Verhalten ist besonders ausgeprägt, wenn Belastungszeit und Relaxationszeit in ähnlichen Größenordnungen liegen.

Kautschuke folgen einer aufgebrachten Spannung zunächst spontan mit einer elastischen Verformung, bei der die ursprünglich verknäulten Makromoleküle mehr oder weniger in Richtung der aufgebrachten Kraft ausgerichtet werden. Die elastische Verformung geht bei weiterer Belastung durch Strecken der Makromoleküle in eine plastische Verformung *(Kriechen)* mit abnehmender Geschwindigkeit über, bis schließlich rein viskoses Fließen mit konstanter Verformungsgeschwindigkeit auftritt. Nach Entlastung geht durch den elastischen Anteil (*Entropieelastizität*, vgl. Abschnitt 2.3.3) ein Teil der Deformation wieder unmittelbar zurück. Dagegen ist die Relaxationszeit für die aufgrund des Streckens der Makromoleküle eingetretene plastische Verformung stark temperaturabhängig, bei niedrigen Temperaturen verlaufen solche Kriecherholungsprozesse bis zu mehreren Stunden (Bild 2.15). Für die rheologische Simulation des viskoelastischen Verhaltens verwendet man komplexe Modelle aus Federn und Dämpfern.

Auch bei Temperaturen unterhalb des Glasübergangsbereichs beginnen Polymere durch längerfristige Krafteinwirkung allmählich zu kriechen *(„kaltes Fließen“)*. Dies ist etwa beim Einsatz von Thermoplasten unter permanenter mechanischer Belastung (etwa bei Schraubdomen) zu berücksichtigen.

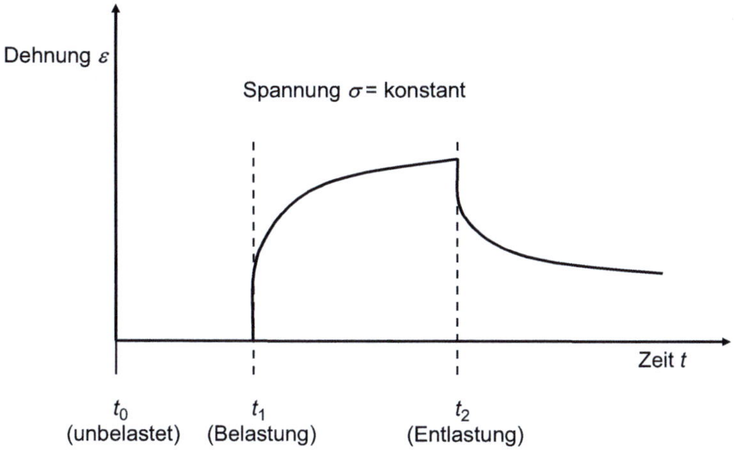

Bild 2.15 Viskoelastisches Verhalten von Kautschuken nach [2] [6]

2.3.3 Temperaturabhängige Charakteristik

Polymere Stoffe bestehen aus Makromolekülen, deren Atome durch die starken kovalenten Bindungen zusammengehalten werden. Zwischen den Makromolekülen wiederum wirken die im Vergleich dazu schwächeren Nebenvalenzkräfte. Sie sind relativ leicht (beispielsweise durch Temperaturerhöhung) zu überwinden, was die Verschiebung von Makromolekülen untereinander ermöglicht. Außerdem vermögen unvernetzte Makromoleküle (insbesondere Thermoplaste) zu fließen, somit haben diese Stoffe auch zeitabhängige Eigenschaften. Daher zeigen polymere Werkstoffe im Gegensatz zu Metallen oder keramischen Werkstoffen, deren innerer Zusammenhalt ausschließlich über kovalente Bindungen oder Ionenbindungen erfolgt, erheblich geringere Elastizitätsmoduln, Festigkeiten und Härte. Durch chemische Vernetzung der Makromoleküle (Elastomere, Duroplaste) lassen sich diese Werte erhöhen, sie steigen mit der Vernetzungsdichte.

Die praktische Verwendung von Werkstoffen setzt voraus, dass sie innerhalb eines bestimmten Temperaturbereichs akzeptable Eigenschaften aufweisen. Diese Temperaturspanne wird als *Gebrauchstemperaturbereich* bezeichnet. Seine Breite, sowie die jeweiligen Grenztemperaturen, sind für jeden Werkstoff spezifisch. Bei polymeren Werkstoffen liegt die untere Grenze in den meisten Fällen unterhalb des Gefrierpunkts von Wasser, die Obergrenze in der Größenordnung von 70 bis 120 °C, in Ausnahmefallen sind bis zu mehrere hundert Grad Celsius möglich.

Niedermolekulare Stoffe der anorganischen und organischen Chemie treten fest, flüssig oder gasförmig auf, wobei die Schmelz- und Siedepunkte scharfe Grenzen zwischen diesen Aggregatzuständen bilden. Dagegen weisen Polymere ausgeprägte Übergangsbereiche zwischen ihren mechanischen Zuständen auf. Die Temperaturgrenzen der Zustandsbereiche und die Breite der Übergangsbereiche werden durch Aufbau und Molmasse (präziser: Molmassenverteilung) bestimmt, sind also für jeden polymeren Werkstoff spezifisch. Eine genauere Betrachtung erlaubt der Verlauf des *Schubmoduls* in Abhängigkeit von der Temperatur (Bild 2.16).

Bei sehr tiefen Temperaturen verhalten sich alle polymeren Werkstoffe zunächst *energieelastisch*, sie sind hart bis glasartig spröde und setzen mechanischer Verformung eine hohe Widerstandskraft entgegen. Duroplaste bleiben bis zur Zersetzungstemperatur in diesem Zustand.

Mit steigender Temperatur erlangen die Makromoleküle von Elastomeren und Thermoplasten eine höhere Beweglichkeit, das Polymer dehnt sich insgesamt aus und die Nebenvalenzbindungen verlieren an Stärke. Die bisher eingefrorenen amorphen Bereiche tauen auf, der Schubmodul verringert sich, das Polymer wirkt insgesamt lederartig. Bei teilkristallinen Thermoplasten bildet das Aufschmelzen der Kristallite eine Zwischenstufe.

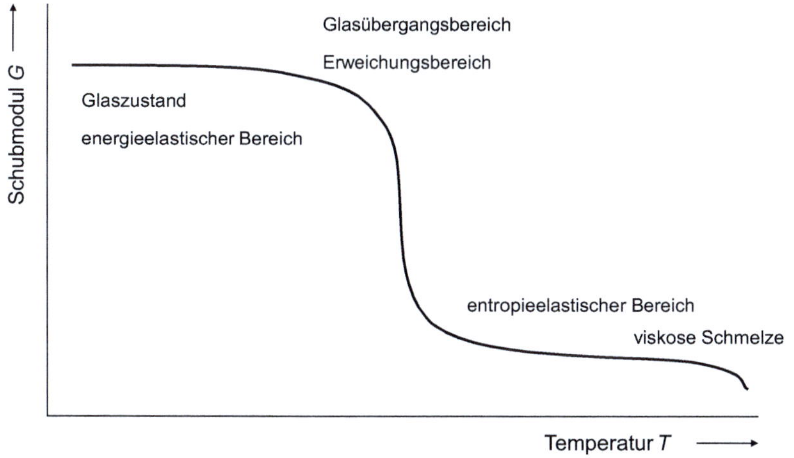

Bild 2.16 Prinzipieller Verlauf der Schubmodulkurve polymerer Werkstoffe

Die insbesondere bei Kautschuken (aber auch, obwohl in deutlich geringerem Maße, bei Thermoplasten) verknäult vorliegenden Makromoleküle lassen sich mit steigender Temperatur immer einfacher gegeneinander verschieben und strecken, streben aber bei Entlastung zunächst wieder den verknäulten, ungeordneten Zustand an; sie sind also entropieelastisch (*Entropieelastizität*; *Entropie* = Maß für Unordnung). Damit folgen sie dem zweiten Hauptsatz der Thermodynamik, wonach die Entropie eines abgeschlossenen thermodynamischen Systems immer einem Maximum zustrebt. Durch Strecken der Makromoleküle wird ein höherer Ordnungsgrad erreicht, die Entropie wird also verringert. Daher wird beim Strecken von Makromolekülen Wärme freigesetzt. Naturkautschuk zeigt sogar bei Dehnungen ab etwa 100 % einsetzende Kristallisation (Katz, 1925). Die freiwerdende Wärme ist also mit der Kristallisationswärme beim Erstarren von Flüssigkeiten vergleichbar.

Beim Entlasten wird die Entropie wieder vergrößert, wofür Wärmeenergie aus der Umgebung aufgenommen wird. Die Entropie steigt also durch Wärmezufuhr, daher ziehen sich gestreckte Kautschukmakromoleküle beim Erwärmen zusammen *(Gough-Joule-Effekt)*. Als Folge steigt auch die Zugkraft bei einer definierten Dehnung (Spannungswert) mit der Temperatur.

Der Übergang zwischen dem glasartig harten Zustand und dem entropieelastischen Bereich wird als *Glasübergangsbereich* bezeichnet. Die oft verwendete Angabe einer festen *Glasübergangstemperatur* T_G ist aufgrund der in allen polymeren Werkstoffen vorliegenden Verteilung unterschiedlicher Molmassen nicht ganz korrekt, die beiden Begriffe sollen im Rahmen dieses Buches aber synonym verwendet werden. Der rechnerisch ermittelte Wendepunkt der Schubmodulkurve wird als *Kälterichtwert* T_R bezeichnet und verschiedentlich ebenfalls mit der Glasübergangstemperatur gleichgesetzt. Bild 2.17 verdeutlicht den Zusammenhang zwischen dem Verlauf der Schubmodulkurve und dem Gebrauchstemperaturbereich verschiedener polymerer Werkstoffe.

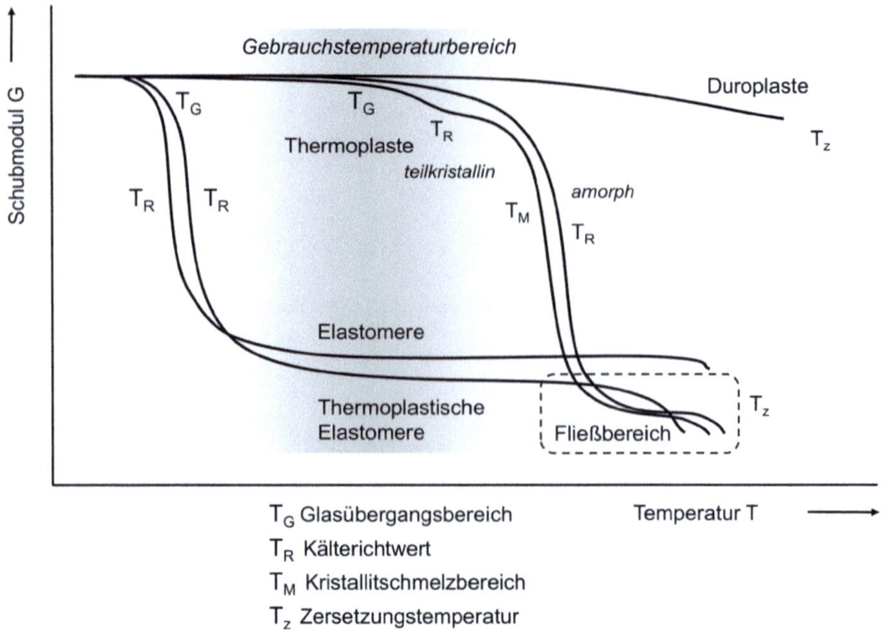

Bild 2.17 Schubmodulkurven und Gebrauchstemperaturbereich verschiedener polymerer Werkstoffe

Kautschuke besitzen auch im unvernetzten Zustand schon hohe Rückstellkräfte. Durch weitmaschige dreidimensionale chemische Vernetzung über kovalente Bindungen werden diese Rückstellkräfte enorm erhöht, da die Vernetzungen die Bewegungsfreiheit der Makromoleküle deutlich einschränkt. Die auf diese Weise erhaltenen Elastomere sind gummielastisch. Sie lassen sich um bis zu mehrere hundert Prozent dehnen und gehen nach Entlastung fast vollständig wieder in ihren Ausgangszustand zurück. Da Elastomere typischerweise Glasübergangsbereiche bei sehr niedrigen Temperaturen aufweisen, ist das entropieelastische Plateau ihrer Schubmodulkurve und damit ihr Gebrauchstemperaturbereich relativ breit. Elastomere werden grundsätzlich oberhalb ihrer Glastemperatur eingesetzt, da eingefrorene Molekülketten nicht gummielastisch sind. Der Glastemperaturbereich von Elastomeren lässt sich durch Zusatz spezieller Weichmacher zu noch tieferen Temperaturen hin verschieben. Auch bei einigen Thermoplasten, insbesondere bei PVC und einigen thermoplastischen Elastomeren, werden Weichmacher eingesetzt, um die Flexibilität zu erhöhen.

Naturkautschuk und Chloroprenkautschuk zeigen bei tiefen Temperaturen eine ausgeprägte Kristallisationstendenz. Die *Kristallisation* wird zwar durch die Vernetzung verlangsamt, bewirkt aber auch noch nach längerer Lagerung bei tiefen Temperaturen einen allmählichen Verlust der Gummielastizität. Die Kristallisation ist jedoch reversibel und lässt sich durch Erwärmen sowie durch dynamische Beanspruchung wieder vollständig aufheben. Bei Anwendungen mit überwiegend statischer Belastung, die über längere Zeiträume tiefen Temperaturen ausgesetzt sind, wird die Kristallisation über den Rezepturaufbau oder – wie etwa bei Chloroprenkautschuk – mit speziellen Kautschuktypen weitgehend unterbunden.

Auch wenn der Vernetzungsgrad von Elastomeren deutlich geringer als der von Duroplasten ist, lassen sich Elastomere bei weiter steigenden Temperaturen nicht schmelzen und daher auch weder thermoformen oder schweißen, sie verbleiben bis zu ihrer Zersetzung im entropieelastischen Bereich.

Amorphe Thermoplaste sind unterhalb des Glasübergangsbereichs energieelastisch. Mit zunehmender Annäherung an die Glasübergangstemperatur sinkt der Schubmodul deutlich ab und sie lassen sich mit immer geringerem Kraftaufwand verformen. Oberhalb der Glasübergangstemperatur beginnen amorphe Thermoplaste langsam zu erweichen. Im Gegensatz dazu nimmt der Schubmodul **teilkristalliner Thermoplaste** bei Erreichen der Glastemperatur aufgrund der starken Wechselwirkungen innerhalb der kristallinen Bereiche zunächst nur unwesentlich ab. Erst bei Überschreiten der sogenannten Kristallit-Schmelztemperatur setzt eine merkliche Erweichung ein, daher sind teilkristalline Thermoplaste auch oberhalb ihrer Glasübergangstemperatur einsetzbar. Die teilkristallinen Strukturen sind nicht einheitlich und weisen demzufolge unterschiedliche Schmelztemperaturen auf, außerdem ist auch hier wiederum die Molmassenverteilung zu berücksichtigen. Daher ist der Ausdruck Kristallit-Schmelzbereich präziser. Zu Beginn des Erweichungsbereichs liegen Thermoplaste zunächst zäh-plastisch vor und erreichen mit immer weiterer Temperaturerhöhung schließlich den schmelzflüssigen Zustand. Die Viskosität der Schmelze sinkt also mit steigender Temperatur, die Fließfähigkeit steigt an, da zur Verformung immer kleinere Kräfte erforderlich sind. Eine exakte Schmelztemperatur lässt sich analog zur Glasübergangstemperatur und Kristallit-Schmelztemperatur aufgrund der verschiedenen Kettenlängen der Makromoleküle jedoch nicht bestimmen. Allerdings korreliert die Viskosität mit der durchschnittlichen Kettenlänge. Übliche Verarbeitungstemperaturen („Massetemperaturen") für Thermoplaste betragen etwa das zwei- bis dreifache der maximalen Gebrauchstemperatur.

Thermoplastische Elastomere weisen einen ähnlichen Verlauf der Schubmodulkurve wie vernetzte Elastomere auf. Ihr Gebrauchstemperaturbereich liegt also im Gegensatz zu Thermoplasten oberhalb der Glastemperatur. Der große Vorteil dieser Produkte liegt aber darin, dass sie bei einer Erwärmung über den Gebrauchstemperaturbereich hinaus erweichen und sich somit wie ein Thermoplast verarbeiten lassen. Wie vernetzte Elastomere zeigen auch thermoplastische Elastomere mit steigender Temperatur einen sehr steilen Abfall des Schubmoduls und damit auch eine extreme Abnahme des Elastizitätsmoduls.

Bei den dicht vernetzten **Duroplasten** spielen Nebenvalenzkräfte nur eine untergeordnete Rolle, daher weisen Duroplaste keinen Glasübergangsbereich auf.

Während die Erweichung thermoplastischer Materialien bei höheren Temperaturen ihre relativ leichte und wirtschaftliche Verarbeitung ermöglicht, ist eine merkliche Erweichung von Elastomeren oder Duroplasten bei hohen Temperaturen bereits Zeichen einsetzender thermischer Zersetzung. Das scheinbare Schmelzen von Gummi bei hohen Temperaturen ist tatsächlich also das Auftreten niedermolekularer und damit flüssiger Zersetzungsprodukte. Die Gasphase wird bei polymeren Werkstoffen aufgrund der hierfür unzureichenden Beweglichkeit der Makromoleküle sowie einsetzender Zersetzung bei weiterer Temperaturerhöhung nicht erreicht.

Makromolekulare Stoffe zeigen also eine deutliche Abhängigkeit ihres mechanischen Verhaltens von der Temperatur. Der mechanische Zustand eines Polymeren bei einer gegebenen Temperatur hängt von deren Verhältnis zur Glastemperatur (T/T_G) ab. Der Elastizitätsmodul eines Polymeren kann sich aufgrund von Temperaturänderungen bis um den Faktor 1000 ändern. Zur Abschätzung der Gebrauchstemperatur eines polymeren Werkstoffs ist die Schubmodulkurve daher gut geeignet. Es soll aber darauf hingewiesen werden, dass die Gebrauchstemperatur auch von der Höhe der mechanischen Belastung und deren Dauer abhängt (vgl. Abschnitt 4.4 und 5.1). (Dies erklärt auch die deutlich untereinander abweichenden Formbeständigkeitstemperaturen, die mit verschiedenen Prüfverfahren für Thermoplaste ermittelt werden, wie etwa Vicat-Erweichungstemperatur, Heat-Distortion-Temperature oder Kugeleindrucktemperatur.)

Durch höhere Temperaturen lassen sich außerdem die durch äußere Beanspruchung eintretenden Änderungen beschleunigen. Diesen Effekt macht man sich bei der Prüfung des Langzeitverhaltens zu Nutze, indem man Temperatur, Spannung oder Medienkonzentration (bei der Prüfung auf chemische Beständigkeit) deutlich über die in der Praxis erwarteten Beanspruchungsgrenzen erhöht. Durch Extrapolation der Ergebnisse werden Aussagen über das Langzeitverhalten bei geringerer Beanspruchung möglich (vgl. Abschnitt 4.4 und 5.1).

2.3.4 Elastomere

Elastomere besitzen stark verknäulte und weitmaschig vernetzte Kautschuk-Makromoleküle (Bild 2.18). Die Verknäulung erlaubt zwar eine relativ große Beweglichkeit, lässt jedoch im Vergleich zu Thermoplasten auch unter Wärmeeinwirkung eine merkliche plastische Verformung nur mit sehr hohem Kraftaufwand zu. Bei Entlastung streben die Makromoleküle von Kautschuken aufgrund ihrer Entropieelastizität wieder den ungeordneten, verknäulten Zustand an. Dieses Verhalten wird bei Elastomeren durch die relativ kurzen Vernetzungsbrücken, üblicherweise über eine Kette aus wenigen Schwefelatomen, signifikant verstärkt. Werden also Elastomere beispielsweise durch Zugbelastung gedehnt und damit die verknäulten und vernetzten Makromoleküle gestreckt, bewirken die Vernetzungsstellen sehr hohe Rückstellkräfte. Die

Vernetzung ist also die wesentliche Voraussetzung für die gummielastischen Eigenschaften von Elastomeren. Daher muss die Formgebung der Elastomere grundsätzlich vor der Vernetzung erfolgen.

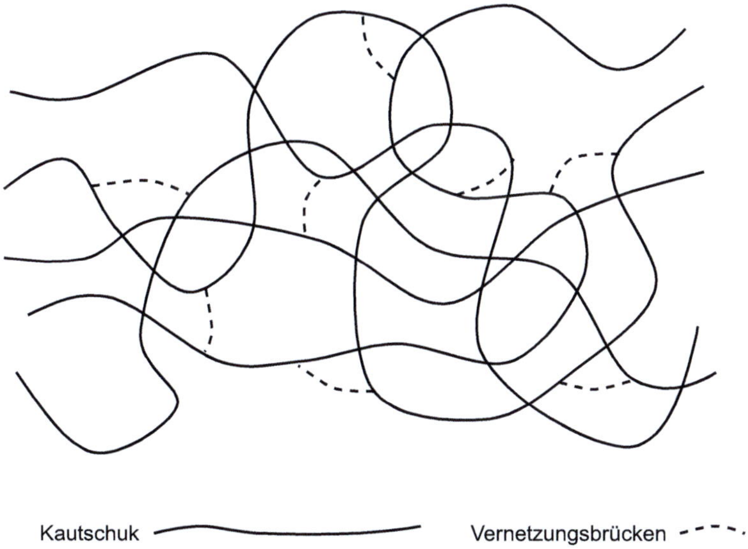

Bild 2.18 Verknäulte und weitmaschig vernetzte Makromoleküle von Elastomeren

Die mechanischen und dynamischen Eigenschaften sowie die Gebrauchstemperatur und die chemische Beständigkeit von Elastomeren werden vom jeweiligen Kautschuk bestimmt und lassen sich durch den Rezepturaufbau in bestimmten Grenzen variieren. So sind Dauergebrauchstemperaturen von rund 70 °C (Naturkautschuk) bis über 200 °C (Fluor- und Silikonkautschuke) möglich. Unterhalb ihres Gebrauchstemperaturbereichs, in der Regel weit unterhalb des Gefrierpunkts von Wasser, sind Elastomere spröde und hart. Bei zu hoher Temperatur setzt rasche Oxidation und Zersetzung ein.

In Abhängigkeit vom zugrundeliegenden Kautschuk (und in weit geringerem Maße von Füllstoffen, Weichmacher und Vernetzungsgrad) sind Elastomere mehr oder weniger empfindlich gegen den Angriff von Chemikalien. Potenzielle Reaktionen mit aggressiven Chemikalien und damit die Zersetzung von Elastomeren hängen also hauptsächlich vom chemischen Aufbau des Basiskautschuks ab. Das rein physikalische Eindringen von Lösungsmitteln kann bei Elastomeren zu einer hohen Volumenzunahme (Quellung, vgl. Abschnitt 4.5) führen. Aufgrund ihrer weitmaschigen räumlichen Vernetzung sind Elastomere allerdings im Gegensatz zu Thermoplasten nicht vollständig in Lösungsmitteln löslich. Unvernetzte Kautschuke lassen sich, wenn auch mit einem gewissen Aufwand, in begrenztem Maße in geeigneten Lösungsmitteln lösen.

2.3.5 Thermoplaste

Grundsätzlich unterscheidet man zwischen *amorphen* (amorph = gestaltlos) und *teilkristallinen* Thermoplasten (Bild 2.19). Amorphe Thermoplaste weisen eine vollständig ungeordnete Struktur der Polymerketten auf. Diese gleiten unter Wärmeeinwirkung relativ leicht voneinander ab, wodurch die Thermoplaste zunächst erweichen und bei Erreichen ihrer Glasübergangstemperatur zu schmelzen beginnen. Mit weiterer Temperaturerhöhung erhöht sich die Fließfähigkeit der Schmelze immer weiter, bis schließlich Zersetzung eintritt. Bei teilkristallinen Thermoplasten sind die Polymerketten in größerem Umfang parallel zueinander ausgerichtet, sodass kristallähnliche Strukturen *(Kristallite)* entstehen. Diese üben aufgrund von Nebenvalenzkräften starke physikalische Wechselwirkungen aufeinander aus, was das Abgleiten im Vergleich zu den ungeordneten Bereichen deutlich erschwert und somit zur Versteifung des Polymeren beiträgt. Eine vollständige Kristallisation ist jedoch aufgrund der großen Länge der Makromoleküle nicht möglich. Teilkristalline Thermoplaste beginnen erst dann unter Wärmeeinwirkung zu fließen, wenn die Kristallite aufgeschmolzen wurden und sich die parallelen Stränge voneinander lösen.

Die Eigenschaft, bei hoher Temperatur zu schmelzen, ist wesentlich für die rationelle Verarbeitung der Thermoplaste, vornehmlich im Spritzgießverfahren. Die zähe Thermoplastschmelze wird unter hohem Druck in die gewünschte Form überführt, die nach dem Abkühlen bestehen bleibt. Dieses Verhalten ist reversibel, begrenzt aber auch die Wärmebeständigkeit. Um eine gut fließende Schmelze zu erhalten, liegen die Verarbeitungstemperaturen weit über der Glastemperatur. Daher setzt mit jedem erneuten Aufschmelzen langsam, aber sicher thermische Zersetzung ein. Aus diesem Grund sind selbst sortenreine Kunststoffabfälle nur begrenzt rezyklierbar.

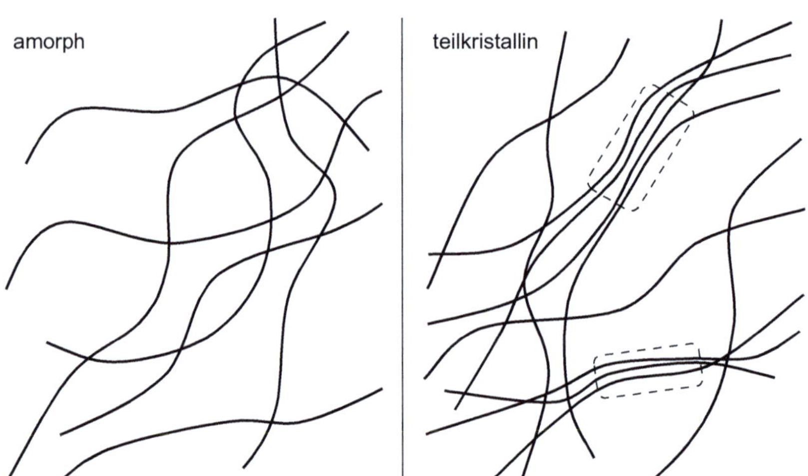

Bild 2.19 Prinzipieller Vergleich der Struktur von amorphen und teilkristallinen Thermoplasten

Die maximalen Einsatztemperaturen liegen je nach Polymer im Bereich von etwa 65 °C (PVC) bis über 200 °C (PPS, PAEK, PI) und lassen sich durch Zusatz beispielsweise von Glasfasern noch erhöhen. Die leichte Beweglichkeit der Ketten erklärt auch, dass einige Thermoplaste in Lösungsmitteln stark quellen oder sogar partiell bis vollständig löslich sind. Die Beständigkeit gegenüber Chemikalien hängt aber wiederum vom chemischen Aufbau der Thermoplaste ab. Einige wichtige Thermoplaste sind in Tabelle 2.1 aufgelistet.

Tabelle 2.1 Wichtige Thermoplaste und Anwendungsbeispiele

Thermoplast (Kurzbezeichnung)	Anwendungsbeispiele
Polyvinylchlorid (PVC)	Rohre, Fensterprofile, Kabelisolierungen, Kunstleder
Polyethylen (PE)	Folien, Verpackungen, Rohre, Kabelisolationen
Polypropylen (PP)	Verpackungen, Formteile, Rohre, einfache Kfz-Karosserieteile
Polystyrol (PS)	Lebensmittelverpackungen, Dämmschaumstoffe, Formteile für Haushaltsgegenstände
Acrylnitril-Butadien-Styrol (ABS)	Formteile für die Kfz-Industrie und die Elektroindustrie
Polyamid (PA)	Ölbeständige Formteile für die Kfz-Industrie, Kraftstofftanks, Pedale, Kunststoffschrauben, Dübel, Gehäuse für Elektrowerkzeuge, Fasern
Polyethylenterephthalat (PET)	Getränkeflaschen, Folien, Fasern
Polycarbonat (PC)	Formteile für die Kfz-Industrie und die Elektroindustrie, Massiv- und Hohlkammerplatten für den Bausektor, optische Datenträger
Polyoxymethylen (POM)	verschleißfeste Präzisionsteile (Zahnräder, Schrauben)
Polyphenylenether (PPE)	Kfz-Armaturentafeln und Karosserieteile
Polytetrafluorethylen (PTFE)	thermisch und chemisch hoch beanspruchte Auskleidungen, Dichtungen sowie Beschichtungen
Polyphenylensulfid (PPS)	thermisch und chemisch hoch beanspruchte Präzisionsteile für Kfz-Zündsysteme, Ventile und Pumpen
Polyaryletherketone (PAEK)	thermisch und chemisch hoch beanspruchte Teile in der Luft- und Raumfahrt
Polyimide (PI)	thermisch und chemisch hoch beanspruchte Dichtungen und Beschichtungen für die Luft- und Raumfahrt, Ventile, Formteile in der Elektroindustrie

2.3.6 Thermoplastische Elastomere

Thermoplastische Elastomere weisen im Gebrauchstemperaturbereich gummielastisches Verhalten auf, obwohl keine chemischen Vernetzungen wie bei Elastomeren vorliegen. Die elastischen Eigenschaften beruhen also auf rein physikalischen Wechselwirkungen. Gleichzeitig sind thermoplastische Elastomere wie Thermoplaste formbar. Man kann dieses Verhalten entweder durch Blends aus Thermoplasten und Elastomeren oder durch Copolymerisation erzielen. In beiden Fällen erhält man Zweiphasensysteme, in denen harte, kettenförmige Segmente mit hoher Glastemperatur und Kristallisationsneigung mit weichen, kautschukartig verknäulten Bereichen mit niedriger Glastemperatur kombiniert sind (Bild 2.20).

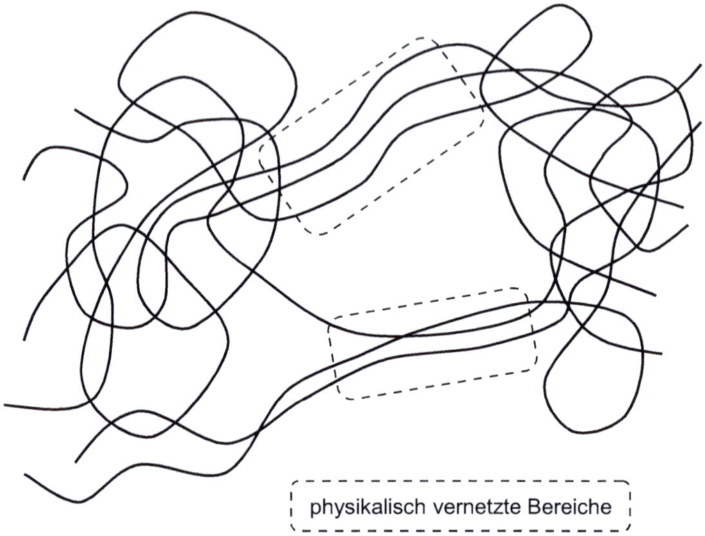

Bild 2.20 Vereinfachte Darstellung der Struktur thermoplastischer Elastomere

Je nach Monomer und Reaktionsbedingungen werden beispielsweise Strukturen der Form AAA-BBB-AAA (SBS, SEBS) erzielt, oder aber auch Produkte mit statistisch verteilten Segmenten (vgl. Bild 2.5 und Kapitel 6).

Bei Wärmeeinwirkung schmelzen die thermoplastischen Segmente und ermöglichen dadurch die thermoplastische Verarbeitung, gleichzeitig verleihen die verknäulten Bereiche diesen Materialien im Gebrauchstemperaturbereich gummielastische Eigenschaften. Allerdings schränken die thermoplastischen Segmente die Wärmebeständigkeit und die dynamische Belastbarkeit gegenüber vernetzten Elastomeren ein, auch ist die bleibende Verformung grundsätzlich höher (Druckverformungsrest). Moderne thermoplastische Elastomere auf Basis von Polyurethan erreichen mittlerweile auch Einsatztemperaturen von bis zu 150 °C.

Auch bei thermoplastischen Elastomeren ist der chemische Aufbau entscheidend für das Eigenschaftsspektrum. In Abhängigkeit von Polymer und Lösungsmittel zeigen sie geringe bis starke Quellung oder lassen sich sogar auflösen. Produkte auf Basis von Polyurethanen besitzen einen hohen Widerstand gegen Verschleiß und eine gute Beständigkeit gegenüber Ölen und nicht aromatischen sowie nicht halogenierten Lösungsmitteln, allerdings sind sie je nach Aufbau wiederum hydrolyseempfindlich.

Aufgrund des wirtschaftlichen Fertigungsverfahrens haben thermoplastische Elastomere in vielen Anwendungsbereichen bereits konventionelle Elastomere verdrängt. Die wichtigsten Produkte sind in Kapitel 6 beschrieben.

2.3.7 Duroplaste

Duroplaste bestehen aus engmaschig vernetzten Makromolekülen, die aufgrund ihrer stark reduzierten Beweglichkeit nicht mehr plastisch formbar sind (Bild 2.21). Sie besitzen im Gegensatz zu Elastomeren auch keinen Glasübergangsbereich. Solche dichten Netzwerke entstehen durch Polyaddition oder Polykondensation, die Zahl der auf diese Weise erzeugten Vernetzungsstellen ist wesentlich höher als bei den flexiblen schwefel- oder peroxidvernetzten Elastomeren. Wie alle vernetzten Polymere lassen sich auch Duroplaste nicht schmelzen und zersetzen sich bei zu großer Wärmeeinwirkung.

Bild 2.21 Engmaschig und dreidimensional vernetzte Makromoleküle von Duroplasten

Die Vernetzungsreaktion setzt in vielen Fällen schon bei Raumtemperatur ein und verläuft je nach Auswahl der Ausgangsstoffe mit unterschiedlicher Geschwindigkeit. Die Formgebung muss somit ebenfalls vor der Vernetzung, die hier oft auch Härtung genannt wird, abgeschlossen sein. Daher werden die Ausgangsstoffe erst unmittelbar vor der Formgebung miteinander vermischt. So werden beispielsweise zur Herstellung von Polyurethanformteilen kombinierte Misch- und Austragseinheiten verwendet, in denen alle Komponenten unmittelbar vor der Formgebung zusammengeführt und dosiert werden. Auf diese Weise lassen sich, insbesondere aufgrund der im Vergleich zu Thermoplastschmelzen wesentlich geringeren Viskosität der Ausgangsstoffe, auch extrem großflächige Formteile herstellen, die sich unter anderem wegen des zu hohen erforderlichen Schließdrucks für das Werkzeug sowie zu langer Fließwege auf Basis von Thermoplasten nicht realisieren lassen.

Eine technisch immer bedeutender werdende Technologie ist die Herstellung von Duroplasten durch Vernetzung von Thermoplasten mit energiereichen Strahlen. So wird beispielsweise Polyethylen thermoplastisch zu Kabeln verarbeitet und anschließend mit Beta- oder Gammastrahlung zu einem Duroplast vernetzt, um das Schmelzen im Brandfall zu vermeiden.

Die hohe Vernetzungsdichte verleiht den Duroplasten gute chemische Beständigkeit, sie quellen nicht in Lösungsmitteln und sind somit auch nicht löslich. Allerdings werden insbesondere Aminoplaste, Phenoplaste, Epoxidharze und ungesättigte Polyesterharze von starken Säuren oder Laugen sowie von heißem Wasser angegriffen.

In der Regel haben Duroplaste auch eine sehr gute Wärmebeständigkeit, ihre Dauereinsatztemperatur kann 150 bis 200 °C erreichen. Wie bei Thermoplasten lassen sich die maximalen Einsatztemperaturen durch Einsatz von Glasfasern noch weiter erhöhen.

Typische Vertreter der Duroplaste sind Phenoplaste, die im Wesentlichen aus Phenol und Formaldehyd aufgebaut sind und zu den ältesten synthetischen Produkten gehören, sowie Aminoplaste (aus Harnstoff und Formaldehyd), Melaminharze (aus Melamin und Formaldehyd) sowie – als größte Gruppe – Epoxidharze und ungesättigte Polyesterharze. Diese Produkte werden in großem Maß in Kombination mit Füll- und Verstärkungsstoffen wie Mineral- oder Glasfasern eingesetzt. Eine besonders vielseitige Stoffklasse bilden die Polyurethane. Sie werden aufgrund ihrer Herstellung durch Polyaddition zwar zu den Duroplasten gezählt, ihr Eigenschaftsbild reicht jedoch in Abhängigkeit von der Wahl der Ausgangsstoffe und ihrem Verhältnis zueinander von elastischen Schäumen über Elastomere bis hin zu harten, unflexiblen Produkten.

Tabelle 2.2 zeigt einige Anwendungsbeispiele für Duroplaste.

Tabelle 2.2 Wichtige Duroplaste und Anwendungsbeispiele

Duroplast (Kurzbezeichnung)	Anwendungsbeispiele
Phenoplaste (PF)	Griffe von Kochgeschirr, Teile für die Kfz-Zündelektronik, Spulenkörper, Brems- und Reibbeläge
Aminoplaste (UF)	Sanitärteile, elektrisches Isolationsmaterial, Gehäuse für Küchengeräte
Melaminharze (MF)	Deckschicht für Schichtpressstofftafeln
Epoxidharze (EP)	Bauteile für Luft- und Raumfahrzeuge, Sportgeräte, Ummantelung elektronischer Bauteile, Trägermaterial für Leiterplatten
Ungesättigte Polyesterharze (UP)	großflächige Formteile und Laminate (Kfz-Karosseriebau, Flugzeug- und Schiffsbau), Spulen- und Relaiskörper, Einbettung elektronischer Bauteile
Polyurethane (PUR)	Polsterschäume, Dämmschäume, Lacke, Kleb- und Dichtstoffe, Polyurethan-Elastomere, Formteile, Gießharze

Literatur Kapitel 2

[1] Abts, G.: Kunststoff-Wissen für Einsteiger. München: Carl Hanser Verlag 2020

[2] Bonnet, M.: Kunststofftechnik. Wiesbaden: Springer Vieweg 2016

[3] Hofmann, W.; Gupta, H.: Handbuch der Kautschuktechnologie. Ratingen: Gupta-Verlag 2009

[4] Kaiser, W.: Kunststoffchemie für Ingenieure. München: Carl Hanser Verlag 2016

[5] Nagdi, K.: Gummi-Werkstoffe. Ratingen: Gupta-Verlag 2004

[6] Röthemeyer, F.; Sommer, F.: Kautschuktechnologie. München: Carl Hanser Verlag 2013

[7] Katz, J. R.: Röntgenspektrographische Untersuchungen am gedehnten Kautschuk und ihre mögliche Bedeutung für das Problem der Dehnungseigenschaften dieser Substanz. Die Naturwissenschaften, Band 13, Heft 19, S. 410 – 416. Berlin: Springer 1925.

[8] Chemical Abstracts Service. *https://www.cas.org/*, abgerufen am 14. 01. 2025

[9] Vennemann, N.; Heinz, M.: Thermoelastisches Verhalten gefüllter Elastomere. *https://www.kgk-rubberpoint.de*, abgerufen am 14. 01. 2025

3 Die Vernetzung von Kautschuken zu Elastomeren

3.1 Grundlagen

Elastomere bestehen aus weitmaschig vernetzten Kautschukmakromolekülen. Die *Vernetzung* bewirkt den Übergang vom plastischen zum elastischen Zustand und ist Voraussetzung für die gummielastischen Eigenschaften. Aufgrund der Vernetzungsbrücken zwischen den Kautschukmakromolekülen wird die durch das jeweilige Verarbeitungsverfahren erhaltene Form stabilisiert. Gleichzeitig ist das auf diese Weise hergestellte Elastomer nun gummielastisch (Bild 3.1).

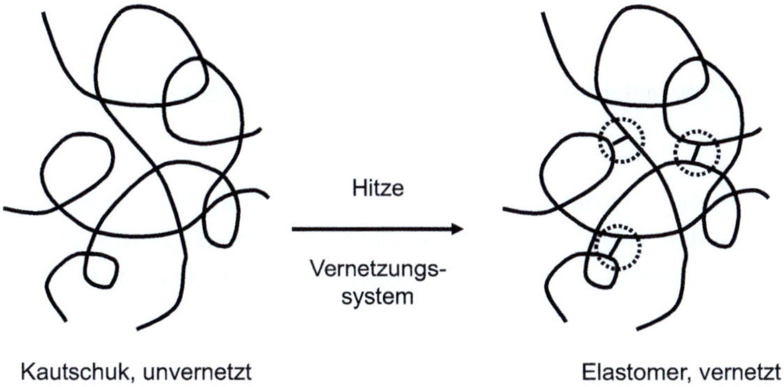

Bild 3.1 Durch weitmaschige Vernetzung entstehen aus Kautschuken Elastomere

Im Vergleich zum unvernetzten Kautschuk bedarf es wesentlich größerer Kraft, um bei Elastomeren auch nur annähernd die gleiche Verformung zu erzielen. Die stark verknäulten Kautschukmakromoleküle besitzen zwar schon eine ausgeprägte *Entropieelastizität,* lassen sich mit genügend hohem Energieaufwand aber noch nahezu beliebig verformen. Ihre Rückstellkräfte sind jedoch deutlich geringer als die von Elastomeren, daher erfolgt die Formgebung immer vor der Vernetzung.

Nach gängiger Definition ziehen sich füllstofffreie Elastomere, die eine Minute bei Raumtemperatur auf doppelte Ausgangslänge gedehnt wurden, nach anschließender Entlastung wieder auf weniger als das 1,5-fache der Ausgangslänge zusammen. Durch Zusatz von geeigneten Füllstoffen lassen sich die Rückstellkräfte, insbesondere bei Synthesekautschuken, noch erheblich verstärken. Die in der Praxis eingesetzten füllstoffhaltigen technischen Elastomere ziehen sich also nach einer Dehnbelastung nahezu vollständig wieder bis auf die Ausgangslänge zurück. Nach Dehnung um 100 % liegt die verbleibende Dehnung in der Regel unterhalb von 2 % (Bild 3.2).

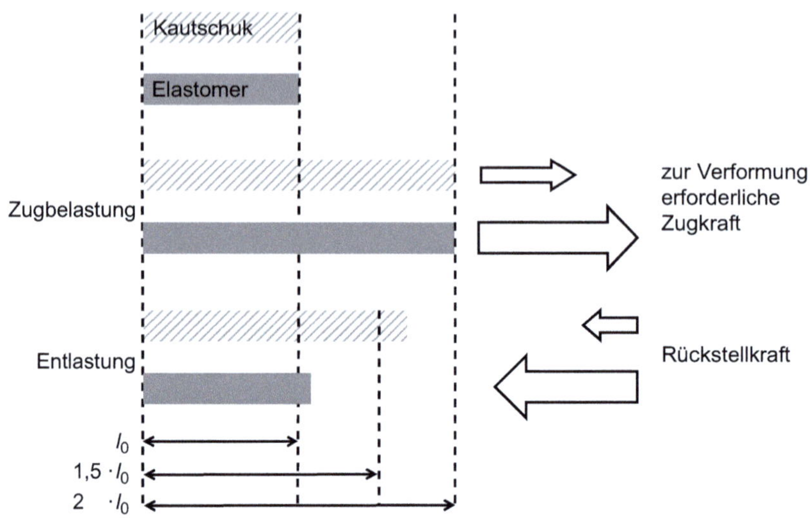

Bild 3.2 Schematischer Kräftevergleich bei Be- und Entlastung von Kautschuk und Elastomeren

Bei der Vernetzung werden die Polymerketten chemisch miteinander verbunden. Die Anzahl der Vernetzungsstellen (*Vernetzungsdichte, Vernetzungsgrad*) bestimmt die mechanischen Eigenschaften des Elastomers. Mit steigendem Vernetzungsgrad werden Härte, Spannungswert, Zugfestigkeit, Weiterreißwiderstand, Elastizität und dynamische Belastbarkeit zunächst erhöht. Dies gilt auch für die Kälteflexibilität, jedoch ist der Einfluss des Vernetzungsgrades hier nicht so ausgeprägt. Dagegen nehmen die Bruchdehnung und der Druckverformungsrest (Maß für die bleibende Verformung) mit steigender Vernetzungsdichte ab. Auch die Quellung in Kohlenwasserstoffen wird mit zunehmendem Vernetzungsgrad etwas verringert.

Allerdings verlaufen Zugfestigkeit, Elastizität und Weiterreißwiderstand jeweils durch ein Maximum, die Werte fallen mit weiter steigender Vernetzungsdichte wieder ab, der Druckverformungsrest steigt wieder an. Die Vulkanisate werden dann zunächst lederartig und sind technisch unbrauchbar. Mit noch weiter steigendem Vernetzungsgrad steigen Spannungswert und Zugfestigkeit nach Durchlaufen eines Minimums wieder an. Schließlich tritt ein duroplastischer Charakter zutage. Die Produkte verspröden und werden stahlelastisch (Hartgummi), wobei die Zugfestigkeit Werte weit über der von Weichgummi annimmt.

Der für einen bestimmten Artikel optimale Vernetzungsgrad ist meistens ein empirisch (durch Versuche) ermittelter Kompromiss. Eine geringfügige Übervernetzung wirkt sich vorteilhaft auf Druckverformungsrest, dynamische Dämpfung (Hysterese, vgl. Abschnitt 4.2), Elastizität und Kälteflexibilität aus, die Quellung in Kohlenwasserstoffen wird etwas verringert. Allerdings führt eine Übervernetzung bei Naturkautschuk und Butylkautschuk wieder zur Kettenspaltung und damit zum Abbau des Polymeren *(Reversion)*. Dagegen begünstigt eine leichte Untervernetzung Weiterreißwiderstand, Abriebwiderstand und dynamische Rissbeständigkeit.

Der Vernetzungsgrad hat jedoch nur eine geringfügige Auswirkung auf die Wärmebeständigkeit. Die Auswahl des Vulkanisationssystems spielt hier eine wesentlich wichtigere Rolle. So zeigt Naturkautschuk, der mit Peroxid oder schwefelfreier *Thiuram-Vulkanisation* vernetzt wurde, eine wesentlich bessere thermische Beständigkeit gegenüber konventioneller Schwefelvulkanisation.

Die für Elastomere typische weitmaschige Vernetzung bedient sich dabei nur eines kleinen Anteils der vernetzungsfähigen Stellen, er liegt in der Größenordnung von etwa 1 bis 3%. Dadurch bleibt die Beweglichkeit der Kautschukmakromoleküle im Gegensatz zu den dicht vernetzten Duroplasten in weiten Grenzen erhalten. Allerdings ist das Abgleiten einzelner Makromoleküle im Gegensatz zu Thermoplasten schon alleine aufgrund der starken Verknäulung nicht möglich. Daher lassen sich weder Kautschuke noch Elastomere schmelzen, bei zu hohen Temperaturen zersetzen sie sich.

Den Ablauf der Vernetzungsreaktion zeigt die *Vernetzungsisotherme* (auch *Rheometer-* oder *Vulkanisationskurve*, Bild 3.3). Dabei wird eine Probe auf die erforderliche Vulkanisationstemperatur erwärmt und kontinuierlich verformt. Die hierzu erforderliche Kraft wird als Drehmoment M gemessen (vgl. Abschnitt 9.1.3). Mit steigendem Anteil vernetzter Stellen *(Vernetzungsgrad)* steigt auch die zur Verformung notwendige Kraft.

Zu Beginn der Messung wird die Probe durch die Aufheizung in der Messapparatur geringfügig erweicht, daher sinkt das Drehmoment zunächst ab. Mit einsetzender Vernetzung steigt das Drehmoment immer weiter und erreicht schließlich ein Maximum. Dieser Punkt entspricht der optimalen Vernetzungsdichte. Das Verhältnis der Drehmomente wird als Vernetzungsgrad definiert, bei optimaler Vernetzungsdichte beträgt der Vernetzungsgrad 100%.

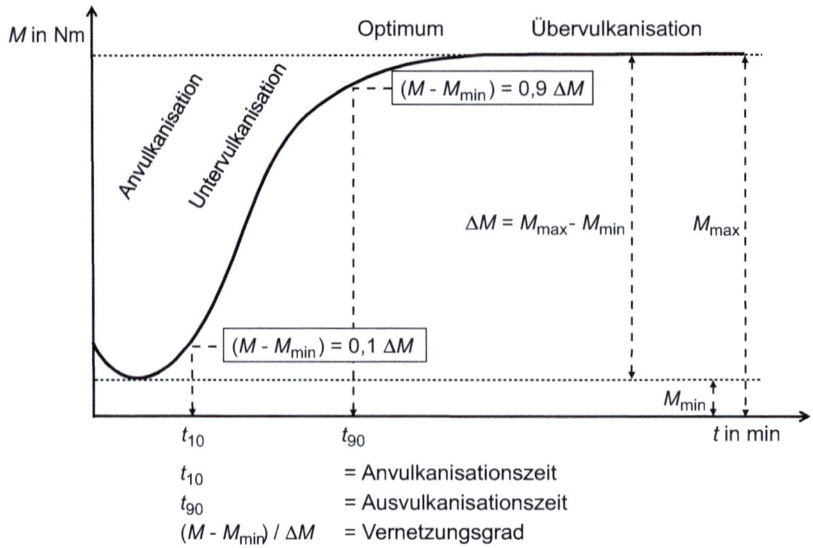

Bild 3.3 Vernetzungsisotherme (Rheometerkurve, Vulkanisationskurve)

Bereits bei einem Vernetzungsgrad von etwa 10 % sind so viele Netzwerkbrücken vorhanden, dass aufgrund immer größerer Rückstellkräfte die Fließfähigkeit deutlich reduziert wird. Eine weitere plastische Verformung ist dann kaum noch möglich, die Probe ist anvulkanisiert. Spätestens zu diesem Zeitpunkt muss die Formgebung eines Fertigartikels also abgeschlossen sein. Der entsprechende Zeitpunkt t_{10} heißt *Anvulkanisationszeit* (engl.: *scorch time*, to scorch = anbrennen) und markiert die maximale *Fließzeit* bei der Verarbeitung. Die Anvulkanisationszeit sollte idealerweise möglichst lang sein, um genügend Spielraum für die Lagerung und Formgebung von vernetzungsfähigen Kautschukmischungen zu haben. Aus diesem Grunde enthalten Kautschukmischungen, die längere Zeit gelagert werden, noch kein Vernetzungssystem, dies wird erst unmittelbar vor der weiteren Verarbeitung eingemischt. Der Vernetzungsgrad steigt nun immer weiter an. Dabei hängen der Verlauf der Vernetzungsreaktion und damit die Steigung der Vulkanisationskurve von Kautschuk, Mischungsaufbau und Temperatur ab. Bei etwa 90 % Vernetzungsgrad ist die *Ausvulkanisationszeit* oder *Heizzeit* t_{90} definiert, hier ist die Vernetzung weitestgehend abgeschlossen. Ab t_{90} wird keine weitere Wärme von außen zugeführt, die im Material verbliebene Wärme reicht aufgrund der schlechten Wärmeleitung der Kautschuke zur vollständigen Ausvulkanisation. Längere Heizzeiten als t_{90} sind nicht wirtschaftlich und aufgrund der hohen Vulkanisationstemperaturen oft sogar ungünstig. Naturkautschuk und Butylkautschuk zeigen bei zu langen Heizzeiten *Reversion*. Bei den meisten anderen Kautschuken führt eine übermäßig lange Vulkanisationszeit zu weiteren Vernetzungsreaktionen, das Material wird immer härter und verliert schließlich seine Elastizität.

In einigen Fällen, insbesondere bei Chloroprenkautschuk, zeigt die Vulkanisationskurve kein Plateau, sondern steigt immer weiter an (engl.: *marching modulus*). Der optimale Vernetzungsgrad sowie der daraus resultierende Wert t_{90} müssen empirisch ermittelt werden (Bild 3.4).

Die Ausvulkanisationszeit sollte auch aus wirtschaftlichen Gründen so kurz wie möglich sein. Die ideale Vulkanisationskurve verläuft also relativ steil, das heißt, sie verfügt über eine lange Anvulkanisationszeit und eine kurze Ausvulkanisationszeit (Bild 3.5).

Bei Raumtemperatur läuft die Vernetzungsreaktion meist relativ langsam oder gar nicht ab. Die Zufuhr von Wärme erhöht die Reaktionsgeschwindigkeit (Bild 3.6).

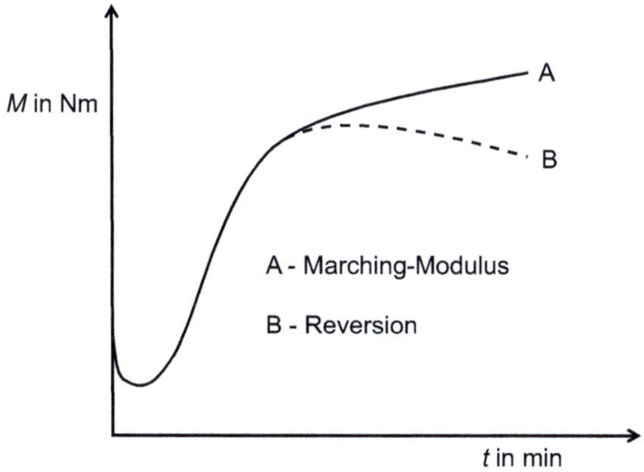

Bild 3.4
Marching-Modulus und Reversion

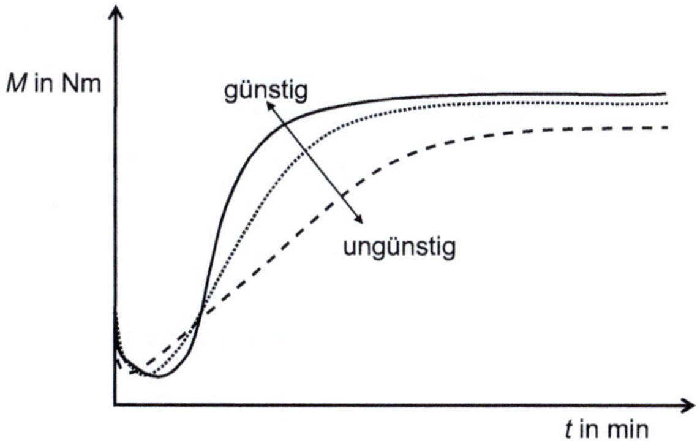

Bild 3.5
Verschiedene Vernetzungsisothermen im Vergleich

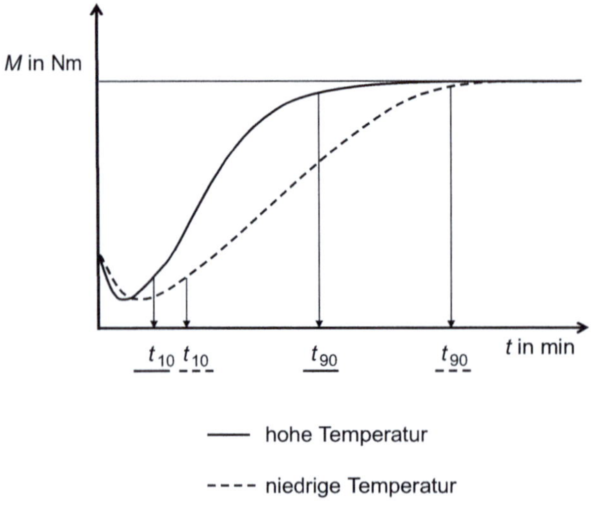

Bild 3.6 Einfluss der Temperatur auf die Geschwindigkeit der Vernetzungsreaktion

Übliche Vernetzungstemperaturen liegen zwischen etwa 140 °C bis über 200 °C, daher hat sich der Begriff Vulkanisation durchgesetzt. Außerdem sind zusätzlich spezielle Chemikalien (Vulkanisationsbeschleuniger, vgl. Abschnitt 7.2) erforderlich, damit die Vernetzung in wirtschaftlich vertretbaren Zeiten durchgeführt werden kann.

Sowohl die Vulkanisationstemperatur als auch die erforderliche Vulkanisationszeit hängen vom Kautschuk und dem Vernetzungssystem, der Größe und Wandstärke des Artikels und dem verwendeten Verfahren ab. Kleine Spritzgussartikel werden in nur wenigen Minuten bei hoher Temperatur hergestellt. Aufgrund der schlechten Wärmeleitfähigkeit der Kautschuke erfordern dagegen dickwandige Artikel lange Vulkanisationszeiten bei relativ niedriger Temperatur, um eine gleichmäßige Erwärmung und damit einen homogenen Vernetzungsgrad zu gewährleisten. Gleichzeitig wird so Übervulkanisation vermieden. Großvolumige Artikel, die im Dampf vulkanisiert werden, benötigen bis zu mehreren Stunden, bis die Vernetzungsreaktion abgeschlossen ist. Auskleidungen von Kesseln oder Rohrleitungen werden mit Heißwasser von etwa 80 °C sogar über mehrere Tage vulkanisiert.

Mit den heute verfügbaren sogenannten *Ultrabeschleunigern* lässt sich prinzipiell auch eine Vulkanisation bei Raumtemperatur durchführen. Daher hat die von A. Parkes im Jahr 1846 eingeführte *Kaltvulkanisation* dünnwandiger Artikel durch Eintauchen von Kautschuk in eine Lösung von Chlorschwefel (S_2Cl_2) in Schwefelkohlenstoff (CS_2) fast vollkommen an Bedeutung verloren, nicht zuletzt auch aufgrund der problematischen Handhabung von CS_2.

Die genaue Kenntnis der An- und Ausvulkanisationszeiten einer Kautschukmischung ist also von entscheidender Bedeutung. Mit der Vulkanisationskurve kann die optimale Zusammensetzung des Vernetzungssystems bei der Vulkanisationstemperatur abgestimmt werden. Dies ist besonders bei solchen Artikeln erforderlich, die aus mehreren unterschiedlichen Mischungen bestehen, wie zum Beispiel Reifen. Nur wenn alle Mischungen zum gleichen Zeitpunkt ausvulkanisiert sind, lässt sich partielle Über- oder Untervulkanisation vermeiden. Dabei ist auch zu berücksichtigen, dass die einzelnen Komponenten eine unterschiedliche Dicke haben und in verschiedenen Lagen übereinander angeordnet sind.

In der Praxis werden die Begriffe Vernetzung und Vulkanisation oft synonym verwendet, obwohl die Vernetzung die chemische Reaktion und die Vulkanisation das technische Verfahren dazu darstellt. Dementsprechend bezeichnet man Elastomere auch als *Vulkanisate*, in der Umgangssprache hat sich meist der Begriff Gummi durchgesetzt.

3.2 Die Vernetzung mit Schwefel

Die klassische Schwefelvernetzung erfordert Doppelbindungen im Polymer und lässt sich daher nur mit ungesättigten Kautschuken durchführen. Solche Kautschuke stammen von Dienen wie Butadien, Isopren oder Chloropren ab, daher bezeichnet man sie auch als *Dienkautschuke*. Hierzu zählen neben Naturkautschuk (NR) und Isoprenkautschuk (IR) noch Butadienkautschuk (BR), Styrol-Butadienkautschuk (SBR), Chloroprenkautschuk (CR) und Nitrilkautschuk (NBR). Daneben sind weitere Kautschuke mit speziellen vernetzungsfähigen Copolymeren für die Vernetzung mit Schwefel geeignet, wie etwa Butylkautschuk (IIR) oder Ethylen-Propylen-Dienkautschuk (EPDM). Butylkautschuk enthält Isopren-Bausteine und hat somit eine in Teilbereichen ungesättigte Hauptkette, bei EPDM werden die durch eine Dienkomponente eingebrachten Doppelbindungen in der Seitenkette ausgenutzt.

Die Doppelbindungen erleichtern die Reaktion mit Schwefel, bleiben aber auch nach der Vernetzung erhalten. Die reaktiven Stellen sind also nicht die Kohlenstoffatome, zwischen denen sich die Doppelbindung befindet, sondern die jeweiligen Nachbaratome, die sich in *Allystellung* befinden (Bild 3.7). Kautschuke ohne entsprechende Doppelbindungen sind also nicht mit Schwefel vernetzbar.

Die im Vergleich zu den Makromolekülen sehr kurzen Vernetzungsbrücken bestehen aus einer Kette von bis zu acht Schwefelatomen. Obwohl nur zwischen einem und drei Prozent der verfügbaren vernetzungsaktiven Stellen ausgenutzt werden, wird die Beweglichkeit der Polymerketten in erheblichen Maße eingeschränkt und somit der Widerstand gegenüber Verformung deutlich erhöht. Die kurzen Vernetzungsbrücken bewirken gleichzeitig eine hohe Rückstellkraft. Zwar besitzen schon unvernetzte Kautschuke eine relativ hohe *Entropieelastizität*, die Vernetzung ist aber die wesentliche Ursache für das charakteristische Verhalten von Elastomeren, nach Verformung wieder die ursprüngliche Form anzunehmen *(Gummielastizität)*.

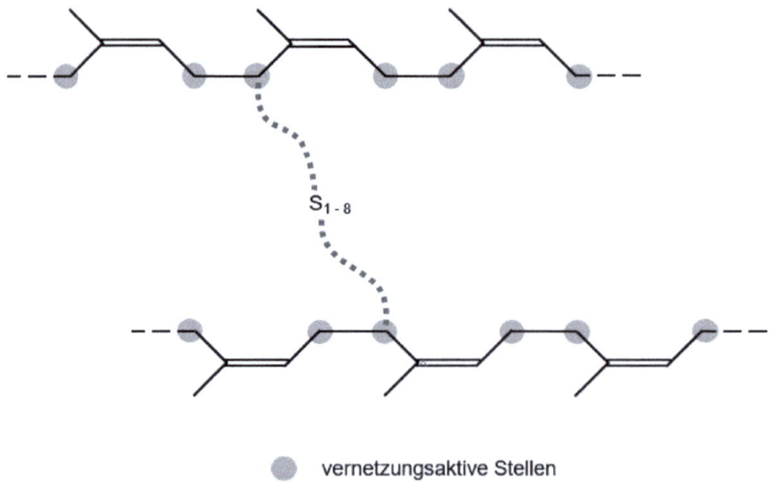

Bild 3.7 Prinzip der Schwefelvernetzung am Beispiel von cis-1,4-Polyisopren

Die Vulkanisation mit Schwefel ist nach wie vor die wichtigste Vernetzungsmethode für Dienkautschuke. Allerdings verläuft die Reaktion mit Schwefel alleine auch bei erhöhter Temperatur nur recht langsam und führt zunächst zu unbefriedigenden Ergebnissen. Die Reaktionsgeschwindigkeit wird durch basische Substanzen beträchtlich erhöht, dagegen durch saure Komponenten verzögert. Daher sind für die Schwefelvernetzung *Vulkanisationsbeschleuniger* auf Basis von Anilin-, Harnstoff- oder Thioharnstoffderivaten unverzichtbar. Metalloxide (in der Regel Zinkoxid) und Stearinsäure dienen als Aktivatoren. Neben Schwefel als Vernetzer sind also weitere Chemikalien erforderlich, um die Geschwindigkeit der Vernetzungsreaktion einzustellen. Zusammen bilden sie das *Vernetzungssystem* (*Vulkanisationssystem*, vgl. Abschnitt 7.2).

Die Länge der Netzwerkbrücken hängt vom verwendeten Vernetzungssystem, der Schwefelmenge und den Vulkanisationsbedingungen ab. Arbeitet man mit elementarem Schwefel, insbesondere in höheren Dosierungen, erhält man vorzugsweise längere Ketten aus bis zu acht Schwefelatomen *(polysulfidische Vernetzung)*. Bei sehr geringen Schwefelmengen oder Einsatz bestimmter Chemikalien, die Schwefel freisetzen (Schwefelspender, vgl. Abschnitt 7.2), sind kürzere Ketten bis hinunter zu einem oder zwei Schwefelatomen möglich *(mono-* oder *disulfidische Vernetzung)*. Generell steigt die Anzahl der Vernetzungsstellen, also der *Vernetzungsgrad*, mit der Menge an Schwefel und Beschleuniger.

Die chemische Bindung zwischen Schwefelatomen untereinander ist etwas schwächer als die zwischen Schwefel und Kohlenstoff. Daher führt die polysulfidische Vernetzung zu einer etwas geringeren Wärmebeständigkeit als die mono- oder disulfidische Vernetzung. Auf der anderen Seite ermöglichen die längeren polysulfidischen Vernetzungsstellen eine bessere Beweglichkeit der Makromoleküle als die mono- oder disulfidische Vernetzung. Dies reduziert die Dämpfung und führt somit zu geringerer Wärmeentwicklung bei dynamischer Belastung, was polysulfidische Vernetzungssysteme für diese Anwendungen prädestiniert. Dagegen führen mono- und disulfidische Vernetzungsstellen zu einem reduzierten Druckverformungsrest und zu geringerer Reversionsneigung. Das bei manchen Kautschuken beobachtete stetige Ansteigen der Vernetzungsisotherme *(Marching-Modulus)* ist möglicherweise auf eine Umwandlung von polysulfidischen in mono- und disulfidische Vernetzungsstellen zurückzuführen. Den gleichen Effekt erzielt man bei mäßiger Übervulkanisation sowie Erhöhung der Vulkanisationstemperatur. Hier gehen aufgrund von Umlagerungsreaktionen polysulfidische Vernetzungsbrücken in mono- und disulfidische über. Allerdings nimmt durch diese Maßnahmen insbesondere bei Naturkautschuk auch die Geschwindigkeit des Abbaus zu. Ein interessanter Aspekt polysulfidischer Vernetzungsbrücken ist ihre Fähigkeit, entlang der Makromolekülkette zu wandern. Durch den Abbau lokaler Spannungen entsteht somit eine Art Selbstreparaturmechanismus. Dies erklärt auch den höheren Weiterreißwiderstand polysulfidischer und leicht untervernetzter Kautschuke. Solche Umlagerungen sind aber auch der Grund für den Anstieg des Druckverformungsrests bereits ausvulkanisierter Elastomere, insbesondere bei Einwirkung von Wärme. Daher verhalten sich Druckverformungsrest und Weiterreißwiderstand *qualitativ gegenläufig*: ein niedriger und damit günstiger Druckverformungsrest muss mit einem ebenfalls geringen und daher ungünstigen Weiterreißwiderstand erkauft werden, ein hoher und damit guter Weiterreißwiderstand geht ebenfalls mit einem hohen und damit schlechten Druckverformungsrest einher. Durch Füllstoffe, Weichmacher und andere Komponenten kann gegebenenfalls gegengesteuert werden, jedoch wirken sich erwünschte Manipulationen bezüglich einer Eigenschaft in der Regel auch auf andere Eigenschaften aus, dann meist nachteilig. Damit wird deutlich, dass die Zusammenstellung der Rezeptur einer Kautschukmischung, das sogenannte Compounding, keineswegs trivial ist, insbesondere vor dem Hintergrund, dass einige Komponenten unerwünscht miteinander wechselwirken (vgl. Kapitel 7).

Für anspruchsvolle Anforderungen hinsichtlich der thermischen Belastbarkeit werden also bevorzugt schwefelarme oder schwefelfreie Vulkanisationssysteme verwendet, wohingegen für dynamisch beanspruchte Teile höhere Schwefeldosierungen günstig sind.

3.3 Die Vernetzung mit Peroxiden

Gesättigte Kautschuke verfügen über keine Doppelbindungen in der Hauptkette und lassen sich daher nicht mit Schwefel vernetzen. Durch organische Peroxide lassen sich die Makromoleküle aber direkt über Kohlenstoff-Kohlenstoff-Bindungen miteinander verknüpfen. Die Vernetzungsreaktion wird dabei über die Freisetzung von *Radikalen* eingeleitet. Peroxide sind temperatursensibel und zersetzen sich bei Erreichen einer bestimmten Temperatur sehr schnell. Die dadurch eingeleitete *Kettenreaktion* verläuft sehr rasch. In Anwesenheit mehrfach ungesättigter organischer Verbindungen *(Coagentien)* werden die Radikale stabilisiert und die Vernetzungsdichte erhöht. Die Vernetzungsgeschwindigkeit lässt sich jedoch nur durch eine höhere Temperatur steigern. Die Anvulkanisation lässt sich allenfalls durch Radikalfänger, wie sterisch gehinderte Phenole, verzögern. Bei der Auswahl des Peroxids muss dessen Zersetzungstemperatur dem zu vernetzenden Kautschuk und den jeweiligen Verarbeitungsbedingungen angepasst werden. Eine zu niedrige Zersetzungstemperatur birgt die Gefahr der Anvulkanisation, bevor die Mischung ausreichend homogenisiert oder die Formgebung vollständig abgeschlossen ist.

Die Peroxidvernetzung bietet sich vor allem bei gesättigten Kautschuken wie Ethylen-Propylen-Kautschuk (EPM), Ethylen-Acrylat-Kautschuk (AEM), Ethylen-Vinylacetat-Kautschuk (EVM), hydriertem Nitrilkautschuk (HNBR), chloriertem Polyethylen (CM) und Silikonkautschuk (Q) an. Butylkautschuk (IIR) sowie Chlor- und Epichlorhydrinkautschuk (CO/ECO) sind aufgrund von Abbaureaktionen für die Peroxidvernetzung nicht geeignet.

Die chemische Bindung zwischen zwei Kohlenstoffatomen ist stabiler als die zwischen Kohlenstoff und Schwefel, somit besitzen peroxidvernetzte Elastomere eine höhere Wärmebeständigkeit und einen niedrigen Druckverformungsrest, sie neigen auch nicht zur Reversion. Dies wird auch bei der Peroxidvernetzung von Dienkautschuken ausgenutzt, obwohl der Einsatz von Peroxiden insbesondere bei NR, BR und SBR aufgrund der schwierigen Rezepturgestaltung nicht unproblematisch ist. Denn die dort üblichen ungesättigten Kautschukchemikalien, wie etwa phenolische und aminische Alterungsschutzmittel, aromatische Weichmacher, Stearinsäure und andere, wirken als Radikalfänger und verringern damit den Vernetzungsgrad. Auch durch saure Bestandteile, etwa aus Füllstoffen, werden Peroxide gespalten. Diese Produkte desaktivieren also die Peroxidvernetzung. Durch die wesentlich geringere Beweglichkeit der Vernetzungsstellen ist die Peroxidvernetzung generell der Schwefelvernetzung hinsichtlich ihrer dynamischen Belastbarkeit unterlegen. Auch gestalten sich die Handhabbarkeit und die Steuerung der Vernetzungsreaktion bei Peroxiden weitaus schwieriger. Die Zugfestigkeit und der Weiterreißwiderstand sind geringer als bei der Schwefelvernetzung, die Peroxidvernetzung ist zudem auch kostenintensiver. Der oft auftretende unangenehme Geruch kann durch eine nachträgliche Wärmebehandlung *(Tempern)* reduziert werden, dabei kann sich der Vernetzungsgrad noch etwas erhöhen. Peroxide reagieren auch mit Luftsauerstoff, daher ist diese Vernetzungsart nicht für drucklose Vulkanisationseinrichtungen (z. B. Heißluftkanal) geeignet, denn hier würde eine klebrige Oberfläche entstehen.

3.4 Weitere Vernetzungsarten

Für die Vernetzung mit Schwefel kommen insbesondere Dienkautschuke sowie Butylkautschuk (IIR) und Ethylen-Propylen-Dienkautschuk (EPDM) in Betracht. Die Peroxidvernetzung wird im Wesentlichen für gesättigte Kautschuke verwendet.

Daneben gibt es aber noch spezielle Vernetzungsreaktionen über Metalloxide, reaktive Harze, Chinondioxime, Bisphenole und Isocyanate (vgl. Abschnitt 7.2). Darüber hinaus lassen sich alle für die Peroxidvernetzung geeigneten Kautschuke mit energiereichen Strahlen vernetzen. Dieses Verfahren ist prinzipbedingt jedoch nur bei großen Mengen, wie etwa in der Kabelindustrie, wirtschaftlich durchführbar.

Literatur Kapitel 3

[1] Hofmann, W.: Vulkanisation und Vulkanisationshilfsmittel. Stuttgart: Berliner Union 1965

[2] Hofmann, W.; Gupta, H.: Handbuch der Kautschuktechnologie. Ratingen: Gupta-Verlag 2009

[3] Nagdi, K.: Gummi-Werkstoffe. Ratingen: Gupta-Verlag 2004

[4] Röthemeyer, F.; Sommer, F.: Kautschuktechnologie. München: Carl Hanser Verlag 2013

4 Auswahlkriterien für die wichtigsten Kautschuke

4.1 Übersicht und Nomenklatur

Anfang des zwanzigsten Jahrhunderts war man zunächst bestrebt, der zunehmenden Verknappung an Naturkautschuk mit synthetischen Ersatzprodukten entgegenzutreten, und sich somit soweit wie möglich auch aus der Abhängigkeit vom Plantagenkautschuk zu befreien. Dies führte schließlich zur Entwicklung von Synthesekautschuken mit zum Teil deutlich voneinander abweichenden Eigenschaften (Tabelle 4.1). Spezielle chemikalien-, hitze- oder ölbeständige Elastomere erweitern heute das Anwendungsspektrum dieser Stoffklasse, über alle Bereiche des täglichen Lebens bis hin zu Werkstoffen für die Luft- und Raumfahrt.

Tabelle 4.1 Übersicht der Elastomere und ihrer Abkürzungen

Kautschuk/Elastomer	Kurzbezeichnung
Naturkautschuk	NR
Isoprenkautschuk	IR
Styrol-Butadien-Kautschuk	SBR
Butadienkautschuk	BR
Acrylnitril-Butadien-Kautschuk (Nitrilkautschuk)	NBR
Hydrierter Nitrilkautschuk	HNBR/NBM
Chloroprenkautschuk	CR
Butylkautschuk/Brombutylkautschuk/Chlorbutylkautschuk	IIR/BIIR/CIIR
Chloriertes/Chlorsulfoniertes Polyethylen	CM/CSM

Tabelle 4.1 *(Fortsetzung)*

Kautschuk/Elastomer	Kurzbezeichnung
Ethylen-Propylen-(Dien)-Kautschuk	EPM/EPDM
Ethylen-Vinylacetat-Kautschuk	EVM
Acrylatkautschuk	ACM
Ethylen-Acrylat-Kautschuk	AEM
Chlorhydrinkautschuk/Epichlorhydrinkautschuk	CO/ECO/GECO
Silikonkautschuk	VMQ/PVMQ/FVMQ
Fluorkautschuk	FKM/FFKM
Polynorbonenkautschuk	NOR
Polysulfidkautschuk	T
Polyurethankautschuk	AU/EU
Propylenoxidkautschuke	GPO
Perfluoralkoxyphosphazenkautschuke	FZ
Polyaryloxyphosphazenkautschuke	PZ

Die ISO 1629 regelt die *Nomenklatur der Kautschuke* nach ihrem chemischen Aufbau. Dabei kennzeichnet der letzte Buchstabe die Polymerkette, wohingegen die vorderen Buchstaben die Monomere sowie Substituenten und chemische Modifikationen charakterisieren. Tabelle 4.2 zeigt die daraus resultierende Systematik.

Tabelle 4.2 Nomenklatur der Kautschuke nach ISO 1629 [nach 4]

Klassifizierung	Chemischer Aufbau der Polymerkette	Kurzzeichen
R	ungesättigten Kohlenwasserstoffkette (Dienkautschuke)	NR, IR, SBR, BR, NBR, XNBR, HNBR (ungesättigt), CR, IIR, BIIR, CIIR, NOR
M	gesättigte Kohlenwasserstoffkette (Polymethylenkette)	NBM (früher: HNBR, gesättigt), CM, CSM, EPM, EPDM, EVM, ACM, AEM, FKM, FFKM
O	enthält Kohlenstoff und Sauerstoff	CO, ECO, GECO, GPO
Q	enthält Silicium und Sauerstoff	VMQ, PVMQ, FVMQ
U	enthält Kohlenstoff, Sauerstoff und Stickstoff	AU, EU

Klassifizierung	Chemischer Aufbau der Polymerkette	Kurzzeichen
T	enthält Kohlenstoff, Sauerstoff und Schwefel	OT
Z	enthält Phosphor und Stickstoff	FZ, PZ

Die Abkürzungen werden für Kautschuke und Elastomere synonym verwendet, obwohl ein Elastomer noch weitere Mischungsbestandteile enthält. Im englischen Sprachgebrauch werden Kautschuk und Gummi synonym mit „Rubber" übersetzt, das Wort „Elastomer" wird jedoch ebenfalls verwendet.

Aufgrund ihres individuellen Eigenschaftsprofils lassen sich Kautschuke oft bestimmten Anwendungen zuordnen. In anderen Einsatzgebieten kann das gewünschte Anforderungsprofil mit verschiedenen Kautschuken erreicht werden, obwohl jeder seinen eigenen, typischen Mischungsaufbau hat und damit auch unterschiedliche Elastomere entstehen (Tabelle 4.3).

In bestimmten Fällen werden auch Mischungen verschiedener Kautschuke *(Verschnitte, Blends)* eingesetzt, etwa um die Verarbeitbarkeit zu erleichtern oder um die Ozonbeständigkeit zu verbessern.

Tabelle 4.3 Auswahl charakteristischer Eigenschaften und typische Anwendungsbeispiele von Elastomeren

Elastomer	charakteristische Eigenschaft	Anwendungsbeispiele
NR	mechanische und dynamische Eigenschaften	Reifen, Motorlager, Schwingungsdämpfer
SBR	Abriebwiderstand, Nassrutschfestigkeit	Reifen
	Preis	technische Gummiwaren
BR	Elastizität, Kälteflexibilität, Abriebwiderstand, dynamische Eigenschaften	Reifen (Blend mit NR oder SBR), Puffer, Walzenbeläge
NBR	Öl- und Kraftstoffbeständigkeit	Dichtungen, Schläuche, Membranen, Walzenbeläge
NBM, HNBR	Wärme-/Öl-/Ozonbeständigkeit sowie mechanische Eigenschaften	Dichtungen, Schläuche, Walzenbeläge
	dynamische Eigenschaften (ungesättigte Typen)	Zahn- und Keilriemen

Tabelle 4.3 *(Fortsetzung)*

Elastomer	charakteristische Eigenschaft	Anwendungsbeispiele
CR	Witterungs-/Ozonbeständigkeit sowie mittlere Wärme- und Ölbeständigkeit	Dichtungen, Schläuche, Membranen, Walzenbeläge, Bau- und Brückenlager
	dynamische Eigenschaften	Keilriemen (S-modifizierte Typen)
	Flammwidrigkeit	Kabelisolationen, Fördergurte
IIR, BIIR, CIIR	geringe Gasdurchlässigkeit, Wärmebeständigkeit, Chemikalienbeständigkeit	Dampfschläuche, Dichtungen, Heizbälge, Dämpfungselemente, Chemikalienschläuche, Schutzkleidung luftdichte Reifeninnenschicht, Heißgutförderbänder (BIIR, CIIR)
	geringer Bedarf an Vernetzungschemikalien (BIIR, CIIR)	pharmazeutische Artikel
CM, CSM	Wärme-/Witterungs-/Ozonbeständigkeit sowie Farbstabilität	CM, CSM: Schlauchdecken, Kabelisolationen, farbige Produkte CSM: Dachfolien, beschichtete Gewebe, Keilriemen
EPM, EPDM	Wärme-/Witterungs-/Ozonbeständigkeit sowie Glykol-/Alkoholbeständigkeit	Dichtungsprofile für die KFZ- und Bauindustrie, Schläuche, Walzenbeläge, Keilriemen, Zell- und Moosgummi
	Laugenbeständigkeit	Dichtungen und Schläuche für Waschmaschinen
EVM	Wärme-/Witterungs-/Ozonbeständigkeit sowie Flammwidrigkeit (rezepturabhängig)	Kabel, Schläuche, Bodenbeläge, Zell- und Moosgummi
ACM	Wärme- und Ölbeständigkeit	Dichtungen, Membranen und Schläuche für die Kfz-Industrie
AEM	Wärme-/Witterungs-/Ozonbeständigkeit sowie Wasser- und Glykolbeständigkeit	Dichtungen, Membranen und Schläuche für die Kfz-Industrie
CO, ECO	Wärme-/Witterungs-/Ozon- sowie Öl- und Kraftstoffbeständigkeit dynamische Beständigkeit (ECO)	Dichtungen, Membranen und Schläuche für die Kfz-Industrie Keilriemen, Motorlager

Elastomer	charakteristische Eigenschaft	Anwendungsbeispiele
VMQ/ PVMQ/ FVMQ	Wärme-/Witterungs-/Ozonbeständigkeit	Dichtungen, Membranen, Schläuche, Kabel
	physiologisch inert	medizinische Anwendungen, Artikel in Kontakt mit Lebensmittel
FKM/FFKM	Wärme-, Witterungs-, Ozonbeständigkeit Chemikalien-, Öl- und Kraftstoffbeständigkeit	Dichtungen, Membranen und Schläuche für die Kfz-Industrie, die chemische Industrie und für die Luft- und Raumfahrt

Aus der Zusammensetzung des Kautschuks kann man bereits einige grundsätzliche Eigenschaften ableiten. So zeigen gesättigte Kautschuke Vorteile hinsichtlich der Wärme-, Alterungs-, Witterungs- und Ozonbeständigkeit, dagegen sind ihnen ungesättigte Kautschuke in der Kältebeständigkeit überlegen, lassen sich konventionell mit Schwefel vernetzen und sind besser für dynamische Belastungen geeignet. Polare Komponenten wie Chlor- oder Fluoratome, Acrylnitril-, Vinylacetat oder Acrylatgruppen verringern die Quellung durch Öle, Kraftstoffe und Lösungsmittel.

4.2 Mechanische und dynamische Eigenschaften

Elastomere müssen, um ihre Aufgaben zu erfüllen, bestimmte Anforderungen hinsichtlich *mechanischer Eigenschaften* wie Zugfestigkeit, Bruchdehnung, Härte und Druckverformungsrest (bleibende Verformung) erfüllen. Artikel, die wechselnder Verformung ausgesetzt sind, wie Reifen, Puffer, Zahn- und Keilriemen, müssen zusätzlich eine gute *dynamische Belastbarkeit* aufweisen. Neben dem zugrundeliegenden Kautschuk spielt die Zusammensetzung der jeweiligen Kautschukmischung eine wesentliche Rolle. Wichtige Faktoren sind Art und Menge von Füllstoff und Weichmacher sowie das verwendete Vernetzungssystem.

Die bei mechanischer Belastung von Elastomeren ablaufenden Vorgänge beruhen auf dem ausgeprägten *viskoelastischen Verhalten* der Kautschuke und ihrer *Entropieelastizität* sowie den hohen Rückstellkräften durch die Vernetzung. Werden die verknäult vorliegenden, weitmaschig vernetzten Makromoleküle gestreckt oder gestaucht, bewirkt der viskose Anteil Reibungsverluste aufgrund der Scherung aneinander abgleitender Makromoleküle, die als Wärme freigesetzt werden *(Dissipation)*. Dadurch verlaufen Spannung und Dehnung bei Elastomeren nicht ganz zeitgleich, die Dehnung folgt der Spannung mit einer bestimmten, materialspezifischen Verzögerung. Ebenso nimmt die Rückverformung nach Entlastung eine gewisse Zeit in Anspruch (vgl. Abschnitt 2.3.2, Bild 2.15). Aufgrund der erwähnten Reibungsverluste verbleibt immer eine gewisse plastische Verformung, deren Höhe von der Art des Elastomeren, dem Vernetzungsgrad und dem Mischungsaufbau abhängt.

Die Verzögerung bei Be- und Entlastung führt auch zu abweichenden Kurvenverläufen bei Be- und Entlastung im *Spannungs-Dehnungs-Diagramm* und wird als *Hysterese* bezeichnet (Bild 4.1). Die Größe der von den beiden Kurven eingeschlossenen Fläche ist ein Maß für die Wärmeentwicklung, die insbesondere bei dynamischer Belastung zu beachten ist.

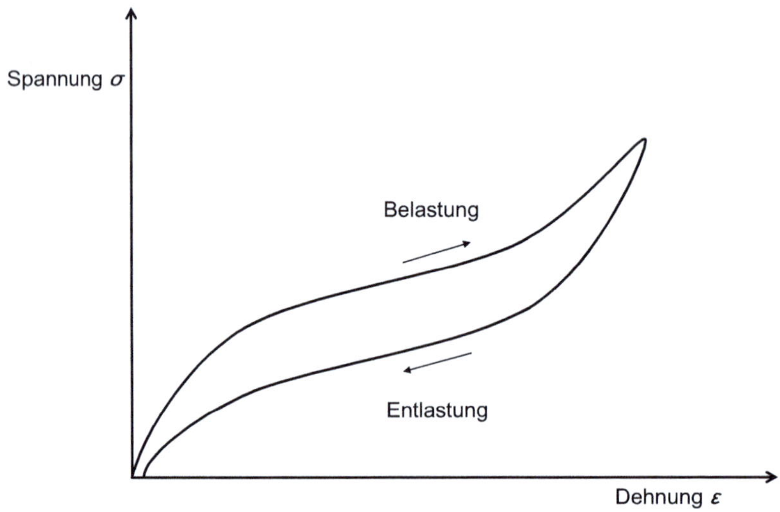

Bild 4.1 Spannungs-Dehnungs-Verhalten von Elastomeren bei Be- und Entlastung (Hysterese)

Des Weiteren bewirkt das Dehnen von Elastomeren eine *Spannungserweichung*. Nach Entlastung und erneuter Dehnung zeigt die Spannungs-Dehnungskurve im mittleren Bereich eine Verschiebung zu höheren Dehnungen hin, bis der Betrag der Vordehnung erreicht ist, die Steifigkeit wird also reduziert. Danach gleichen sich die Kurven für die nicht vorgedehnte Probe und die vorgedehnte Probe wieder an. Dieses Verhalten wird als *Mullins-Effekt* bezeichnet und stabilisiert sich bereits nach der ersten Wiederholung (Bild 4.2).

Bei länger andauernder und/oder zu großer Verformung, insbesondere von schwefelvernetzten Kautschuken, spalten sich die Vernetzungsbrücken auf und lagern sich um. In Abhängigkeit von Zeit, Temperatur und Höhe der Belastung führt dies zu einer mehr oder weniger ausgeprägten irreversiblen plastischen Verformung (Druckverformungsrest, Zugverformungsrest).

Etwas komplexer sind dagegen die Abläufe bei *dynamischer Belastung*, also durch oszillierende mechanische Schwingungen. Die Makromoleküle werden hier zyklisch gestreckt oder gestaucht. Die aufgebrachte Energie wird aufgrund der Viskoelastizität anteilig in elastische und plastische Verformung umgesetzt. Nach Entlastung wird der für die elastische Verformung verwendete Anteil wieder freigesetzt (Entropieerhöhung), er wurde also lediglich zwischengespeichert. Dagegen ist der für die plastische Verformung verwendete Anteil der Energie aufgrund der Umsetzung der Reibungsverluste in Wärme unwiederbringlich verloren (Dissipation). Eine aufgebrachte Schwingung wird also gedämpft.

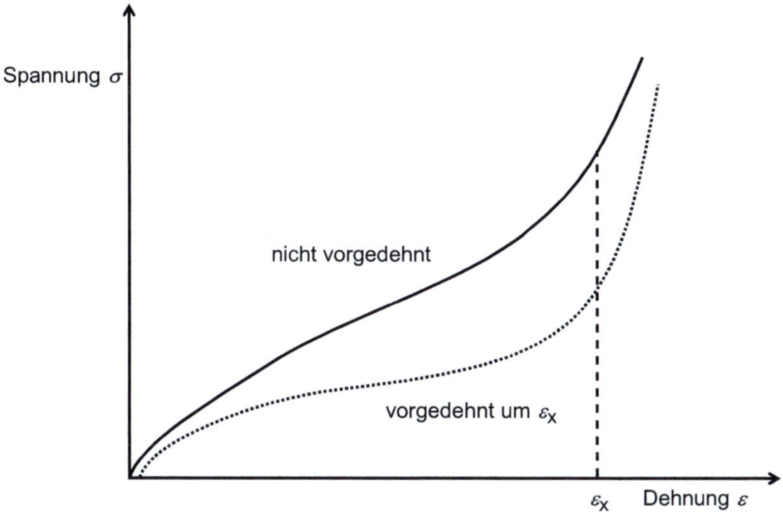

Bild 4.2 Spannungserweichung aufgrund einer Vordehnung (Mullins-Effekt)

Mit jedem neuen Belastungszyklus summieren sich die Reibungsverluste, sodass sich das Elastomer erwärmt. Aufgrund der schlechten Wärmeleitfähigkeit von Polymeren kann diese Verlustwärme nicht schnell abgeführt werden, sodass die Temperatur bei fortdauernder dynamischer Belastung ansteigt (engl.: *heat build-up*). In Abhängigkeit von der Höhe und der Dauer der Belastung, der Frequenz (Anzahl von Lastwechseln pro Zeiteinheit), der Wanddicke und dem Aufbau des Elastomers stellt sich nun entweder ein thermisches Gleichgewicht ein, oder die Makromolekülketten werden thermisch abgebaut und das Elastomer somit zersetzt. Man bezeichnet diesen Vorgang als *Zermürbung*.

Überträgt man den Verlauf von Spannung und Dehnung über die Zeit auf ein Zeigermodell, tritt der durch den viskosen Anteil bedingte Reibungsverlust als *Verlustwinkel* zu Tage, er ist ein Maß für die Dämpfung der Schwingung (Bild 4.3).

Das Verhältnis von dissipierter Energie zu gespeicherter Energie wird als *Verlustfaktor* bezeichnet. Präziser ausgedrückt, ist der Verlustfaktor das Verhältnis von Verlustmodul zu Speichermodul. Im Rahmen dieses Buches soll auf deren nähere Betrachtung aber nicht eingegangen werden.

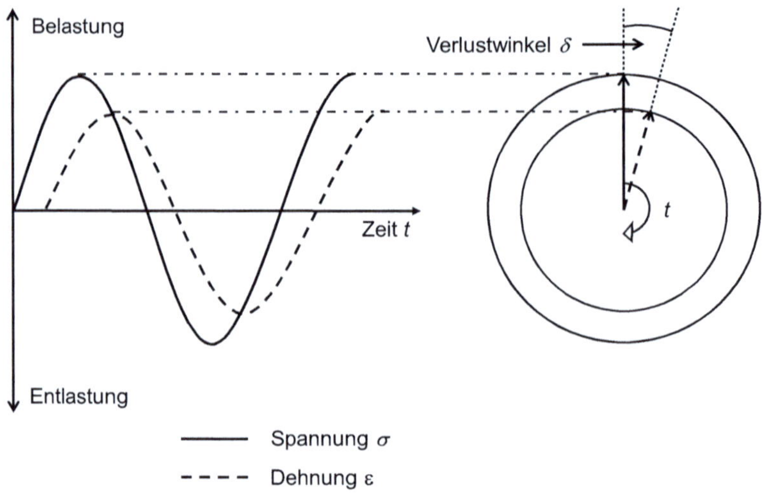

Bild 4.3 Ableitung des Verlustwinkels δ aus dem Zeigermodell

Der Verlustfaktor entspricht dem Tangens des Verlustwinkels. Je höher der Verlustwinkel, desto ausgeprägter ist das viskose Verhalten, je niedriger, desto ausgeprägter ist das elastische Verhalten eines Werkstoffs. Das Verhältnis der gespeicherten und wiedergewonnenen Energie zur aufgewendeten Energie wird als *Stoß- oder Rückprallelastizität* bezeichnet. Da die Beweglichkeit der Makromoleküle mit steigender Temperatur zunimmt, erhöht sich damit analog auch die Elastizität. Die Reibungsverluste und damit der Verlustfaktor sind bei Polymeren wesentlich höher als bei den kristallin aufgebauten Metallen, da bei diesen aufgrund der hohen Bindungsfestigkeit deutlich weniger Versetzungsvorgänge auftreten. Daher versagen Metalle bei zyklischer Belastung nicht durch thermische Überlastung, sondern durch fortschreitendes Risswachstum.

Dies ist jedoch auch bei der *Ermüdung* von Elastomeren der Fall. Die Bruchmechanik geht davon aus, dass in jedem realen Werkstoff Fehlstellen oder mikroskopisch kleine Risse vorhanden sind. Bei Zug- oder Druckbelastung kann die auftretende Spannung an der Fehlstelle lokal weit höhere Werte annehmen als es der am Werkstoff anliegenden durchschnittlichen Belastung entspricht. Bei fortgesetzter, insbesondere dynamischer Belastung kommt es durch sogenannte stabile Rissausbreitung zu einer Trennung auf molekularer Ebene, die sich langsam erweitert, bis makroskopische Risse und letztlich Versagen durch Ermüdungsbruch auftreten. Die Anwesenheit von Sauerstoff und insbesondere Ozon beschleunigen die *Ermüdungsrissbildung* ebenso wie die Zufuhr von Wärme.

Ein relativ hohes Niveau der mechanischen Werte ermöglichen NR und HNBR, gute dynamische Eigenschaften lassen sich vor allem mit NR und BR, aber auch mit CR (insbesondere schwefelmodifizierte Typen), CSM, ECO, EPDM sowie mit schwefelvernetztem HNBR erzielen. Solche Elastomere besitzen auch eine hohe Stoß- oder Rückprallelastizität. Sie steigt aufgrund des *Gough-Joule-Effekts* (vgl. Abschnitt 2.3.3) mit der Temperatur. Butylkautschuk hat dagegen einen ausgeprägt dämpfenden Charakter. Thermoplastische Elastomere erweichen durch den Temperaturanstieg bei hoher dynamischer Belastung, sie sind also nicht für Anwendungen mit einer großen Anzahl von Lastwechseln innerhalb eines kurzen Zeitraums, wie etwa Reifen, Keil- oder Zahnriemen für Kraftfahrzeuge, geeignet.

4.3 Alterungs- und Witterungsbeständigkeit

Die Einwirkung von Wärme, Sauerstoff, Ozon oder energiereichem Licht (UV-Licht) verursacht Änderungen der Elastomereigenschaften, insbesondere bei längerer Einwirkungszeit oder wenn mehrere dieser Einflüsse gleichzeitig auftreten. Man bezeichnet die dann ablaufenden Prozesse, die bis zur vollständigen Zerstörung des Elastomerwerkstoffs führen können, als *Alterung*. Durch mechanische und insbesondere dynamische Beanspruchung werden Alterungsprozesse beschleunigt.

Bei der Polymerisation von Dienen verbleibt eine Doppelbindung pro Monomereinheit in der Hauptkette. Naturkautschuk und die *Dienkautschuke* sind also hoch ungesättigte Polymere. Die Doppelbindungen sind unabdingbar für die Vulkanisation mit Schwefel, auch wenn nur ein kleiner Prozentsatz benutzt wird (vgl. Abschnitt 3.1). Allerdings begünstigen die reaktiven Zentren in *Allylstellung* die Reaktionen mit Oxidationsmitteln und Sauerstoff (Bild 4.4).

Bei der Alterung durch Sauerstoff wird das gesamte Volumen des Gummiartikels oxidiert (engl.: *bulk ageing*). Durch Kettenspaltung und anschließende Rekombination findet eine Nachvernetzung statt. Dabei verhalten sich die Kautschuke nicht einheitlich. So steht bei Naturkautschuk und Butylkautschuk zunächst die Kettenspaltung im Vordergrund, die Länge der Makromoleküle wird schließlich so weit verringert, bis Erweichung eintritt. (Die Alterung wird durch Wärme beschleunigt, daher wird die Kettenspaltung zuweilen auch als Schmelzen missdeutet.) Im weiteren Verlauf rekombinieren die entstandenen Bruchstücke, wodurch Verhärtung bis zur Versprödung eintritt. Bei anderen Kautschuken ist der Anteil an Kettenspaltungen deutlich geringer. Die Oxidation führt hier im Wesentlichen direkt zur Nachvernetzung über Zyklisierungsreaktionen. Im Zuge der langsam einsetzenden Verhärtung und Versprödung geht die Entropieelastiziät mehr und mehr in Energieelastizität über, die Werkstoffe nehmen mehr und mehr duroplastischen Charakter an (vgl. Abschnitt 3.1). Die Reaktion mit Sauerstoff wird durch Schwermetallverbindungen, insbesondere auf Basis von Kupfer und Mangan, in geringerem Maße auch auf Basis von Eisen, Kobalt oder Nickel beschleunigt. Aufgrund dieses katalytischen Effekts bezeichnet man diese Schwermetalle und ihre Verbindungen als *Kautschukgifte*. Für Kupfer- und Manganverbindungen wird dabei eine Schädlichkeitsgrenze von 0,001 % angegeben. Es ist zu beachten, dass helle Füllstoffe möglicherweise Verunreinigungen aus Schwermetall-Mineralen enthalten, was sich ungünstig auf die Alterungsbeständigkeit auswirken kann.

Bei Elastomeren auf Basis von Dienkautschuken werden durch die Alterung also üblicherweise Zugfestigkeit, Bruchdehnung und Weiterreißwiderstand verringert (Kettenspaltung), wohingegen Härte, Spannungswert und Druckverformungsrest ansteigen (Rekombinationen). Dabei steigt die Geschwindigkeit der Reaktion mit Sauerstoff oder Ozon mit zunehmender Temperatur, Elastomere altern mit steigender Einsatztemperatur also immer schneller. Dies macht man sich zunutze, um durch beschleunigte Alterungsversuche die Lebensdauer abzuschätzen (vgl. Abschnitt 4.4 und Abschnitt 9.4).

Alle Dienkautschuke sind aufgrund der großen Anzahl an Doppelbindungen in der Hauptkette empfindlich gegen Sauerstoff und Ozon. Bei entsprechendem Rezepturaufbau, insbesondere durch Einsatz spezieller Alterungsschutzmittel (vgl. Abschnitt 7.5), lassen sich Alterungsprozesse zwar verzögern, aber nie vollständig vermeiden. Die für das jeweilige Elastomer typische maximale Einsatztemperatur kann durch Alterungsschutzmittel allerdings nicht signifikant erhöht werden. In einigen Fällen kann dies in gewissem Ausmaß durch Einsatz von Kieselsäurefüllstoffen anstelle von Ruß (vgl. Abschnitt 7.3) oder Vernetzung mit Peroxid, etwa bei Naturkautschuk oder Nitrilkautschuk, erreicht werden. Gesättigte Elastomere weisen grundsätzlich eine deutlich höhere Temperatur- und Ozonbeständigkeit als Dienkautschuke auf.

Durch dynamische Belastung wird die Alterung ebenfalls begünstigt, was schließlich zu Ermüdung oder Zermürbung führt. Auch hier wird durch entsprechende Versuche eine beschleunigte Alterung simuliert, um Aussagen über die Lebensdauer bei dynamischer Belastung zu erhalten (vgl. Abschnitt 9.3).

Obwohl gesättigte Elastomere grundsätzlich eine höhere Wärmebeständigkeit aufweisen, ist die hier übliche kurzkettige Peroxidvernetzung, die auch mit einem höheren Vernetzungsgrad einhergeht, nachteilig bei dynamischer Belastung, analog zu Efficient-Vulkanisationssystemen bei der Schwefelvernetzung. Daher sind polysulfidisch vernetzte ungesättigte Elastomere grundsätzlich besser für dynamische Beanspruchungen geeignet (vgl. Abschnitt 7.2.1).

Daneben ist zu berücksichtigen, dass sich die in fast allen Kautschukmischungen enthaltenen Weichmacher bei längerer Beanspruchung durch hohe Temperaturen verflüchtigen, wodurch eine rein physikalisch bedingte Erhöhung der Härte auftritt. Dies kann in begrenztem Umfang durch höher molekulare Weichmacher reduziert werden, allerdings bei dann verringerter Kälteflexibilität.

Bodennahe Ozonkonzentrationen erreichen im Sommer oft beachtlich hohe Werte. Daneben entsteht dieses auch in geringen Konzentrationen sehr aggressive Gas bei elektrischen Entladungen, etwa in Geräten, die mit Hochspannung arbeiten, wie zum Beispiel Fotokopierern, in denen die Übertragung der Farbpartikel über elektrostatische Aufladung erfolgt. Ozon ist ein sehr starkes Oxidationsmittel und spaltet die Doppelbindungen (Bild 4.4). Dies führt zunächst zu Rissen an der Oberfläche, die aber mit fortdauerndem Einfluss breiter und tiefer werden, bis das Elastomer schließlich vollständig zerstört ist. Der Angriff durch Ozon tritt allerdings erst ab einer sogenannten *kritischen Dehnung* auf, bei Naturkautschuk liegt diese bei etwa 3 %. Die Geschwindigkeit der Rissbildung steigt mit der Dehnung, der Ozonkonzentration, der Anzahl von Doppelbindungen in der Hauptkette, der Luftfeuchtigkeit und der Temperatur.

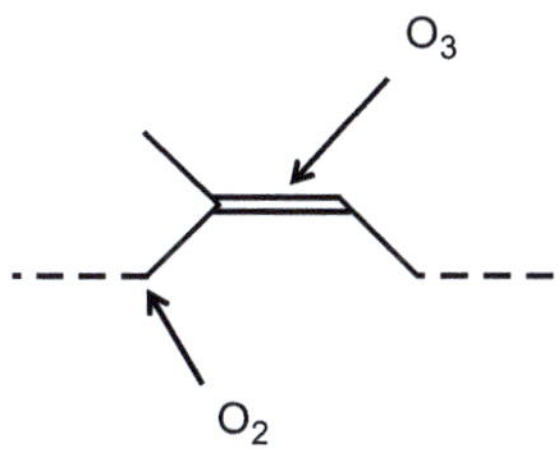

Bild 4.4
Einwirkung von Sauerstoff und Ozon

Dagegen tritt das sogenannte *Frosting* auch bei nicht gedehnten Elastomeren auf, bei denen helle Füllstoffe verwendet wurden. Frosting ist ein oberflächlicher Oxidationsprozess, durch Zerstörung der Polymerketten werden die Füllstoffpartikel freigelegt. Dadurch entsteht der charakteristische, dem Raureif ähnlichen Belag.

Die Einwirkung von *UV-Licht* führt bei Elastomeren mit hellen Füllstoffen zu einer leichten Versprödung der Oberfläche, die als *Elefantenhautbildung* oder *Crazing* bezeichnet wird und sich nur langsam fortsetzt. Crazing kann durch Zugabe spezieller UV-Absorber mittelfristig unterbunden, jedoch bei Außenanwendungen, vor allem in Regionen mit hoher Sonneneinstrahlung, nie vollständig vermieden werden. Da als Ursache Oxidationsprozesse vermutet werden, ist es vorteilhaft, helle und farbige Artikel vornehmlich auf Basis gesättigter Kautschuke herzustellen.

Alle ungesättigten Elastomere sind anfällig für die Alterung durch Ozon. Bei NBR ist die Empfindlichkeit gegenüber Ozon besonders ausgeprägt, da die Acrylnitrilgruppe die Doppelbindung aus den Butadienanteilen destabilisiert. CR ist zwar ebenfalls ungesättigt, weist jedoch gegenüber NR, BR und SBR eine bessere Ozonbeständigkeit auf. Hier kann vermutet werden, dass die direkte Nachbarschaft des relativ großen Chloratoms die Doppelbindung etwas gegen den Angriff von Ozon abschirmt. IIR und EPDM verfügen im Vergleich zu Dienkautschuken nur über wenige Doppelbindungen. Bei IIR befinden sich diese in der Hauptkette, bei EPDM in der Seitenkette. Daher besitzt EPDM eine noch bessere Ozonbeständigkeit als IIR. Komplett gesättigte Elastomere weisen die beste Ozonbeständigkeit auf.

4.4 Wärmebeständigkeit

Chemische Reaktionen, wie die Alterung durch Sauerstoff und Ozon, laufen mit steigender Temperatur immer rascher ab. Für Aussagen bezüglich der Lebensdauer bei einer bestimmten Temperatur wird meist der Ansatz nach *Arrhenius* herangezogen, wonach der natürliche Logarithmus der Reaktionsgeschwindigkeitskonstanten, $ln\ k$, sich umgekehrt proportional zum Kehrwert der Temperatur, $1/T$, verhält. Für k kann je nach Anforderung an den Werkstoff beispielsweise die Zeit t bis zum Eintreten einer bestimmten Änderung der Eigenschaften, etwa der Abfall auf 100 % Bruchdehnung, eingesetzt werden. Dazu ist es zunächst erforderlich, durch Messreihen den jeweiligen Zeitpunkt bei verschiedenen Temperaturen zu ermitteln. Meist muss der exakte Wert aus den Ergebnissen interpoliert werden. Dann werden diese Zeiten in logarithmischem Maßstab gegen 1/T (absolute Temperaturen, T in K) aufgetragen. In der Praxis wird meist der geläufigere dekadische Logarithmus $lg\ t$ verwendet ($lg\ t = ln\ t / \ln 10$). Aus der resultierenden Geraden lässt sich die erwartete Lebensdauer bei einer bestimmten Temperatur durch entsprechende Extrapolation von Messungen über kürzere Zeiträume bei verschiedenen Temperaturen abschätzen (Bild 4.5).

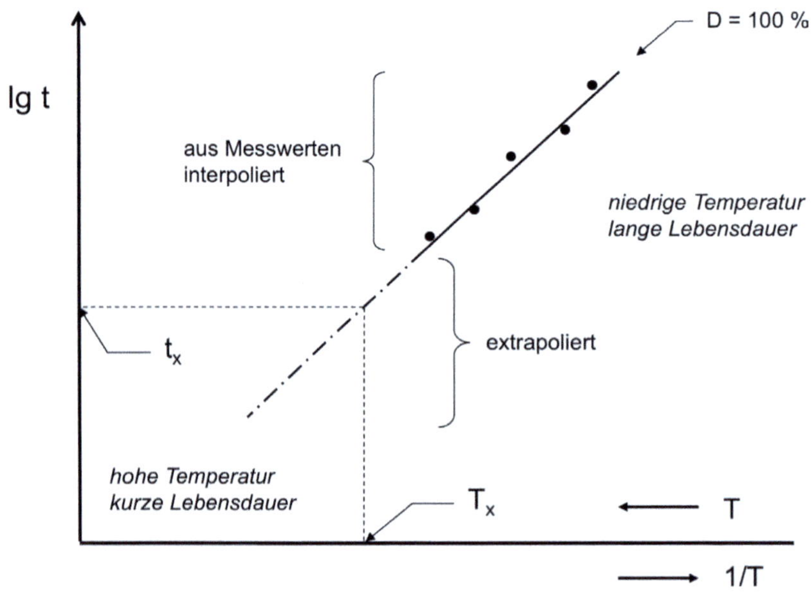

Bild 4.5 Arrhenius-Diagramm für den Abfall der Bruchdehnung auf 100 %. Durch Extrapolation wird die Lebensdauer t_x bei der Anwendungstemperatur T_x abgeschätzt.

Nach der Faustregel von *van 't Hoff* wird die Reaktionsgeschwindigkeit bei einer Temperaturerhöhung um 10 K etwa verdoppelt. Umgekehrt wird daraus geschlossen, dass die Lebensdauer bei einer Erhöhung der Anwendungstemperatur um 10 K halbiert wird. Allerdings laufen bei der Alterung meist mehrere Reaktionen gleichzeitig ab, sodass nicht immer ein linearer Zusammenhang zwischen *lg t* und *1/T* gegeben ist. Laufen verschiedene Alterungsprozesse zeitlich versetzt ab, wird dies durch einen Knick in der Geraden erkennbar.

Die Wärmebeständigkeit von Elastomeren hängt vor allem vom Aufbau des zugrundeliegenden Kautschuks und dem verwendeten Vernetzungssystem ab. Elastomere mit noch reaktionsfähigen Doppelbindungen in der Hauptkette und insbesondere die bei Dienkautschuken übliche Schwefelvernetzung sind hier nachteilig. Art und Menge der eingesetzten Alterungsschutzmittel spielen ebenfalls eine wichtige Rolle. Weichmacher beeinflussen zwar nicht die Alterung an sich, sie verflüchtigen sich jedoch bei zu hohen Temperaturen. Dies führt parallel zur reinen Alterung zu einer weiteren Verringerung der Bruchdehnung und einem zusätzlichen Anstieg der Härte.

Des Weiteren ist der Einfluss von Medien zu berücksichtigen. So kann die Lebensdauer in additivierten Ölen kürzer sein als an Luft, obwohl hier kein direkter Kontakt zu Sauerstoff besteht. Andererseits kann die Wärmebeständigkeit unter anaeroben Bedingungen (zum Beispiel unter Inertgasatmosphäre) bis an die thermische Zersetzungstemperatur reichen. Insofern spielt auch die Wanddicke des Elastomererzeugnisses eine Rolle. Allerdings ist zu berücksichtigen, dass bei der Alterung sowohl aerobe als auch anaerobe Prozesse beteiligt sind.

Hinsichtlich der Temperaturbeständigkeit eines bestimmten Elastomerwerkstoffs findet man in der Literatur durchaus unterschiedliche Angaben. Obwohl sie meist auf genormten Prüfungen basieren, sind sie aber lediglich als Richtwerte zu interpretieren, da die vielfältigen Anforderungen in der Praxis zuweilen deutlich von genormten Prüfbedingungen abweichen. Durch die Verwendung von Spezialtypen sowie optimiertem Rezepturaufbau lassen sich manchmal noch Verbesserungen erzielen. Auf der anderen Seite kann sich ein für eine bestimmte Anwendung konzipierter Mischungsaufbau als nachteilig bezüglich der Temperaturbeständigkeit erweisen. Die Eignung von Elastomeren für den Einsatz bei bestimmten Temperaturen kann also nur durch entsprechende Versuche (vgl. Abschnitt 4.4 und 9.4) abgesichert werden. Weiterhin ist zu beachten, dass insbesondere bei längerer dynamischer Beanspruchung die maximale Gebrauchstemperatur sinkt, da sich dann Umgebungstemperatur und Reibungswärme addieren. Auf der anderen Seite sind kurzfristig Spitzentemperaturen, die deutlich über der Dauergebrauchstemperatur liegen, möglich, wie etwa bei der Vulkanisation.

So liegt die Dauergebrauchstemperatur von Elastomeren auf Basis Naturkautschuk (NR) bei etwa 70 °C; spezielle FFKM-Typen erreichen bis zu 325 °C. Fluor- und Silikonelastomere zeigen generell die beste Wärmebeständigkeit, vorteilhaft sind auch ACM, AEM, EVM sowie peroxidvernetztes EPDM und gesättigter HNBR (NBM).

4.5 Chemische Beständigkeit

Elastomere kommen je nach Einsatzgebiet mit einer Vielfalt von Stoffen in Berührung, wie etwa Öle, Fette, Kraftstoffe, Lösungsmittel, Säuren, Laugen und andere Chemikalien. Neben den geforderten mechanischen oder dynamischen Eigenschaften muss ein Elastomer bei der vorgesehenen Einsatztemperatur auch gegen solche Kontaktmedien beständig sein. Physikalische oder chemische Einwirkung von Chemikalien hängen vom chemischen Aufbau des zugrundeliegenden Kautschuks, dessen Vernetzungsgrad, der Verweildauer und der Temperatur ab. Ein geringer Vernetzungsgrad, lange Verweilzeiten und hohe Temperaturen sind in jedem Fall als ungünstig zu bewerten. Aggressive Stoffe, wie etwa starke Säuren, Basen oder Oxidationsmittel, können insbesondere bei ungesättigten Kautschuken durch Reaktion mit den Makromolekülen zum Kettenabbau und damit zur teilweisen oder vollständigen Zerstörung von Elastomeren führen. Chemischer Abbau und Quellung führen also meist zu einer erheblichen Veränderung der mechanischen Eigenschaften und können je nach Elastomer und Chemikalie auch zusammen und in unterschiedlichem Ausmaß auftreten.

Bei der rein physikalischen *Quellung* nehmen Elastomere, gesteuert vom Bestreben nach höherer Entropie, einen Teil der Stoffe auf, mit denen sie in Berührung kommen, wodurch Volumen und Unordnungsgrad zunehmen. Die kleinen Moleküle von Lösungsmitteln und vergleichbaren Stoffen gelangen relativ leicht zwischen die Makromolekülketten und reichern sich dort bis zur Sättigung an. Mit zunehmender Volumenquellung nehmen auch Festigkeit und Härte ab.

Aufgrund der weitmaschigen räumlichen Vernetzung sind Elastomere allerdings im Gegensatz zu Kautschuken sowie vielen Thermoplasten nicht in Lösungsmitteln löslich. (Die hoch vernetzten Duroplaste haben aus dem gleichen Grund eine recht gute Beständigkeit gegen quellende Chemikalien.) Im Umkehrschluss zeigten H. Westlinning und G. Butenuth bereits 1961, dass sich die Netzmaschengröße und damit der Vernetzungsgrad von ungefüllten Elastomeren über die Quellung in Lösungsmitteln bestimmen lassen. Dieser Effekt findet seine praktische Bedeutung beim Einsatz von Additiven. Flüssige Additive, wie etwa Weichmacher oder Flammschutzmittel, haben im Vergleich zu Polymeren recht kleine Moleküle und lassen sich daher relativ leicht einarbeiten. Da sie chemisch nicht gebunden werden, gelangen sie allerdings bei zu hoher Dosierung oder erhöhten Temperaturen wieder an die Oberfläche, was ihre Wirksamkeit beeinträchtigt. Auch die Verwendung spezieller Wachse (Verarbeitungshilfsmittel, vgl. Abschnitt 7.4.3, oder Ozonschutzwachse, vgl. Abschnitt 7.5), die im Vergleich zu den Makromolekülen immer noch eine deutlich kleinere Kettenlänge aufweisen, geht auf das oben beschriebene Prinzip zurück. Allerdings ist es bei Verarbeitungshilfsmitteln ausdrücklich erwünscht, dass die betreffenden Produkte schon während des Verarbeitungsprozesses wieder an die Oberfläche gelangen, um die Fließfähigkeit zu erleichtern. Ähnliches gilt für Ozonschutzwachse. Diese sind für den

Einsatz bei Gebrauchstemperatur ausgelegt und sollen über die gesamte Lebensdauer des Elastomers Zug um Zug Ozonschutzmittel aus dem Inneren an die Oberfläche transportieren, um eine langfristige Schutzwirkung zu erzielen. Durch Abrieb oder Kontakt mit Flüssigkeiten wird die dünne oberflächliche Schutzschicht immer wieder abgetragen. Dies ist bei der Dosierung von Ozonschutzmitteln zu berücksichtigen (*Depoteffekt* vgl. Abschnitt 7.5).

Stark quellende Chemikalien wie Lösungsmittel oder Kraftstoffe führen bei längerem Kontakt zu einer teilweisen oder vollständigen Extraktion von Weichmachern und Wachsen. Daraus resultiert unmittelbar eine deutlich reduzierte Kälteflexibilität, zudem steigen Spannungswert und Härte an. (Bei der Einfärbung von Thermoplasten bedient man sich übrigens des umgekehrten Prinzips: hier werden Pigmente durch Lösungsmittel in die Hohlräume zwischen den Makromolekülen des Polymeren eingeschleust und verbleiben dort nach dem Verdunsten des Lösungsmittels.)

Als Faustregel gilt, dass Kautschuke mit polaren Gruppen wie Halogene (Brom, Chlor, Fluor), Acrylnitril, Acrylate oder Vinylacetat eine bessere Öl- und Kraftstoffbeständigkeit als unpolare Kautschuke (z. B. NR, BR, SBR) aufweisen. Dies sagt jedoch nichts über die Beständigkeit gegenüber anderen Chemikalien wie zum Beispiel Säuren, Basen oder Lösungsmitteln aus. So weisen IIR und EPDM eine gute Beständigkeit gegen eine Reihe von Chemikalien auf, sind aber nicht ölbeständig. Besonders kritisch sind Mischungen verschiedener Chemikalien. Beispielsweise sind technische Öle meist additiviert, das heißt, sie enthalten Stabilisatoren, um die Öle vor Zersetzung bei hohen Temperaturen zu schützen. Diese sind zum Teil wesentlich aggressiver als das reine Öl. Auch Hydroperoxide, die bei der Zersetzung nicht stabilisierter, überhitzter Öle entstehen, können den chemischen Abbau von Elastomeren verursachen. Ein weiteres Beispiel sind alkoholhaltige Kraftstoffe, die sowohl im Vergleich zu Standardkraftstoffen als auch zu den reinen Alkoholen eine wesentlich höhere Quellung verursachen. Des Weiteren führen moderne Abgasrückführungssysteme sowie Turbolader offenbar zu einer Anreicherung des Motoröls mit Kraftstoff, Alkoholen und sauren Kondensaten. Verunreinigungen dieser Art, aber auch Additive, führen oft zu einem beschleunigten Abbau von Elastomeren, insofern kann die Einsatztemperatur in Ölen oder anderen Medien deutlich niedriger sein als in Luft. Im Extremfall kann ein Elastomer, das gegen das reine Öl beständig ist, sich aufgrund dieser Zusatzstoffe in der Praxis als ungeeignet erweisen. Daher ist es in jedem einzelnen Fall erforderlich, das vorgesehene Elastomer auf seine Beständigkeit gegenüber dem Medium bei Einsatztemperatur zu prüfen.

Die Volumenquellung lässt sich durch geeigneten Mischungsaufbau in gewissen Grenzen beeinflussen. Durch einen hohen Anteil an Weichmacher kann die Quellung verringert werden, jedoch besteht bei stark quellenden Chemikalien die Gefahr der Extraktion (siehe oben). Auch bestimmte Füllstoffe, etwa Talkum oder Kaolin, tragen durch ihren schichtartigen Aufbau dazu bei, die Quellung etwas zu verringern.

Aufgrund der großen Vielfalt unterschiedlicher Substanzen gibt es kein Elastomer, das gegen alle Chemikalien gleichzeitig beständig ist. NR, BR, SBR sowie EPM/EPDM und IIR, BIIR, CIIR sind nicht ölbeständig, wobei EPM/EPDM und IIR, BIIR und CIIR jedoch gegenüber vielen anderen Chemikalien beständig sind. Auf der anderen Seite ist FKM zwar gegen viele Chemikalien und Öle beständig, jedoch nicht gegen basische Substanzen, insbesondere Amine. Eine Mittelstellung hinsichtlich der Ölbeständigkeit nehmen CR, CM/CSM und AEM ein, ACM und CO/ECO liegen hier fast auf dem Niveau von FKM.

Recht verbreitet sind Darstellungen mit einem schematischen Vergleich der Wärme- und Ölbeständigkeit verschiedener Elastomere. Grundlage ist die ASTM D 2000/SAE J 200, ein erstmals im Jahr 1965 herausgegebenes Klassifizierungssystem, das Elastomere nach Temperatur- und Ölbeständigkeit in Typen und Klassen einteilt. Für die Bewertung werden Proben 70 Stunden in Heißluft sowie in dem stark quellenden ASTM-Öl IRM 903 (früher: ASTM-Öl Nr. 3) gelagert. Meist darf sich bei gegebener Prüftemperatur die Zugfestigkeit um nicht mehr als 30 % verringern, die Bruchdehnung muss noch die Hälfte des ursprünglichen Wertes betragen, die Härte darf nicht mehr als 15 Punkte steigen, und der Druckverformungsrest darf nach 22 Stunden nicht größer als 50 % werden. Bezüglich der Volumenquellung gibt die ASTM D 2000 je nach Klasse unterschiedliche Werte vor. In der Praxis weichen die geforderten maximalen Veränderungen aber oft deutlich von der ASTM D 2000 ab. Auch wird zur Bewertung der Wärmebeständigkeit eine Heißluftalterung von 1000 Stunden herangezogen.

Allerdings wirkt die übliche lineare Darstellung besonders im Bereich der wärme- und ölbeständigen Elastomere sehr gedrängt und daher unübersichtlich, in anderen Bereichen sind große Leerräume. Es erscheint daher sinnvoll, die Elastomere in Gruppen gemäß ihrer thermischen Beständigkeit einzuteilen, wie Bild 4.6 zeigt.

Erwartungsgemäß finden sich die ungesättigten Elastomere in den Temperaturbereichen unterhalb von 150 °C, wobei unpolare Kautschuke die höchste Ölquellung zeigen. Die polaren Elastomere CR, CSM und CO/ECO sowie IIR und EPDM verfügen bereits über eine mittlere bis gute Witterungs- und Ozonbeständigkeit, besonders bei CR wird jedoch Zusatz von Alterungs- und Ozonschutzmitteln empfohlen. Letzteres gilt in besonderem Maße für NBR und ungesättigte HNBR-Typen.

Acrylat- und Fluorkautschuke zeigen die beste Wärme-, Öl-, und Ozonbeständigkeit, allerdings auch ungünstige Kälteflexibilität. Silikonkautschuke weisen eine gute Kälteflexibilität und eine mit AEM vergleichbare Ölbeständigkeit auf. Sie haben eine mit FKM vergleichbare Temperaturbeständigkeit, ihre Verarbeitung ist jedoch schwieriger als die der klassischen Kautschuke. Durch ihre speziellen Vernetzungssysteme, wie etwa Peroxide, Diamine oder Harze, sind Acrylat-, Fluor- und Silikonkautschuke nicht für hohe dynamische Belastung prädestiniert.

In einigen Fällen kann durch Wahl eines anderen Vernetzungssystems (zum Beispiel auf Basis von Peroxiden oder Harzen) oder durch Kieselsäurefüllstoffe anstelle von

Ruß auch bei ungesättigten Elastomeren, insbesondere NR und NBR, eine etwas höhere Wärmebeständigkeit erzielt werden. Grundsätzlich nimmt die Alterungsbeständigkeit aber mit steigendem Anteil an Doppelbindungen in der Hauptkette ab. Dies wird besonders deutlich bei HNBR, die Ozonbeständigkeit auch nur geringfügig ungesättigter Typen entspricht nur noch der von NBR.

Die vorzugsweise in dynamischen Anwendungen eingesetzten Kautschuke NR, BR und SBR, sowie CSM und ECO, bilden einen regelrechten Korridor. SBR zeigt zwar eine deutlich höhere Wärmeentwicklung (Heat Build-up) als Naturkautschuk, dies wird aber durch die bessere Wärmebeständigkeit von SBR kompensiert. Schwefelvernetzter, teilhydrierter Nitrilkautschuk (HNBR) zeichnet sich hier durch seine hohe Verschleißfestigkeit aus.

Bei einigen Elastomeren sind spezielle Typen mit dem Fokus auf besonders guter Ölbeständigkeit, besonders hoher Wärmebeständigkeit oder aber auch sehr guter Kälteflexibilität verfügbar. Dafür müssen aber in der Regel Nachteile an anderer Stelle in Kauf genommen werden. Bei Copolymeren hängen Wärmebeständigkeit, Kälteflexibilität sowie Öl- und Chemikalienbeständigkeit von Art und Anteil der einzelnen Komponenten ab. NBR, HNBR und EVM zeigen diesbezüglich eine ausgeprägte Abhängigkeit der Ölbeständigkeit und der Kälteflexibilität vom Anteil der polaren Komponente. Dadurch lässt sich die Ölbeständigkeit in einem weiten Bereich variieren, was zu einer entsprechenden Vielzahl an Typen mit abgestuftem Anteil an der polaren Komponente führt. Allerdings wird die Kälteflexibilität mit steigenden Anteilen der polaren Komponente immer ungünstiger (Bild 4.7).

Im Gegensatz zur thermischen Beständigkeit kann die Kälteflexibilität durch geeignete Weichmacher oft entscheidend verbessert werden. Daher ist es nicht sinnvoll, Vergleiche nur auf Basis der Glasübergangstemperatur (vgl. Abschnitt 2.3.3) durchzuführen. Für die Bewertung in Bild 4.6 wurden Einsatztemperaturen, die nicht tiefer als –25 °C reichen, als ungünstig definiert. In der Automobilindustrie werden zuweilen artikelspezifisch (etwa bei Achsmanschetten) auch weit tiefere Temperaturen spezifiziert.

Unter geeigneten Bedingungen (zum Beispiel anaerob, also unter Sauerstoffausschluss, manchmal auch in trockener Hitze) kann in einigen Fällen eine noch höhere Wärmebeständigkeit erreicht werden. Zwar ist die Durchführung der meisten Prüfungen genormt, in der Praxis finden sich aber auch modifizierte und an die jeweilige Anwendung angepasste Prüfmethoden. So haben Kraftfahrzeughersteller und andere Industriezweige auch eigene Prüfnormen oder von den ISO-Prüfmethoden abweichende, höhere Belastungen festgelegt.

Zuweilen finden sich, insbesondere bei der Wärmebeständigkeit, Diskrepanzen zwischen den Angaben von Kautschukproduzenten und beispielsweise Herstellern von Dichtungen. Da die Hersteller von technischen Gummiwaren die Temperaturbeständigkeit anhand praxisgerechter Rezepturen festlegen, wurden diese, soweit verfügbar, vorzugsweise für die Grafik in Bild 4.6 verwendet.

Dementsprechend sind die angegebenen Temperaturbereiche nur als Orientierungswerte zu betrachten.

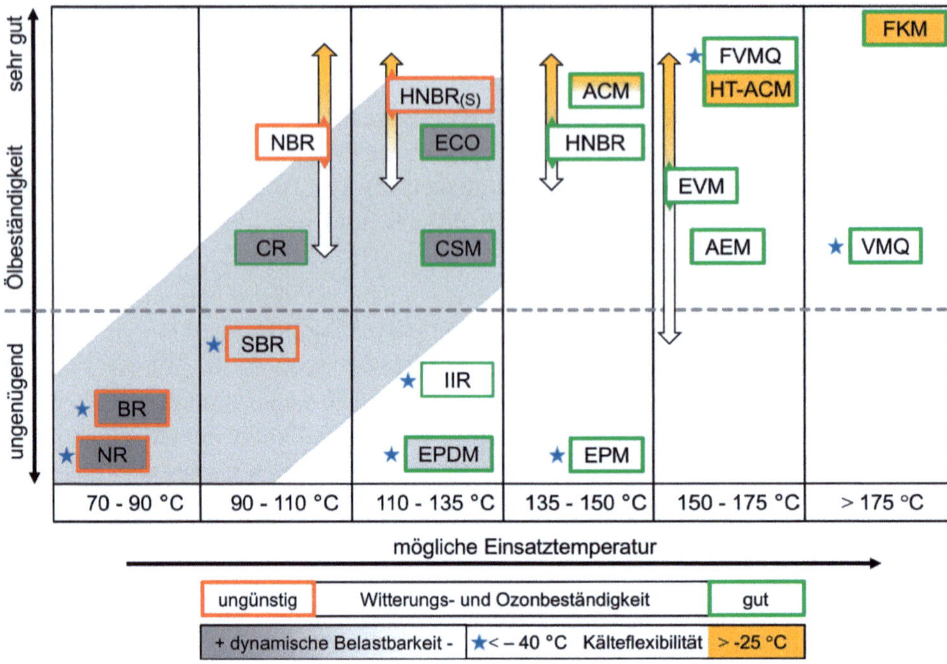

Bild 4.6 Vergleich der Wärme- und Ölbeständigkeit von Elastomeren

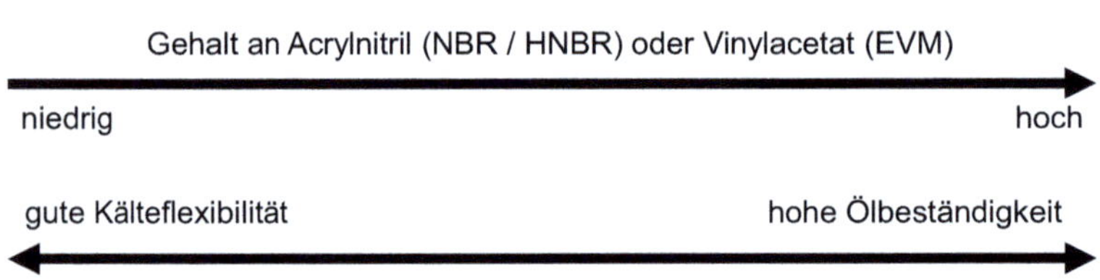

Bild 4.7 Einfluss polarer Copolymere auf die Ölbeständigkeit und die Kälteflexibilität

4.6 Kälteflexibilität

Mit fallender Temperatur gehen Entropieelastizität und Gummielastizität immer mehr in Stahlelastizität über, Druckverformungsrest und Härte steigen an. Sinkt die Temperatur zu weit ab, tritt Versprödung auf, das Elastomer verliert seine Funktion. Der Punkt, an dem die Gummielastizität verloren geht, gilt als *Glasübergangstemperatur* T_G. Elastomere werden daher grundsätzlich oberhalb ihrer Glasübergangstemperatur eingesetzt. (Aufgrund der unterschiedlichen Molmassen innerhalb eines Polymeren ist die Bezeichnung Glasübergangsbereich präziser, vgl. Abschnitt 2.3.3). Die Glasübergangstemperatur liegt je nach Polymer und Molmassenverteilung etwa 15 bis 25 K unterhalb des Wendepunktes der Schubmodulkurve, der als *Kälterichtwert* T_R definiert ist (vgl. Abschnitt 2.3.3). Zwischen diesen beiden Werten liegt die *Kältesprödigkeitstemperatur* T_S, die durch eine kurzzeitige Schlagbelastung ermittelt wird (vgl. Abschnitt 9.5). Die Kältesprödigkeitstemperatur dient daher oft als Kriterium für die Mindesteinsatztemperatur von Elastomeren. Wie bereits erwähnt, begünstigt der Einsatz geeigneter Weichmacher den Einsatz bei tiefen Temperaturen.

Die meisten unpolaren Elastomere wie NR, BR, SBR sowie EPM/EPDM und IIR, BIIR, CIIR haben eine gute bis sehr gute Kälteflexibilität. CR hat ebenfalls eine gute Kälteflexibilität, neigt aber bei statischem Einsatz (Bau- und Brückenlager) zur Kristallisation und dadurch zur Verhärtung. Diese ist jedoch reversibel und lässt sich durch Einsatz spezieller Typen deutlich verzögern. Sind Kälteflexibilität und Ölbeständigkeit gefordert, zeigen VMQ und FVMQ Vorteile, allerdings sind die mechanischen Eigenschaften unbefriedigend. Auch TPE-U zeigt gleichzeitig gute Kälteflexibilität und Ölbeständigkeit, spezielle Typen erreichen auch eine gute Wärmebeständigkeit. Hinsichtlich des gegenläufigen Verhaltens von Kälteflexibilität und Ölbeständigkeit von Copolymeren wird auf Abschnitt 4.5 verweisen.

4.7 Abrieb und Verschleiß

Werden Elastomere über abrasive Oberflächen bewegt, verschleißen sie durch Abriebverluste. Dabei zeigen Kautschuke mit niedrigem Glasübergangsbereich und hohem elastischen Anteil (geringe Hysterese) Vorteile. Auch durch aktive Füllstoffe lässt sich der Abriebverlust reduzieren.

4.8 Der Kostenfaktor

Neben den chemischen und physikalischen Eigenschaften spielt der Preis des Kautschuks eine wichtige Rolle. Besonders leistungsfähige Kautschuke haben in der Regel auch die höchsten Preise. Allerdings gehen in den Preis des fertigen Elastomerwerkstoffs auch die Kosten für die übrigen Mischungsbestandteile sowie die aufwendige Verarbeitung mit ein, sodass die Preisunterschiede zwischen den verschiedenen Kautschuken etwas relativiert werden. Insbesondere beim börsennotierten Naturkautschuk treten in Abhängigkeit von Bedarf und Angebot zuweilen große Preisunterschiede auf. Im ersten Quartal des Jahres 2011 wurden Spitzenpreise bis zu 5 €/kg erzielt, Ende 2015 lag der Preis bei nur noch etwa 1,5 €/kg. Ende 2024 hatte sich der Preis mit bis zu etwa 3 €/kg wieder verdoppelt.

In erster Näherung lässt sich sagen, dass mit zunehmender Wärme- oder Ölbeständigkeit der Preis ansteigt. Die hauptsächlich in der Reifenindustrie verwendeten Kautschuke BR, SBR und NR, aber auch NBR und EPDM sind am günstigsten und liegen in der Größenordnung von NR oder leicht darüber, von CR über ECO, IIR und AEM steigt der Preis etwa um den Faktor 2,5 bis 3,5 allmählich an. Bei Spezialitäten wie HNBR oder FKM beträgt die Relation zu den Reifenkautschuken etwa 10:1. Für FVMQ ist dann nochmals etwa der doppelte Preis zu veranschlagen.

Ruße und Weichmacher, die ebenfalls in größeren Mengen in den meisten Kautschukmischungen enthalten sind, liegen preislich in der Größenordnung der Butadienkautschuke. Dagegen kosten beispielsweise Alterungsschutzmittel oder Vernetzungschemikalien teilweise beträchtlich mehr, werden aber in deutlich geringeren Mengen dosiert. Grob geschätzt ist der Kautschuk also nur für etwa 50% der Rohmaterialkosten einer Kautschukmischung verantwortlich. Die recht aufwendige Verarbeitung, die immer noch viel manuellen Einsatz erfordert, geht ebenfalls in die Gesamtbilanz ein. Dies begünstigt wiederum den Einsatz eines leistungsfähigeren, aber teureren Kautschuks aufgrund gestiegener Anforderungen.

Für viele Anwendungen mit allenfalls geringer dynamischer Beanspruchung lassen sich mittlerweile auch thermoplastische Elastomere einsetzen. Die Fertigung solcher Artikel verläuft erheblich schneller als die auf Basis konventioneller Elastomere, da Mischvorgänge und Vulkanisation entfallen. Zudem lassen sich thermoplastische Elastomere auf gängigen Thermoplast-Maschinen verarbeiten. Demgegenüber steht jedoch ein bis zu vierfach höherer Preis für die Werkstoffe, sodass im Einzelfall abgewogen werden muss, ob sich der Einsatz thermoplastischer Elastomere schlussendlich rechnet.

Literatur Kapitel 4

[1] Heine, B.: Werkstoffauswahl für technische Anwendungen. München: Carl Hanser Verlag 2016

[2] Hofmann, W.; Gupta, H.: Handbuch der Kautschuktechnologie. Ratingen: Gupta-Verlag 2009

[3] Nagdi, K.: Gummi-Werkstoffe. Ratingen: Gupta-Verlag 2004

[4] Röthemeyer, F.; Sommer, F.: Kautschuktechnologie. München: Carl Hanser Verlag 2013

[5] Schnetger, J.: Lexikon der Kautschuktechnik. Heidelberg: Hüthig 2004

[6] Abraham, P.J.; Burczak, I.C.: Neue Entwicklungen in der Technologie flüssigkeitsbeständiger Polyacrylat-Elastomere. Zeon Chemicals 2015

[7] Rohde, E.; Abts, G.: Klassifizierung von Elastomeren nach Hitze- und Ölbeständigkeit. Anwendungstechnische Information KD 1370 C. Bayer AG, Geschäftsbereich Kautschuk 1991

[8] Westlinning, V.H.; Butenuth, G.: Quellung und Netzmaschengröße rußgefüllter Naturkautschukvulkanisate. Makromol. Chem., 47: 215–227. Weinheim: WILEY-VCH 1961.

[9] Dicht! Trialog der Dichtungs-, Klebe- und Polymertechnik, Ausgabe 04/2020. *https://www.isgatec.com*, abgerufen am 16.01.2025

[10] Weber & Schaer Price Development Chart for Natural Rubber. *https://www.weber-schaer.com*, abgerufen am 16.01.2025

[11] DIN ISO 1629: Kautschuk und Latices – Nomenklatur. Berlin: Beuth Verlag GmbH 2015

[12] ASTM D2000-12(2017), Standard Classification System for Rubber Products in Automotive Applications. West Conshohocken: ASTM International 2017

[13] Reincke, K., Langer, B., Döhler, S., Heuert, U., Grellmann, W.: Alterung und Beständigkeitsuntersuchungen von Elastomerwerkstoffen. *https://www.kgk-rubberpoint.de*, abgerufen am 15. 01. 2025

5 Spezifische Eigenschaften der verschiedenen Elastomere

5.1 Einleitung

Im Folgenden werden die Charakteristika der wichtigsten Elastomere vorgestellt. Bei Naturkautschuk wird zusätzlich ausführlich auf die Gewinnung und Aufarbeitung eingegangen. Bezüglich der Herstellung und Eigenschaften von Synthesekautschuken seien hier einige Erläuterungen vorangestellt. Hinsichtlich der Grundlagen der Polymerisation wird auf Abschnitt 2.1 verwiesen.

Synthetische Kautschuke werden überwiegend durch *Emulsionspolymerisation*, aber auch durch *Lösungspolymerisation* hergestellt. Die Emulsionspolymerisation läuft in wässriger Phase ab. Monomere und Polymer sollten also möglichst nicht wasserlöslich sein. Als Endprodukt erhält man eine Polymerdispersion *(Latex)* mit etwa 25 % Feststoffgehalt. Diese Konzentration erlaubt bereits den Einsatz für Imprägnierungen (vgl. Abschnitt 8.6). Für die Gewinnung von Festkautschuk wird die Dispersion aufkonzentriert, nach der Koagulation getrocknet und in der Regel zu Ballen von 25 kg verpresst.

Vorteile der Emulsionspolymerisation sind:

- geringe Viskosität der Emulsion, die über den gesamten Prozess nahezu konstant bleibt,
- hohe Reaktionsgeschwindigkeit,
- hohe erzielbare Molmassen und
- einfache Temperaturregelung durch Wasser als Wärmeträger.

In der Regel werden breite Molmassenverteilungen erzielt. Der relativ hohe Anteil an Makromolekülen mit kürzerer Kettenlänge erleichtert dabei die Verarbeitung. Allerdings ist die erforderliche Abwasseraufbereitung bei der Emulsionspolymerisation recht aufwendig. Ursprünglich war für einen zügigen Reaktionsablauf eine Temperatur von rund 50 °C erforderlich, diese sogenannten *Warmkautschuke* hatten sehr hohe Molmassen und mussten daher vor der weiteren Verwendung erst thermisch abgebaut werden *(Depolymerisation)*. Mit aktuellen Katalysatoren liegt die Reaktionstemperatur bei nur etwa 5 °C, demzufolge werden die Produkte als *Kaltkautschuke* bezeichnet. Sie liegen in der gewünschten Viskosität vor und müssen nicht mehr abgebaut werden. Daher werden heute fast ausschließlich Kaltkautschuke produziert. Das Warmverfahren wird jedoch noch verwendet, um hochmolekulare und verzweigte Typen zu erzeugen. Hochmolekulare Butadien- und Styrol-Butadienkautschuke werden dann vor der weiteren Aufarbeitung des Latex mit etwa 25 bis 50 phr Mineralöl verstreckt sowie gegebenenfalls auch mit Ruß abgemischt *(Masterbatche)*. Das Strecken mit Öl reduziert die Viskosität auf das Niveau von Kaltkautschuken, wobei die Zugfestigkeit nur geringfügig niedriger liegt. In Masterbatchen sind Füllstoffe und Weichmacher optimal verteilt. Gleichzeitig umgeht man mit Masterbatchen das Problem der mit zunehmendem Füllstoffanteil ansteigenden Viskosität und damit der schwierigeren Verarbeitung.

Bei der Lösungspolymerisation verwendet man aliphatische oder aromatische Kohlenwasserstoffe, in denen Monomere und Polymere gelöst sind. Im Verlauf der Polymerisationsreaktion steigt durch das Kettenwachstum die Molmasse des Polymeren und damit die Viskosität der Lösung. Bis zu einem gewissen Punkt kann durch weiteren Zusatz von Lösungsmittel gegengesteuert werden. Sollen hoch viskose Polymere erzeugt werden, verwendet man die *Mooney-Sprung-Technik*. Dabei werden nach Abstoppen der eigentlichen Polymerisationsreaktion durch Zugabe spezieller Chemikalien sowohl die Molmasse als auch der Verzweigungsgrad erhöht, indem die bereits entstandenen Makromolekülketten miteinander verknüpft werden. Diese gezielte Variation der Kettenstruktur ist einer der Vorteile der Lösungspolymerisation. Es werden Konzentrationen um 20 % erreicht, das Lösungsmittel wird anschließend durch Wasserdampfdestillation weitestgehend entfernt und wiederverwendet. Zwar wird der Verbleib von geringen Spuren an Lösungsmittel im Polymer als Nachteil angesehen, insgesamt aber bietet die Lösungspolymerisation, unter anderem durch die entfallende Wasseraufbereitung, wirtschaftliche Vorteile gegenüber der Emulsionspolymerisation.

Die Eigenschaften von Elastomeren auf Basis von Natur- oder Synthesekautschuk hängen erheblich vom Mischungsaufbau ab. Der Rezepturaufbau und damit eine sorgfältige Auswahl der Mischungsbestandteile lassen schon bei gleichem Basiskautschuk eine mitunter recht große Bandbreite der Eigenschaften zu. So lassen sich mechanische Werte wie Zugfestigkeit, Bruchdehnung oder Druckverformungsrest beispielsweise durch die verwendeten Füllstoffe, aber auch durch das Vernetzungssystem beeinflussen. Die Vernetzung mit Peroxiden anstelle von Schwefel sowie der Einsatz geeigneter Alterungsschutzmittel verbessert die Alterungsbeständigkeit ungesättigter Kautschuke. Mit speziellen Weichmachern lässt sich die Kälteflexibilität durch Verschiebung der Glasübergangstemperatur beeinflussen.

Bei Copolymeren gibt es weitere Variationsmöglichkeiten aufgrund der Mengenverhältnisse der einzelnen Komponenten. So lässt sich etwa bei Nitrilkautschuk die Ölbeständigkeit alleine durch die Auswahl des Acrylnitrilgehalts vorgeben, gleichzeitig beeinflusst dies aber auch die Kälteflexibilität (vgl. Abschnitt 4.5). Feineinstellungen sind wiederum über den Mischungsaufbau, also etwa Art und Anteil des Weichmachers, möglich. Styrol-Butadien-Kautschuk, Nitrilkautschuk und Ethylen-Vinylacetat-Kautschuk sind Copolymere aus Elastomeren und thermoplastischen Materialien. Wie in Abschnitt 2.3.3 erläutert, liegen die Glasübergangstemperaturen der einzelnen Komponenten weit auseinander. Hohe Anteile der elastomeren Komponente begünstigen Elastizität, Druckverformungsrest sowie Abriebwiderstand und Kälteflexibilität. Dagegen werden mit steigendem Anteil der thermoplastischen Komponente Zugfestigkeit, Spannungswert, Härte und Alterungsbeständigkeit erhöht. Hat die thermoplastische Komponente eine ausgeprägte Polarität, steigt mit ihrer Dosierung die Beständigkeit gegen unpolare Medien wie Kraftstoffe, Öle und Lösungsmittel, wiederum zulasten der Kälteflexibilität.

Die Bewertung hinsichtlich der Eignung für eine bestimmte Anwendung hängt weiterhin vom verwendeten Prüfverfahren und dessen Parametern, wie etwa Dauer, Art und Höhe der Belastung ab. Dies gilt insbesondere für Aussagen bezüglich der Einsatztemperaturen. Die in der Literatur angegebenen Wärmebeständigkeiten von Elastomeren sind also je nach zugrunde gelegter Zeit und dem jeweiligen Anforderungsprofil zuweilen recht unterschiedlich. So ist in der Kabelindustrie die Forderung nach 20 000 Stunden Einsatzzeit üblich, wobei allerdings extreme mechanische oder gar dynamische Anforderungen selten sind, da bei den metallischen Leitern rasch Ermüdungsbruch auftritt. Dagegen fordern Spezifikationen der Automobilindustrie bei einer angenommenen Betriebsdauer eines Fahrzeugs von 100 000 Stunden einen vergleichsweise kurzen Zeitraum von 1000 Stunden, in denen sich Eigenschaften wie zum Beispiel die Bruchdehnung nur um einen vorgegebenen Betrag reduzieren oder ein bestimmtes Minimum nicht unterschreiten dürfen. Hier geht man allerdings von einer intermittierenden Belastung aus, bei der die Betriebszeiten von längeren Ruhephasen unterbrochen sind. Dadurch wird eine höhere Lebensdauer erzielt als bei andauerndem, konstantem Betrieb. Kritisch ist jedoch Stop-and-Go-Verkehr, etwa in der Stadt. Da hier keine effektive Kühlung durch den Fahrtwind erfolgen kann, besteht vor allem in der heißen Jahreszeit die Gefahr der Überhitzung von Komponenten, wodurch die Lebensdauer deutlich reduziert wird. Eine andere wichtige Kenngröße ist der Druckverformungsrest, der das Dichtungsverhalten charakterisiert und daher innerhalb des geforderten Zeitraums einen bestimmten Wert nicht überschreiten darf. Aus einer kürzeren Belastungsdauer resultieren höhere Anwendungstemperaturen (vgl. Abschnitt 4.4). In der Praxis verwendet man für die Einschätzung der maximalen Dauerbetriebstemperatur üblicherweise langjährige Erfahrungswerte.

Analog gibt es auch bei der Kälteflexibilität verschiedene Ansätze für die Festlegung der unteren Grenze des Einsatztemperaturbereichs. Hier orientiert man sich oft an der Kältesprödigkeitstemperatur T_S, die durch eine kurzzeitige Schlagbelastung ermittelt wird. Sie liegt meist zwischen der Glasübergangstemperatur T_G und dem Kälterichtwert T_R (vgl. Abschnitt 2.3.3 und Abschnitt 4.6). Durch geeignete Weichmacher kann die Kälteflexibilität zum Teil erheblich verbessert werden.

5.2 Naturkautschuk, NR

Allgemeines

Bis zur großtechnischen Herstellung von Synthesekautschuk ab Anfang des zwanzigsten Jahrhunderts gab es keine Alternative zu Naturkautschuk, trotz einiger Nachteile wie mangelnder Ölbeständigkeit und ungenügender Wärmebeständigkeit. Aufgrund seiner hervorragenden mechanischen und dynamischen Eigenschaften ist Naturkautschuk vor allem für die Reifenherstellung aber nach wie vor unverzichtbar. Sein Anteil an der Weltkautschukproduktion liegt derzeit wieder bei 50 %, wovon fast drei Viertel für die Reifenfertigung verwendet werden. Aufgrund der vielschichtigen und oftmals hochspezialisierten Anforderungen werden bei technischen Gummiwaren überwiegend Synthesekautschuke eingesetzt, Naturkautschuk erreicht hier aber immerhin noch einen Anteil von etwa einem Viertel.

Gewinnung des Latex

Naturkautschuk besteht fast ausschließlich aus cis-1,4-Polyisopren und wird aus dem Saft der Rinde der *Hevea brasiliensis* gewonnen, einer tropischen Baumart, die nur in einer Zone von etwa 15° nördlich und etwa 10° südlich des Äquators wächst, dem sogenannten *Kautschukgürtel*. Optimal sind eine mittlere Jahrestemperatur zwischen 23 und 35 °C und eine mittlere jährliche Niederschlagsmenge von 1500 bis 3000 mm. Die Heimat der Hevea brasiliensis sind die Urwälder im Amazonasbecken, das zu etwa drei Vierteln zur Landfläche Brasiliens zählt. Daher war Brasilien ursprünglich das Haupterzeugerland für Naturkautschuk, die Stadt Manaus galt durch den Reichtum der dort lebenden „Kautschukbarone“ als das „Paris der Tropen“. Heute stammt nur noch etwa 1,5 % des gewonnenen Naturkautschuks aus Brasilien. Die wichtigsten Anbaugebiete für die Hevea brasiliensis befinden sich heute in Südostasien (vgl. Abschnitt 1.1). Thailand ist der größte Erzeuger von Naturkautschuk, gefolgt von Indonesien und der Côte d’Ivoire, deren Anteil in den letzten Jahren stetig gestiegen ist und seit 2022 Vietnam vom dritten Podestplatz verdrängt hat (vgl. Abschnitt 1.2). Selbst Malaysia, in dem die ersten großflächigen Plantagen entstanden, nimmt heute nur noch den achten Platz unter den Naturkautschuk produzierenden Ländern ein (vgl. Abschnitt 1.1). Ab dem Jahr 1885 wurde für einen Zeitraum von etwa 30 Jahren auch Kautschuk aus der afrikanischen Liane *Landolphia owariensis* gewonnen, hauptsächlich aus dem Kongobecken. Im Jahr 1900 betrug deren Anteil an der Weltkautschukproduktion etwa 11 %. Das hier praktizierte System von Ausbeutung durch

Zwangsarbeit und Sklaverei erlangte als „Kongogräuel“ traurige Berühmtheit. Es soll jedoch nicht verschwiegen werden, dass die damalige Situation in Südamerika nicht viel besser war, gelangten doch etliche sogenannte Kautschukbarone nur durch brutale Versklavung einheimischer Arbeitskräfte zu großem Reichtum. So wurde beispielsweise die Region rund um den Fluss Putamayo als „Devil's Paradise“ bezeichnet.

Eine weitere Quelle für cis-1,4-Polyisopren ist der mexikanische *Guayule*-Strauch. Der Latex wird hier durch Extraktion mittels Lösungsmitteln gewonnen. Dieses etwas aufwendigere Verfahren ist gegenüber der Gewinnung des Latex aus der Hevea brasiliensis wirtschaftlich ungünstiger. Guayule-Latex enthält jedoch keine allergen wirkenden Proteine und wird daher als Ersatzstoff für medizinische Produkte aus Naturlatex diskutiert. Im Lichte der zunehmenden Verknappung von Naturkautschuk und dem potenziellen Ersatz auf Basis anderer nachwachsender Rohstoffe haben die Reifenhersteller Bridgestone und Pirelli bereits Versuchsprodukte auf Basis von Guayule hergestellt. Den gleichen Ansatz verfolgt die Firma Continental, die bereits einen Reifen aus dem Milchsaft der russischen Löwenzahn-Pflanze *(Taraxacum koksaghyz)* vorstellte. Aufgrund der mangelnden Verfügbarkeit von Naturkautschuk wurden bereits während des Zweiten Weltkriegs Gummiartikel aus Guayule und Löwenzahn hergestellt.

Schließlich sei noch *Guttapercha* erwähnt, das im Wesentlichen aus trans-1,4-Polyisopren sowie einigen Harzen zusammengesetzt ist. Es wird aus dem Milchsaft der südostasiatischen Palaquium-Bäume *(Palaquium gutta)* durch Zapfen oder Extraktion gewonnen. Trans-1,4-Isopren hat eine sehr hohe Kristallisationstendenz und ist thermoplastisch, die Glasübergangstemperatur liegt bei 38 °C. Die in einer Menge von 10 bis 15 % enthaltenen Harze senken den Schmelzpunkt, sodass das Material sich ab etwa 50 °C durch Kneten verarbeiten lässt. Guttapercha war vor der Entwicklung der modernen Thermoplaste ein wichtiger Rohstoff. In den Jahren 1850 bis 1900 wurden rund 50 000 Tonnen Guttapercha, insbesondere für Seekabel sowie Dekorgegenstände und verschiedene medizinische Produkte und Haushaltsprodukte, verwendet. Heute findet Guttapercha noch Anwendung in der Medizintechnik.

Neben Guttapercha fand noch *Balata*, ein Gemisch aus trans-1,4-Polyisopren mit hohem Harzanteil, Anwendung für einfache Transmissionsriemen und für Golfbälle. Balata wurde aus dem Milchsaft des in Mittelamerika vorkommenden Balatabaums *(Manilkara bidentata)* gewonnen, hat heute jedoch keine Bedeutung mehr.

Aufgrund ihres hohen Ertrags und des geringen Anteils an Begleitstoffen ist derzeit nur die Hevea brasiliensis von kommerzieller Bedeutung. Auf Plantagen werden etwa 250 bis 400 Bäume pro Hektar gepflanzt. Sie werden bis zu 20 Meter hoch. Nach etwa sechs bis sieben Jahren kann mit dem Zapfen des Latex begonnen werden, die Nutzung kann bis über 30 Jahre betragen. Auch heute noch stammen rund drei Viertel des gewonnenen Naturkautschuks von Kleinpflanzern (engl.: *small holders*). Mit einem charakteristischen Halbspiralschnitt wird die Rinde eingeschnitten. Innerhalb von zwei bis vier Stunden sammeln sich etwa 100 ml einer milchigen Flüssigkeit, die aufgrund ihres Erscheinungsbildes von de La Condamine als Latex bezeichnet wurde (vgl. Abschnitt 1.1). Es handelt sich dabei um eine wässrige Dispersion von Kautschukteilchen. Die Bezeichnung Latex wird heute generell für kolloidale Polymer-Dispersionen, gleich ob natürlich oder synthetisch, verwendet.

Die Ernte beginnt lange vor Sonnenaufgang, da der Latex in der Kühle des Morgens nicht so schnell koaguliert. Der Schnitt verschließt sich nach einigen Stunden durch Koagulation von selbst, man setzt das Zapfen des gleichen Baumes aber erst am übernächsten Tag fort. Ein Zapfer sammelt an einem Tag den Latex von etwa 500 Bäumen, der in einer Sammelstation mit Ammoniak stabilisiert wird. Bei einem Kautschukgehalt zwischen 25 und 40 % liegt der durchschnittliche Ertrag einer Hevea brasiliensis bei etwa 5 kg Kautschuk pro Jahr. Es wird geschätzt, dass weltweit etwa dreißig Millionen Menschen in rund zwölf Millionen Kleinfarmen mit einer durchschnittlichen Größe von 1,2 Hektar mit der Gewinnung von Naturkautschuk beschäftigt sind.

Neben cis-1,4-Polyisopren enthält Latex außerdem noch wenige Prozentanteile an Lipiden, Proteinen, Harzen und anderen organischen Verbindungen. Die Proteine wirken als natürliche Vulkanisationsaktivatoren. Daher ist für einen vergleichbaren Vernetzungsgrad bei Naturkautschuk eine etwas geringere Dosierung an Vulkanisationsbeschleuniger als bei synthetischen Kautschuken erforderlich. Allerdings muss die Menge an Schwefel bei Naturkautschuk etwas höher dosiert werden. Hevea-Latex enthält außerdem natürliche Antioxidantien.

Naturkautschuk weist eine relativ breite Molmassenverteilung auf. Die Molmassen liegen bei 200 000 bis 400 000 g/mol (Hevea brasiliensis). Guayule-Kautschuk erreicht etwa 5 000 000 – 11 000 000 g/mol. Kautschuke aus Guttapercha und Balata zeigen deutlich geringere Molmassen.

Aufgrund der immer wieder angespannten Versorgungssituation für Naturkautschuk lag schon zu Beginn des zwanzigsten Jahrhunderts der Gedanke nahe, eine systematische Plantagenwirtschaft in Brasilien, der ursprünglichen Heimat der Hevea brasiliensis, aufzunehmen. Denn von Beginn an lieferte Brasilien nur Wildkautschuk, gewonnen aus nur bis zu acht Bäumen pro Hektar. Die Seringueiros, wie die Kautschuksammler genannt wurden, lebten im Dschungel und mussten lange Märsche unternehmen und vielfältige Gefahren überwinden, um den Latex von nur etwa 90 bis 120 Bäumen täglich einzusammeln. Der Plan einer Kautschukplantage im brasilianischen Urwald wurde erstmals ab 1928 vom amerikanischen Industriellen Henry Ford verfolgt, um sich aus der Abhängigkeit vom britischen Plantagenkautschuk zu lösen (vgl. Abschnitt 1.1). Allerdings waren die viel zu dicht gepflanzten Bäume ein wahres Schlaraffenland für den Schlauchpilz *Microcyclus ulei*. Er ist vor allem für die sich am Anfang der Regenzeit neu entwickelnden Blätter gefährlich. Sie verfügen noch nicht über effektive Abwehrmechanismen, sodass der Pilz sich rasend schnell ausbreiten konnte. Nachdem die Bäume in Fords Plantage ausreichend groß geworden waren und bereits ein dichtes Laubdach bildeten, gingen sie sämtlich innerhalb nur eines Jahres zugrunde.

Auch in den asiatischen Plantagen gibt es schädliche Pilze, diese werden aber noch mit geeigneten Fungiziden in Schach gehalten. Da die asiatischen Plantagen auf nur wenige der aus Brasilien stammenden Samen und Setzlinge zurückgehen (vgl. Abschnitt 1.1), schwebt die permanente Bedrohung durch eingeschleppte Pilzsporen wie ein Damoklesschwert über den asiatischen Plantagen. Derzeit versucht man, eine größere genetische Vielfalt an Hevea-Bäumen zu züchten. Die bislang gegen Microcyclus ulei resistenten natürlichen Hevea-Varianten weisen als Nachteil eine für wirtschaftliche Nutzung zu geringe Latexbildung auf.

Bezüglich der Verwendung von Latex wird auf Abschnitt 8.6 verwiesen.

Aufarbeitung zu Festkautschuk

Der frisch gesammelte und mit Ammoniak stabilisierte Latex wird in großen Tanks homogenisiert und mit Ameisen- oder Essigsäure in offenen Becken zur *Koagulation* gebracht. Dabei flocken die dispergierten Kautschukteilchen innerhalb eines Zeitraums von 12 bis 18 Stunden aus. Schließlich erhält man weiche Felle, die anschließend wiederum zerkleinert und gewaschen werden. Die koagulierten Kautschukpartikel enthalten allerdings noch einen geringen Anteil der flüssigen Phase des Latex (Serum). Dieser wird auf hintereinander geschalteten Walzwerken ausgepresst, ein Wasservorhang unterstützt dabei die Reinigung. Schließlich sind die Felle etwa 5 mm dick und haben aus dem letzten Walzendurchgang eine durch Riffelung vergrößerte Oberfläche (engl.: *ribbed sheets*), um die Trocknungszeit zu verkürzen. Zur Trocknung und gleichzeitiger Konservierung werden die Felle etwa drei bis vier Tage bei 60 °C in Räucherkammern gelagert. Hieraus resultieren die typische braune Farbe sowie der charakteristische, an geräucherten Schinken erinnernde Geruch. Durch visuelle Überprüfung auf Verunreinigungen, Luftblasen, Aussehen und Farbe erfolgt anschließend eine Klassifizierung von RSS1X bis RSS5 (RSS, engl.: *ribbed smoked sheets*, 1X = ausgezeichnet, 5 = minderwertig). Vor dem Verpressen zu Ballen von 33,3 oder 25 kg werden die Felle noch mit einer Aufschlämmung von Kreide oder Talkum behandelt, um das Verkleben soweit wie möglich zu reduzieren.

Helle und weiße Crepe (engl.: *pale crepe, white crepe*) erhält man durch Trocknen in Warmluft (14 Tage bei 40 °C) anstelle des Räucherns. Diese Produkte werden bevorzugt für helle Gummiartikel sowie für Gummiartikel in Kontakt mit Lebensmitteln oder Trinkwasser verwendet. Durch die Zugabe von Natriumhydrogensulfit, noch vor der Koagulation, verhindert man braune Verfärbungen, die ansonsten durch enzymatische Reaktionen des im Naturkautschuk enthaltenen β-Carotins verursacht werden. Die weitere Aufarbeitung entspricht – bis auf die unterschiedliche Trocknung – derjenigen von Ribbed-Smoked-Sheets.

Qualitativ minderwertige Sorten wie *Estate Brown Crepe* erhält man durch Aufarbeitung des Koagulates und der Rückstände in den Zapfbechern (engl.: *cup lumbs*) sowie von Rückständen aus der RSS-Produktion (engl.: *compo crepe*).

Aufgrund gestiegener Qualitätsanforderungen werden jedoch schon seit vielen Jahren bevorzugt technisch spezifizierte Naturkautschuktypen (TSR, zum Beispiel SMR – *Standard Malaysian Rubber*, seit 1965) verwendet, die quantifizierbaren und genau spezifizierten Reinheitsanforderungen genügen müssen und in Ballen von 33,3 kg geliefert werden. So werden unter anderem beispielsweise Aschegehalt, Stickstoffgehalt, flüchtige Bestandteile, Farbe und Mooney-Viskosität spezifiziert. Zur Herstellung von TSR wird der koagulierte und gewaschene Latex zu Krümeln aufgearbeitet, getrocknet und anschließend zu Ballen verpresst. Die hochwertigen Typen SMR-5, SMR-L und SMR-CV werden aus standardisierten, nicht geräucherten Fellen hergestellt.

TSR-Kautschuke werden zunehmend auch aus *Skim-Rubber* hergestellt. Hierbei handelt es sich um Kautschukteilchen, die bei der Aufarbeitung des Latex in der wässrigen Phase verbleiben. Durch seinen hohen Proteingehalt vulkanisiert Skim-Rubber schneller als herkömmlicher Naturkautschuk, wie etwa die RSS-Typen.

Bild 5.1 bis Bild 5.10 dokumentieren die Gewinnung und Aufarbeitung von Naturlatex (mit freundlicher Genehmigung durch Fa. Weber & Schaer GmbH & Co. KG, Hamburg).

Bild 5.1 Halbspiralschnitt an der Rinde einer Hevea brasiliensis

Bild 5.2
Latexfluss am frisch angeschnittenen Baum

Bild 5.3
Sammelbecher

Bild 5.4 Koagulationsbecken

Bild 5.5 Zerkleinern und Waschen der koagulierten Felle

Bild 5.6 Auspressen des Serums

Bild 5.7 Walzwerk mit geriffelter Struktur zur Vergrößerung der Oberfläche

Bild 5.8 Räuchern (Smoked-Sheets)

Bild 5.9 Trocknen in Warmluft (White-Crepe)

Bild 5.10 Ballenpresse

Mastikation

Biologen nehmen an, dass die Bildung von Latex in Pflanzen zur Abwehr von Schadinsekten dient. Insofern ist eine gewisse Zähigkeit sicherlich dienlich. Auf der anderen Seite bedingt die Molmasse des Hevea-Kautschuks mit bis zu 400 000 g/mol eine hohe Viskosität, die die Verarbeitung erschwert. Die hohe Molmasse und damit die hohe Viskosität sind auf die relativ große Kettenlänge der Makromoleküle zurückzuführen. Frühe Versuche, Kautschuk in Terpentin und Ether aufzulösen, erwiesen sich in der Praxis aufgrund der extremen Klebrigkeit und des unangenehmen Geruchs der daraus hergestellten Produkte auf Dauer als nicht praktikabel. Thomas Hancock konstruierte daraufhin eine Maschine, die die Zerkleinerung des zähen Kautschuks erleichtern sollte, und nannte sie Masticator. Allerdings nahm die Klebrigkeit durch die mechanische Bearbeitung sogar noch zu (vgl. Abschnitt 1.1).

Mittlerweile ist bekannt, dass durch hohe Scherkräfte Makromolekülketten gespalten werden. In Anwesenheit von Luftsauerstoff wird die Rekombination verhindert, sodass die Viskosität abnimmt. Insofern lässt sich Naturkautschuk auf einem Walzwerk oder im Innenmischer mechanisch abbauen. Dieser Vorgang wird als *Mastikation* bezeichnet und geht dem eigentlichen Mischvorgang voraus, da er die Zugabe von Füllstoffen und Kautschukchemikalien wesentlich erleichtert. Wird die Mastikation im Innenmischer bei Temperaturen über 120 °C durchgeführt, wirkt der in der Luft enthaltene Sauerstoff zusätzlich kettenspaltend (thermisch-oxidativer Abbau). Die recht energieaufwendige Mastikation kann durch bestimmte Chemikalien verkürzt werden, die den Abbau der Polymerketten katalysieren (Mastizierhilfsmittel, vgl. Abschnitt 7.7). Mastizierter Naturkautschuk lässt sich gut verarbeiten und verleiht den daraus hergestellten Mischungen aufgrund der enthaltenen Harze eine sehr gute Klebrigkeit und Rohfestigkeit *(Grünfestigkeit, green strength).*

Es soll an dieser Stelle erwähnt werden, dass sich die Mastikation bei den in verschiedenen Viskositätsstufen verfügbaren Synthesekautschuken erübrigt, bei ungesättigten Kautschuken trotz enthaltener Stabilisatoren im Verlauf des Mischvorgangs aber auch nicht ganz ausgeschlossen werden kann. Die gewünschten Viskositätsbereiche von Synthesekautschuken werden bei der Polymerisation über die Kettenlänge eingestellt, was sich in der Vielfalt der Sortimente der verschiedenen Hersteller widerspiegelt. Typische mittlere Molmassen von Synthesekautschuk liegen in der Größenordnung von 80000–150000 g/mol.

Eigenschaften

Elastomere auf Basis Naturkautschuk zeigen im Gegensatz zu den meisten Synthesekautschuken auch ohne verstärkende Füllstoffe eine hohe Zugfestigkeit, Bruchdehnung und Elastizität. Die Ursache liegt im sehr regelmäßigen Aufbau des Naturkautschuks. Naturkautschuk besteht fast ausschließlich aus cis-1,4-Polyisopren und hat die Tendenz, bei Dehnungen oberhalb von 80 bis 100 % sowie bei niedrigen Temperaturen (ab –10 °C bis etwa –35 °C) zu kristallisieren. Die sogenannte *Dehnungskristallisation* bewirkt eine *Selbstverstärkung*. Hierdurch liegt auch der Weiterreißwiderstand über dem Niveau der meisten Synthesekautschuke. Weiterhin wird beim schnellen Dehnen von Naturkautschuk Wärme freigesetzt, umgekehrt zieht sich ein belasteter Kautschukfaden bei Erwärmung zusammen (*Gough-Joule-Effekt*, vgl. Abschnitt 2.3.3).

NR-Elastomere weisen bei Raumtemperatur einen niedrigen Druckverformungsrest auf, er steigt aber oberhalb von etwa 70 °C aufgrund der dann einsetzenden Alterung deutlich an. Obwohl NR bis etwa –50 °C eingesetzt werden kann, führt eine längere Verweilzeit bei tiefen Temperaturen durch die dabei einsetzende Kristallisation zum Anstieg von Spannungswert und Härte. Daher kommen für solche Einsatztemperaturen spezielle Weichmacher oder Blends mit anderen Polymeren, insbesondere Polybutadien, zum Einsatz.

Neben den ausgezeichneten elastischen Eigenschaften liegt die Stärke von NR in seiner hervorragenden dynamischen Belastbarkeit. Insbesondere ungefüllte Elastomere haben eine kurze Relaxationszeit, die als Wärme freigesetzten Reibungsverluste (engl.: *heat build-up*) und damit die Hysterese sind sehr gering. Aus diesem Grund ist Naturkautschuk besonders für Artikel mit hoher dynamischer Belastung geeignet (Reifen, Motorlager, Schwingungsdämpfer). In der Regel werden Füllstoffe zugesetzt, um beispielsweise Spannungswert und Abriebwiderstand zu optimieren, obwohl dadurch die Reibungsverluste und damit die Erwärmung durch dynamische Belastung wieder ansteigen.

Aufgrund der enthaltenen Doppelbindungen weisen alle Dienkautschuke eine schlechte Wärme-, Alterungs-, und Witterungsbeständigkeit auf, bei Naturkautschuk ist dies sogar noch etwas stärker ausgeprägt. Die maximale Einsatztemperatur für NR beträgt nur rund 70 °C, unter Luftausschluss und bei schwefelarmer Vernetzung bis etwa 100 °C.

Durch zu hohe Wärmezufuhr, etwa durch zu lange Vulkanisationszeiten (Übervulkanisation) oder auch durch extreme dynamische Belastung, werden die Makromoleküle von Naturkautschuk gespalten, was sich unter anderem durch eine Abnahme der Härte bemerkbar macht. Man bezeichnet dies als *Reversion*. Sie wird durch verschiedene Metallionen (Eisen, Kupfer, Kobalt, Mangan) beschleunigt, daher nennt man sie auch *Kautschukgifte*. Naturkautschukvulkanisate sind weiterhin schon bei sehr geringen Dehnungen überaus anfällig gegenüber der Einwirkung von Ozon, die durch Kettenspaltung zu Rissbildung und schließlich zum Bruch führt. Gleiches gilt für den Einfluss von UV-Licht. Insofern erfordert der Einsatz von Naturkautschuk in Elastomeren, die im Freien verwendet werden oder unter hoher dynamischer Belastung stehen, den Einsatz von Alterungs- und Ozonschutzmitteln.

NR weist nur eine moderate chemische Beständigkeit auf, etwa gegen Wasser und verdünnte Säuren und Laugen. Kohlenwasserstoffe aller Art, Kraftstoffe, Öle und Lösungsmittel führen zu einer sehr starken Volumenquellung, durch oxidierende Säuren und Basen wird NR zersetzt.

Anwendungsgebiete

Nahezu drei Viertel des gewonnenen Naturkautschuks finden Anwendung in der Reifenfertigung, auch im Verschnitt mit Butadienkautschuk und Styrol-Butadien-Kautschuk. Hierbei ist vorteilhaft, dass sich Naturkautschuk mit allen anderen Dienkautschuken kovulkaniseren lässt. Bei Lkw-Reifen ist der Anteil an Naturkautschuk rund doppelt so hoch wie der von Synthesekautschuk, da die größere Wärmeentwicklung durch Walkarbeit einen Kautschuk mit möglichst geringem Heat Build-up erfordert. Der höchste Anteil Naturkautschuk findet sich in Flugzeugreifen, die übrigens bis zu zwölfmal runderneuert werden (Lkw-Reifen: ein- bis dreimal, Pkw-Reifen: einmal).

Technische Gummiwaren auf Basis Naturkautschuk sind beispielsweise Gummi-Metall-Lager aller Art wie etwa Motorlager und Brückenlager. Für Förderbänder und Schlauchdecken wird Naturkautschuk oft mit Styrol-Butadien-Kautschuk covulkanisiert, etwa um den Mischungspreis zu senken.

Daneben wird Naturkautschuk auch für Klebebänder verwendet. Hinsichtlich der Verwendung von Naturlatex wird auf Abschnitt 8.6 verwiesen.

Wird Naturkautschuk mit etwa 25 bis 40 Teilen Schwefel vernetzt, erhält man den duroplastischen *Hartgummi (Ebonit)*, der eine gute Chemikalienbeständigkeit aufweist. Seine Härte liegt mit über 45 Shore D bereits im Bereich der Thermoplaste und Duroplaste. Die modernen Produkte dieser Stoffklassen haben Ebonit heute vielfach aus traditionellen Anwendungsgebieten wie Batteriekästen, Walzenbeschichtungen und chemikalienbeständigen Auskleidungen verdrängt.

Naturkautschuk verleiht den daraus hergestellten Elastomeren ein einzigartiges Eigenschaftsprofil, das in dieser Konstellation von keinem Synthesekautschuk erreicht wird. Die Annahme, dass ein vermehrter Einsatz von Naturkautschuk als nachwachsender Rohstoff zur Verminderung des CO_2-Ausstoßes beitragen kann, ist jedoch kritisch zu betrachten. Abgesehen von technischen Erfordernissen, die Synthesekautschuke unverzichtbar machen, werden nur etwa vier bis fünf Prozent des geförderten Erdöls zur Herstellung aller synthetischen Polymere verwendet. Davon entfallen auf die Synthesekautschuke wiederum nur etwa fünf Prozent, insofern kann eine größere Menge an Naturkautschuk kaum zur Schonung der Ressourcen an fossilen Brennstoffen beitragen. Hinzu kommt, dass die geeigneten Anbaugebiete für Naturkautschuk regional begrenzt sind.

5.3 Isoprenkautschuk, IR

Nach der Identifizierung von Isopren als Baustein des Naturkautschuks wurden immer wieder Versuche unternommen, Naturkautschuk zu synthetisieren. Der heute verfügbare synthetische Isoprenkautschuk (IR) hat mit einem Marktanteil von etwa 1,5 % gegenüber Naturkautschuk (50 %) jedoch eine wesentlich geringere Bedeutung. IR steht wie andere Synthesekautschuke in verschiedenen Viskositätsstufen zur Verfügung und braucht daher nicht mastiziert zu werden. Vorteilhaft sind auch die höhere Reinheit sowie die engere Molmassenverteilung. IR zeigt eine deutlich geringere Kristallisationstendenz als NR, was sich allerdings auch in einer geringeren Zugfestigkeit und einem geringerem Weiterreißwiderstand äußert. Die geringere Kristallisationstendenz von IR kann aber genutzt werden, um im Verschnitt mit Naturkautschuk dessen Kältebeständigkeit zu erhöhen. Durch die fehlenden natürlichen Harze und Proteine haben Kautschukmischungen auf Basis IR eine geringere Klebrigkeit und Rohfestigkeit. Im Vergleich zu NR müssen Vulkanisationsbeschleuniger (wie auch bei anderen Synthesekautschuken) höher dosiert werden. Die Anwendungsgebiete sind im Wesentlichen die gleichen wie bei NR. Da die in Naturkautschuk enthaltenen Proteine Allergien auslösen können, werden synthetischem Isoprenkautschuk Vorteile für Medizinprodukte zugeschrieben.

5.4 Styrol-Butadien-Kautschuk, SBR

Allgemeines

Mit etwas mehr als einem Drittel Anteil, bezogen auf Synthesekautschuke, ist Styrol-Butadien-Kautschuk der bedeutendste Synthesekautschuk und gleichzeitig der günstigste Kautschuk. Zunächst nur durch Emulsionspolymerisation hergestellt (E-SBR), gewinnen die in Lösung polymerisierten S-SBR-Typen zunehmend an Bedeutung, da sie eine engere Molmassenverteilung als E-SBR aufweisen und sich ihre Eigenschaften wesentlich gezielter einstellen lassen. Verzweigte und ölverstreckte hochmolekulare E-SBR-Typen werden nach wie vor über Warmpolymerisation hergestellt. Dabei lassen sich SBR-Typen mit Molmassen bis zu 150 000 g/mol erzielen.

Es ist eine Vielzahl von SBR-Typen verfügbar, die sich in Molmasse, Styrolanteil, Verzweigungsgrad (E-SBR), Anteil an 1,2-Polybutadien (S-SBR), Art des Stabilisators sowie Gehalt an Weichmacher und Ruß (E-SBR) unterscheiden.

Wie bei allen Synthesekautschuken wird die gewünschte Viskosität gezielt über die Molmasse eingestellt. Mit höherer Molmasse steigt die Viskosität, was die Verarbeitung im Spritzgießverfahren zunehmend erschwert. Auf der anderen Seite aber werden mechanische Eigenschaften wie Zugfestigkeit und Elastizität verbessert, sowie die Standfestigkeit bei der Extrusion erhöht.

SBR wird mit Styrolgehalten von 8 bis 48 % angeboten, wobei Typen mit 23,5 % Styrol dominieren. Polystyrol ist ein Thermoplast, insofern nimmt der thermoplastische Charakter von SBR mit steigendem Styrolgehalt zu. Die Glasübergangstemperatur steigt, Elastizität und Abriebwiderstand sowie dynamische Belastbarkeit gehen zurück, dafür wird die Standfestigkeit bei der Extrusion wiederum verbessert.

Über den Gehalt an 1,2-Polybutadien lässt sich ein optimales Verhältnis zwischen Nassrutschverhalten, Rollwiderstand und Abriebwiderstand einstellen.

Eigenschaften

Die mechanischen Eigenschaften wie Zugfestigkeit und Weiterreißwiderstand sowie die Kälteflexibilität von SBR-Elastomeren erreichen nicht das Niveau von NR. Gleiches gilt für die Dämpfung, die Wärmeentwicklung und das Risswachstum bei dynamischer Belastung. Bei gleichem Anteil an Styrol weisen E-SBR und S-SBR auch vergleichbare Eigenschaften auf. Der Abriebwiderstand gefüllter SBR-Elastomere übertrifft sogar den von Naturkautschukvulkanisaten. S-SBR ist aufgrund seiner engeren Molmassenverteilung E-SBR bezüglich des Rollwiderstands in Reifenmischungen überlegen.

Durch den Styrolanteil ergibt sich bei SBR ein geringerer Anteil an Doppelbindungen in der Hauptkette als bei Naturkautschuk. Daher hat SBR eine etwas höhere Wärme- und Alterungsbeständigkeit und erlaubt Einsatztemperaturen bis nahezu 100 °C. Allerdings muss SBR nach wie vor wie alle Elastomere auf Basis von Dienkautschuken gegen Alterung durch Wärme, Sauerstoff und Ozon geschützt werden. Durch Zusatz von etwa 20 phr EPDM, das mit SBR keine Covulkanisation eingeht, kann die Witterungsbeständigkeit erhöht werden.

SBR zeigt im Gegensatz zu NR keine Reversion, da durch thermische Alterung keine Kettenspaltung auftritt. Durch Übervulkanisation, die auch als Alterung unter Luftausschluss betrachtet werden kann, wird die Vernetzungsdichte sogar weiter erhöht. Dies äußert sich in einem immer weiter steigenden Spannungswert (Marching-Modulus) sowie einem Anstieg der Härte.

Wie bei NR ist die chemische Beständigkeit von SBR nur auf Wasser, Alkohole sowie verdünnte Säuren und Laugen beschränkt.

Anwendungsgebiete

Etwa 70 % des hergestellten SBR wird für Laufflächen von Pkw-Reifen eingesetzt, wobei Typen mit 23,5 % Styrol hinsichtlich Abrieb und Nassrutschfestigkeit einen guten Kompromiss darstellen. Hier erweist sich auch die im Vergleich zu Naturkautschuk bessere Alterungsbeständigkeit von SBR als vorteilhaft. S-SBR bietet gegenüber E-SBR Vorteile hinsichtlich des Rollwiderstands und der Nassrutschfestigkeit. Blends aus Naturkautschuk und SBR vereinigen hohe Rückprallelastizität mit hohem Abriebwiderstand. SBR-Masterbatche mit Ruß und Öl werden bei der Runderneuerung von Laufflächen verwendet.

Ölverstreckte Typen (OE-SBR) sind preislich günstiger, zeigen aber ungünstigere mechanische Eigenschaften als nicht verstreckte Typen und sind aufgrund ihres höheren Verlustfaktors für dynamische Anwendungen nicht geeignet. Üblicherweise werden 37,5 % naphthenische oder aromatische Öle dem Latex vor dem Koagulieren zugesetzt, die aber bei der Rezepturerstellung (Compounding) nicht mitgerechnet werden. Eine Mischungsrezeptur mit 100 phr OE-SBR enthält also nur 62,5 % Kautschuk.

Styrol-Butadien-Kautschuk lässt sich mit allen anderen Dienkautschuken covulkanisieren. Durch Zusatz von Naturkautschuk werden Klebrigkeit und Rohfestigkeit erhöht, Blends mit Butadienkautschuk zeigen höheren Abriebwiderstand und bessere Kältebeständigkeit. Sowohl NR als auch BR vermitteln SBR-Vulkanisaten eine höhere Widerstandsfähigkeit gegen Ermüdungsrissbildung.

SBR wird in weniger anspruchsvollen Anwendungen auch als preisgünstige Komponente in Blends mit Nitrilkautschuk (NBR) oder Chloroprenkautschuk (CR) verwendet, um den Mischungspreis zu reduzieren.

SBR-Typen mit höheren Styrolgehalten werden in der Regel bevorzugt für technische Gummiwaren wie Förderbänder, Dichtungsplatten, Schläuche, Kfz-Artikel, Bauprofile, Schuhsohlen, Fußbodenbeläge, Walzenbeläge und andere verwendet.

Butadien und Styrol lassen sich durch geeignete Verfahrensführung auch zu Block-Copolymeren vereinigen. Diese Materialien zählen zu den thermoplastischen Elastomeren (vgl. Abschnitt 6.2.4).

5.5 Butadienkautschuk, BR

Allgemeines

Butadienkautschuk reiht sich mit rund einem Viertel Marktanteil an den Synthesekautschuken direkt hinter SBR ein, was ebenfalls auf seine hauptsächliche Verwendung in Reifen zurückzuführen ist. Er lässt sich durch Polymerisation von Butadien mit Katalysatoren auf Basis von Cobalt (Co), Lithium (Li), Neodym (Nd), Nickel (Ni), oder Titan (Ti) herstellen. Entsprechend werden die erhaltenen Kautschuke als Co-BR, Li-BR, Nd-BR, Ni-BR oder Ti-BR bezeichnet. Je nach verwendetem Katalysator und Verfahrensbedingungen entstehen Typen mit unterschiedlichem räumlichen Aufbau, woraus Unterschiede in den Verarbeitungseigenschaften (Mischungsherstellung, Einarbeitung von Ruß, Füllbarkeit, Rohfestigkeit, Extrudierbarkeit, Klebrigkeit) und Vulkanisateigenschaften (Festigkeit, Elastizität, Widerstand gegen Rissbildung) resultieren.

Wesentliche Parameter sind der Gehalt an cis-1,4-Polybutadien, die Molmassenverteilung und der Verzweigungsgrad. Je höher der cis-1,4-Gehalt, desto höher ist die Rohfestigkeit der Kautschukmischungen (engl.: *green strength*). Eine breite Molmassenverteilung begünstigt die Verarbeitbarkeit, ein hoher Verzweigungsgrad erhöht die Standfestigkeit. Produkte mit enger Molmassenverteilung und einem niedrigen Anteil an Verzweigungen (insbesondere Li-BR, aber auch Ti-BR und Co-BR) lassen sich nur mit Schwierigkeiten verarbeiten und zeigen bei Lagerung ein ausgeprägtes Fließen („kalter Fluss“, engl.: *cold flow*).

Co-BR, Nd-BR, Ni-BR oder Ti-BR bestehen zu über 90 % aus cis-1,4-Polybutadien, sie werden aufgrund ihrer niedrigen Glasübergangstemperatur und der geringen Neigung zur Kristallisation bevorzugt verwendet. Nd-BR bildet hier eine Ausnahme, da es wie NR Dehnungskristallisation zeigt. Obwohl es relativ gering verzweigt ist, weist Nd-BR die höchste Rohfestigkeit auf. Ni-BR ist hoch verzweigt und lässt sich am besten verarbeiten. Li-BR besteht nur zu etwas mehr als einem Drittel aus cis-1,4-Butadien, der überwiegende Anteil ist trans-1,4-Polybutadien. Gegenüber den anderen Varianten zeichnet es sich durch seine sehr hohe Aufnahme von Füllstoffen aus.

Bei Li-BR, Ti-BR und Co-BR wird mittels der Mooney-Sprung-Technik sowohl die Molmasse als auch der Verzweigungsgrad erhöht, um eine ausreichende Rohfestigkeit zu erhalten. Butadienkautschuke mit sehr hohen Molmassen werden grundsätzlich nur mit Mineralölweichmachern verstreckt angeboten, um die Viskosität wieder auf ein für optimale Verarbeitung geeignetes Niveau zu reduzieren.

Butadienkautschuk, insbesondere mit linearer Struktur (nicht verzweigt), weist eine sehr schlechte Walzfellbildung und eine geringe Rohfestigkeit auf. Daher wird BR fast immer mit Naturkautschuk (NR), Styrol-Butadienkautschuk (SBR) oder anderen Synthesekautschuken verschnitten.

Eigenschaften

BR-Elastomere sind solchen auf Basis von Naturkautschuk hinsichtlich Zugfestigkeit und Weiterreißwiderstand deutlich unterlegen. Mit einer Glasübergangstemperatur von bis unter –100 °C verleiht Butadien den daraus hergestellten Elastomeren allerdings eine ausgezeichnete Kälteflexibilität. Darüber hinaus weisen insbesondere BR-Typen mit hohem Anteil an cis-1,4-Butadien hohe Elastizität, niedrige Dämpfung, geringe dynamische Wärmeentwicklung, geringe Rissbildungsgeschwindigkeit sowie einen ausgezeichneten Abriebwiderstand auf. Dabei übertreffen Elastizität und Abriebwiderstand von BR sogar das Niveau von NR. Insofern ist BR hervorragend für dynamisch beanspruchte Artikel geeignet.

Die Wärmebeständigkeit von BR liegt zwischen NR und SBR. Die Alterungs- und Ozonbeständigkeit von BR ist nur geringfügig besser als die von NR, da es sich ebenfalls um ein hoch ungesättigtes Polymer handelt. BR erfordert also ebenfalls den Einsatz von Alterungs- und Ozonschutzmitteln, zeigt im Gegensatz zu NR aber eine gute Reversionsbeständigkeit bei Alterung unter Sauerstoffausschluss.

Die Beständigkeit von Butadienkautschuk gegenüber Ölen, Kraftstoffen und Lösungsmitteln ist ähnlich ungünstig wie die von Naturkautschuk. Dies erweist sich jedoch von Vorteil für die Herstellung hoch ölverstreckter Typen.

Anwendungsgebiete

Bis auf wenige Ausnahmen wird Butadienkautschuk aufgrund seiner schlechten Verarbeitbarkeit mit Naturkautschuk (NR), Styrol-Butadienkautschuk (SBR) oder anderen Synthesekautschuken verschnitten. BR vermittelt solchen Blends eine bessere Abriebfestigkeit und Kälteflexibilität sowie eine höhere dynamische Beständigkeit. Durch Verschnitt mit BR lässt sich die Reversionsbeständigkeit von NR verbessern.

Aufgrund der Kombination aus guter Abriebfestigkeit, hoher Elastizität und geringer Anfälligkeit gegen Ermüdungsrisse werden etwa 70 % der Butadienkautschuke in der Reifenindustrie eingesetzt. Hier finden sie bevorzugt in der Reifenseitenwand Verwendung. Außerdem dient BR in Lkw-Laufflächen zur Reduktion des Rollwiderstands. Zwar reduziert BR die Nassrutschfestigkeit aufgrund seines geringeren Gleitreibungskoeffizienten im Vergleich zu NR oder SBR, dafür ist der Anteil an NR in Lkw-Laufflächen aber wesentlich höher.

Nur etwa 10 % des Butadienkautschuks findet sich in technischen Gummiwaren, wie etwa in Förderbändern, Schläuchen, Sohlen und aufgrund des geringen Heat Buildups in dickwandigen Artikeln wie Puffern, Walzenbelägen und Gleiskettenpolstern. Auch hier wird BR meist im Verschnitt mit NR eingesetzt. Aufgrund der hohen Elastizität ist BR bevorzugtes Material für Kerne von Golfbällen.

Die schlechte Walzfellbildung kann ausgenutzt werden, um die Walzenklebrigkeit beispielsweise von Mischungen auf Basis Chloroprenkautschuk zu verringern.

Bei der Polymerisation von Butadien kann die Verknüpfung nicht nur am Kopf und Schwanz des Monomeren, also in 1,4-Stellung, sondern auch in 1,2-Stellung erfolgen. 1,2-Polybutadiene sind teilkristalline Thermoplaste und machen etwa 20 % der Produktionsmenge an Polybutadien aus. Sie werden zur Herstellung von schlagfesten Kunststoffen verwendet (HIPS – High-Impact–Poly-Styrene, ABS – Acrylnitril-Butadien-Styrol).

5.6 Acrylnitril-Butadien-Kautschuk (Nitrilkautschuk), NBR

Allgemeines

Die Copolymerisation von Butadien mit Acrylnitril führt zu einer Reihe von NBR-Typen mit unterschiedlicher Ölbeständigkeit und Kälteflexibilität. Dabei reicht die Bandbreite der angebotenen Typen von etwa 18 bis 50 % Acrylnitril. Aufgrund der guten Öl-, Fett- und Kraftstoffbeständigkeit zählen vor allem die NBR-Typen mit hohem Acrylnitrilgehalt zu den wichtigsten Werkstoffen im Automobil- und Maschinenbau. Neben den Festkautschuken und Latices existieren eine Reihe von Spezialtypen, wie zum Beispiel NBR/PVC-Blends, hydrierte (HNBR) oder carboxylierte Typen (XNBR) sowie als spezielle Lieferformen Krümel- oder Pulverkautschuk.

Mit steigendem Anteil an Acrylnitril nimmt der thermoplastische Charakter von Nitrilkautschuk zu, wodurch Zugfestigkeit, Spannungswert und Härte, aber auch der Druckverformungsrest zunehmen. Dagegen werden Elastizität und Abriebwiderstand reduziert. Die durch das Acrylnitril eingebrachte hoch polare Nitrilgruppe steigert die Ölbeständigkeit und verringert die Gaspermeation, allerdings auf Kosten der Kälteflexibilität. Reines Polybutadien (BR) besitzt eine Glasübergangstemperatur von unter −100 °C, Copolymerisate mit 18 bis 50 % Acrylnitril erreichen eine Spanne zwischen −38 °C und −2 °C.

Des Weiteren sind Terpolymere aus Butadien, Acrylnitril und bis zu 7 % Acrylsäure oder Methacrylsäure (carboxylierter Nitrilkautschuk, XNBR) oder mit rund 1 % Divinylbenzol (vorvernetzter Nitrilkautschuk) verfügbar. XNBR ist durch die Carboxylgruppe besonders reaktionsfreudig und zeigt daher bei Verwendung konventioneller Vulkanisationssysteme für NBR eine ungenügende Verarbeitungssicherheit.

Eigenschaften

Die Festigkeit von NBR-Elastomeren ist etwas geringer als die von NR-Elastomeren und nimmt im Vergleich zu anderen ölbeständigen Elastomeren mit steigender Temperatur deutlich ab.

Die Wärmebeständigkeit von NBR ist mit rund 100 °C, kurzfristig bis zu etwa 120 °C, deutlich höher als die von NR, insbesondere bei Verwendung heller Füllstoffe. Wie bei SBR wirkt sich eine Alterung als Verhärtung durch Nachvernetzung aus. Da geeignete Weichmacher, etwa bestimmte Ether-Thioether oder Phthalate, die Kälteflexibilität verbessern, lassen sich Typen mit 18 % Acrylnitril bis nahezu –50 °C verwenden.

Die Ozonbeständigkeit von NBR ist wesentlich schlechter als die von NR oder SBR. Die polare Nitrilgruppe übt einen elektronenziehenden Einfluss auf die Doppelbindungen der Hauptkette aus und erhöht damit ihre Anfälligkeit gegenüber reaktiven Stoffen wie Ozon. Daher sind Ozonschutzmittel in Kombination mit Ozonschutzwachsen zwingend erforderlich. Ihre Schutzwirkung ist aber nicht immer ausreichend, da sie in NBR gut löslich sind und daher weniger Tendenz zeigen, an die Oberfläche zu wandern. Bei hohen Anforderungen an die Ozonbeständigkeit werden Blends aus NBR mit PVC oder EPDM verwendet. Ein Anteil von bis zu 30 % PVC erhöht auch die Festigkeit sowie die Beständigkeit gegenüber Kohlenwasserstoffen und verbessert darüber hinaus die Flammwidrigkeit. Allerdings wird die Kälteflexibilität durch das thermoplastische PVC deutlich verringert und der Druckverformungsrest erhöht. Peroxidvernetzte Verschnitte mit mindestens 30 % EPDM zeigen ebenfalls verbesserte Ozonbeständigkeit, die Ölbeständigkeit wird jedoch deutlich verringert.

NBR-Elastomere zeigen, insbesondere bei Verwendung aktiver Füllstoffe, eine gute Beständigkeit gegen Abrieb und Verschleiß. Bei dynamischer Beanspruchung zeigt NBR eine hohe Dämpfung.

XNBR zeichnet sich neben seiner Ölbeständigkeit durch eine gute Verschleißfestigkeit aus, allerdings ist die Kälteflexibilität ungünstiger als bei NBR-Vulkanisaten.

Mit steigendem Anteil an Acrylnitril steigt die Polarität von NBR-Elastomeren und somit die Ölbeständigkeit, die Gasdurchlässigkeit wird verringert, aber gleichzeitig auch die Kälteflexibilität und die Elastizität. Während NBR mit 18 % Acrylnitrilgehalt nur etwa die Ölbeständigkeit von CR aufweist, verfügen NBR-Elastomere mit hohem Acrylnitrilgehalt über eine gute Beständigkeit gegenüber Ölen, Fetten, Kraftstoffen und aliphatischen Kohlenwasserstoffen. Es liegt daher nahe, bei solchen Anforderungen Typen mit möglichst hohem Acrylnitrilgehalt zu wählen, jedoch lässt sich deren schlechte Kälteflexibilität oft nicht weit genug durch Weichmacher verbessern. Aufgrund des thermoplastischen Charakters von Acrylnitril bewirken steigende Anteile auch einen Anstieg des Druckverformungsrests. Dies lässt sich in bestimmten Grenzen durch Verwendung von Efficient- und Semi-Efficient-Vulkanisationssystemen (vgl. Abschnitt 7.2.1) kompensieren. Da sich NBR auch mit Peroxiden vernetzen lässt (vgl. Abschnitt 7.2.2), kann auch auf diese Weise gegengesteuert werden, um einen für Dichtungen geforderten niedrigen Druckverformungsrest zu erzielen.

Besondere Aufmerksamkeit verlangen alkoholhaltige Kraftstoffe. Es zeigt sich, dass die Quellung schon durch einen geringen Anteil an Alkohol stark ansteigt und bei etwa 15 % ein Maximum durchläuft. NBR ist nicht beständig gegen aromatische und chlorierte Kohlenwasserstoffe, Hydraulikflüssigkeiten, Ethylacetat, Ketone, starke Säuren und Laugen oder oxidierende Chemikalien. Verschiedene Additive, wie sie in Motor- und insbesondere Getriebeölen verwendet werden, führen zu einem Abbau von NBR.

NBR-Typen mit hohem Acrylnitrilgehalt erreichen etwa die gleiche geringe Gasdurchlässigkeit wie Butylkautschuk.

Anwendungsgebiete

Nitrilkautschuk wird vor allem für öl- und kraftstoffbeständige Dichtungen, Schläuche, Membranen und andere Formteile im Kraftfahrzeug- und Maschinenbau eingesetzt. Weitere Anwendungen umfassen Förderbänder, Druck- und Klischeegummi, Walzenbezüge, Gas- und Klimaanlagenschläuche sowie Zellgummi. Nitrilkautschuk weist zwar eine höhere Dämpfung auf, wird aber für Artikel mit moderater dynamischer Belastung wie Förderbänder eingesetzt, oft im Verschnitt von bis zu 30 Teilen PVC.

XNBR wird für beschichtete Gewebe oder spezielle Antriebsriemen (Spinnriemen) verwendet, da es in dieser speziellen Anwendung sogar HNBR bezüglich der Verschleißfestigkeit überlegen ist.

Blends aus NBR und PVC finden oft Verwendung für Förderbänder in Kontakt mit Lebensmitteln sowie für witterungsbeständige Kabel und Schläuche. Die auch bei NBR-Typen mit hohem Acrylnitrilgehalt noch vorhandene Durchlässigkeit für Kraftstoffdämpfe kann durch Verwendung von NBR/PVC-Blends reduziert werden, jedoch wird die Kälteflexibilität solcher Blends durch den thermoplastischen Charakter des PVCs begrenzt.

Pulver- oder Krümeltypen werden hauptsächlich als Schlagzäh-Modifikatoren in der Kunststoffindustrie sowie für Brems- und Reibbeläge eingesetzt. In letzteren dienen sie vornehmlich als Binder.

5.7 Hydrierter Nitrilkautschuk, HNBR/NBM

Allgemeines

Die zunehmenden Anforderungen insbesondere der Fahrzeugindustrie an die Wärmebeständigkeit bei gleichzeitig guter Beständigkeit gegen additivierte Öle lassen sich mit konventionellem Nitrilkautschuk nicht mehr in vollem Umfang erfüllen. Grund sind die bei allen Dienkautschuken enthaltenen Doppelbindungen zwischen den Kohlenstoffatomen der Polymerkette. Sie ermöglichen zwar die Vernetzung mit Schwefel, sind allerdings auch die Ursache für die mäßige Wärme-, Witterungs- und Ozonbeständigkeit von Elastomeren aus Dienkautschuken.

Werden die Doppelbindungen der Hauptkette des Nitrilkautschuks durch Hydrierung (Reaktion mit Wasserstoff) in Einfachbindungen umgewandelt, wird der Angriff von Sauerstoff und Ozon erheblich erschwert und die Wärmebeständigkeit erhöht. Dabei muss durch spezielle Katalysatoren die ansonsten bevorzugte Hydrierung der Nitrilgruppe vermieden werden. Das Verfahren zur Herstellung von hydriertem Nitrilkautschuk ist daher sehr aufwendig und kostenintensiv, HNBR ist um ein Mehrfaches teurer ist als Nitrilkautschuk. Basis für HNBR ist üblicherweise Nitrilkautschuk mit 33 bis 49 % Acrylnitril.

Die Kälteflexibilität von HNBR ist bei gleichem Acrylnitrilgehalt etwas schlechter als die vergleichbarer NBR-Typen. Im Gegensatz zu Nitrilkautschuk bleibt die Glastemperatur von HNBR mit weniger als etwa 33 % Acrylnitril auf etwa gleichem Niveau von etwa −25 °C. Die durch die Hydrierung entstandenen Ethylensequenzen sind dann lang genug, um (analog zum thermoplastischen Polyethylen) zu kristallisieren. Eine bessere Kälteflexibilität erzielt man mit Terpolymeren aus Acrylnitril, Butadien und beispielsweise Butylacrylat, die ebenfalls hydriert werden. Diese Produkte haben einen rechnerischen Acrylnitrilgehalt von etwa 17 bis 25 % und weisen Glasübergangstemperaturen zwischen etwa −37 °C und −30 °C auf. Die Acrylatkomponente wirkt dabei auch einem Abfall der Ölbeständigkeit entgegen. Die Kälteflexibilität lässt sich auch mit Isopren als Terkomponente verbessern, jedoch verringert sich die Ölbeständigkeit entsprechend. Eine weitere Möglichkeit ist die Verzweigung der Butadieneinheiten mittels Mercaptanen.

Werden nicht alle Doppelbindungen hydriert, entstehen sogenannte teilhydrierte HNBR-Typen mit bis zu etwa 20 % der ursprünglichen Doppelbindungen. Diese lassen sich ab etwa einem Restdoppelbindungsgehalt von 3 bis 4 % auch mit Schwefel vernetzen. Die Vernetzungsgeschwindigkeit steigt dabei mit dem Gehalt an Doppelbindungen.

Gesättigte (vollständig hydrierte) HNBR-Typen werden mit Peroxiden vernetzt, die in der Lage sind, die Einfachbindung zwischen den Kohlenstoffatomen zu spalten und durch Rekombination der Bruchstücke eine Vernetzung herbeizuführen. Da die Peroxidvernetzung auch einen geringeren Druckverformungsrest sowie eine etwas höhere Wärmebeständigkeit ermöglicht, wird sie in vielen Fällen auch bei teilhydrierten Typen angewendet (vgl. Abschnitt 7.2.2).

Nach ISO 1629 (2015) werden vollständig gesättigte Copolymere aus Acrylnitril und Butadien mit NBM abgekürzt. Im Rahmen dieses Buches wird aber auch für diese Typen die nach wie vor übliche Bezeichnung HNBR verwendet, da sie sowohl ungesättigte als auch gesättigte Typen umfasst.

Eigenschaften

Die von HNBR-Elastomeren erreichbare Zugfestigkeit liegt noch über der von NR-Elastomeren. Die mechanischen Eigenschaften sind ansonsten mit NBR vergleichbar, der Abriebwiderstand ist hervorragend. Teilhydrierte HNBR-Typen zeigen bei Schwefelvernetzung einen höheren Weiterreißwiderstand und eine größere Bruchdehnung sowie eine bessere dynamische Beständigkeit als die typischerweise peroxidvernetzten gesättigten HNBR-Typen.

Gesättigte HNBR-Typen weisen mit bis zu 155 °C Einsatztemperatur eine gute Wärmebeständigkeit auf, die deutlich über der von Dienkautschuken liegt. Auch bei längerer Wärmeeinwirkung bleibt das gute Niveau der mechanischen Werte erhalten, sodass sich diesbezüglich selbst gegenüber Fluorelastomeren Vorteile ergeben. Der Druckverformungsrest ist aufgrund der Peroxidvernetzung besonders niedrig. Die Wärmebeständigkeit von teilhydriertem HNBR liegt zwischen NBR und gesättigtem HNBR und erreicht etwa 135 °C. In Kombination mit der guten Verschleißfestigkeit führte dies zu einer Substitution von CR in Zahnriemen.

Aufgrund der fehlenden Doppelbindungen in der Polymerkette ist die Witterungs- und Ozonbeständigkeit von gesättigtem HNBR erheblich besser als die von NBR und liegt auf dem Niveau von EPDM. Bei teilhydrierten Typen sinkt die Ozonbeständigkeit allerdings fast sprunghaft auf das Niveau von konventionellem NBR.

Die chemische Beständigkeit von HNBR ist zunächst etwa vergleichbar mit der von NBR-Typen mit gleichem Acrylnitrilgehalt, die Volumenquellung ist geringfügig höher. Gesättigte Typen zeigen im Vergleich zu FKM nicht nur eine höhere Abriebbeständigkeit, sondern auch eine gute Beständigkeit gegenüber technischen Ölen in Gegenwart von Schwefelwasserstoff und Aminen, was HNBR für Dichtungen in der Erdölforderung prädestiniert.

Elastomere auf Basis teilhydrierter carboxylierter Typen (XHNBR) besitzen eine guten Abriebwiderstand und zeigen gute Haftung an Textil oder Metall.

Acrylatverstärkte teilhydrierte Typen haben eine niedrigere Viskosität als übliche HNBR-Typen und bieten daher Vorteile bei der Verarbeitung. Daraus hergestellte Elastomere weisen eine gute Haftung zu Textil und Metall sowie sehr guten Abriebwiderstand und hohe dynamische Belastbarkeit auf.

Anwendungsgebiete

HNBR findet in vielen Bereichen Verwendung, bei denen gleichzeitig gute Wärme- und Ölbeständigkeit sowie gute Verschleißfestigkeit gefordert sind, zum Beispiel für Dichtungen und Schläuche im Kraftfahrzeugbereich und im Maschinenbau, für Walzenbezüge und für Spezialdichtungen bei der Erdölförderung („Packer“). Teilhydrierte Typen werden insbesondere für Zahnriemen verwendet, die etwa 50 % des HNBR-Verbrauchs ausmachen. Daneben werden sie auch für Keilriemen verwendet. Durch die mögliche Vulkanisation mit Schwefel ergeben sie auch Vorteile hinsichtlich der Haftung zu Textil oder Metall. Carboxylierte und acrylatverstärkte Typen kommen zum Beispiel bei Walzenbelägen zum Einsatz.

5.8 Chloroprenkautschuk, CR

Allgemeines

Durch Polymerisation von 2-Chlor-1,3-butadien (Chloropren) erhält man einen Kautschuk, dessen Vulkanisate eine günstige Kombination von Wärme, Witterungs- und Ozonbeständigkeit aufweisen. CR-Elastomere zeigen außerdem gute mechanische und dynamische Eigenschaften, verbunden mit mittlerer Ölbeständigkeit und gegenüber anderen Dienkautschuken erhöhter Flammwidrigkeit. Polychloropren war für lange Zeit der bedeutendste Synthesekautschuk. Mittlerweile wird er in vielen Anwendungen durch andere Spezialkautschuke, wie etwa EPDM, abgelöst.

Chloroprenkautschuk neigt wie Naturkautschuk zur Kristallisation und hat deshalb auch eine hohe Rohfestigkeit. Vor allem bei niedrigen Temperaturen wirkt sich die Kristallisation als deutliche Verhärtung aus, die Kristallisationsgeschwindigkeit erreicht bei −12 °C ihr Maximum. Sie ist auf eine teilweise Orientierung (Anordnung in eine bestimmte Richtung) der Makromoleküle zurückzuführen. Dabei kristallisiert der unvulkanisierte Chloroprenkautschuk schneller als die daraus hergestellten Vulkanisate. Die Kristallisation ist reversibel und lässt sich durch Erwärmen sowie durch mechanische oder dynamische Beanspruchung wieder vollständig aufheben. Die Kristallisationstendenz lässt sich durch die Polymerisationsbedingungen steuern, wodurch langsam, mittel und schnell kristallisierende Typen erhalten werden. Sehr langsam kristallisierende Chloroprenkautschuk-Typen, die etwa durch Copolymerisation mit 2,3-Dichlor-1,3-butadien erhalten werden, ermöglichen auch einen längeren statischen Einsatz bei tiefen Temperaturen.

Die Kristallisation von Polychloropren macht sich auch schon bei moderaten Temperaturen bemerkbar. So würden bei längerer Lagerzeit die bei anderen Kautschuken üblichen Ballen derart verhärten, dass sie nicht mehr zerkleinert werden könnten. Daher wird CR in Form von Schnitzeln („Chips“) hergestellt, die zusätzlich talkumiert werden. Beim Verarbeiten weichen die Kristallstrukturen aufgrund der Erwärmung durch die eingebrachten Scherkräfte wieder auf.

Die Kristallisationstendenz lässt sich durch Einbau polysulfidischer Gruppen deutlich unterdrücken. Wesentlicher Grund für den Einbau der flexiblen Schwefelgruppen in die Polymerkette ist aber der dadurch verringerte Verlustfaktor. Solche schwefelmodifizierte Typen lassen sich aufgrund der geringeren Bindungsstärke zwischen den Schwefelatomen mastizieren und bauen bei längerer Lagerung von selbst ab.

Im Gegensatz zu anderen Dienkautschuken erfolgt die Vernetzung von CR über Metalloxide. Zusätzlich ist die Zugabe von Magnesiumoxid als Säureakzeptor erforderlich. Schwefelmodifizierte Typen lassen sich aufgrund ihrer hohen Reaktivität sogar ohne Zusatz von Vulkanisationsbeschleuniger vernetzen. Daher sollten sie nicht oberhalb von Raumtemperatur gelagert werden.

Vorvernetzte CR-Typen zeigen höhere Standfestigkeit und geringere Spritzquellung bei der Extrusion.

Eigenschaften

Die mechanischen Werte wie Festigkeit und Weiterreißwiderstand von CR-Elastomeren sind gut, liegen aber etwas unter denen von entsprechenden NR-Elastomeren. Aufgrund der Fähigkeit zur Dehnungskristallisation weisen aber auch ungefüllte CR-Elastomere bereits eine hohe Festigkeit auf.

CR-Elastomere weisen eine bessere Wärme-, Witterungs- und Ozonbeständigkeit als solche auf Basis NR, BR oder SBR auf, erreichen aber auch bei Zusatz von Alterungs- und Ozonschutzmitteln nicht das Niveau gesättigter Elastomere wie HNBR oder EPDM. Die Wärmebeständigkeit liegt mit rund 100 °C leicht über dem Niveau von SBR, schwefelmodifizierte CR-Typen sind diesbezüglich aber ungünstiger als Standardtypen.

CR-Elastomere, insbesondere auf Basis von schwefelmodifizierten Typen, besitzen eine gute dynamische Belastbarkeit und zeigen gute Haftung zu anderen Dienkautschuken sowie zu textilen oder metallischen Festigkeitsträgern.

Elastomere aus CR haben eine Ölbeständigkeit, die auf dem Niveau von Nitrilkautschuk mit 18 % Acrylnitrilgehalt liegt. Dies gilt auch für die Gasdurchlässigkeit. Des Weiteren hat CR eine gute Beständigkeit gegenüber vielen aliphatischen Kohlenwasserstoffen, verdünnten Säuren und Laugen. CR ist nicht beständig gegenüber aromatischen und chlorierten Kohlenwasserstoffen sowie gegen Ester und Ketone. Die Wasserquellung von CR ist vergleichsweise hoch, kann aber durch Vernetzung mit Bleioxid anstelle von ZnO/MgO reduziert werden.

CR ist im Vergleich zu Dienkautschuken aufgrund des hohen Chlorgehalts von etwa 40 % schwer brennbar. Aufgrund der Bildung toxischer Gase im Brandfall wird CR jedoch zunehmend durch EVM oder AEM ersetzt.

Anwendungsgebiete

Chloroprenkautschuk galt lange Zeit aufgrund seines ausgewogenen Eigenschaftsprofils als Allzweckkautschuk. Ursprünglich wurden CR-Elastomere für Keilriemen, Schläuche, Kabelmäntel, Förderbänder, Dichtungen und andere Formteile sowie für Dichtungsbahnen, beschichtete Stoffe und Membranen, Schwamm- und Moosgummi sowie für Walzenbeläge eingesetzt.

Bei Fensterdichtungsprofilen im KFZ- und Bausektor wurde CR weitgehend durch das preiswertere EPDM verdrängt, bei Tankauskleidungen durch Butylkautschuk.

Schwefelmodifizierte CR-Typen sind besonders für dynamisch besonders hoch beanspruchte Artikel wie Keilriemen geeignet, wobei allerdings im Kraftfahrzeugsektor eine weitgehende Substitution durch EPDM erfolgt ist.

CR-Typen mit deutlich reduzierter Kristallisationstendenz werden für Artikel eingesetzt, die über längere Zeit tiefen Temperaturen ausgesetzt sein können, zum Beispiel Bau- oder Brückenlager.

Mit Treibmitteln geschäumter Chloroprenkautschuk wird zur Herstellung von Surf- und Tauchanzügen verwendet.

Besonders schnell kristallisierende CR-Typen finden dagegen für lösemittelhaltige Kontaktklebstoffe Verwendung, lösemittelfreie Varianten basieren auf CR-Latex. Dabei wird die Kristallisation und damit die Klebeeigenschaft solange unterbunden, bis das Lösungsmittel verdunstet ist. Der beim Zusammenpressen der zu klebenden Teile entstehende Druck beschleunigt die Kristallisation. Solche Klebstoffe erreichen auch ohne Vernetzung eine hohe Festigkeit, die Klebeverbindung ist dann aber durch Wärmeeinwirkung wieder lösbar. Sogenannte Reaktivklebstoffe enthalten zusätzliche Vernetzungsmittel, in der Regel auf Basis von Isocyanaten, wodurch sich eine thermisch stabile Verbindung herstellen lässt.

Die Funktion von Kontaktklebstoffen beruht einerseits auf der Haftung an den Oberflächen der zu verklebenden Teile (Adhäsion), andererseits auf dem inneren Zusammenhalt (Kohäsion oder Härtung) des Klebstoffs selbst (Bild 5.11). Bei der Kristallisation handelt es sich um eine rein physikalische Härtung. Durch den vor der Aushärtung noch flüssigen Klebstoff erfolgt ein Ausgleich der mikroskopischen Rauigkeiten der miteinander zu verklebenden Oberflächen. Dabei entsteht eine sehr große Berührungsfläche, wodurch die Adhäsion extrem erhöht wird.

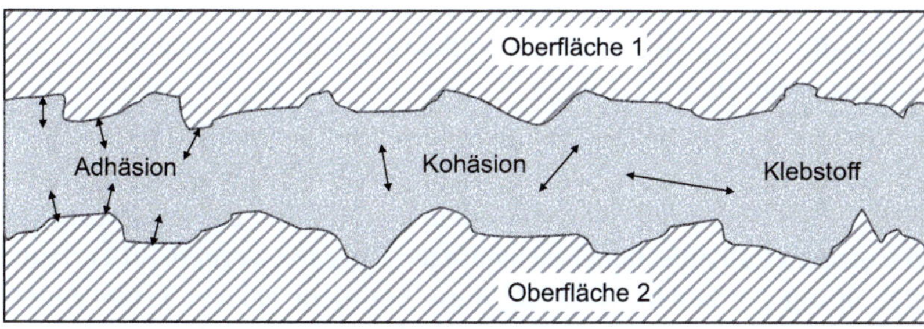

Bild 5.11 Funktionsprinzip von Kontaktklebstoffen

An dieser Stelle sei erwähnt, dass Chloroprenkautschuk nicht mit Chlorkautschuk identisch ist. Chlorkautschuk wird durch Chlorieren von Polybutadien, Polyisopren oder speziellen Polychloroprentypen erhalten. Dabei beträgt der Chlorgehalt bis zu 65 %. Chlorkautschuk ist thermoplastisch und dient unter anderem als Haftvermittler an metallischen Oberflächen sowie als Bindemittel für Korrosionsschutzlacke und Betonfarben. Auch für spezielle Klebstoffe wird Chlorkautschuk eingesetzt.

5.9 Butylkautschuk/Brombutylkautschuk/ Chlorbutylkautschuk, IIR/BIIR/CIIR

Allgemeines

Butylkautschuke (IIR) sind Copolymerisate aus Isobutylen und etwa 0,5 bis 2,5 % Isopren. Butylkautschuk besitzt eine sehr niedrige Gasdurchlässigkeit, die bis um den Faktor 10 bis 20 geringer als die von Naturkautschuk ist. Allenfalls Nitrilkautschuk mit hohem Acrylnitrilgehalt oder Epichlorhydrinkautschuk weisen eine ähnlich geringe Gasdurchlässigkeit auf. Diese Fähigkeit prädestiniert Butylkautschuk für den

Einsatz in Reifen. Butylkautschuk verfügt aufgrund des geringen Isoprenanteils nur über relativ wenige Doppelbindungen, daher verläuft die konventionelle Schwefelvernetzung sehr langsam. Im Vergleich zu Dienkautschuken sind höhere Dosierungen an Vulkanisationsbeschleuniger erforderlich. Aus dem gleichen Grund lässt er sich nicht ohne Weiteres mit den wesentlich schneller vernetzenden Dienkautschuken covulkanisieren, im fertigen Artikel würden Bereiche mit unterschiedlichem Vernetzungsgrad vorliegen. Dieses Problem wurde erst durch die Entwicklung der Halogenbutylkautschuke gelöst. Durch Einwirkung der Halogene Brom oder Chlor erhält man Brom- oder Chlorbutylkautschuk (BIIR, CIIR), wobei der Anteil an Halogen recht gering ist (ca. 2 % Brom oder ca. 1,2 % Chlor). Gelegentlich werden die Halogenbutylkautschuke als Halobutylkautschuke oder HIIR bezeichnet.

Die Vernetzung von Butylkautschuk mit vorkondensierten Phenol-Formaldehyd-Harzen führt zu deutlich höherer Wärmebeständigkeit als die Schwefelvulkanisation. Die früher eingesetzten Systeme auf Basis Chinondioxim haben heute aber, auch aufgrund der mittlerweile verfügbaren schnell vulkanisierenden Halogenbutylkautschuke, an Bedeutung verloren.

Chlor- und insbesondere Brombutylkautschuk vernetzen mit wesentlich höherer Geschwindigkeit als normaler Butylkautschuk. CIIR kann schon mit Zinkoxid und Schwefel vernetzt werden, BIIR sogar mit Schwefel alleine, wobei für ein ausgewogenes Eigenschaftsbild trotzdem Vulkanisationsbeschleuniger zugesetzt werden. BIIR erlaubt auch die Vernetzung mit Peroxiden, während diese bei nicht halogeniertem Butylkautschuk zum Abbau der Polymerketten durch Depolymerisation führen. Aufgrund der höheren Vernetzungsaktivität zeigt Brombutylkautschuk bei der Covulkanisation bessere Haftung zu Dienkautschuken als Chlorbutylkautschuk.

Ein weiterer Vorteil aller Butylkautschuke ist der sehr geringe Anteil an Nebenkomponenten, was sie gemeinsam mit der Möglichkeit, weitgehend auf Vernetzungschemikalien zu verzichten, für Anwendungen in der Medizintechnik prädestiniert.

Butylkautschuke zeigen im Bereich von −40 °C bis etwa 70 °C eine ausgesprochen hohe Dämpfung und sehr geringe Elastizität. Erst bei höheren Temperaturen wird ein mit anderen Elastomeren vergleichbares elastisches Verhalten erkennbar.

Vorvernetzte Typen für verbesserte Standfestigkeit beim Extrudieren erhält man durch Terpolymerisation mit Divinylbenzol.

Aufgrund der niedrigen Gasdurchlässigkeit lässt sich beim Verarbeiten eingeschlossene Luft nicht leicht entfernen.

Eigenschaften

Ungefüllte Elastomere auf Basis IIR, BIIR und CIIR weisen zwar eine höhere Festigkeit auf als solche auf Basis von SBR oder NBR, für den praktischen Einsatz ist das Niveau aber zu gering und macht, wie bei fast allen synthetischen Kautschuken, den Einsatz verstärkender Füllstoffe erforderlich.

Die Wärmebeständigkeit von Elastomeren aus Butylkautschuk hängt stark vom verwendeten Vernetzungssystem ab. Die Schwefelvernetzung verhält sich mit etwa 110 °C Einsatztemperatur recht ungünstig, Schwefelspender ermöglichen bis zu 125 °C. Der Vernetzungsgrad und damit die Wärmebeständigkeit steigt mit zunehmendem Isoprengehalt. Mit Vernetzungssystemen auf Basis von Chinondioxim oder Harzen lässt sich das Niveau von EPDM erreichen.

Witterungs- und Ozonbeständigkeit sind aufgrund der noch vorhandenen Doppelbindungen etwas ungünstiger als bei vollständig gesättigten Elastomeren. Für solche Anforderungen sollte der Isopren-Anteil möglichst niedrig sein. Im Gegensatz zu anderen Synthesekautschuken erweichen Elastomere auf Basis von Butylkautschuken im Zuge der Wärmealterung und neigen daher bei Übervulkanisation zur Reversion.

Aufgrund ihrer höheren Vernetzungsaktivität zeigen BIIR und CIIR eine bessere Wärme- und Alterungsbeständigkeit als IIR, sie erreichen auch günstigere Werte für den Druckverformungsrest als nicht halogenierter Butylkautschuk.

Elastomere aus Butylkautschuk zeigen ungenügende Beständigkeit gegen Kraftstoffe, Öle und Fette oder aliphatische, aromatische und chlorierte Kohlenwasserstoffe. Dagegen sind sie gut beständig gegenüber vielen Hydraulik- und Bremsflüssigkeiten, polaren Lösungsmittel, Alkoholen, Ethern und Ketonen sowie verdünnten Säuren oder Laugen.

Anwendungsgebiete

Konventioneller Butylkautschuk findet Anwendung in Luft- und Dampfschläuchen sowie in Heizbälgen für die Reifenproduktion, Kesseldichtungen und für Dichtungsmassen. Aufgrund seiner hohen Dämpfung wird Butylkautschuk auch zur Herstellung von Pufferfedern und anderen Dämpfungselementen verwendet.

Halogenbutylkautschuke werden im Wesentlichen zur Herstellung der luftdichten Innenschicht („inner liner", „Tubeless-Platte") von schlauchlosen Reifen verwendet, da sie eine gute Covulkanisation mit den in Reifen verwendeten Dienkautschuken NR, BR und SBR zeigen. CIIR wird auch in der Seitenwand von Reifen verwendet. Daher stellen BIIR und CIIR den Hauptanteil an produziertem Butylkautschuk. Sie werden außerdem für Heißgutförderbänder verwendet.

Die geringe Gasdurchlässigkeit wird auch bei spezieller Schutzkleidung ausgenutzt, die gute Chemikalienbeständigkeit bei Chemikalienschläuchen und Dichtungen sowie Auskleidungen für Tanks oder Rauchgasentschwefelungsanlagen von Kraftwerken.

Ein weiterer wichtiger Bereich ist außerdem die Pharmaindustrie, wo beispielsweise Elastomere aus BIIR für Stopfen und Verschlüsse verwendet werden. Hier nutzt man die hohe Vernetzungsaktivität des Brombutylkautschuks aus, sodass nur Hexamethylendiamincarbamat als Vernetzungsagens eingesetzt wird. Brombutylkautschuk findet (unvulkanisiert) auch in Kaugummi Verwendung.

5.10 Chloriertes/Chlorsulfoniertes Polyethylen, CM/CSM

Allgemeines

Bei chloriertem (CM) und chlorsulfoniertem Polyethylen (CSM) handelt es sich um Kautschuke, die erst nach der Polymerisation des Basispolymeren durch eine weitere chemische Reaktion hergestellt werden. Durch Reaktion von Polyethylen mit Chlor bzw. Chlor und Schwefeldioxid erhält man chloriertes bzw. chlorsulfoniertes Polyethylen mit einem Chlorgehalt zwischen 25 und 40 %, wobei ein Gehalt von etwa 35 % als guter Kompromiss zwischen Kälteflexibilität und Ölbeständigkeit gilt. CM und CSM bieten ein relativ ähnliches Eigenschaftsbild, CSM bietet aber mehr Variationsmöglichkeiten hinsichtlich der Vernetzung.

CM wird fast ausschließlich mit Peroxiden vernetzt, daneben ist noch die Vernetzung durch Thiadiazol möglich. CSM ermöglicht dagegen aufgrund eines Schwefelgehalts zwischen 0,8 und 1,5 % nicht nur die konventionelle Vernetzung mit Schwefel und Beschleuniger, sondern auch über Metalloxide. Vulkanisationsgeschwindigkeit und Vernetzungsdichte steigen mit dem Schwefelgehalt. Bei hohen Anforderungen an den Druckverformungsrest bietet sich die Peroxidvernetzung auch für CSM an.

In der Kabelindustrie werden sowohl CM als auch CSM mit energiereichen Strahlen vernetzt.

CM ist nur in Pulverform erhältlich.

Eigenschaften

Die mechanischen Eigenschaften und die Kälteflexibilität insbesondere von CM, aber auch von CSM, erreichen nicht ganz das Niveau von CR. CM kann sehr hohe Füllstoffmengen bis zu 200 phr aufnehmen. CSM neigt zur Dehnungskristallisation und erfordert daher verstärkende Füllstoffe nur, wenn Härte, Spannungswert oder Abriebwiderstand verbessert werden sollen. Aus CM und CSM hergestellte Elastomere zeigen mit bis zu etwa 130 °C (CSM) bzw. 140 °C (CM) eine bessere Wärmebeständigkeit sowie eine bessere Witterungs- und Ozonbeständigkeit als CR, die Kälteflexibilität ist aufgrund der Tendenz zu kristallisieren auch bei Typen mit niedrigem Chlorgehalt ungünstiger. CSM ist bezüglich seiner Ermüdungsrissbildung vielen anderen Elastomeren überlegen.

Aufgrund des Chlorgehalts sind CM und CSM ebenfalls schwer entflammbar.

CM und CSM besitzen eine mit CR vergleichbare Öl- und Kraftstoffbeständigkeit, die sich durch Typen mit höherem Chlorgehalt verbessern lässt, jedoch unter weiterer Verringerung der Kälteflexibilität. Sie sind beständig gegen verdünnte Säuren und Laugen sowie gegen paraffinische und naphthenische Kohlenwasserstoffe und Mineralöle. CM und CSM sind unbeständig gegen aromatische und chlorierte Kohlenwasserstoffe sowie gegen Ester und Ketone.

Anwendungsgebiete

Die Kombination aus guter Farbstabilität mit guter Witterungs- und Ozonbeständigkeit ist der Grund, warum CM und CSM für eine Reihe hellfarbiger Artikel im Außenbereich wie etwa Schlauchdecken und Kabelmänteln eingesetzt werden, in letzteren auch wegen ihrer Flammwidrigkeit. CSM wird außerdem für Keilriemen, Kühlmittelschläuche, beschichtete Gewebe (Schlauchboote), Dach-, Teich- und Deponiefolien, Förderbänder und Handläufen für Rolltreppen verwendet. Nicht vernetzende CSM-Lösungen werden als Klarlacke eingesetzt.

5.11 Ethylen-Propylen-(Dien)-Kautschuk, EPM/EPDM

Allgemeines

Die Copolymerisation von Ethylen und Propylen führt zu gesättigten Kautschuken (EPM), deren Wärme-, Witterungs-, UV- und Ozonbeständigkeit deutlich über der von Dienkautschuken liegt. Der Ethylengehalt liegt zwischen 45 und 75 %. Allerdings tritt bereits ab etwa 55 % Ethylenanteil teilkristallines Verhalten in den Vordergrund, die Rohfestigkeit steigt dementsprechend an. Oberhalb von 65 % kommt es zur Bildung von Ethylensequenzen, die entsprechenden Polymere werden daher Sequenztypen genannt. Sie besitzen auch unvernetzt hohe Zugfestigkeit und hohen Weiterreißwiderstand und zählen bereits zu den thermoplastischen Elastomeren. Die Bewegungsfreiheit der Makromoleküle wird durch die Kristallisation der Ethylensequenzen eingeschränkt, kann aber durch entsprechende Erwärmung wieder aufgehoben werden (physikalische Vernetzung). Demzufolge weisen Sequenztypen eine ungünstige Kälteflexibilität sowie einen hohen Druckverformungsrest auf. Allerdings sind mittlerweile Produkte mit hohen Ethylenanteilen verfügbar, bei denen aufgrund der Verwendung von Metallocen-Katalysatoren die Anordnung in Sequenzen verhindert wird.

Für Elastomere werden üblicherweise Typen mit 45 bis 55 % Ethylen verwendet. Sie besitzen eine geringere Rohfestigkeit als Sequenztypen, verfügen jedoch über eine wesentlich bessere Kälteflexibilität. Sind hohe Rohfestigkeit und hohe Zugfestigkeit gefordert, kommen Typen mit bis zu 65 % Ethylengehalt zur Anwendung, bei extremen Anforderungen auch Sequenztypen. Diese haben auch den Vorteil, extreme Mengen an inaktiven Füllstoffen (bis etwa 300 phr) und Weichmacher (bis etwa 100 phr) aufzunehmen. Von den Herstellern werden daher auch entsprechend ölverstreckte Typen oder Rußbatche angeboten.

EPM ist ein gesättigter Kautschuk und daher nur mit Peroxiden vernetzbar. Die Vernetzung mit Schwefel wird durch Einbau einer ungesättigten Terkomponente ermöglicht. Dabei entstehen im Gegensatz zu Butylkautschuk, wo durch Isopren Doppelbindungen in die Hauptkette eingebaut werden, ungesättigte Seitengruppen. Dies hat den Vorteil einer höheren Alterungs- und Ozonbeständigkeit. Als Termonomere werden bis zu 12 % Ethylidennorbonen (ENB) oder bis zu 4,5 % Dicyclopentadien (DCPD) verwendet. Die Schwefelvernetzung erfordert dabei einen Anteil von mindestens etwa 2 %. Mit höherem Anteil ENB oder DCPD steigen Vernetzungsgeschwindigkeit und Vernetzungsdichte des auf diese Weise erhaltenen EPDM, woraus höhere Zugfestigkeiten und ein geringerer Druckverformungsrest resultieren, insbesondere bei Peroxidvernetzung. Auf der anderen Seite zeigen schwefelvernetzte EPDM-Vulkanisate aufgrund der geringeren Bindungsenergie der Schwefelvernetzung eine etwas reduzierte Alterungsbeständigkeit gegenüber peroxidvernetzten EPDM-Elastomeren.

Die Vernetzung mit Schwefel verläuft bei EPDM-Typen mit ENB als Terpolymer schneller als bei Verwendung von DCPD. Die Vernetzungsdichte ist höher, die Elastomere weisen somit gute elastische Eigenschaften auf. DCPD zeigt dagegen bei Peroxidvernetzung eine höhere Vernetzungsaktivität als ENB und verleiht Vulkanisaten mit hellen Füllstoffen eine bessere Beständigkeit gegen UV-Licht.

Das früher eingesetzte 1,4-Hexadien wird heute nicht mehr verwendet.

Mittels Vinylidennorbornen (VNB) lassen sich Typen mit Langkettenverzweigungen herstellen, diese sind jedoch nur mit Peroxiden vernetzbar.

EPDM besitzt deutlich weniger Doppelbindungen als Dienkautschuke, die sich zudem nicht in der Hauptkette befinden. Insofern erfordern schwefelvulkanisierbare EPDM-Kautschuke nicht nur deutlich höhere Dosierungen an Vulkanisationsbeschleunigern, in der Regel werden auch Kombinationen von verschiedenen Beschleunigern verwendet, um Synergieeffekte zu erzielen.

Aus dem gleichen Grund müssen bei der Covulkanisation mit Dienkautschuken Typen mit hohem Anteil ENB verwendet werden. Die Haftung von EPDM an Textil oder Metall ist nur mäßig, zudem besitzt es nur eine geringe Konfektionsklebrigkeit und zeigt daher generell eine schlechte Walzfellbildung.

Eigenschaften

Die mechanischen Eigenschaften wie Zugfestigkeit und Weiterreißwiderstand sind bei EP(D)M etwas geringer als bei Elastomeren auf Basis von Dienkautschuken, auch bei Verwendung aktiver Füllstoffe. Dies lässt sich durch Verwendung von EP(D)M-Typen mit höherer Molmasse oder hohen Anteilen Ethylen kompensieren, jedoch wird mit steigendem Ethylengehalt die ansonsten gute Kälteflexibilität verringert. Aufgrund ihrer Fähigkeit zur Dehnungskristallisation sind EPM- und EPDM-Sequenztypen selbstverstärkend und besitzen auch unvernetzt bereits hohe Zugfestigkeiten.

Niedrige Werte für den Druckverformungsrest werden durch Verwendung von hochmolekularen Typen mit geringem Ethylengehalt oder von Typen mit hohem ENB-Gehalt erhalten, insbesondere bei Peroxidvernetzung. EPDM weist eine hohe Elastizität auf, die fast an das Niveau von Elastomeren auf Basis von Naturkautschuk heranreicht. Schwefelvernetzte EPDM-Elastomere haben etwa eine mit SBR vergleichbare dynamische Belastbarkeit.

Aufgrund der gesättigten Hauptkette haben EPM und EPDM eine gute Beständigkeit gegen Wärme und Ozon, insbesondere Typen mit hohem Anteil an Ethylen sowie geringem Anteil an Termonomer. Die Wärmebeständigkeit peroxidvernetzter EPM-Typen erreicht etwa 150 °C und ist mit der von HNBR vergleichbar, bei Schwefelvernetzung werden etwa 135 °C erreicht. Die Ozonbeständigkeit übertrifft deutlich die von CR und IIR, wodurch EPDM für Einsätze im Freien geeignet ist.

Da Polyethylen ein teilkristalliner Thermoplast ist, haben Typen mit geringem Ethylengehalt die beste Kälteflexibilität und erreichen Einsatztemperaturen bis etwa −40 °C.

EPDM ist gut beständig gegen polare Chemikalien wie Wasser und Wasserdampf, Glykole, Alkohole, Ketone, Laugen und verdünnte Säuren, jedoch nicht gegen Mineralöle, Fette, Kraftstoffe und aliphatische, aromatische oder chlorierte Kohlenwasserstoffe. Hier ist EPDM etwa vergleichbar mit NR, BR oder SBR.

EPDM lässt sich je nach Typ in großem Maß mit Öl und Füllstoff strecken, was preisgünstige Artikel ermöglicht, allerdings Einbußen bei der Wärme- und Alterungsbeständigkeit mit sich bringt. Ölverstreckte Typen zeigen ein besseres Verarbeitungsverhalten als nicht verstreckte Typen.

Anwendungsgebiete

EPDM findet sowohl im Automobilsektor (Keilriemen, Bremsschläuche, Kühlwasserschläuche, Dichtungen, Fenster- und Türprofile, Scheibenwischergummi) als auch im Bausektor (Dichtungsprofile für Fenster und Fassaden, Bodenbeläge, Dachfolien) breite Verwendung und hat aufgrund seines günstigeren Preises und der besseren Witterungsbeständigkeit zur Substitution von CR geführt.

Aufgrund seiner guten elektrischen Isolationsfähigkeit wird EPDM verbreitet zur Herstellung von Kabelmänteln und für Isolationen von Niederspannungsleitungen bis 25 kV verwendet, peroxidvernetzte EPM-Typen auch bei noch höheren Spannungen.

Weitere Anwendungen sind Dichtungen für Trinkwasser und Abwasser, Türdichtungen für Waschmaschinen, Schläuche, Förderbänder, Zell- und Moosgummi und Walzenbeläge. Daneben wird EPDM für weiße Seitenwandmischungen in Reifen verwendet.

5.12 Ethylen-Vinylacetat-Kautschuk, EVM

Allgemeines

EVM-Kautschuktypen erhält man durch Copolymerisation von Ethylen mit 40 bis 90 % Vinylacetat. Produkte mit 30 % Vinylacetat und weniger sind thermoplastische Elastomere (vgl. Abschnitt 6.2.3). Durch Vinylacetat wird die Ölbeständigkeit verbessert, allerdings gleichzeitig die Kälteflexibilität verringert. Für Extrusionsanwendungen sind vorvernetzte Typen verfügbar.

Die Vernetzung von EVM erfolgt über Peroxide oder energiereiche Strahlen.

EVM wird in Form rieselfähiger Granulate angeboten.

Eigenschaften

EVM zeigt gegenüber den meisten anderen Kautschuken zunächst eine relativ niedrige Viskosität. Höher viskose Typen werden über Vorvernetzung mit geringen Mengen an Peroxid hergestellt. EVM-Elastomere sind bezüglich ihrer mechanischen Eigenschaften Vulkanisaten auf Basis von Dienkautschuken unterlegen.

Dagegen ist die Wärmebeständigkeit von EVM-Elastomeren noch höher als die von EPDM oder HNBR und kann bis zu 175 °C erreichen. EVM ist diesbezüglich mit Ethylen-Acrylatkautschuk (AEM) vergleichbar. Vulkanisate aus EVM weisen ebenfalls eine gute Witterungs- und Ozonbeständigkeit auf.

Mit steigendem Anteil an Vinylacetat wird die Ölbeständigkeit verbessert und erreicht schließlich das Niveau von NBR. Dabei wird aber die Kälteflexibilität verringert, die jedoch bei EVM ohnehin nicht sehr ausgeprägt ist und selbst bei niedrigen Vinylacetat-Gehalten kaum Anwendungen unterhalb von −20 °C ermöglicht. Bei 80 % Vinylacetat liegt die Glasübergangstemperatur bereits bei etwa 0 °C. Die relativ niedrige Viskosität von EVM sowie die hohen Anwendungstemperaturen stehen dem Einsatz von Weichmachern zur Verbesserung der Kälteflexibilität entgegen.

EVM ist nicht beständig gegen Kohlenwasserstoffe, Säuren und Laugen. EVM ist auch hydrolyseempfindlich und muss deshalb entsprechend geschützt werden.

Obwohl EVM selbst brennbar ist, entstehen durch Zusatz von bis zu 200 phr an Aluminiumoxidhydrat (ATH) halogenfreie und schwer entflammbare Produkte, die im Brandfall eine sehr geringe Rauchgasdichte und Korrosivität aufweisen.

Anwendungsgebiete

EVM findet fast ausschließlich in der Kabelindustrie Verwendung, da sich daraus flammwidrige Kabel mit günstigem Rauchgasverhalten herstellen lassen (FRNC-Kabel, engl.: *flame resistant non corrosive*).

Weiterhin wird EVM noch zur Herstellung von Schlauchdecken und Formteilen, Folien und Bodenbelägen sowie (mit hohem Vinylacetat-Gehalt) für Lösungs- und Schmelzklebstoffe verwendet. Die relativ niedrige Viskosität der EVM-Kautschuke erweist sich als vorteilhaft für die Herstellung von Zell- und Moosgummi, etwa für Sportschuhsohlen.

5.13 Acrylatkautschuk, ACM

Allgemeines

Die Polymerisation von Estern der Acrylsäure (Acrylate) führt zu gesättigten Produkten, die nicht vernetzbar sind. Durch Copolymerisation mit anderen Monomeren ist es möglich, Seitenketten mit vernetzungsfähigen Stellen hinzuzufügen. Als Ester für den auf diese Weise hergestellten Acrylatkautschuk (ACM) werden vorwiegend Ethylacrylat, Butylacrylat und 2-Methoxyethylacrylat verwendet, als zweite Komponente dienen hauptsächlich Vinylchloracetat und Allylglycidylether mit einem Anteil von 1 bis 5 %. Dabei bestimmt die Wahl des Esters die Kälte- und Ölbeständigkeit, die funktionelle Gruppe des Comonomeren die Vernetzungsart.

Acrylatkautschuk auf Basis Ethylacrylat weist eine gute Wärme- und Ölbeständigkeit, aber schlechte Kälteflexibilität auf. Bei Verwendung von Butylacrylat verhält es sich genau umgekehrt, da die Kettenlänge des unpolaren Anteils größer wird. Mit Methoxyethylacrylat erzielt man einen guten Kompromiss aus Kälteflexiblität und Ölbeständigkeit. Durch Polymerisation einer geeigneten Mischung der verschiedenen Ester lassen sich Wärme- und Ölbeständigkeit sowie Kälteflexibilität in bestimmten Grenzen variieren. Den gleichen Effekt haben aber auch geschickt zusammengestellte Blends aus verschiedenen ACM-Typen.

Die Vernetzung weicht aufgrund der verschiedenen funktionellen Gruppen von der konventionellen Schwefelvernetzung ab. Übliche Agenzien sind Diamine, Alkalimetallseifen oder quarternäre Ammoniumsalze. Mit Peroxiden werden keine befriedigenden Ergebnisse erzielt.

Eigenschaften

Die mechanischen Eigenschaften von Elastomeren auf Basis ACM liegen deutlich unter dem Niveau von Elastomeren auf Basis von Dienkautschuken. Dafür haben ACM-Elastomere aufgrund der gesättigten Hauptkette eine Wärmebeständigkeit von bis zu 150 °C und höher sowie eine gute Witterungs- und Ozonbeständigkeit. Spezielle Hochtemperaturtypen (HT-ACM) lassen sich sogar bis 175 °C einsetzen.

Elastomere auf Basis ACM verfügen über gute Beständigkeit gegenüber heißen Ölen oder solchen mit schwefelhaltigen Öladditiven und sind damit NBR deutlich überlegen. Die Ölbeständigkeit von ACM erreicht fast das Niveau von FKM. Allerdings ist ACM nicht beständig gegen bleifreie Kraftstoffe, aromatische oder chlorierte Kohlenwasserstoffe sowie gegen Wasser, Glykole, Säuren und Laugen. ACM wird durch Amine zersetzt.

Je nach Wahl der Esterkomponente reicht die Kälteflexibilität von ACM bis zu –40 °C.

Anwendungsgebiete

Aufgrund der Kombination aus Öl- und Wärmebeständigkeit findet ACM ausschließlich für Schläuche, Dichtungen und Membranen in Fahrzeugmotoren Verwendung. So haben sie die früher verwendeten NBR/Kork-Dichtungen für Ventildeckel und Ölwannen ersetzt. Weiterhin wird ACM für Wellendichtringe in Getrieben verwendet.

5.14 Ethylen-Acrylat-Kautschuk, AEM

Allgemeines

AEM entsteht durch Copolymerisation von Ethylen mit 55 bis 70 % eines Methacrylats. Terpolymere enthalten zudem bis zu 4 % einer Carbonsäure. Mit steigendem Anteil Methacrylat wird die Ölbeständigkeit, wie zu erwarten aber auf Kosten der Kälteflexibilität, verbessert.

Copolymere werden mit Peroxiden, Terpolymere mit Diaminen vernetzt.

Eigenschaften

Die mechanischen Eigenschaften von AEM-Vulkanisaten sind besser als solche auf Basis von ACM, sie weisen zudem eine nahezu unverändert hohe Dämpfung im Bereich zwischen –20 °C und 150 °C auf.

Elastomere aus AEM sind gesättigt und zeigen eine Ozon- und Witterungsbeständigkeit auf dem Niveau von ACM. Die Wärmebeständigkeit erreicht 175 °C. Die Ölbeständigkeit ist mit CR vergleichbar, beste Ölbeständigkeit (inbesondere bei additivierten Ölen) wird mit hohem Anteil an Methacrylat erzielt.

Die Kälteflexibilität verhält sich dazu gegenläufig, ähnlich wie bei ACM lassen sich AEM-Elastomere etwa bis –30 °C einsetzen.

AEM-Elastomere sind beständig gegen Wasser und Wasser/Glykol-Gemische, aber unbeständig gegen Säuren, Ketone, Kraftstoffe und aromatische Kohlenwasserstoffe.

Anwendungsgebiete

AEM wird hauptsächlich für Kühlwasserschläuche, Luftansaugschläuche und Membranen in Kraftfahrzeugmotoren eingesetzt, daneben für halogenfreie und flammwidrige Kabel und Dichtungen.

5.15 Chlorhydrinkautschuk/Epichlorhydrinkautschuk, CO/ECO/GECO

Allgemeines

Polyepichlorhydrin (CO) sowie seine Copolymerisate mit Ethylenoxid (ECO) ermöglichen die Herstellung von Elastomeren mit guter Wärme-, Witterungs- und Ozonbeständigkeit sowie guter Treibstoff- und Ölbeständigkeit. CO zeigt eine noch geringere Gasdurchlässigkeit als Butylkautschuk.

Das Verhältnis von Ölbeständigkeit und Kältebeständigkeit hängt vom Anteil an Ethylenoxid ab. Mit steigender Menge an Ethylenoxid sinkt der Chlorgehalt und damit die Beständigkeit gegenüber Kraftstoffen und Ölen. Dafür ergeben sich Vorteile hinsichtlich der Kälteflexibilität.

CO und ECO werden mit Ethylenthioharnstoff oder Diaminen vernetzt, wobei letztere die Alterungsbeständigkeit ungünstig beeinflussen.

Schwefel- und peroxidvernetzbare Typen (GECO, früher auch: ETER) enthalten etwa 5 % Allylglycidylether als Termonomer, wodurch Seitenketten mit Doppelbindungen eingebracht werden.

Bei der Verarbeitung ist die hohe Walzenklebrigkeit problematisch.

Eigenschaften

Die Wärme- und Ölbeständigkeit der Vulkanisate steigt in der Reihenfolge GECO (schwefelvernetzt), ECO und CO und ordnet diese Elastomere zwischen NBR mit 38 beziehungsweise 48 % Acrylnitril ein. Die mögliche Abspaltung von Chlorwasserstoff (HCl), insbesondere bei höheren Temperaturen, wirkt korrosiv gegenüber Metallen und erfordert, wie bei allen halogenhaltigen Elastomeren, Metalloxide als Stabilisatoren. Die toxikologisch ungünstigen Bleiverbindungen zeigen sich dabei als besonders wirksam, Zinkverbindungen führen zum Abbau der Polymere. Des Weiteren erfordert der Einsatz bei höheren Temperaturen den Zusatz von Nickeldithiocarbamaten als Alterungsschutzmittel. Aufgrund der auch bei GECO gesättigten Hauptkette ist die Witterungs- und Ozonbeständigkeit von Vulkanisaten auf Basis von Epichlorhydrinkautschuken der von NBR deutlich überlegen. Der Einsatzbereich von ECO liegt zwischen −40 °C bis +135 °C, CO kann zwischen −15 °C und 150 °C verwendet werden.

Vulkanisate aus ECO sind in ihren dynamischen Eigenschaften etwa mit Naturkautschukvulkanisaten vergleichbar. CO besitzt eine geringere Gasdurchlässigkeit als ECO, aber auch eine geringe Elastizität und Kälteflexibilität.

CO und ECO haben eine gute Beständigkeit gegen Kraftstoffe, Mineralöle, aliphatische Kohlenwasserstoffe, Alkohole, verdünnte Säuren und Laugen. Aufgrund des höheren Chlorgehaltes von etwa 38 % zeigt CO eine höhere Ölbeständigkeit als ECO (etwa 25 % Chlor), vergleichbar mit NBR bei 48 bzw. 38 % Acrylnitrilgehalt. Dafür ist die Kälteflexibilität von ECO günstiger als die von CO. Der hohe Chlorgehalt von CO bewirkt eine mit CR vergleichbare Flammwidrigkeit.

CO und ECO sind unbeständig gegen aromatische und chlorierte Kohlenwasserstoffe, Aceton, Ethylacetat, Glykole sowie Hydrauliköle auf Basis von Phosphatestern.

Anwendungsgebiete

CO und ECO werden für verschiedene Teile im Motorraum wie Luftansaug- und Entlüftungsschläuche sowie für verschiedene Dichtungen eingesetzt. Typen mit gleichem Verhältnis von Epichlorhydrin und Ethylenoxid werden dabei bevorzugt, da sie einen guten Kompromiss zwischen Wärme- und Ölbeständigkeit einerseits und Kälteflexibilität andererseits ermöglichen.

Aufgrund seiner guten dynamischen Eigenschaften in Verbindung mit der Naturkautschuk überlegenen Wärmebeständigkeit wird ECO auch als Motorlager sowie für Keilriemen eingesetzt. Bei Kraftstoffschläuchen mit einer Seele aus Fluorkautschuk wird ECO als Schlauchdecke eingesetzt.

5.16 Silikonkautschuk, VMQ/PVMQ/FVMQ

Allgemeines

Während die Hauptkette der bisher besprochenen Kautschuke aus Kohlenstoffverbindungen gebildet wird, besteht sie bei Silikonkautschuken aus Kombinationen von Silizium- und Sauerstoffatomen. Im Grunde genommen handelt es sich also um *Polysiloxankautschuk*, diese Bezeichnung konnte sich jedoch nicht durchsetzen. An den Siliziumatomen befinden sich Seitengruppen, die je nach Anteil und Zusammensetzung zu unterschiedliche Eigenschaften führen. Allen Silikonkautschuken ist gemeinsam, dass die daraus hergestellten Elastomere eine sehr hohe Wärme-, Witterungs- und Ozonbeständigkeit sowie eine gute Kälteflexibilität aufweisen. Ein Grund dafür ist die höhere Bindungsenergie zwischen Silizium und Sauerstoff (373 kJ/mol) im Vergleich zu der zwischen Kohlenstoffatomen (343 kJ/mol).

Basis der Silikonkautschuke sind tetramere Dimethylsiloxane. Reines Polydimethylsiloxan (MQ) lässt sich zwar mit speziellen Peroxiden vernetzen, allerdings sind Vernetzungsgeschwindigkeit und Vernetzungsgrad unbefriedigend. Die Covulkanisation mit etwa 0,5 % Vinylmethylsiloxan zu VMQ ermöglicht dagegen den Einsatz von konventionellen Peroxiden in relativ geringer Dosierung. Weiterhin steigen sowohl Vernetzungsgeschwindigkeit als auch Vernetzungsgrad, wodurch die mechanischen Eigenschaften von VMQ, insbesondere der Druckverformungsrest, gegenüber Polydimethylsiloxan signifikant verbessert werden.

Polydimethylsiloxan hat zwar eine Glasübergangstemperatur von −123 °C, neigt aber ab etwa −40 °C zur Kristallisation. Dies lässt sich durch Copolymerisation von Dimethylsiloxan mit 5 bis 15 % Phenylmethylsiloxan verhindern, die erhaltenen Copolymerisate (PMQ) weisen also eine sehr gute Kälteflexibilität auf. Bezüglich der Vernetzung gilt das gleiche wie für MQ/VMQ, insofern sind auch hier Terpolymere mit 0,5 % Vinylmethylsiloxan (PVMQ) vorteilhaft.

Die Beständigkeit gegen Kohlenwasserstoffe wird erhöht, wenn Dimethylsiloxan mit 40 bis 90 % Trifluorpropylmethylsiloxan copolymerisiert wird. Aufgrund der bereits erwähnten Vorteile werden Terpolymere mit 0,5 % Vinylmethylsiloxan verwendet. Die Produkte enthalten etwa 23 bis 28 % Fluor und werden als *Fluorsilikonkautschuk* (FVMQ) bezeichnet. FVMQ zeigt eine ungünstigere Wärmebeständigkeit und Kälteflexibilität als PVMQ.

Im Gegensatz zu anderen Kautschuken wird Silikonkautschuk meist in Form vernetzungsfähiger Füllstoff-Batche angeboten, es sind vom Verarbeiter lediglich Farbstoffe, Peroxide und Coagentien (vgl. Abschnitt 7.2.2) einzumischen. Grund ist die extrem niedrige Viskosität, reine Silikonkautschuke sind auf üblichen Verarbeitungsmaschinen für Kautschuk nicht handhabbar. Die Peroxidvernetzung ist zudem sehr empfindlich gegenüber organischen Verunreinigungen, daher werden Silikonkautschuke üblicherweise auf separaten Maschinen verarbeitet.

Die bisher genannten Elastomere werden als heißvulkanisierende feste Silikonkautschuke (HTV) zusammengefasst.

Daneben existieren noch heißvulkanisierende Flüssig-Silikonkautschuke (LSR) und kaltvulkanisierende Silikonkautschuke (RTV). Diese werden nicht mit Peroxiden, sondern mit Silanen vernetzt. Flüssig-Silikonkautschuke sind niedrigviskos und werden als Zwei-Komponenten-Systeme angeboten, die alle erforderlichen Bestandteile enthalten. Die Vernetzung erfolgt über eine Additionsreaktion, aufgrund der schnelleren Geschwindigkeit bevorzugt bei erhöhter Temperatur.

Bei kaltvulkanisierenden Silikonkautschuken (RTV) unterscheidet man weiter zwischen Systemen aus einer (RTV-1) oder aus zwei Komponenten (RTV-2). Bei ersteren läuft in Kontakt mit Luftfeuchtigkeit eine Polykondensationsreaktion ab, bei der aufgrund der verwendeten Vernetzer flüchtige Stoffe (z. B. Essigsäure) freigesetzt werden. Sie weisen im Gegensatz zu HTV-Elastomeren vergleichsweise gute Haftung zu diversen Substraten auf. Systeme aus zwei Komponenten vernetzen je nach Zusammensetzung über Polykondensation oder Polyaddition.

Eigenschaften

Die mechanischen Eigenschaften von Silikonelastomeren liegen deutlich unter denen auf Basis von Dienkautschuken und erfordern hochaktive, pyrogene Kieselsäure als Füllstoff. Es lassen sich mittlerweile Härtegrade von 20 bis 90 Shore A erzielen, wobei die erreichbare Bruchdehnung entsprechend zwischen 1200 und 140 % liegt. Im Gegensatz zu allen anderen Elastomeren bleibt das Werteniveau der mechanischen Eigenschaften von Silikonelastomeren über einen sehr weiten Temperaturbereich erhalten und übertrifft bei hohen Temperaturen das von konventionellen Elastomeren. Besonders vorteilhaft ist der über eine weite Temperaturspanne niedrige Druckverformungsrest.

PVMQ-Elastomere können im Bereich zwischen –90 °C und bis über 200 °C, kurzfristig bis zu 300 °C eingesetzt werden, FVMQ-Elastomere zwischen –55 °C bis etwa 175 °C.

Hinsichtlich der Wärmealterung ist zu berücksichtigen, dass unter Luftabschluss eingeschlossene Restfeuchte aus den Füllstoffen mit sauren Spaltprodukten der Peroxidvernetzung Säuren bilden können, die das Polymer abbauen (Depolymerisation). Bei Artikeln in Kontakt mit Luft können die Spaltprodukte zwar entweichen, jedoch kann Luftsauerstoff mit den nach wie vor vorhandenen Vinylgruppen reagieren und über Nachvernetzung eine Verhärtung herbeiführen.

Silikonelastomere besitzen eine hervorragende Beständigkeit gegenüber Witterungseinflüssen, Ozon und energiereichen Strahlen. Silikonkautschuk ist zwar brennbar, aber schwer entflammbar. Im Brandfall bildet sich ein Gerüst aus Kieselsäure, wodurch die elektrische Isolation kurzzeitig noch erhalten bleibt.

Obwohl Silikonkautschuk ein guter elektrischer Isolator ist, kann die elektrische Leitfähigkeit mit speziellen Rußen extrem erhöht werden. Silikonkautschuk ist physiologisch inert.

Nachteilig sind der sehr geringe Weiterreißwiderstand sowie die schlechte Haftung zu anderen Materialien (mit Ausnahme der RTV-Elastomere). Der Abriebwiderstand ist erheblich schlechter als bei Elastomeren auf Basis von Dienkautschuken.

Die Beständigkeit von FVMQ-Elastomeren gegenüber naphthenischen und aromatischen Mineralölen sowie gegen Kraftstoffe ist in etwa mit der von CR vergleichbar, VMQ und PVMQ quellen dagegen sehr stark. Ansonsten sind Silikonelastomere beständig gegen heißes Wasser, schwache Säuren und Laugen, pflanzliche und tierische Fette, paraffinische Mineralöle sowie Alkohole und Glykole. Sie sind unbeständig gegen Dampf (ab 130 °C), aromatische und chlorierte Kohlenwasserstoffe, Ester und Ketone sowie Silikonöl. Starke Säuren und Laugen spalten die Polymerkette.

Silikonkautschuk besitzt eine um den Faktor 100 größere Gasdurchlässigkeit als Naturkautschuk.

Anwendungsgebiete

HTV-Silikonelastomere finden Verwendung für pharmazeutische und medizinische Artikel sowie Gegenstände im Kontakt mit Lebensmitteln. Weitere technische Anwendungen sind Schläuche, Membranen, Kabel und Dichtungen für die Automobil- und Elektroindustrie wie Schutzkappen für Zündkerzen oder Anoden, Dichtungen für die Luft- und Raumfahrt (FVMQ) und Walzenbeschichtungen für die Verarbeitung klebriger Stoffe. In den letzten Jahren ist der Verbrauch an Silikonkautschuk messbar angestiegen, hauptsächlich durch die zunehmende Nachfrage aus der Automobilindustrie, besonders bei Elektrofahrzeugen. Silikonkautschuk wird aufgrund seiner hohen Temperaturbeständigkeit und Schwerentflammbarkeit als Dichtung für die Akkumulatorzellen, in Ladekabeln und Steckern eingesetzt. Auch im Medizinsektor steigt die Nachfrage, insbesondere bei Ersatz des bisher verwendeten, phthalathaltigen PVC.

Die schlechte Haftung an anderen Oberflächen im Verbund mit seinen physiologischen Eigenschaften prädestiniert Silikonelastomere als Abformmasse für Lebensmittel.

Kaltvulkanisierende Kautschuke (RTV-1) werden für Dichtungsmassen und zur wärme- und kältebeständigen Verklebung verschiedener Materialien eingesetzt, beispielsweise im Sanitärbereich. RTV-2-Elastomere werden insbesondere für Abformmassen im Medizinsektor sowie als Vergussmassen für Elektronikbauteile eingesetzt. Weiterhin wird Silikonkautschuk für Beschichtungen, etwa von Textilien, sowie als Additiv eingesetzt.

5.17 Fluorkautschuk, FKM/FFKM/FEPM/AFMU

Allgemeines

Fluorkautschuk (FKM) wird durch Copolymerisation von Vinylidenfluorid und Fluoralkenen hergestellt, der Fluorgehalt beträgt üblicherweise etwa 65 bis 70 %.

Die Bindungsenergie zwischen Kohlenstoff und Fluor übertrifft mit 489 kJ/mol noch die zwischen Silizium und Sauerstoff (373 kJ/mol), was Elastomeren auf Basis von Fluorkautschuken eine hervorragende Wärme-, Witterungs-, Ozon- und Chemikalienbeständigkeit verleiht.

Das für die Herstellung mengenmäßig bedeutendste Fluoralken ist dabei Hexafluorpropylen, es wird für Fluorkautschuk-Allzwecktypen verwendet. Wird dagegen Perfluormethylvinylether als Comonomer verwendet, verbessert sich die Kälteflexibilität merklich.

Mit Einbau von Tetrafluorethylen als Termonomer steigt der Fluorgehalt und damit die Temperatur- und Chemikalienbeständigkeit, die Kälteflexibilität wird allerdings wieder verringert. Eine optimale Kombination aus Wärme- und Chemikalienbeständigkeit sowie Kälteflexibilität haben Terpolymere aus 75 % Vinylidenfluorid, 15 % Perfluormethylvinylether und 10 % Tetrafluorethylen.

Fluorkautschuke werden aufgrund der höheren Verarbeitungssicherheit bevorzugt mit Bisphenolen vernetzt, daneben sind noch Diamine in Gebrauch. Die Vernetzung mit Peroxiden wird durch den Einbau zusätzlicher Monomere mit reaktiven Stellen möglich, etwa Bromtetrafluorbuten oder Bromtrifluorethylen. In diesen Fällen handelt es sich also um Tetrapolymere.

Bei hohen Temperaturen, also auch während der Vulkanisation, bildet sich eine geringe Menge an Fluorwasserstoff, daher erfordern auch Fluorkautschuke den Zusatz von Säureakzeptoren.

Mit FFKM (Perfluorkautschuk) sind Copolymere von Tetrafluorethylen mit 40 % Perfluormethylvinylether (PMVE) verfügbar. Das völlige Fehlen von Wasserstoffatomen verleiht diesen Elastomeren eine noch bessere thermische und chemische Stabilität, jedoch sehr zulasten der Kälteflexibilität und des Preises.

Merkliche Bedeutung haben nur Produkte mit einer in die Hauptkette eingebauten Vernetzungsstelle erlangt. Wie bei FKM erfolgt die Vernetzung von FFKM mit Diaminen oder Bisphenolen.

Einen anderen Ansatz verfolgen Copolymere von Tetrafluorethylen mit Propylen (FEPM). Diese Produkte sind beständig gegen Amine und verschiedene Hydraulikflüssigkeiten, weisen jedoch eine schlechtere Kälteflexibilität und eine geringere Beständigkeit gegenüber Kohlenwasserstoffen auf. Auch hier wird gegebenenfalls ein zusätzliches Monomer verwendet, mit dessen reaktiven Stellen Vernetzungsgeschwindigkeit und Vernetzungsdichte erhöht werden.

Mit etwa –50 °C besitzen *Nitrosokautschuke* (AFMU) die niedrigste Glasübergangstemperatur aller Fluorkautschuke. Es handelt sich dabei um Copolymerisate aus Tetrafluorethylen und Trifluornitrosomethan. Durch Perfluornitrosobuttersäure als Terkomponente wird die Vernetzung mit Epoxiden ermöglicht.

Fluorelastomere, vornehmlich FFKM, und ganz besonders AFMU, nehmen preislich die Spitzenposition unter den Kautschuken ein.

Eigenschaften

Die mechanischen Eigenschaften von Fluorelastomeren erreichen nicht das Niveau von Vulkanisaten auf Basis von Dienkautschuken und nehmen in der Wärme merklich ab, jedoch nicht in dem Maße wie bei Dienkautschuken. FKM zeigt bei 200 °C noch gute Werte für den Druckverformungsrest, FFKM verhält sich besonders unterhalb von 150 °C diesbezüglich wesentlich ungünstiger. Die mechanischen Werte von FEPM sind deutlich besser als die von FKM. Fluorelastomere sind hinsichtlich der Abriebbeständigkeit Elastomeren aus HNBR deutlich unterlegen.

Die Grenzen für die Einsatztemperaturen von Fluorelastomeren hängen generell sowohl von den eingesetzten Copolymeren als auch von den verwendeten Vernetzungssystemen ab. FKM und FEPM zeigen eine Wärmebeständigkeit bis über 200 °C, FFKM bis über 230 °C (einige Typen bis 325 °C).

Fluorelastomere sind hervorragend beständig gegen Witterungseinflüsse und Ozon. Die Kälteflexibilität der meisten Typen ist jedoch nur mäßig und reicht auch bei Spezialtypen nicht weiter als –35 °C. FFKM kann bis –20 °C eingesetzt werden, speziell für gute Kälteflexibilität entwickelte Typen bis –40 °C. FEPM ist hier besonders nachteilig und kann unterhalb des Gefrierpunkts von Wasser nicht mehr eingesetzt werden.

Aufgrund des hohen Fluor-Anteils sind FKM und FFKM schwer entflammbar und selbst verlöschend.

Fluorkautschuke besitzen eine deutlich höhere Dichte als andere Elastomere, verglichen mit anderen Kautschuken ist also eine größere Masse erforderlich, um ein bestimmtes Volumen auszufüllen. Das bei verschiedenen Kautschuken angewandte Strecken mit hohen Mengen Füllstoffen und Weichmachern ist bei Fluorkautschuken nicht möglich, da sie nur wenig Füllstoff aufnehmen. Aufgrund des komplizierten Herstellungsverfahrens sind Fluorkautschuke und die daraus hergestellten Artikel relativ teuer, insbesondere bei Verwendung von Perfluormethylvinylether als Comonomer.

FKM ist gut beständig gegen aromatische und viele additivierte Öle, aliphatische, aromatische und chlorierte Kohlenwasserstoffe, Kraftstoffe, eine Reihe verschiedener Chemikalien sowie vielen Säuren, wird jedoch von Fluorwasserstoff, Fluorkohlenwasserstoffen (FCKW), Chlorsulfonsäure, konzentrierter Essigsäure, Flusssäure, Aminen, Ammoniak, Anilin und Ammoniumsalzen angegriffen. Methanol, Toluol, Ethylacetat, Ester und Ketone führen zu einer hohen Quellung. Die Beständigkeit steigt mit dem Fluorgehalt.

FFKM zeigt sogar eine gute Beständigkeit gegenüber rauchender Salpetersäure, Basen, Aminen, Estern und Ketonen, wird jedoch von Alkalimetallen und fluorierten Kohlenwasserstoffen angegriffen.

FEPM ist beständig gegen Dampf, Amine, Schwefelwasserstoff, Alkohole, Hydraulikflüssigkeiten sowie konzentrierte Säuren und Laugen, jedoch nicht gegen aromatische und chlorierte Kohlenwasserstoffe, Ester, Ketone, Ameisen- und Essigsäure. Die Beständigkeit gegenüber Ölen und Kraftstoffen ist geringer als die von FKM.

AFMU zeichnet sich neben der vergleichsweise guten Kälteflexibilität durch seine Beständigkeit gegen korrosive Medien wie Chlortrifluorid und Distickstofftetroxid aus. Letzteres ist ein Flüssigkeitstreibstoff für Raketen. Die Elastomere sind etwa bis 190 °C einsetzbar und extrem flammwidrig, sie brennen auch nicht in reinem Sauerstoff.

Fluorkautschuke zeigen eine relativ geringe Beständigkeit gegenüber energiereichen Strahlen und sind hier sogar Dienkautschuken unterlegen.

Anwendungsgebiete

Die Kombination der guten Wärmebeständigkeit mit der Beständigkeit gegen viele Chemikalien machen Fluorelastomere zu einem herausragenden Werkstoff, zum Beispiel für O-Ring-Dichtungen, Ventilschaftdichtungen und Wellendichtringe in Fahrzeugmotoren, Chemikalienschläuche, Auskleidungen von Rauchgaswäschern, Dichtungen für die chemische Industrie und Schutzhandschuhe. Aufgrund höherer Anforderungen bezüglich Temperaturbeständigkeit und Permeation wurde der bislang für die Innenschicht von Kraftstoffschläuchen übliche Nitrilkautschuk zunehmend durch Fluorkautschuk ersetzt, der eine weit höhere Beständigkeit gegenüber den mittlerweile recht aggressiven Kraftstoffen und den darin enthaltenen Additiven zeigt. Für die Schlauchdecke wird ECO anstelle des früher üblichen CR verwendet. FFKM und FEPM werden aufgrund ihrer Beständigkeit gegen Sour-Gas (ein Gemisch aus H_2S, H_2O, CO_2 und CH_4) und gegen Hydroperoxide bevorzugt bei der Erdölförderung verwendet, FEPM für Hydrauliksysteme sowie in der Luft- und Raumfahrt. AFMU ist wahrscheinlich das mit Abstand teuerste Elastomer im ganzen bekannten Universum und wird fast ausschließlich für Ventildichtungen und Ausdehnungsgefäße (engl.: *expulsion bladder*) in der Raumfahrt eingesetzt.

Seit dem Jahr 2024 gilt die EU-Verordnung 2024/2462 hinsichtlich poly- und perfluorierter Alkylsubstanzen (PFAS). PFAS sind sehr temperaturbeständig und stabil gegenüber den meisten Chemikalien. PFAS werden beispielsweise als Flammschutzmittel für Polymere eingesetzt, aber auch in Feuerlöschschäumen für die Luftfahrt. Daneben werden sie als Beschichtungen für Bekleidung und Verpackungen verwendet, sowie in Imprägniersprays und Kosmetika. Gerade ihre Reaktionsträgheit stellt jedoch ein Problem dar, da sie sich im Ökosystem anreichern und deshalb als „Ewigkeitschemikalien“ bezeichnet werden. Einige PFAS, wie die perfluorierten Alkylsäuren, werden als extrem gesundheitsgefährdend eingestuft.

Im Nachgang zu dieser Verordnung wird nun auch von der ECHA ein umfassendes Verbot fluorierter Verbindungen angestrebt. Derzeit gelten Fluorpolymere nach OECD-Kriterien als „Products of low concern" (PLC, Produkte mit niedrigen Bedenken). Ein Verbot in der derzeit vorgeschlagenen Fassung würde viele Industriezweige vor erhebliche Probleme stellen. Wie bereits erwähnt, werden Fluorpolymere etwa zur Herstellung temperatur- und ölbeständiger Dichtungen und Schläuche in Kraftfahrzeugen und in der chemischen Industrie eingesetzt. Sie sind wesentliche Bestandteile von Lithium-Ionen-Batterien und Brennstoffzellen und werden in Wärmepumpen als Kältemittel sowie als Antihaft-Beschichtungen von Pfannen, Backformen und Waffeleisen verwendet. Fluorpolymere sind insbesondere aufgrund ihrer Biokompatibilität und Biostabilität in der Medizintechnik sowie in der Lebensmittelindustrie unverzichtbar. Nur in den seltensten Fällen sind Alternativen zu Fluorpolymeren möglich, wobei signifikante Einbußen bei den Materialeigenschaften, der Leistungsfähigkeit und der Produktlebensdauer in Kauf zu nehmen sind. Denn derart teure Werkstoffe werden nur eingesetzt, wenn es die technische Notwendigkeit erfordert. Ein pauschales Verbot hätte zur Folge, dass Fluorpolymere und daraus hergestellte Artikel auch nicht aus dem außereuropäischen Ausland importiert werden dürften. Dies würde insbesondere für die etwa 300 Millionen Kraftfahrzeuge mit Verbrennungsmotor alleine in Europa kritisch, denn bei erforderlichem Austausch von Dichtungen oder Schläuchen aus Fluorpolymeren dürften nicht einmal mehr bestehende Lagerbestände an Kunden abgegeben oder verwendet werden.

5.18 Norbonenkautschuk, NOR

Allgemeines

Die Polymerisation von Norbonen führt zu einem bei Raumtemperatur festen Material mit einer Glastemperatur von +35 °C. Norbonenkautschuk (NOR) hat eine sehr hohe Molmasse und kann daher hohe Mengen an Füllstoffen und Weichmacher aufnehmen. Dies wird ausgenutzt, um mittels hoher Anteile an Weichmacher die Kälteflexibilität zu verbessern. NOR kann mit Schwefel und mit Peroxiden vulkanisiert werden und wird entweder als Pulver oder als Masterbatch mit Weichmacher angeboten, um die Verarbeitung auf üblichen Maschinen der Kautschukindustrie zu erleichtern.

Eigenschaften

Die mechanischen Eigenschaften von Polynorbonen-Elastomeren übertreffen auch bei hohen Anteilen Weichmacher (100 bis 200 phr) die von Elastomeren auf Basis von Dienkautschuken. Aufgrund der enthaltenen Doppelbindungen haben Polynorbonen-Elastomere allerdings eine schlechte Witterungs- und Ozonbeständigkeit und erfordern den Zusatz von Alterungs- und Ozonschutzmitteln, alternativ Blends mit etwa 25 phr EPDM. Die maximale Einsatztemperatur beträgt etwa 70 °C. NOR kann bei entsprechend hoher Weichmacherdosierung bis –30 °C eingesetzt werden.

NOR-Elastomere weisen eine hohe Dämpfung auf, sie bleibt über eine weite Temperaturspanne nahezu gleich.

Sie sind beständig gegen verdünnte Säuren und Laugen und Alkohol, jedoch nicht gegen Kohlenwasserstoffe, Ester und Ketone.

Anwendungsgebiete

Aufgrund der hohen Aufnahmefähigkeit von Füllstoffen und Weichmachern findet NOR bei Produkten mit sehr niedriger Härte Anwendung, die trotzdem noch über gute Festigkeit oder über gute Dämpfung verfügen sollen. Ein typisches Anwendungsgebiet sind weiche Papiereinzugswalzen für Kopierer sowie Schwingungsdämpfer und Schockabsorber in Schuhwerk und Sportgeräten. Vulkanisate aus Norbonenkautschuk haben stellenweise auch Dichtungen und Profile aus Moosgummi verdrängt, da sie auch bei niedriger Härte einen guten Druckverformungsrest aufweisen.

5.19 Polysulfidkautschuk, T/OT

Allgemeines

Polysulfidkautschuk (T) entsteht bei der Polykondensation von aliphatischen Dihalogeniden (in der Regel Dichloride) und Alkalipolysulfiden. Je nach Struktur der Ausgangsstoffe werden Polysulfidkautschuke mit unterschiedlichen Eigenschaften erhalten. Die Polykondensation führt zunächst zu recht hohen Molmassen, daher werden die erhaltenen Produkte durch Reaktion mit Alkalihydrogensulfid abgebaut. Dabei werden auch die ursprünglichen Hydroxylgruppen an den Kettenenden durch Mercaptogruppen ersetzt.

Durch Verwendung von Bis(2-chloroethoxy)methan als Terpolymer lässt sich die Kälteflexibilität deutlich verbessern. Polykondensate aus Trihalogeniden wie Trichlorpropan mit Alkalipolysulfiden und Bis(2-chloroethoxy)methan (OT) führen zu verzweigten Produkten, die dreidimensionale Netzwerke bilden.

Nicht abgebauter Polysulfidkautschuk wird über Zinkoxid vernetzt, Produkte mit Mercaptogruppen über Zinkperoxid.

Eigenschaften

Die mechanischen Eigenschaften von vulkanisiertem Polysulfidkautschuk sind nur mäßig, bei Terpolymeren wird ein etwas besseres Niveau erreicht. Produkte auf Basis von Trihalogeniden zeigen akzeptable mechanische Werte, der Druckverformungsrest bleibt jedoch insbesondere bei hohen Temperaturen unbefriedigend.

Vulkanisate auf Basis von Polysulfidkautschuk verfügen aufgrund der fehlenden Doppelbindungen über eine gute Alterungs-, Witterungs- und Ozonbeständigkeit.

Copolymere aus Dichlorethan und Natriumtetrasulfid haben einen Schwefelgehalt von 84% und zeigen gute Beständigkeit gegen aromatische und chlorierte Kohlenwasserstoffe sowie gegen Ketone, lassen sich jedoch nur sehr schwierig verarbeiten und verströmen einen äußerst unangenehmen Geruch.

Terpolymere zeigen die beste Kälteflexibilität und können im Bereich von etwa −35 °C bis 80 °C eingesetzt werden. Sie weisen eine geringere Beständigkeit gegenüber aromatischen Kohlenwasserstoffen auf, sind aber bei moderaten Temperaturen noch gut beständig gegen Mineralöle, aliphatische Kohlenwasserstoffe, Alkohole, Ester und Ketone. Polysulfidkautschuk ist unbeständig gegenüber Säuren, Alkalien, heißem Wasser und Dampf.

Anwendungsgebiete

Polysulfidkautschuk eignet sich zur Herstellung von Dichtungen, Schläuchen für lösemittelhaltige Lacke und Walzenbezügen mit guter Beständigkeit gegen aromatische Kohlenwasserstoffe. Hier wurde Polysulfidkautschuk aber mittlerweile weitgehend durch Fluorkautschuke verdrängt.

Weit höhere Bedeutung haben Dichtmassen. Sie werden zur Abdichtung von Kraftstofftanks im Flugzeugbau sowie im Hoch- und Tiefbau eingesetzt.

5.20 Polyurethankautschuk AU/EU

Allgemeines

Dienkautschuke werden durch Kettenpolymerisation hergestellt, bei der sich Monomere mit jeweils zwei Doppelbindungen zum Beispiel durch Kopf-Schwanz-Verknüpfung miteinander verbinden, bis eine genügend lange Kette aufgebaut ist. Dabei geht je Monomer eine Doppelbindung verloren, die verbleibende bildet eine vernetzungsaktive Stelle, üblicherweise für die Vulkanisation mit Schwefel.

Eine andere Möglichkeit bietet die Polyaddition. Ihre Ausgangsstoffe verfügen über jeweils zwei funktionelle Gruppen, über die sie sich gegenseitig miteinander verbinden. Im Gegensatz zum kontinuierlichen Kettenaufbau bei der Polymerisation finden bei der Polyaddition viele einzelne Reaktionen gleichzeitig statt, wodurch dreidimensionale, engmaschige Netzwerke entstehen (vgl. Abschnitt 2.2). Die Eigenschaften der erhaltenen Produkte werden durch Art und Verhältnis der Ausgangsstoffe bestimmt, wobei das erzielbare Spektrum von weichen Elastomeren bis zu harten Duroplasten reicht.

Die Kombination von gleichen Mengen Diisocyanaten und Polyester- oder Polyetherpolyolen führt zu linearen, kautschukähnlichen Polyurethanen. Dabei bilden die Polyole Weichsegmente in der harten Polyurethan-Matrix, über ihre Art und Menge lässt sich die Glasübergangstemperatur einstellen. Man unterscheidet zwischen Polyurethanen auf Basis von Polyesterpolyolen (*Polyesterpolyurethane*, AU) und Polyetherpolyolen (*Polyetherurethane*, EU). Der Zusatz von niedermolekularen zweiwertigen Alkoholen wie 1,4-Butandiol führt zu einer Verlängerung der Ketten.

Die Vernetzung erfolgt über Diisocyanate oder Peroxide. Werden anstelle zweiwertiger Produkte solche mit drei funktionellen Gruppen verwendet, lassen sich die Polyurethankautschuke auch mit Schwefel vernetzen.

Mit einem Überschuss an Diisocyanaten entstehen thermoplastische Polyurethane (TPE-U). Hier lagern sich die Hartsegmente bei Raumtemperatur aufgrund von Kristallisation zusammen und bilden somit eine physikalische Vernetzung, die sich durch Erwärmen rückgängig machen lässt (vgl. Abschnitt 6.2.5).

Eigenschaften

Polyurethan-Elastomere weisen auch ohne Zusatz von Füllstoffen hohe Härte, Festigkeit und Elastizität sowie guten Weiterreißwiderstand und hohe Verschleißfestigkeit auf. Damit übertreffen sie die meisten anderen Kautschuke.

Art und Anteil der Polyolkomponente bestimmen die Kälteflexibilität, sie kann bis unter –30 °C betragen. Die Wärmebeständigkeit erreicht etwa 70–80 °C, bei Peroxidvernetzung kurzfristig bis zu 120 °C. Polyurethan-Elastomere verfügen über eine gute Witterungs- und Ozonbeständigkeit, insbesondere Polyester-Typen (AU) neigen aber zur Hydrolyse und müssen entsprechend stabilisiert werden. Bei Polyethertypen (EU) sind UV-Schutzmittel erforderlich. Polyurethane zeigen eine gute Beständigkeit gegenüber Mineralölen und aliphatischen Kohlenwasserstoffen, werden aber von Säuren und Laugen sowie von heißem Wasser und Alkoholen angegriffen. Ether, Ester und Ketone, chlorierte und aromatische Kohlenwasserstoffe führen zu einer hohen Quellung. Polyurethane weisen eine relativ gute Beständigkeit gegen energiereiche Strahlen auf.

Anwendungsgebiete

Polyurethanelastomere werden verwendet, wenn eine hohe Verschleißfestigkeit in Kombination mit Mineralöl und Ozonbeständigkeit gefordert werden, zum Beispiel bei Dichtungen, Rollen und Vollgummireifen. Gießbare Typen bestehen aus zwei Komponenten, die unmittelbar vor der Verarbeitung vermischt werden. Sie werden vielfach für Walzenbeläge verwendet.

5.21 Sonstige

Aufgrund ihrer geringen Bedeutung sollen die folgenden, mittlerweile nicht mehr verfügbaren Kautschuke nur kurz beschrieben werden:

- *Propylenoxidkautschuk*, GPO
- *Perfluoralkoxyphosphazenkautschuk*, FZ
- *Polyaryloxyphosphazenkautschuk*, PZ

Propylenoxidkautschuk, GPO, entsteht bei der Reaktion von Propylenoxid mit etwa 6 % Allylglycidether. Die schwefelvernetzten Vulkanisate weisen gute mechanische Eigenschaften auf, die dynamischen Eigenschaften sind mit Elastomeren auf Basis Naturkautschuk vergleichbar. Peroxidvernetzung ist aufgrund von Depolymerisation nicht möglich. Im Gegensatz zu CO und ECO sind keine Chloratome vorhanden, daher ist die Ölbeständigkeit nur mäßig. Dafür weisen GPO-Vulkanisate eine gute Kälteflexibilität auf. Ihr Einsatzbereich reicht von etwa –50 °C bis 120 °C bei guter Alterungs- und Ozonbeständigkeit aufgrund der gesättigten Hauptkette.

Elastomere aus GPO werden eingesetzt, wenn bei hohen dynamischen Belastungen gleichzeitig eine hohe Wärmebeständigkeit sowie gute Kälteflexibilität gefordert wird, beispielsweise für Luftansaugschläuche, Motorlager und Gummifedern in Nutzfahrzeugen, die vornehmlich in Regionen mit tiefen Temperaturen eingesetzt werden.

Perfluoralkoxyphosphazenkautschuke, FZ und Polyaryloxyphosphazenkautschuke, PZ werden durch Modifikation von Polydichlorphosphazen hergestellt. Die Polymerketten bestehen ausschließlich aus Stickstoff und Phosphor und sind somit unempfindlich gegenüber Sauerstoff oder Ozon. Die Wärmebeständigkeit von Perfluoralkoxyphosphazen-Elastomeren liegt zwischen HNBR und FKM. Weiterhin haben sie eine bessere Kälteflexibilität als Fluorelastomere und verfügen über gute mechanische Eigenschaften sowie über eine hohe Dämpfung. Sie sind flammwidrig und besitzen eine mäßige Beständigkeit gegenüber Kohlenwasserstoffen. Mögliche Einsatzgebiete sind Dichtungen, Membranen und Stoßdämpfer, die bei mittlerer Chemikalienbeständigkeit vor allem gute Wärmebeständigkeit bei gleichzeitig hoher Kälteflexibilität aufweisen sollen.

Vulkanisate auf Basis von Polyaryloxyphosphazenkautschuken sind schwer entflammbar und können für die Isolation von Kabeln oder zur Herstellung von thermisch isolierenden Schaumstoffen verwendet werden.

5.22 Zusammenfassender Vergleich

Es hat sich gezeigt, dass die Eigenschaften der verschiedenen Elastomere teilweise deutlich voneinander abweichen. So haben Elastomere aus Naturkautschuk mit etwa 70 °C zwar nur eine relativ geringe Wärmebeständigkeit, zeigen aber die geringste Aufwärmung durch dynamische Beanspruchung (etwa durch Walkarbeit beim Reifen). Butylkautschuke erlauben die Herstellung wärme- und chemikalienbeständiger Artikel, Elastomere auf Basis von Nitril-, Acrylat- und Chlorhydrinkautschuken weisen gute Kraftstoff- und Ölbeständigkeit auf. Chloroprenkautschuk verleiht den daraus hergestellten Elastomeren gute dynamische Eigenschaften und galt wegen seiner Witterungsbeständigkeit und der zwar nicht hervorragenden, jedoch für viele Anwendungen ausreichenden Ölbeständigkeit sowie seiner Flammwidrigkeit lange Zeit als Allzweckkautschuk. Er wurde mittlerweile aber in vielen Anwendungen durch die zwar nicht ölbeständigen, aber preiswerteren Ethylen-Propylen-Kautschuke ersetzt. Silikon- und vor allem Fluorkautschuke ermöglichen Elastomere mit sehr hoher Wärmebeständigkeit (bis über 200 °C) und im Fall von Fluorkautschuk bei gleichzeitig sehr guter Chemikalienbeständigkeit.

Andererseits kann man Elastomere mit ähnlichen Eigenschaften in Gruppen zusammenfassen. Dies erlaubt einen groben, aber schnellen Überblick über die Leistungsfähigkeit der Elastomere.

Standardelastomere: NR, BR, SBR

Mit Naturkautschuk, Butadienkautschuk und Styrol-Butadienkautschuk lassen sich Elastomere mit hervorragenden mechanischen und dynamischen Eigenschaften herstellen, wobei SBR nicht das Niveau von NR und BR erreicht. Sie verfügen nur über mäßige Wärme-, Witterungs- und Ozonbeständigkeit und sind nicht ölbeständig. NR, BR und SBR werden hauptsächlich in der Reifenindustrie eingesetzt.

Halogenhaltige Elastomere: CR, CM/CSM, BIIR, CIIR

Im Vergleich zu den Standardelastomeren sind die mechanischen Eigenschaften etwas ungünstiger, dagegen sind Wärme- und Witterungsbeständigkeit zum Teil erheblich besser. Die Kälteflexibilität von CM/CSM ist relativ ungünstig, dafür besitzen diese Elastomere wie CR eine wesentlich bessere Ölbeständigkeit im Vergleich zu BIIR und CIIR. Halogenhaltige Elastomere zeigen eine höhere Flammwidrigkeit. CR und CSM zeigen eine gute dynamische Belastbarkeit.

Acrylat- und Acetatelastomere: ACM, AEM, EVM

Die mechanischen Eigenschaften dieser Elastomere sind ebenfalls ungünstiger als bei Standardelastomeren. Dafür besitzen sie gute Wärme-, Witterungs-/Ozon- und Ölbeständigkeit. Die Kälteflexibilität ist deutlich schlechter als bei den Standardelastomeren. Bei EVM und AEM werden Öl- und Kälteflexibilität durch unterschiedlichen Anteil von Vinylacetat beziehungsweise Methacrylat beeinflusst, bei ACM durch die Wahl des Acrylatesters. Öl- und Kälteflexibilität verhalten sich, wie auch bei anderen vergleichbar aufgebauten Copolymeren, gegensätzlich.

Polare Elastomere: CO/ECO, NBR, HNBR

Die Elastomere dieser Gruppe verfügen ebenfalls über gute Wärme- und Ölbeständigkeit. Das mechanische Wertebild von NBR und HNBR liegt auf dem Niveau der Standardelastomere. Die Wärmebeständigkeit ist vor allem bei HNBR relativ hoch. NBR zeigt gegenüber anderen Elastomeren deutliche Einbußen bei der Witterungs- und Ozonbeständigkeit und erfordert daher eine besonders gut abgestimmte Kombination entsprechender Schutzmittel. Sowohl NBR als auch HNBR zeigen eine ausgeprägte Abhängigkeit der Öl- und Kälteflexibilität vom Acrylnitrilgehalt. Auch hier verlaufen beide Eigenschaften gegensätzlich. Durch das aufwendige Herstellungsverfahren hat HNBR einen sehr hohen Preis. ECO und schwefelvernetzte HNBR-Typen lassen sich für dynamisch belastete Artikel einsetzen.

Unpolare Elastomere: EPDM, IIR

Diese Elastomere zeichnen sich durch gute Kälteflexibilität, hohe Wärme- sowie und Witterungs- und Ozonbeständigkeit aus, sind jedoch nicht ölbeständig. Die mechanischen Eigenschaften erreichen mittleres Niveau. Schwefelvernetzte EPDM-Typen sind für dynamische Belastung geeignet und haben stellenweise CR verdrängt.

Fluor- und Silikonelastomere: FKM, VMQ, FVMQ, AFMU

Elastomere dieser Gruppen werden bei besonders hohen Anforderungen an Wärme- und Chemikalienbeständigkeit eingesetzt. Dabei stellt FVMQ einen Kompromiss zwischen dem besonders wärmebeständigen FKM mit seiner ungünstigen Kälteflexibilität und dem etwas weniger wärme- und ölbeständigen, aber erheblich kälteflexibleren VMQ dar. Die mechanischen Eigenschaften sind jedoch nur mäßig, fluorierte Kautschuke sind zudem sehr teuer.

Literatur Kapitel 5

[1] Hofmann, W.; Gupta, H.: Handbuch der Kautschuktechnologie. Ratingen: Gupta-Verlag 2009

[2] Dick, J. S.; Rader, C. P.: Raw Materials Supply Chain for Rubber Products. München: Carl Hanser Verlag 2014

[3] Durst, M.; Klein, G.-M. et al: Filtration in Kraftfahrzeugen. Essen: expert verlag 2006

[4] Elias, H. G.: Makromoleküle. Weinheim: Wiley 2003

[5] Hardenburg, W.: The Putumayo, The Devil's Paradise: Travels in the Peruvian Amazon Region and an Account of the Atrocities Committed upon the Indians Therein. London: T. Fisher Unwin 1913

[6] Jünger, W.: Kampf um Kautschuk. Leipzig: Goldmann Verlag 1940. Nachdruck: Historisches Wirtschaftsarchiv. Paderborn: Salzwasser Verlag 2012

[7] Keller, R.: Practical Guide to Hydrogenated Nitrile Butadiene Technology. Shawberry: Smithers Rapra Technology Ltd. 2012

[8] Loadman, J.: Tears of the Tree. Oxford: Oxford Universal Press 2005

[9] Nagdi, K.: Gummi-Werkstoffe. Ratingen: Gupta-Verlag 2004

[10] Röthemeyer, F.; Sommer, F.: Kautschuktechnologie. München: Carl Hanser Verlag 2013

[11] DIN ISO 1629: Kautschuk und Latices – Nomenklatur. Berlin: Beuth Verlag GmbH 2015

[12] Kobatake, T.; Kodama, K., Hayashi, S.; Yoshioka, A.: Improvement of Low-Temperature Flexibility Of Hydrogenated Nitrile-Butadiene Rubber. Kawasaki: Zeon Corporation 1997

[13] Magg, H.: Werkstoffe aus hydriertem Nitrilkautschuk. Kautschuk, Gummi, Kunststoffe 11/2006. Heidelberg: Hüthig Medien GmbH 2006

[14] Rohde, E.; Abts, G.: Klassifizierung von Elastomeren nach Hitze- und Ölbeständigkeit. Anwendungstechnische Information KD 1370 C. Bayer AG, Geschäftsbereich Kautschuk 1991

[15] Arlanxeo: EVM-Kautschuk mit hoher Viskosität. *https://www.k-aktuell.de*, abgerufen am 31. 07. 2018

[16] Die Kautschuk-Apokalypse, 11. 11. 2013. *www.spektrum.de*, abgerufen am 10. 02. 2025

[17] Guayule, a new source of natural rubber. *https://www.bridgestone.de*, abgerufen am 27. 01. 2025

[18] Hevea brasiliensis, *https://www.tropical.theferns.info*, abgerufen am 27. 01. 2025

[19] Taraxagum – Naturkautschuk aus der Löwenzahnpflanze. *https://www.continental-tires.com,* abgerufen am 27. 01. 2025

[20] Pirelli makes the first guayule-based UHP tyre. *https://press.pirelli.com/*, abgerufen am 27. 01. 2025

[21] Verordnung (EU) 2024/2462. *https://eur-lex.europa.eu*, abgerufen am 19. 01. 2025

[22] Streifinger, F.: Gibt es Alternativen zu Fluorkunststoffen? Kunststoffe 09/2024, S. 22 ff. München: Carl Hanser Verlag 2024

[23] Schiestel, S.: PFAS-Verbot: Werden alle Fluorkunststoffe verboten? *https://www.rct-online.de*, abgerufen am 19. 01. 2025

[24] Köllner, C.: Was ein PFAS-Verbot für die Autoindustrie bedeuten würde. *https://www.springer professional.de*, abgerufen am 19. 01. 2025

[25] Neuer HT-ACM-Werkstoff für anspruchsvolle Automotive-Dichtungen. *https://www.kgk-rubberpoint.de*, abgerufen am 01. 02. 2025

[26] DuPont™ Kalrez® Perfluoroelastomer Parts. *https://www.dupont.com*, abgerufen am 01. 02. 2025

[27] Catalog_O-Ring-Handbook. *https://www.parker.com*, abgerufen am 09. 02. 2025

[28] Das O-Ring 1x1. *https://www.cog.de*, abgerufen am 09. 02. 2025

6 Thermoplastische Elastomere, TPE

6.1 Übersicht und Nomenklatur

Seit den letzten Jahrzehnten des 20. Jahrhunderts haben thermoplastische Elastomere verbreitet Einzug in viele Anwendungen gehalten, die den klassisch vernetzten Elastomeren vorbehalten zu sein schienen. Es wurde sogar spekuliert, thermoplastische Elastomere würden langfristig die klassischen Elastomere vollständig ersetzen, wobei dem einige grundsätzliche Nachteile entgegenstehen.

Mit den thermoplastischen Elastomeren steht in der Tat ein äußerst vielfältiges Spektrum von Werkstoffen zur Verfügung, die aufgrund ihres mechanisch-thermischen Verhaltens zwischen Elastomeren und Thermoplasten stehen. Je nach Zusammensetzung weisen sie im Gebrauchstemperaturbereich eine mehr oder weniger ausgeprägte Gummielastizität auf, lassen sich aber bei höheren Temperaturen thermoplastisch verarbeiten. Damit ist im Gegensatz zur Verarbeitung von Kautschukmischungen ein vergleichsweise geringer Zeitaufwand verbunden, da aufwendiges Mischen sowie die Vernetzung entfallen. Denn die für alle polymeren Werkstoffe typische geringe Wärmeleitfähigkeit erfordert bei klassischen Elastomeren eine ausreichende Zeit für den Wärmefluss, um eine vollständige Vernetzung, insbesondere bei dickwandigen Teilen, zu ermöglichen.

Die als Granulat verfügbaren thermoplastischen Elastomere werden lediglich aufgeschmolzen, wodurch sich eine etwa um den Faktor 10 niedrigere Viskosität im Vergleich zu Kautschukmischungen einstellt. Dies resultiert wiederum in einem deutlich reduzierten Energieverbrauch durch kürzere Taktzeiten und wesentlich kompakteren Verarbeitungsmaschinen. Außerdem lassen sich thermoplastische Elastomere im Gegensatz zu Kautschukmischungen blasformen, um Hohlkörper zu erzeugen. Auch die Herstellung von Verbundwerkstoffen aus Thermoplasten und thermoplastischen Elastomeren, etwa für Steckverbindungen, lässt sich durch einfaches Anspritzen realisieren.

Wie bei Thermoplasten üblich, werden die Spritzgusswerkzeuge temperiert, um Eigenspannungen beim Abkühlen zu vermeiden. Die Temperaturen reichen dabei je nach Produkt von etwa 40 bis über 120 °C und liegen damit meist deutlich unterhalb üblicher Vernetzungstemperaturen klassischer Kautschuke (150 bis 200 °C). Schließlich lassen sich, wie bei Thermoplasten, auch Abfälle in bestimmten Grenzen wiederverwerten. Es ist jedoch zu berücksichtigen, dass die rationelle Verarbeitung thermoplastischer Elastomere im Vergleich zu klassischen Elastomeren bei gleichem Materialvolumen mit einem bis um den Faktor vier höheren Rohstoffpreis erkauft werden muss. Bezüglich weiterer Details zur Verarbeitung von Thermoplasten wird auf das Buch „Kunststoff-Wissen für Einsteiger" verwiesen.

Das je nach Temperatur elastische oder thermoplastische Verhalten beruht auf einem Verbund von weichen (elastischen) und harten (thermoplastischen) Komponenten mit weit auseinanderliegenden Glasübergangstemperaturen, zwischen denen sich der entropieelastische Gebrauchstemperaturbereich erstreckt. Diese Komponenten sind miteinander nicht verträglich, es handelt sich also um Zweiphasensysteme. Im Gegensatz zu klassischen Elastomeren sind die elastischen Komponenten der meisten thermoplastischen Elastomere nicht chemisch vernetzt. Ihre Bewegungsfreiheit wird durch Wechselwirkungen wie Kristallisation und Bildung von Wasserstoffbrückenbindungen innerhalb der thermoplastischen Hartsegmente eingeschränkt *(physikalische Vernetzung)*. Erst bei Überschreiten der Glastemperatur der Hartsegmente werden diese geschmolzen und die physikalische Vernetzung wird damit gelöst. Die Produkte lassen sich nun wie Thermoplaste verarbeiten. Während des anschließenden Abkühlens bilden sich durch die wieder erstarrenden Hartsegmente neue physikalische Vernetzungen, die Materialien sind wieder gummielastisch.

Die mechanischen und thermischen Eigenschaften thermoplastischer Elastomere hängen primär vom Verhältnis der Weich- und Hartsegmente ab. So bestimmen Anteil und chemische Zusammensetzung der Weichsegmente mit ihren relativ niedrigen Glasübergangstemperaturen die Elastizität und die Kälteflexibilität von thermoplastischen Elastomeren. Mit steigendem Anteil an Weichsegmenten wird das elastische Verhalten ausgeprägter und die Tieftemperaturflexibilität verbessert, da sich das mechanische Verhalten dem von klassischen Elastomeren annähert. (Auf dem gleichen Prinzip beruht übrigens auch das Weichmachen von PVC.) Dagegen steigen Wärmebeständigkeit, Zugfestigkeit, Kerbschlagzähigkeit und chemische Beständigkeit mit zunehmendem Anteil an thermoplastischen Hartsegmenten an. Die Wärmebeständigkeit der thermoplastischen Hartphasen und damit der jeweiligen thermoplastischen Elastomere wird schließlich durch ihre Glasübergangstemperatur begrenzt, sie erreicht aber mittlerweile das Niveau klassischer Dienelastomere. Gleichzeitig ist der thermoplastische Charakter Ursache für den höheren Abrieb gegenüber klassischen Elastomeren sowie für die Neigung zum Kriechen. Weiterhin wirken sich die thermoplastischen Hartsegmente nachteilig auf die bleibende Verformung (Druckverformungsrest) aus. Allerdings ist hier zu berücksichtigen, dass thermoplastische Elastomere gegenüber klassischen Elastomeren deutlich längere Rückverformungszeiten aufweisen, sodass die Erholungszeit entsprechend anzupassen ist. Anwendungen mit hohen dynamischen Anforderungen lassen sich aufgrund der Erwärmung durch interne Reibungsverluste nicht mit thermoplastischen Elastomeren realisieren (vgl. Abschnitt 4.2).

Die Elastizität der Weichsegmente im Verbund mit der hohen Festigkeit der thermoplastischen Hartsegmente verleiht den thermoplastischen Elastomeren eine hohe Schlagzähigkeit und Stoßelastizität. Dies wird auch bei der Schlagzähmodifizierung von Thermoplasten ausgenutzt. Hier werden Kautschuke zugemischt, um die Schlagzähigkeit zu erhöhen (engl.: *impact modifyer).* Aufgrund der physikalischen Vernetzung sind thermoplastische Elastomere im Gegensatz zu den chemisch vernetzten Elastomeren auch in geeigneten Lösungsmitteln löslich. Allerdings zeigen thermoplastische Elastomere auf Basis von Polyurethanen (TPU) eine teilweise erheblich bessere Beständigkeit gegenüber Kraftstoffen und Ölen als viele chemisch vernetzte Kautschuke.

Wie bei vernetzten Elastomeren gilt auch bei thermoplastischen Elastomeren die Shore-Härte, also der Widerstand gegen das Eindringen eines genormten Körpers, als Einteilungskriterium. Sie erreicht je nach Aufbau der thermoplastischen Elastomere Werte in der Größenordnung vernetzter Elastomere (unter 30 bis über 90 Shore A) oder von Thermoplasten (ab 60 bis über 90 Shore D, Bild 6.1).

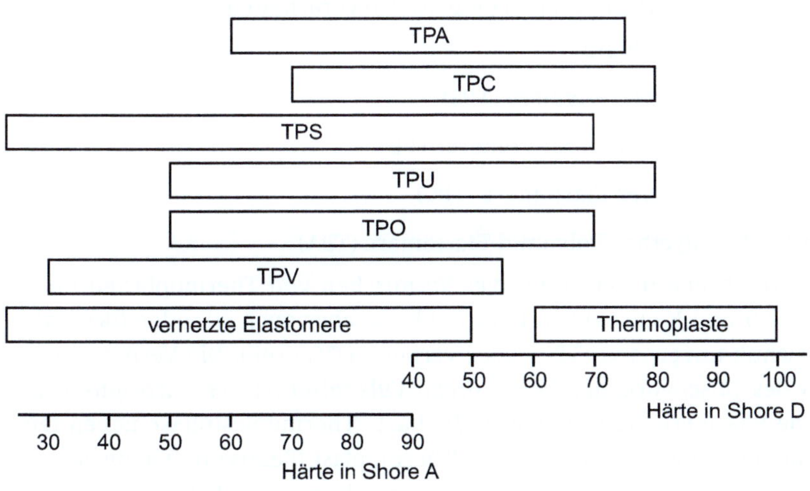

Bild 6.1 Härtebereiche von thermoplastischen Elastomeren nach [4]. Es sei hier explizit darauf hingewiesen, dass zwischen den Verfahren Shore A und Shore D kein linearer Zusammenhang besteht (vgl. Abschnitt 9.2.1).

Die Nomenklatur thermoplastischer Elastomere gemäß ISO 18064 richtet sich nach der chemischen Zusammensetzung:

- thermoplastische Elastomere auf Basis von Polyetheramiden (TPA, früher: TPE-A)
- thermoplastische Elastomere auf Basis Polyetherester (TPC, früher: TPE-E)
- unvernetzte thermoplastische Elastomere auf Olefinbasis (TPO, früher: TPE-O)
- vernetzte thermoplastische Elastomere auf Olefinbasis (TPV, früher: TPE-V)
- thermoplastische Elastomere auf Styrolbasis (TPS, früher: TPE-S)
- thermoplastische Polyurethan-Elastomere (TPU, früher: TPE-U)

Andererseits lassen sich thermoplastische Elastomere aufgrund der Struktur ihrer Weich- und Hartsegmente in Blockcopolymere, Polymerblends und Polymerlegierungen unterteilen. *Blockcopolymere* enthalten harte Phasen aus Polystyrol-, Polyester-, Polyamid- oder Polyurethansegmenten, die weichen Phasen sind aus Polyestern, Polyethern oder Polybutadien aufgebaut. Typische und älteste Vertreter sind die Styrol-Butadien-Styrol-Blockcopolymere („SBS"). Die Blockbildung beruht auf der Unverträglichkeit der beiden Komponenten, sie entmischen sich lokal und lagern sich zu Blöcken zusammen. Dabei liegt die Glasübergangstemperatur der harten, thermoplastischen Segmente über der Gebrauchstemperatur, die Glastemperatur der weichen, elastischen Segmente liegt darunter. Die Hartsegmente bilden damit innerhalb des Gebrauchstemperaturbereichs ein Gerüst für die Weichsegmente. Wird die Glastemperatur der Hartsegmente überschritten, beginnen sie zu erweichen und schließlich zu fließen, der Werkstoff ist nun thermoplastisch verarbeitbar.

Zu den Blockcopolymeren zählen:

- Polystyrol-Polydien-Blockcopolymere (TPS)
- Thermoplastische Polyurethan-Elastomere (TPU)
- Thermoplastische Polyester-Elastomere (TPC)
- Thermoplastische Polyether-Polyamid-Elastomere (TPA)

Polymerblends erhält man durch intensives Vermischen von Thermoplasten (meist Polyolefine wie PP) und Kautschuken (häufig EPDM, aber auch NR oder IIR). Dabei kann der Kautschuk unvernetzt (TPO) oder vernetzt (TPV) sein. Die Vernetzung erfolgt während des Mischvorgangs *(dynamische Vulkanisation)*, es wird eine echte gummielastische Phase erhalten. Hier liegt die harte Thermoplastphase neben feinverteilten Elastomerpartikeln vor. Elastomer-Thermoplast-Blends mit fein dispergierten und vernetzten Kautschukteilchen (< 1 µm) bezeichnet man als *Polymerlegierungen* (TPV). Typische Vertreter sind:

- TPV-(EPDM+PP)
- TPV-(NBR+PP)
- TPV-(EVA+PVDC)

Neben Art und Anteil des verwendeten Kautschuks bestimmt der Vernetzungsgrad den elastomeren Charakter dieser Materialien. Mit steigendem Vernetzungsgrad erhöht sich die Viskosität, dagegen werden Spritzquellung und bleibende Verformung verringert. Über den Anteil der Hartsegmente werden Härte, Modul und Zugfestigkeit eingestellt, wobei weiche Typen eine geringere Zugfestigkeit als klassische Elastomere haben. Mit zunehmendem Anteil an Hartsegmenten steigt wiederum die bleibende Verformung. Wie bei klassischen Elastomeren lassen sich bei Blends aus Elastomeren und Thermoplasten die mechanischen Eigenschaften durch verstärkende Füllstoffe und Weichmacher beeinflussen.

Es wird geschätzt, dass im Jahr 2024 weltweit über sechs Millionen Tonnen thermoplastische Elastomere hergestellt wurden. Im Gegensatz zu Natur- und Synthesekautschuk verzeichnen thermoplastische Elastomere weiterhin ein stetiges Wachstum, die Steigerungsrate wird mit bis zu über sechs Prozent jährlich angegeben. Etwa die Hälfte der thermoplastischen Elastomere wird in Asien produziert, etwa 30 % in Amerika und rund ein Fünftel in Europa. Mittlerweile findet sogar ein Austausch von Thermoplasten durch TPE, etwa im Fahrzeuginnenraum, statt. In der Medizintechnik gibt es Bestrebungen, die üblicherweise verwendeten Butylkautschuke und sogar Silikonkautschuk durch TPE zu ersetzen. Insbesondere beim recht preisgünstigen PVC kann mit TPE als Alternativwerkstoff die Problematik der in PVC üblichen, gesundheitlich bedenklichen Phthalatweichmacher umgangen werden.

Bild 6.2 zeigt die Aufteilung auf verschiedene Anwendungsgebiete.

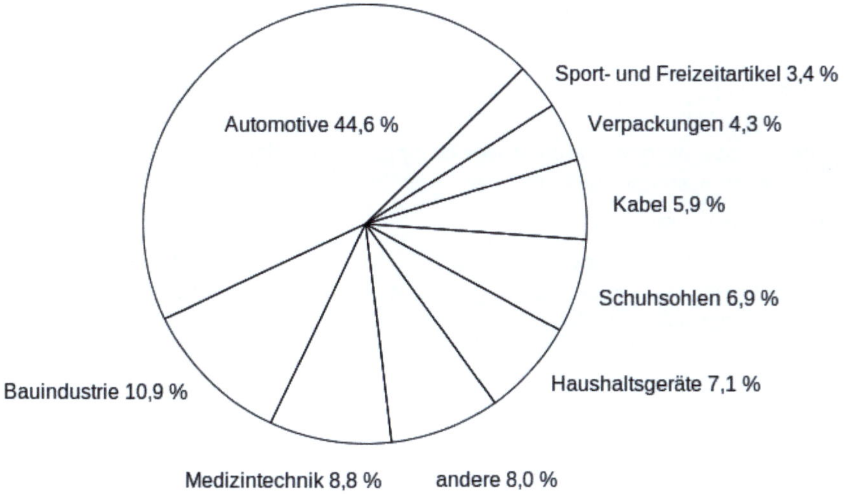

Bild 6.2 Anwendungsgebiete Thermoplastischer Elastomere

6.2 Spezifisches Eigenschaftsprofil

Im Folgenden sollen die Eigenschaften der einzelnen Klassen thermoplastischer Elastomere skizziert werden. Die genannten Kennwerte sind stellenweise nur durch Verwendung spezieller Typen zu erreichen.

6.2.1 Thermoplastische Elastomere auf Basis von Polyetheramiden (TPA)

Zusammensetzung:

- harte Phase: Polyamid
- weiche Phase: Polyether (TPA-ET), Polyester (TPA-ES), Polycarbonat (TPA-CE) oder Kombination aus Ester und Ether (TPA-EE)

Mechanische Eigenschaften:

- Härte: 60 Shore A bis 75 Shore D
- hohe Festigkeit und Elastizität
- gute Schlagzähigkeit insbesondere bei tiefen Temperaturen
- gute Tieftemperaturflexibilität
- ungünstiger Druckverformungsrest

Einsatztemperaturen:

– 50 bis +100 °C/+120 °C (Basis PA 6/PA 12)

Chemische Beständigkeit:

- beständig gegen verdünnte Salz- und Schwefelsäure, verdünnte Laugen sowie Mineralöle
- nicht beständig gegen aromatische Lösungsmittel, Chlorkohlenwasserstoffe und Aceton, starke Quellung durch Kraftstoffe, hohe Wasseraufnahme

Anwendungsbeispiele:

Schläuche, Profile, Dichtungen, Faltenbälge, Membranen, Kabelummantelungen, Sportschuhsohlen, sowie verstärkt mit Glas- oder Kohlefasern auch für dimensionsstabile Teile wie Zahnräder

6.2.2 Thermoplastische Elastomere auf Basis Polyetherester (TPC)

Zusammensetzung:

- harte Phase: teilkristallines Polybutylenterephthalat (PBT)
- weiche Phase: Polyether (TPC-ET), Polyester (TPC-ES), Polycarbonat (TPC-CE) oder Kombination aus Ester und Ether (TPC-EE)

Mechanische Eigenschaften:

- Härte: 70 Shore A bis 80 Shore D
- hohe Festigkeit, Steifigkeit und Schlagzähigkeit
- gutes Rückstellvermögen
- gute Wechselbiegefestigkeit (bei geringen Auslenkungen)
- gute Tieftemperaturflexibilität
- bei hohen Dehnungen und Temperaturen Neigung zum Fließen

Einsatztemperaturen:

–100 bis +130 °C (bei geeigneter Stabilisierung kurzfristig bis 150 °C)

Chemische Beständigkeit:

- beständig gegen aliphatische Kohlenwasserstoffe, Treib- und Schmierstoffe
- unbeständig gegen starke Säuren und Laugen, Chlorkohlenwasserstoffe und Alkohole
- bei längerer Einwirkungsdauer hydrolyseempfindlich

Anwendungsbeispiele:

Faltenbälge, Luftansaugschläuche, Druckluftschläuche, Zahnräder, Konsumgüterelektronik, Dachfolien, Walzenbezüge, Rollen und Reifen für niedrige Geschwindigkeiten

6.2.3 Unvernetzte (TPO) und vernetzte (TPV) thermoplastische Elastomere auf Olefinbasis

Die Eigenschaften dieser Spezies sind in weiten Grenzen durch das Mengenverhältnis Polymer/Kautschuk, die Kautschukart und dessen Vernetzungsgrad steuerbar. Mit zunehmendem elastomeren Charakter (Vernetzung) steigen Flexibilität, Rückstellvermögen (günstigerer Druckverformungsrest) und Schlagfestigkeit – besonders in der Kälte – an, dagegen werden Härte und Festigkeit reduziert. Die Chemikalienbeständigkeit hängt von der Art und dem Anteil des verwendeten Elastomeren ab.

Zusammensetzung TPO:

- harte Phase: PP, (PP + PE)
- weiche Phase: EPDM, EVM (unvernetzt)
- Es wird in TPO-C (Block-Copolymere) und TPO-M (Mischung aus Polymeren) unterschieden

Zusammensetzung TPV:

- harte Phase: PP
- weiche Phase: EPDM, NR („thermoplastischer Naturkautschuk"), AEM, ACM, EVM, IIR oder NBR (jeweils vernetzt und in der PP-Phase fein dispergiert)

Mechanische Eigenschaften:

Härte: 50 Shore A bis 70 Shore D (TPO), 30 Shore A bis 55 Shore D (TPV auf Basis EPDM+PP)

Einsatztemperaturen:

-40 bis +80 °C (TPO), bis +110 °C (TPV auf Basis EPDM+PP, spezielle Typen auf Basis ACM oder AEM bis über +150 °C).

Chemische Beständigkeit:

- TPO sind beständig gegen verdünnte Säuren und Laugen sowie Alkohole, jedoch unbeständig gegen Treib- und Schmierstoffe und zeigen starke Quellung durch aliphatische und aromatische Lösungsmittel
- TPV: NBR erhöht die Ölbeständigkeit, EVM die Witterungsbeständigkeit und Ölbeständigkeit, AEM und ACM erhöhen die Gebrauchstemperatur und die Ölbeständigkeit
- IIR reduziert die Gaspermeation und erhöht die Dämpfung
- Verschnitte aus EPDM+PP besitzen gute Witterungs- und Ozonbeständigkeit

Anwendungsbeispiele:

Stoßfänger, Dichtungen für den Fahrzeugbau und im Bauwesen, Profile, Kabelummantelungen, Dämpfungselemente, Folien

6.2.4 Thermoplastische Elastomere auf Styrolbasis (TPS)

Aufgrund der hohen Schmelzeviskosität werden TPS üblicherweise als Compounds mit Füllstoffen, Weichmachern, Stabilisatoren und anderen Additiven angeboten. Für Produkte mit niedrigen Anforderungen an die Alterungs- und Witterungsbeständigkeit werden ungesättigte Weichphasen verwendet.

Zusammensetzung:

- harte Phase: Polystyrol
- weiche Phase: Polybutadien (SBS), Polyisopren (SIS, ungesättigt), Poly-Ethenbuten (SEBS, gesättigt)
- grundsätzlich mindestens als Dreiblockcopolymere angeordnet
- Die Bezeichnung TPS-H kennzeichnet vollständig hydrierte Weichsegmente, TPS-N steht für teilweise oder nicht hydrierte Weichsegmente

Mechanische Eigenschaften:

- Härte: 5 Shore A bis 70 Shore D
- Festigkeit und hohe Bruchdehnung (bis zu 800 %) abhängig vom Füllstoff, bei höheren Temperaturen merkliche Verschlechterung durch beginnende Erweichung

Einsatztemperaturen:

– 40 bis + 100 °C, hydrierte Materialien (Styrol-Ethenbuten-Styrol, SEBS) bis 170 °C, diese sind jedoch steifer und weniger elastisch.

Chemische Beständigkeit:

- beständig gegen verdünnte Säuren und Laugen sowie Alkohole
- unbeständig gegen Treib- und Schmierstoffe, starke Quellung durch unpolare Medien
- TPS mit ungesättigten Polybutadiensegmenten sind oxidationsanfällig, gesättigte Typen haben dagegen gute Witterungs- und Ozonbeständigkeit

Anwendungsbeispiele:

- Bedienelemente und Griffteile, Dichtelemente, Abdeckungen, Unterlagen, Vibrationsdämpfer (SIS), Dehnungsfugenbänder im Bauwesen, Schmelzkleber (SIS)
- TPS eignen sich aufgrund ihrer guten Haftung zu ABS, PA, PC, PMMA, PP, PS und PPO außerdem als Weichkomponente beim Mehrkomponentenspritzguss

6.2.5 Thermoplastische Polyurethan-Elastomere (TPU)

Thermoplastische Polyurethan-Elastomere übertreffen in ihren mechanischen Eigenschaften (Festigkeit, Weiterreißwiderstand, Abrieb) sogar Elastomere auf Basis Naturkautschuk oder HNBR. Durch die zugrundeliegende Polyurethanchemie steht eine breit gefächerte Palette von Produkten zur Verfügung, die die Lücke zwischen Elastomeren und Thermoplasten ausfüllen.

Zusammensetzung:

- harte Phase: Diphenylmethan-4,4'-diisocyanat (MDI) (aromatisch) oder 1,4-Butandiol (aliphatisch)
- weiche Phase: Polyester oder Polyether
- in aromatischen Produkten wird 1,4-Butandiol zur Verlängerung der Polymerketten eingesetzt

Demnach unterscheidet man in:

- TPU-ARET (aromatisch/Polyether)
- TPU-ARES (aromatisch/Polyester)
- TPU-ARCE (aromatisch/Polycarbonatsegmente)
- TPU-AREE (aromatisch/Polyether und Polyester)
- TPU-ALET (aliphatisch/Polyether)
- TPU-ALES (aliphatisch/Polyester)
- TPU-ALCE (aliphatisch/Polycarbonatsegmente)
- TPU-ALES (aliphatisch/Polyether und Polyester)

Die vorherige Version der ISO 18046 enthielt TPU-ARCL (aromatisch/Caprolactonsegment), diese Produkte werden jetzt in die Klassen TPU-ARES und TPU-ALES integriert.

Mechanische Eigenschaften:

- Härte: 50 Shore A bis 80 Shore D
- hohe Festigkeit, Schlagzähigkeit und Weiterreißfestigkeit
- Bruchdehnung bis über 500 %
- sehr hohe Verschleißfestigkeit (besonders Ester-Typen)
- gutes Dämpfungsvermögen
- bei hohen Dehnungen und Temperaturen Neigung zum Fließen

Einsatztemperaturen:

- 40 bis + 80 °C, spezielle Typen bis 150 °C.

Chemische Beständigkeit:

- beständig gegen aliphatische Kohlenwasserstoffe, Treibstoffe, Öle, Fette
- unbeständig gegen heißes Wasser, Säuren, Laugen, Alkohole, aromatische und halogenierte Kohlenwasserstoffe, Ester und Ketone
- Ester-Typen sind besonders empfindlich gegen Hydrolyse

Anwendungsbeispiele:

Verschleißfeste Oberflächen (z. B. für Armaturentafeln), Faltenbälge, Werkzeuggriffe, Kupplungselemente, Dichtungselemente, Rollen, Lagerschalen, Kabelstecker und -ummantelungen, Auskleidungen von Gewebeschläuchen (Feuerwehrschläuche), Förderbänder, Sportschuhsohlen, Skischuhe, Folien

Literatur Kapitel 6

[1] Abts, G.: Kunststoff-Wissen für Einsteiger. München: Carl Hanser Verlag 2020

[2] Dolansky, T.; Gehringer, M.; Neumeier, H.: TPE Fibel. Ratingen: Gupta-Verlag 2007

[3] Hofmann, W.; Gupta, H.: Handbuch der Kautschuktechnologie. Ratingen: Gupta-Verlag 2009

[4] Kaiser, W.: Kunststoffchemie für Ingenieure. München: Carl Hanser Verlag 2016

[5] Nagdi, K.: Gummi-Werkstoffe. Ratingen: Gupta-Verlag 2004

[6] Röthemeyer, F.; Sommer, F.: Kautschuktechnologie. München: Carl Hanser Verlag 2013

[7] Scholz, G.; Gehringer, M.: Thermoplastische Elastomere im Blickfang. Berlin, Boston: De Gruyter 2021

[8] DIN EN ISO 18064: Thermoplastische Elastomere – Nomenklatur und Kurzzeichen. Berlin: Beuth Verlag GmbH (2022)

[9] Scholz, G.: Significant changes in TPE nomenclature. *https://www.tpe-forum.de*, abgerufen am 20. 01. 2025

[10] Ellis, P.: The current and future market for thermoplastic elastomers in medical and healthcare applications. *https://www.tpe-forum.de*, abgerufen am 20. 01. 2025

[11] Ellis, P.: The current and future market for thermoplastic elastomers in automotive applications. *https://www.tpe-forum.de*, abgerufen am 20. 01. 2025

[12] Smithers Rapra research sees market trends driving increased demand for TPEs to 2024. *https://www.tpe-forum.de*, abgerufen am 20. 01. 2025

7 Kautschukchemikalien

7.1 Aufbau von Kautschukmischungen (Compounding)

Kautschukmischungen bestehen in der Regel aus einem, manchmal auch aus mehreren Kautschuken sowie verschiedenen Zuschlagstoffen, die für optimale Verarbeitbarkeit und für das gewünschte Eigenschaftsbild des Elastomerwerkstoffs erforderlich sind. Man bezeichnet die Zuschlagstoffe in ihrer Gesamtheit als Kautschukchemikalien, wobei man in folgende Gruppen unterscheidet:

- Füllstoffe,
- Weichmacher,
- Verarbeitungshilfsmittel,
- Alterungsschutzmittel,
- Vernetzungssystem,
- Spezialchemikalien.

Verschiedentlich werden die Füllstoffe und Weichmacher auch separat genannt, sodass der Begriff „Kautschukchemikalien“ nur die übrigen Gruppen umfasst.

Eine Kautschukmischung stellt immer einen Kompromiss aus den Anforderungen an Verarbeitbarkeit, mechanischen, dynamischen und thermischen Eigenschaften des Elastomers sowie den Kosten dar. Dabei sind aufgrund der Vielzahl unterschiedlicher Anforderungen beträchtliche Unterschiede in der Zusammensetzung möglich, sogar bei ein- und demselben Kautschuk.

Unterhalb einer bestimmten, für jedes Produkt spezifischen Menge bleiben die einzelnen Substanzen ohne Wirkung. Bei Überschreiten der spezifischen Höchstmenge wird entweder keine weitere Leistungssteigerung oder sogar eine Verschlechterung des erzielten Eigenschaftsbildes erzielt. Der Wirkungsbereich hängt nicht nur von der betreffenden Substanz ab, sondern auch vom Kautschuk sowie den anderen Komponenten, da sie sich in vielen Fällen gegenseitig beeinflussen.

In der Regel bildet der Kautschuk die Hauptkomponente. Die Gesamtmenge an Zuschlagstoffen erreicht bei hochwertigen Mischungen etwa die Menge an eingesetztem Kautschuk, wobei Füllstoffe den größten Teil ausmachen, gefolgt von den Weichmachern. Haben die mechanischen Eigenschaften nur untergeordnete Priorität, kann der Anteil an Füllstoff und Weichmacher das Mehrfache der Menge an Kautschuk betragen. In solchen Fällen ermöglichen die hier eingesetzten sogenannten Extenderfüllstoffe eine erhebliche Reduzierung des Mischungspreises.

Bild 7.1 zeigt schematisch die Verteilung der einzelnen Komponenten. In der Gummiindustrie beziehen sich alle Mengenangaben additiv auf 100 Teile Kautschuk (*phr* = per hundred rubber). Eine Mischung mit 50 phr Füllstoff enthält also beispielsweise 50 kg Füllstoff auf 100 kg Kautschuk.

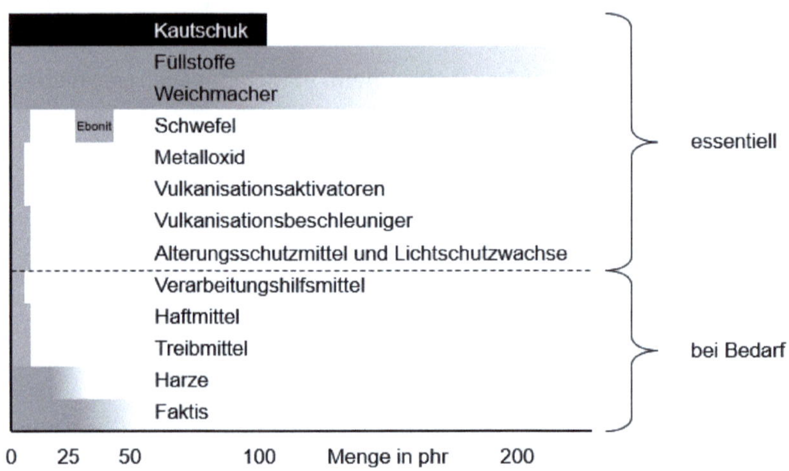

Bild 7.1 Mengenverhältnisse in Kautschukmischungen

Der zugrundeliegende Kautschuk bestimmt das Verarbeitungsverhalten, die mechanische und dynamische Leistungsfähigkeit, den möglichen Gebrauchstemperaturbereich sowie die chemische Beständigkeit.

Synthesekautschuke werden in verschiedenen Viskositätsstufen angeboten. Die Viskosität bestimmt das Verarbeitungsverhalten, beeinflusst aber auch das Niveau der mechanischen Eigenschaften. Kautschuke mit niedriger Viskosität lassen sich leichter verarbeiten als solche mit hoher Viskosität. Kautschuke mit hoher Viskosität haben dagegen eine bessere Rohfestigkeit und ermöglichen aufgrund ihrer größeren Aufnahmekapazität für Füllstoffe und Weichmacher ein höheres Niveau der mechanischen Eigenschaften. Wird, wie etwa bei der Extrusion, eine hohe Standfestigkeit der noch unvernetzen Kautschukmischung verlangt, werden auch vorvernetzte Kautschuke eingesetzt.

Bei Blends (zum Beispiel aus NR und BR) sowie bei Copolymeren wie SBR, NBR, EPDM und anderen ist das Verhältnis der jeweiligen Komponenten zueinander entscheidend. Bestehen Kautschuke aus polaren und unpolaren Monomeren, wie etwa Nitrilkautschuk, sind durch den Anteil des polaren Monomeren die Ölbeständigkeit und die Kälteflexibilität einstellbar, wobei sich beide Eigenschaften gegenläufig verhalten.

Die Eigenschaften von Elastomeren lassen sich nun durch den Rezepturaufbau der Kautschukmischung in bestimmten Grenzen variieren. Das wichtigste Beispiel hierfür ist die enorme Verstärkung der Rückstellkräfte durch aktive Füllstoffe, was sich günstig auf die mechanischen Eigenschaften auswirkt. Durch aktive Füllstoffe werden, wie beispielsweise bei SBR, die mechanischen Eigenschaften teilweise nahezu sprunghaft verbessert. Daher gibt es bis auf sehr wenige Ausnahmen keine ungefüllten Elastomere. Die wichtigsten (und preiswertesten) Füllstoffe sind Ruße, daher sind weit über 90 % aller Elastomere schwarz. Ruß ist außerdem ein guter UV-Absorber.

Da insbesondere aktive Füllstoffe die Viskosität erhöhen und damit die Verarbeitung erschweren, werden Weichmacher und spezielle Verarbeitungshilfsmittel eingesetzt, wobei insbesondere Weichmacher wiederum die mechanischen und thermischen Eigenschaften (Alterung, Kälteflexibilität) beeinflussen.

Zur Optimierung des Alterungsverhaltens sind vor allem bei ungesättigten Kautschuken Alterungs- und Ozonschutzmittel unverzichtbar. Auch das Vernetzungssystem spielt hier eine wichtige Rolle.

Weiterhin gibt es spezielle Additive wie Haftmittel, um die Haftung zu Textilien oder Metallen zu verbessern (wesentlich für Verbundwerkstoffe wie Reifen, Schläuche, Antriebsriemen oder Fördergurte), Treibmittel für die Herstellung von Moos- und Zellgummi, und andere.

Das Eigenschaftsbild von Elastomeren wird also durch verschiedene Parameter bestimmt. Kautschuke, Füllstoffe und Weichmacher bestimmen im Wesentlichen die physikalischen, chemischen und thermischen Grundeigenschaften, während Alterungsschutzmittel und das Vernetzungssystem innerhalb eines gewissen Rahmens eine weitere Anpassung an die Umgebungsbedingungen ermöglichen.

Tabelle 7.1 zeigt den Einfluss der verschiedenen Mischungsbestandteile auf die Eigenschaften von Elastomeren.

Grundsätzlich gilt, dass sämtliche Mischungskomponenten sorgfältig aufeinander abgestimmt werden müssen, um ein optimales Eigenschaftsprofil zu erhalten. So haben beispielsweise einige Alterungsschutzmittel auf die Vulkanisation einen beschleunigenden Effekt. Ein anderes Beispiel sind Haftmittel auf Basis von Resorcin-Formaldehyd-Harzen, die parallel zum Ablauf der Vulkanisation ausreagieren müssen, um optimale Haftung durch Ausbildung eines Sekundärnetzwerks zu erzielen. Dies wird dadurch erschwert, dass sie gleichzeitig auch die Vernetzungsreaktion beschleunigen. Schließlich muss die Kautschukmischung, insbesondere hinsichtlich Fließfähigkeit und Vernetzungsgeschwindigkeit, für das jeweilige Verarbeitungsverfahren geeignet sein, welches durch die Funktion und damit die Geometrie des Elastomerwerkstoffs festgelegt ist.

Es soll an dieser Stelle nicht verschwiegen werden, dass eine Reihe von Kautschukchemikalien, insbesondere viele Vernetzungschemikalien und Alterungsschutzmittel, gesundheitlich bedenklich und somit als Gefahrstoffe eingestuft sind. Bei Peroxiden besteht zudem die Gefahr spontaner Zersetzung. Im Rahmen dieses Buches kann keine detaillierte Betrachtung erfolgen, eine zum Zeitpunkt der Drucklegung aktuelle Liste wäre aufgrund der kontinuierlichen Erweiterung der SVHC-Liste bald überholt. Daher wird beispielsweise auf die Informationen der European Chemicals Agency (ECHA, *https://echa.europa.eu*), der Bundesanstalt für Risikobewertung (BfR, *https://www.bfr.bund.de*) und der Berufsgenossenschaften verwiesen. Für sogenannte Lebensmittelbedarfsgegenstände oder Artikel in Kontakt mit Trinkwasser sind die Vorgaben etwa der Verordnung (EU) 2016/1416 oder der Richtlinie (EU) 2020/2184 zu beachten. So sind zum Beispiel Grenzwerte für die Migration bestimmter Stoffe festgelegt.

Allerdings ist zu berücksichtigen, dass die überwiegende Zahl der Bedarfsgegenstände zumeist nur mit einem Teil der Fläche und außerdem auch nur für begrenzte Zeit in Kontakt mit Lebensmitteln kommt. Das Bundesinstitut für Risikobewertung teilt demnach die Bedarfsgegenstände in vier Kategorien ein:

- Kategorie 1: Kontaktzeit länger als 24 Stunden bis zu mehreren Monaten mit Lebensmitteln, etwa Lagerbehälter und deren Auskleidungen, Dichtungsringe für Dosen, Gläser, Flaschen und andere sowie Stopfen und Kappen für Flaschen.
- Kategorie 2: Kontaktzeit höchstens 24 Stunden, hierzu zählen Schläuche zur Förderung von Lebensmitteln, Dichtungsringe für Dampfkochtöpfe, Schläuche für Kaffeemaschinen, Deckeldichtungen (beispielsweise für Milchkannen), Ventilkugeln.
- Kategorie 3: Kontaktzeit höchstens 10 Minuten („Kurzzeitkontakt"), zum Beispiel Zitzengummis, Schläuche und Dichtungen in Melkanlagen und Milchverarbeitungsmaschinen, Membranen, Kolben, Armaturen, Pumpenstatoren, Walzenbezüge und Fördergurte für fettige Lebensmittel sowie Handschuhe und Schürzen, die bei der Verarbeitung von Lebensmitteln getragen werden.
- Kategorie 4: Bedarfsgegenstände, die nicht in die Kategorien 1 bis 3 einzuordnen sind. Die Kontaktzeit ist sehr kurz, die Kontaktfläche sehr klein, der Kontakt erfolgt allenfalls bei Raumtemperatur, sodass bei bestimmungsgemäßem Gebrauch nicht mit einem Übergang auf das Lebensmittel zu rechnen ist. Typische Beispiele sind Fördergurte, Walzenbezüge, Saug- und Druckleitungen für feste Lebensmittel sowie Dichtungen für Rohrleitungen, Pumpen, Hähne und Schrägsitzventile für flüssige Lebensmittel.

Neben den Gesundheitsgefahren spielen auch Umweltgefahren bei der Einstufung von Chemikalien als Gefahrstoff eine zunehmend große Rolle. Im Jahr 2023 wurden entsprechende neue Gefahrenklassen eingeführt. Demnach gilt in der EU zum Beispiel ein Stoff, der persistent und mobil in der Umwelt ist, als Gefahrstoff.

Die komplexen Rezepturen der Kautschukindustrie wurden oft in jahrelanger Arbeit optimiert, was einen kurzfristigen Ersatz auch nur einer einzigen Komponente erheblich erschwert. Werden Ersatzstoffe eingesetzt, dürfen diese keine unerwünschten Wechselwirkungen mit den anderen Komponenten eingehen, und die Kautschukmischung muss nach wie vor für das gleiche Verarbeitungsverfahren geeignet sein. Außerdem wird ein möglichst identisches Leistungsspektrum der Fertigerzeugnisse gefordert. Daher haben Alternativprodukte in der Regel einen recht ähnlichen chemischen Aufbau. Aus dem gleichen Grund ist die Verwendung vieler Kautschukchemikalien nach wie vor unumgänglich. Nur in wenigen Fällen ist eine Rezeptur auf Basis eines anderen Kautschuks (und eines anderen Vernetzungssystems, wobei dies wieder Probleme aufwerfen kann) für die gleiche Anwendung geeignet.

Lediglich die Gefahr durch die beim Verarbeiten frei werdenden Stäube kann vermindert werden, wenn polymergebundene Chemikalien verwendet werden, die aber teurer und auch nicht für alle Produkte verfügbar sind. Für Füllstoffmasterbatche gilt sinngemäß das gleiche.

Thermoplastische Elastomere mögen in einigen Fällen Alternativen sein, insbesondere, da in den letzten Jahren auch Typen mit höherer Wärmebeständigkeit entwickelt wurden. Prinzipiell sind sie aber aufgrund ihres Aufbaus immer noch klassischen Elastomeren hinsichtlich der dynamischen Beständigkeit deutlich unterlegen (vgl. Kapitel 6).

An dieser Stelle soll ausdrücklich betont werden, dass Naturkautschuk zwar ein nachwachsender Rohstoff ist, seine Verarbeitung zu Elastomeren aber ebenfalls Kautschukchemikalien erfordert und somit auch die oben genannte Problematik mit sich bringt. Aufgrund seines spezifischen Eigenschaftsbilds kann Naturkautschuk auch keine Synthesekautschuke ersetzen, außerdem sind die Ressourcen begrenzt und lassen sich kaum noch ausweiten.

Tabelle 7.1 Einfluss verschiedener Bestandteile von Kautschukmischungen

	Verarbeitungsverhalten	physikalische Eigenschaften	Temperaturbeständigkeit	Wetter-/Ozonbeständigkeit	Medienbeständigkeit	Preis
Kautschuk	++	++	++	++	++	++
Füllstoffe	++	++	(+)	0/(+)[5]	(+)[6]	+
Weichmacher	++	++	(+)[4]	0	(+)[7]	+
Verarbetungshilfsmittel	++	0	0	0	0	0
Alterungsschutzmittel	(+)[1]	+[3]	(+)	++	0	(+)
Vernetzungssystem	+[2]	++	+	0	(+)	+

++ = großer Einfluss
\+ = mittlerer Einfluss
(+) = mäßiger Einfluss
0 = kein Einfluss
[1] in bestimmten Fällen Wechselwirkung mit dem Vernetzungssystem
[2] je nach Zusammensetzung vorzeitige Vernetzung möglich (Anvulkanisation)
[3] Ermüdungsbeständigkeit bei dynamischer Belastung
[4] unterschiedliche Flüchtigkeit beeinflusst die Änderung der mechanischen Werte
[5] Ruße absorbieren UV-Licht, daher sind rußgefüllte Elastomere nicht UV-empfindlich
[6] geringere Quellung durch Verdünnungseffekt bei hohem Füllgrad
[7] Konkurrenz zwischen Weichmacher und Quellmittel oder Extraktion des Weichmachers

7.2 Vernetzungssysteme

Unvernetzter Kautschuk, gleich ob Natur- oder Synthesekautschuk, hat aufgrund der verknäulten Makromoleküle bereits elastische Eigenschaften, lässt sich aber noch plastisch verformen. Seine herausragende Gummielastizität erhält Kautschuk erst durch die weitmaschige chemische Vernetzung der Makromoleküle (vgl. Kapitel 3). Gleichzeitig erreichen mechanische und dynamische Eigenschaften nur durch die Vernetzung ein akzeptables Basisniveau, das durch weitere Mischungsbestandteile ausgebaut werden kann.

Da die Dienkautschuke mehr als drei Viertel der Gesamtmenge an verarbeitetem Kautschuk ausmachen, ist die Vulkanisation mit Schwefel und Beschleuniger naturgemäß die wichtigste Vernetzungsart. Aufgrund der zunehmenden Verbreitung gesättigter Kautschuke hat die Vernetzung mit Peroxiden ebenfalls einen hohen Stellenwert, sie wird zudem auch bei Dienkautschuken eingesetzt, um die Alterungsbeständigkeit und den Druckverformungsrest zu optimieren. Halogenhaltige Kautschuke lassen sich über Metalloxide vernetzen. Daneben sind, insbesondere für Chlorhydrin-, Acrylat-, Silikon und Fluorkautschuke spezielle Vernetzungssysteme in Gebrauch. Eine Übersicht zeigt Tabelle 7.2.

Tabelle 7.2 Vernetzungsreaktionen und Vernetzungssysteme für Kautschuk [nach 5]

Vernetzungsreaktion	Vernetzungssysteme	Kautschuke
Reaktion von Schwefel mit Kautschuk	Schwefel-Beschleuniger-Systeme, Schwefelspender-Systeme	NR, BR, SBR, NBR, CR, IIR, BIIR, CIIR, EPDM, HNBR (teilhydriert), GECO, PNR
Reaktion von Radikalen mit Kautschuk	Peroxide, energiereiche Strahlung	EPM, EPDM, AEM, EVM, NBM, CM, CSM, Q, VMQ, AU und alle Dienkautschuke. Nicht geeignet für IIR, CO, ECO
Reaktion von bifunktionellen Verbindungen mit reaktiven Gruppen des Kautschuks	Polyvalente Metalloxide	CR, BIIR, CIIR, CM, CSM, T
	Diisocyanate	Dienkautschuke, AU, EU
	Phenol-Formaldehyd-Harze	IIR, BIIR, CIIR, (NBR, EPDM)
	Dioxime	IIR
	Bisphenole	FPM
	Diamine	CO, ECO, AEM, BIIR, CIIR, ACM, FKM, FFKM
Silanvernetzung	Multifunktionelle Silane	Silikonkautschuke

7.2.1 Vernetzung mit Schwefel

Schwefel hat die besondere Fähigkeit, mit sich selbst Ketten und Ringe zu bilden. Außer in diversen Mineralen kommt Schwefel daher auch als Element („gediegen") in Form von S_8-Ringen vor. Diese Eigenschaften prädestinieren Schwefel dazu, sich mit anderen chemischen Elementen über Brücken aus mehreren Schwefelatomen zu verbinden. Auf diese Weise lassen sich geeignete Polymerketten miteinander vernetzen, was dem Endprodukt eine ausgeprägte Elastizität verleiht (vgl. Abschnitt 3.2).

Obwohl die Vernetzung von ungesättigten Kautschuken mit Schwefel bei steigender Temperatur immer schneller verläuft, sind für praktikable Zeiten zusätzliche Maßnahmen erforderlich. Zu hohe Temperaturen bewirken zudem bei Naturkautschuk und Butylkautschuk einen Abbau der Vernetzungsstellen und somit einen Rückgang von mechanischen Eigenschaften wie Spannungswert, Zugfestigkeit, Härte und Elastizität. Dieser Abbau wird als Reversion bezeichnet. Andere Kautschuke, etwa SBR und NBR, verhärten bei zu hoher Temperatur durch Nachvernetzung. Inbesondere der Marching-Modulus von CR (vgl. Abschnitt 3.1) fordert eine gute Abstimmung von Vulkanisationstemperatur und Vulkanisationszeit.

Die Vernetzungsgeschwindigkeit kann durch basische organische Verbindungen deutlich erhöht werden. Diese Verbindungen beschleunigen die Vernetzung, in dem sie chemische Reaktionen mit dem Schwefel und dem Kautschuk eingehen, und werden daher *Vulkanisationsbeschleuniger* genannt. Die einzelnen Produkte unterscheiden sich durch ihren Einfluss auf die An- und Ausvulkanisationszeit sowie auf die mechanischen und dynamischen Eigenschaften der Vulkanisate (Zugfestigkeit, Bruchdehnung, Härte, Elastizität und andere). Wie bereits in Abschnitt 3.2 erwähnt, steigt die Anzahl der Vernetzungen, also der Vernetzungsgrad, mit der Menge an Schwefel und Beschleuniger. Gleichzeitig wird durch die Verwendung von Vulkanisationsbeschleunigern die benötigte Menge an Schwefel reduziert, daher finden auch im Gegensatz zur Vernetzung ohne Beschleuniger keine unerwünschten Nebenreaktionen wie etwa Zyklisierungen statt. Die Wahl der eingesetzten Beschleuniger sowie ihr Anteil bestimmen, gemeinsam mit der Schwefelmenge, ob hauptsächlich polysulfidische (aus bis zu acht Schwefelatomen) oder mono- und disulfidische Vernetzungsbrücken entstehen.

Je mehr Schwefel verwendet wird, desto höher sind der Anteil und die Länge der polysulfidischen Vernetzungsbrücken, und desto geringer ist der für gleichen Vernetzungsgrad erforderliche Anteil an Vulkanisationsbeschleuniger. Je nach dessen Aktivität enthalten konventionelle Vulkanisationssysteme für die Schwefelvernetzung etwa 3,5 bis 2 phr Schwefel und 0,5 bis 1,5 phr Vulkanisationsbeschleuniger. Dies erlaubt eine hohe Flexibilität bezüglich der Einstellung der Vernetzungscharakteristik. Die auf diese Weise erhaltenen Elastomere besitzen überwiegend polysulfidische Vernetzungsbrücken und eignen sich daher am besten für Anwendungen mit dynamischer Beanspruchung, sind jedoch anfällig gegenüber thermischer Alterung und zeigen einen hohen, also ungünstigen Druckverformungsrest (vgl. Abschnitt 3.2).

Werden hauptsächlich die thermisch stabileren monosulfidischen Vernetzungen angestrebt, benutzt man sogenannte *Efficient-Vulkanisationssysteme (EV)*. Sie enthalten nur zwischen 1 und 0,3 phr Schwefel oder entsprechende Mengen an Schwefelspender. Zur Erzielung eines ausreichenden Vernetzungsgrades sind zwischen 2,5 und 6 phr Beschleuniger erforderlich, was sich in einem relativ hohen Preis niederschlägt. Dafür zeigen EV-Systeme kaum Reversion, bewirken also eine bessere Wärmebeständigkeit und einen geringeren Druckverformungsrest als konventionelle Systeme. EV-Systeme erlauben Vulkanisationstemperaturen bis zu 180 °C und damit eine kürzere Vulkanisationszeit.

Einen Kompromiss zwischen Wärmebeständigkeit und dynamischer Beständigkeit stellen sogenannte *Semi-Efficient-Vulkanisationssysteme (Semi-EV)* dar. Mit einer Schwefeldosierung von 1,8 bis 1 phr und 1 bis 2,5 phr Vulkanisationsbeschleuniger entstehen vorwiegend mono- und disulfidische Vernetzungsbrücken.

Zusätzlich zu Schwefel und Vulkanisationsbeschleuniger sind fast immer 5 phr Zinkoxid und 0,5 bis 1 phr Stearinsäure als Aktivatoren erforderlich. Naturkautschuk enthält natürliche Proteine, die die Vulkanisation aktivieren. Daher liegen die Dosierungen für Vulkanisationsbeschleuniger bei Naturkautschuk um rund 10 bis 20% niedriger als bei synthetischen Dienkautschuken, um einen vergleichbaren Vernetzungsgrad zu erzielen. Auf der anderen Seite ist die benötigte Menge an Schwefel bei Naturkautschuk um etwa 10% höher. Bei Kautschuken mit relativ wenigen Doppelbindungen wie etwa Butylkautschuk (IIR) und Ethylen-Propylen-Dienkautschuk (EPDM) ist grundsätzlich eine höhere Dosierung an Schwefel und Beschleuniger erforderlich.

Für anspruchsvolle Anforderungen hinsichtlich der thermischen Belastbarkeit werden also bevorzugt Schwefeldosierungen unterhalb von 1%, bezogen auf den Kautschuk verwendet. Dagegen werden für dynamisch beanspruchte Teile bis zu sieben Teile Schwefel eingesetzt. Oberhalb dieser Menge erhält man zunächst unbrauchbare, lederartige Produkte. Zur Herstellung des duroplastischen Hartgummis (Ebonit) verwendet man zwischen 25 und 40 Teile Schwefel auf 100 Teile Kautschuk.

7.2.1.1 Vulkanisationsbeschleuniger und Schwefelspender

Die verschiedenen Vulkanisationsbeschleuniger zeigen abweichende Charakteristika hinsichtlich des möglichen Vernetzungsgrades, ihrer An- und Ausvulkanisationsgeschwindigkeit sowie der Breite des Vulkanisationsplateaus. Zudem lassen sich durch Kombination verschiedener Beschleuniger Synergieeffekte hinsichtlich des Verarbeitungsverhaltens und des Eigenschaftsprofils der Vulkanisate erzielen (Bild 7.2). Dabei bestimmt der Hauptbeschleuniger die resultierenden mechanischen Eigenschaften, mit den Zusatzbeschleunigern werden die An- oder Ausvulkanisationszeiten angepasst. Ein optimales Vernetzungssystem zeigt eine Vernetzungsisotherme mit möglichst langer Fließzeit bei gleichzeitig kurzer Ausheizzeit und hohem Vernetzungsgrad. Auf der anderen Seite sind langsame Beschleuniger bei dickwandigen Artikeln vorteilhaft, um einen über die gesamte Dicke gleichmäßigen Vernetzungsgrad zu gewährleisten. Idealerweise soll das Plateau der Vernetzungsisotherme möglichst breit sein, um Reversion oder Übervulkanisation durch zu lange Heizzeiten zu vermeiden.

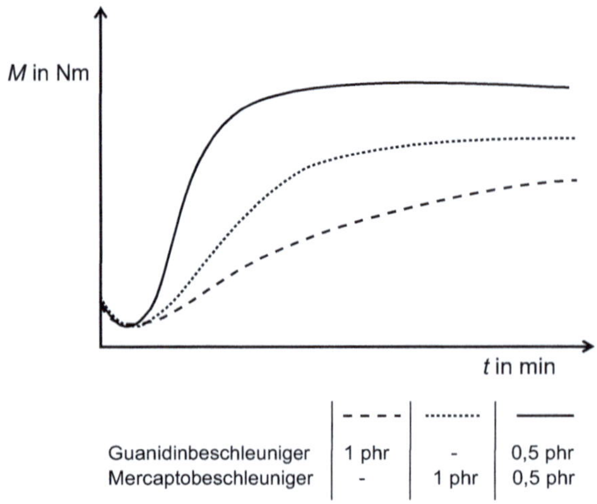

Bild 7.2
Synergetischer Effekt von Vulkanisationsbeschleunigern nach [5]

Vulkanisationsbeschleuniger für die Schwefelvernetzung wurden ursprünglich anhand ihrer beschleunigenden Wirkung auf die Vulkanisation von Naturkautschuk klassifiziert. Dies ist heute nicht mehr gerechtfertigt, da aufgrund der Vielfalt aktueller Produkte Überschneidungen zwischen den Klassen auftreten und die einzelnen Produkte in dem nun verfügbaren Spektrum an Synthesekautschuken zuweilen unterschiedliches Beschleunigungspotenzial haben. In Bild 7.2 wird außerdem demonstriert, das bei der Kombination zweier relativ langsamer Vulkanisationsbeschleuniger Synergieeffekte auftreten, die gegenüber den Einzelprodukten wesentlich schnellere Vulkanisation bewirken. Daher werden Vulkanisationsbeschleuniger heute fast nur noch über ihre chemische Zusammensetzung klassifiziert. Der Vollständigkeit halber sei die ursprüngliche Einteilung hier aufgeführt:

- *sehr schnelle (Ultra-) Beschleuniger*: Xanthogenate, Dithiocarbamate, Dithiophosphate
- *schnelle (Halbultra-) Beschleuniger*: Thiurame, Thioharnstoffe
- *mittelschnelle Beschleuniger*: Mercaptobeschleuniger (Thiazole), Sulfenamide
- *langsame Beschleuniger*: Guanidine, Amine

Bei alleinigem Einsatz erzielen Thiurame den höchsten Vernetzungsgrad, gefolgt von Sulfenamiden und Dithiocarbamaten. Mercaptobeschleuniger ergeben nur einen mäßigen Vernetzungsgrad, obwohl sie wie Sulfenamide zu den Derivaten des Benzthiazols zählen. Guanidine und Amine werden aufgrund der langsamen Vernetzungsgeschwindigkeit nur in Kombination mit anderen Beschleunigern eingesetzt. Aufgrund ihrer geringen Aktivität erfordern langsame Beschleuniger eine höhere Schwefeldosierung als schnelle Beschleuniger. Je nach Kautschukart und Anwendungsgebiet liegt die Summe der Beschleunigermenge zwischen 0,25 und 10 phr.

Im Folgenden sollen die Eigenschaften der verschiedenen Beschleunigerklassen kurz skizziert werden.

Xanthogenat-Beschleuniger

Xanthogenate sind bei der konventionellen Schwefelvulkanisation die schnellsten Beschleuniger. Sie weisen eine extrem kurze Anvulkanisationszeit und ein schmales Plateau der Vulkanisationskurve auf. Daher werden sie fast ausschließlich zur Herstellung von Tauchartikeln aus Latex hergestellt.

Dithiocarbamat-Beschleuniger

Auch die Dithiocarbamate zeigen noch eine so hohe Reaktivität, dass sie in Kautschukmischungen nur in Kombination mit anderen Beschleunigern eingesetzt werden. Ansonsten werden sie wie Xanthogenate für die Vulkanisation von Tauchartikeln verwendet. Die hohe Vernetzungsgeschwindigkeit von Dithiocarbamaten resultiert in relativ kurzen An- und Ausvulkanisationszeiten. Sie werden durch Thiurame und Sulfenamide verzögert, wobei Sulfenamide ihre steile Vernetzungscharakteristik mit einbringen. Dithiocarbamante sind bevorzugte Beschleuniger für Kautschuke mit einem geringen Anteil an Doppelbindungen, wie EPDM oder IIR. Aufgrund ihrer hohen Reaktivität sind Dithiocarbamate für die Vulkanisation mit Heißluft geeignet, bei der prinzipiell eine schlechtere Wärmeübertragung gegeben ist. Die Vulkanisation mit Dithiocarbamaten führt zu hohen Festigkeiten und Spannungswerten sowie guten elastischen Eigenschaften. Nachteilig sind das schmale Vulkanisationsplateau, die schlechte Wärme- und Reversionsbeständigkeit sowie die Freisetzung von Nitrosaminen.

Dithiophosphat-Beschleuniger

Dithiophosphate haben eine ähnliche Vernetzungscharakteristik wie Dithiocarbamate, sind jedoch etwas langsamer. Da sie keine Nitrosamine bilden, werden sie in EPDM als Ersatz für Dithiocarbamate verwendet. Hier müssen sie allerdings durch Thiazole zweitbeschleunigt werden. Solche Vulkanisate zeigen gegenüber der Verwendung von Dithiocarbamaten bessere Reversionsbeständigkeit, niedrigen Druckverformungsrest sowie gute dynamische Beständigkeit.

Thiuram-Beschleuniger

Thiurame kann man als dimerisierte Dithiocarbamate betrachten. Dies erklärt auch ihren verzögerten Vulkanisationseinsatz, da sie bei Vulkanisationstemperatur zunächst entsprechend aufgespalten werden. Eine zusätzliche Verzögerung ergibt sich durch Kombination mit Thiazolen und Sulfenamiden. Thiurame zeigen eine steile Vernetzungscharakteristik, aber ein schmales Plateau und wie Dithiocarbamate eine schlechte Reversionsbeständigkeit. Die Vulkanisate haben eine hohe Vernetzungsdichte, eine hohe Festigkeit sowie gute elastische Eigenschaften, verhalten sich jedoch hinsichtlich der Wärmebeständigkeit ungünstig.

Die meisten Thiurame agieren auch als Schwefelspender und eignen sich damit besonders für die EV- und semi-EV-Vulkanisation, wo ein breites Plateau erreicht wird. Gleichzeitig haben diese Vulkanisate eine gute Wärme-, Alterungs- und Reversionsbeständigkeit sowie einen niedrigeren Druckverformungsrest, jedoch ungünstigere Zugfestigkeit und Elastizität im Vergleich zur konventionellen Vernetzung mit Thiuramen. Bei der schwefelfreien *Thiuram-Vulkanisation* wird der Kautschuk nur mit Thiuramen, Zinkoxid und Schwefel vernetzt, wodurch ein sehr breites Plateau und damit sehr gute Reversionsbeständigkeit erzielt werden. Thiurame dienen hier sowohl als Beschleuniger als auch als Schwefelspender. Mit Guanidinen oder Thioharnstoffen lässt sich eine Zweitbeschleunigung der Thiuram-Vulkanisation erreichen, sehr kleine Mengen Schwefel (um 0,3 phr) verbessern die mechanischen Werte. Thiurame verzögern Dithiocarbamate ohne wesentlichen Einfluss auf den Vernetzungsgrad und unter Beibehaltung einer steilen Vernetzungscharakteristik. Thiazole werden durch Thiurame aktiviert, wodurch sich die Relation von Fließzeit zu Heizzeit verbessert. Auch Thiurame setzen bei der Vulkanisation Nitrosamine frei.

Mercapto-Beschleuniger (Thiazol-Beschleuniger)

Die Vernetzungsgeschwindigkeit von Mercapto-Beschleunigern ist geringer als die von Thiuramen oder Dithiocarbamaten, aber höher als die von Sulfenamiden. Mercapto-Beschleuniger gelten als Allzweckbeschleuniger und zeigen eine gute Verarbeitungssicherheit und ein breites Vulkanisationsplateau, alleine eingesetzt ergeben sie jedoch nur einen mäßigen Vernetzungsgrad. Die geringere Aktivität bedingt auch eine höhere Dosierung der Beschleuniger sowie des zugesetzten Schwefels. Daher werden oft Guanidine oder Thiurame als Zweitbeschleuniger eingesetzt. Solche Kombinationen vulkanisieren schneller und führen aufgrund des höheren Vernetzungsgrades zu Vulkanisaten mit hoher Festigkeit, hohem Spannungswert, hoher Elastizität sowie guter Alterungsbeständigkeit, allerdings bei verminderter Breite des Vulkanisationsplateaus.

Sulfenamid-Beschleuniger

Sulfenamide sind eng mit den Mercapto-Beschleunigern verwandt, besitzen aber eine gebundene Amin-Gruppe, die vor der Vernetzung abgespalten wird und danach aktivierend wirkt. Auf diese Weise wird sogar eine noch längere Anvulkanisationszeit und damit bessere Verarbeitungssicherheit als bei Mercapto-Beschleunigern erzielt, gleichzeitig steigt die Vernetzungsisotherme wie bei Thiuramen steil an. Insbesondere in Kombination mit Schwefelspendern nimmt die Vernetzungsisotherme nahezu eine rechteckige Form an, die für lange Anvulkanisationszeit bei kurzer Ausheizzeit steht. Mit höheren Dosierungen der Sulfenamide steigt der Vernetzungsgrad, ohne dass die gute Verarbeitungssicherheit beeinträchtigt wird. Bei Bedarf lässt sich die

Vulkanisationsgeschwindigkeit durch Thiurame oder Dithiocarbamate beschleunigen, wobei die steile Fließzeit/Heizzeit-Charakteristik erhalten bleibt. Das Plateau ist zwar nur mäßig breit, erlaubt aber zusammen mit der langen Fließzeit die Vulkanisation dickwandiger Artikel. Mit Sulfenamiden werden wesentlich bessere mechanische und dynamische Eigenschaften (Festigkeit, Elastizität, Dämpfung, Ermüdungsrissbildung) als mit Mercaptobeschleunigern erzielt, allerdings bei nur mäßiger Beständigkeit gegen Wärmealterung.

Sulfenamide ermöglichen alleine (etwa 6 phr), bevorzugt aber in Kombination mit Dithiocarbamaten, die EV- und semi-EV-Vulkanisation, die zu höherer Alterungsbeständigkeit, geringerer Reversion und geringerem Druckverformungsrest führt. Einige Sulfenamide bilden Nitrosamine.

Guanidin-Beschleuniger

Guanidine werden aufgrund ihrer langsamen An- und Ausvulkanisationszeit nur in Ausnahmefällen als alleinige Beschleuniger verwendet. Aufgrund ihrer Reaktionsträgheit entstehen polysulfidische Bindungen, wodurch hohe Festigkeiten und gute dynamische Eigenschaften resultieren. Gleichzeitig sind die polysulfidischen Bindungen Grund für die ungünstige Alterungsbeständigkeit. Guanidine werden hauptsächlich als Zweitbeschleuniger für Thiazole verwendet. Guanidine haben wie alle Beschleuniger basischen Charakter und werden auch eingesetzt, um den verzögernden Einfluss von sauren Füllstoffen wie Kieselsäuren zu kompensieren, ohne die Mischung wieder zu sehr zu beschleunigen.

Aldehyd-Amin-Beschleuniger

Bereits am Anfang des zwanzigsten Jahrhunderts war bekannt, dass Amine wie Anilin oder Piperidin die Vulkanisation von Kautschuk mit Schwefel beschleunigen. Aufgrund der hohen Toxizität wurden diese Verbindungen jedoch schon recht bald durch weniger problematische Verbindungen ersetzt, bis schließlich wesentlich effektivere Beschleuniger zur Hand waren. Als einziges Produkt besitzt Hexamethylentetramin für die Vulkanisation noch eine marginale Bedeutung. Seine Reaktivität ist noch geringer als die der Guanidine, das Produkt wird aber gelegentlich noch als Zweitbeschleuniger für diese Produkte verwendet. Aufgrund der möglichen Faserschädigung durch Freisetzung von Ammoniak wird die Verwendung von Hexamethylentetramin bei Verstärkung mit Polyesterfasern nicht empfohlen (vgl. Abschnitt 7.6).

Thioharnstoff-Beschleuniger

Thioharnstoffe führen bei Dienkautschuken zu extrem kurzen Anvulkanisationszeiten, sodass die entsprechenden Mischungen nicht zu verarbeiten sind. Sie werden hauptsächlich für die Vernetzung der chlorhaltigen Kautschuke CR und ECO verwendet. Sie besitzen dort eine hohe Vernetzungsaktivität und ein akzeptables Verhältnis von Fließzeit zu Heizzeit. In CR ist der Vernetzungsgrad und somit das mechanische

Wertebild höher als bei der konventionellen Schwefelvernetzung. Thioharnstoffe aktivieren als Zweitbeschleuniger die Vernetzung von EPDM und ECO. Alternativen zu den toxikologisch bedenklichen Thioharnstoffen sind Produkte wie 3-Methylthiazolidin-2-thion oder Zinkdiamin-dithiophosphat.

Triazin-Beschleuniger

Triazine besitzen eine höhere Vernetzungsaktivität als Thiazole und ermöglichen die Herstellung von großvolumigen Vulkanisaten mit besonders hoher Reversionsbeständigkeit. Je nach Substituent bilden sie im Gegensatz zu Thiazolen auch keine problematischen Nitrosamine. Triazine, wie etwa 2,4,6-Trimercapto-s-triazin, sind als Vernetzer für halogenhaltige Kautschuke wie CM, CO, ECO, CIIR, BIIR sowie für ACM geeignet. Darüber hinaus wurden sie als Alternative für die toxikologisch ungünstigen Thioharnstoffe bei der Vernetzung von Chloroprenkautschuk diskutiert.

Schwefelspender

Schwefelspender setzen bei Vulkanisationstemperatur Schwefel frei. Aufgrund der hier entstehenden mono- und disulfidischen Vernetzungsstellen haben auf diese Weise vernetzte Elastomere eine bessere Wärmebeständigkeit sowie einen geringeren Druckverformungsrest als bei klassischer Schwefelvernetzung. Die sogenannte Thiuram-Vulkanisation ohne freien Schwefel führt zu besten (geringsten) Werten für den Druckverformungsrest, jedoch zulasten der Festigkeit und Elastizität und natürlich des Weiterreißwiderstands. Zu den Schwefelspendern zählen außerdem Dithiodimorpholin sowie Caprolactamdisulfid, die aber keine Beschleunigerwirkung haben. Thiurame sind dagegen gleichzeitig Beschleuniger, aufgrund der erforderlichen Abspaltung des Schwefels ergibt sich eine ähnliche Fließzeit/Heizzeit-Charakteristik wie bei Sulfenamiden. Schwefelspender haben außerdem den Vorteil, dass sie nicht wie elementarer Schwefel zum Ausblühen auf der Oberfläche führen. Die Dosierung der Schwefelspender ist etwa doppelt so hoch wie die für einen vergleichbaren Vernetzungsgrad erforderliche Menge Schwefel, was sich auch auf den Mischungspreis auswirkt.

Unlöslicher Schwefel

Die hohe Löslichkeit des bei Raumtemperatur stabilen α-Schwefels in Kautschuk kann insbesondere bei höheren Dosierungen zum Ausblühen an die Oberfläche führen. Sogenannter unlöslicher Schwefel besteht aus μ-Schwefel, der sich bei Raumtemperatur langsam, bei Vulkanisationstemperatur relativ schnell in α-Schwefel umwandelt, der bei der Vernetzung umgesetzt wird. Die geringere Löslichkeit des μ-Schwefels bewirkt jedoch auch eine schlechtere Verteilung im Kautschuk, sodass Dispergiermittel erforderlich sind.

Tabelle 7.3 listet gebräuchliche Vulkanisationsbeschleuniger und Schwefelspender auf. Die Beschleuniger sind innerhalb der einzelnen Klassen, soweit sinnvoll, in der Reihenfolge abnehmender Aktivität sortiert.

Tabelle 7.3 Gebräuchliche Vulkanisationsbeschleuniger und Schwefelspender

Xanthogenat-Beschleuniger	
Zink-isopropylxanthogenat	ZIX
Natrium-isopropylxanthogenat	NaIX
Dithiocarbamat-Beschleuniger	
Zink-diethyldithiocarbamat	ZDEC
Zink-dibutyldithiocarbamat	ZDBC
Zink-dimethyldithiocarbamat	ZDMC
Zink-dibenzyldithiocarbamat	ZBEC
Zink-ethylphenyldithiocarbamat	ZEPC
Dithiophosphat-Beschleuniger	
Zink-dibutyldithiophosphat	ZBPD
Kupfer-diisopropyldiphosphat	CuIDP
Zink-diamin-dithiophosphat	ZAPD
Thiuram-Beschleuniger	
Tetramethylthiuramdisulfid	TMTD
Tetramethylthiurammonosulfid	TMTM
N,N'-Dimethyl-N,N'-diphenylthiuramdisulfid	MPTD
Tetraethylthiuramdisulfid	TETD
Dipentamethylenthiuramtetrasulfid	DPTT
Tetrabenzylthiuramdisulfid	TBzTD
Mercapto-Beschleuniger	
2-Mercaptobenzthiazol	MBT
2,2'-Dithio-bis-(benzthiazol)	MBTS
Zink-2-Mercaptobenzthiazol	ZMBT

Tabelle 7.3 *(Fortsetzung)*

Sulfenamid-Beschleuniger	
N-Cyclohexyl-2-benzothiazylsulfenamid	CBS
N-tert.-butyl-2-benzothiazylsulfenamid	TBBS
2-(Morpholinothio)-benzothiazol	MBS
N,N-dicyclohexyl-2-benzothiazylsulfenamid	DCBS
N-oxydiethylen-thiocarbamyl-N'-oxydiethylen-sulfenamid	OTOS
Guanidin-Beschleuniger	
N,N'-Diphenylguanidin	DPG
Di-o-tolyguanidin	DOTG
o-Tolylbiguanidin	OTBG
Amin-Beschleuniger	
Hexamethylentetramin	HMT
Thioharnstoff-Beschleuniger	
N,N'-Ethylenthioharnstoff	ETU
Schwefelspender (ohne Beschleunigerwirkung)	
4,4'-Dithiodimorpholin	DTDM
Caprolactamdisulfid	CLD
Schwefelspender (mit Beschleunigerwirkung)	
Tetramethylthiuramdisulfid	TMTD
Dipentamethylenthiuramtetrasulfid	DPTT

7.2.1.2 Vernetzungsaktivatoren

Die Vernetzung mit Schwefel und Vulkanisationsbeschleunigern erfordert zusätzlich die Anwesenheit von Metalloxiden und Fettsäuren für eine effektiv ablaufende Vernetzungsreaktion. Der wichtigste Aktivator ist Zinkoxid, meist werden 5 phr eingesetzt. Bei Brom- und Chlorbutylkautschuk, schwefelmodifiziertem Chloroprenkautschuk sowie bei carboxylierten Kautschuken wirkt Zinkoxid sogar als Vernetzer, Schwefel oder Vulkanisationsbeschleuniger sind nicht erforderlich.

Zinkoxide sind wie Füllstoffe mit verschieden großer spezifischer Oberfläche (Aktivität) verfügbar. Hochaktive Zinkoxide sind effektiver, aber besonders in Mischungen mit niedriger Viskosität schwierig einzumischen. Sie werden hauptsächlich für die Vernetzung von Latices sowie in höheren Dosierungen als Füllstoffe eingesetzt. Aktive Zinkoxide bewirken bei Thiuramen und Ditiocarbamaten eine schnellere An- und Ausvulkanisation. Sie haben außerdem eine verstärkende Wirkung, erhöhen Wärme- und Ermüdungsbeständigkeit, Wärmeleitfähigkeit und Elastizität. Gemische aus Zinkoxid und Zinkcarbonat („basisches Zinkcarbonat") werden für transparente Artikel verwendet.

Bei halogenhaltigen Kautschuken verwendet man neben dem zur Vernetzung erforderlichen Zinkoxid zusätzlich Magnesiumoxid, um bei der Vernetzung frei werdende saure Bestandteile abzufangen (Säureakzeptor). Bleioxide verringern die Quellung durch Wasser bei ACM, CR, CSM, CO, ECO und GECO, sind aber toxikologisch bedenklich und erfordern hohe Dosierungen.

Fettsäuren (meist Stearinsäure) unterstützen in einer komplexen chemischen Reaktion mit Zinkoxid und Beschleunigern die Vernetzung. In einer Dosierung von bis zu 1 phr wirken sie aktivierend; darüber hinaus (bis 5 phr) verbessern sie die Füllstoffverteilung, wirken also als Verarbeitungshilfsmittel. Naturkautschuk enthält Proteine und Amine, die ebenfalls aktivierend wirken. Dadurch kann bei gleichem Vernetzungsgrad die Menge an Beschleuniger gegenüber Synthesekautschuken reduziert werden, allerdings ist eine höhere Schwefeldosierung erforderlich.

7.2.1.3 Vulkanisationsverzögerer (Retarder)

Durch Kombinationen verschiedener Beschleuniger wird nicht nur der Vernetzungsgrad, sondern auch die An- und Ausvulkanisationsgeschwindigkeit beeinflusst. So lässt sich der Einsatz der Vernetzungsreaktion von Dithiocarbamaten mit Thiuramen und Sulfenamiden verzögern, von Thiuramen dagegen durch Mercaptobeschleuniger und Sulfenamide. Auch das als Alterungsschutzmittel verwendete 2-Mercaptobenzimidazol (MBI) hat eine verzögernde Wirkung. Allerdings kann die Anvulkanisationszeit nicht immer durch geeignete Beschleunigerkombinationen optimal angepasst werden.

Die Vernetzungsreaktion mit Schwefel wird generell durch Basen aktiviert und durch Säuren deaktiviert. Daher können im einfachsten Fall saure organische Verbindungen wie Phthalsäureanhydrid oder Benzoesäure zugesetzt werden, um die Anvulkanisation zu verzögern. Allerdings wird aufgrund des sauren Charakters die gesamte Vernetzungsreaktion gebremst, wodurch auch die Ausvulkanisationszeit verlängert wird. Weiterhin wirkt sich die auf diese Weise verminderte Vernetzungsaktivität ungünstig auf die mechanischen Werte aus.

Wesentlich effektiver ist N-Cyclohexylthiophthalimid (CTP), das bei Sulfenamiden die Fließzeit verlängert, ohne die steile Vulkanisationskurve zu beeinträchtigen (Bild 7.3). Werden andere Beschleuniger als Sulfenamide verwendet, reduziert CTP jedoch auch den Vernetzungsgrad.

Das in der Literatur noch erwähnte N-Nitrosodiphenylamin (NDPA) hat insbesondere bei Sulfenamiden verzögernde Wirkung, bei den schnelleren Dithiocarbamaten ist der Effekt jedoch deutlich geringer ausgeprägt. Zudem ist NDPA stark verfärbend und bildet mit Dithiocarbamaten und Thiuramen Nitrosamine.

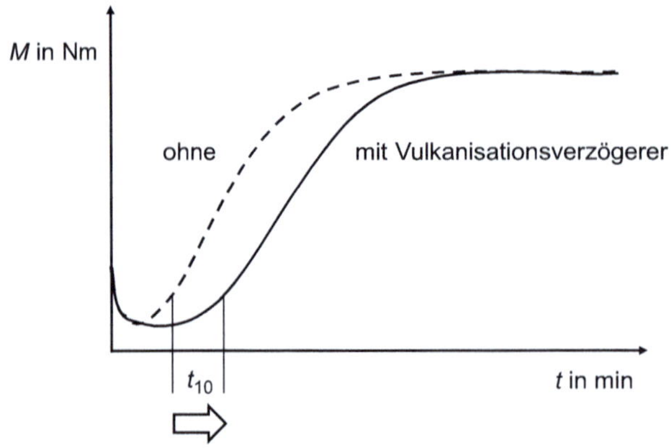

Bild 7.3
Prinzipielle Wirkungsweise von Retardern (Idealfall)

7.2.2 Peroxidvernetzung

Aufgrund fehlender Doppelbindungen ist die Vernetzung mit Schwefel bei gesättigten Kautschuken wie NBM (gesättigte HNBR-Typen), EVM, EPM, AEM, CM und Q nicht möglich. Die Vernetzung muss hier über energiereichere Mechanismen erfolgen, in der Regel verwendet man dazu organische Peroxide. Man unterscheidet zwischen Hydroperoxiden der Struktur R-O-O-R und Peroxicarbonsäuren, R-CO-O-O-H. Sie sind nicht sehr stabil und zerfallen bei einer bestimmten Temperatur sehr rasch. Dabei werden neben Sauerstoff *Radikale* (Bruchstücke mit ungebundenen Elektronen) freigesetzt. Diese sind sehr reaktiv und in der Lage, die im Vergleich zu Doppelbindungen wesentlich stabileren Einfachbindungen zwischen den Kohlenstoffatomen der Hauptkette aufzuspalten. Durch Rekombination der relativ großen Bruchstücke wird der Kautschuk schließlich vernetzt. Der Zusatz von etwa 1 bis 3 phr spezieller *Coagentien* stabilisiert die Radikale für einen kurzen Zeitraum und erhöht dadurch die Vernetzungsausbeute. Damit steigen die Vernetzungsgeschwindigkeit und der Vernetzungsgrad. Die Vernetzungsgeschwindigkeit sowie der Vernetzungsgrad lassen sich in gewissen Grenzen durch die Art und Menge des Coagens beeinflussen, eine Beschleunigung oder Verzögerung der Peroxidvulkanisation analog zur Vernetzung mit Schwefel ist aber nicht möglich. Grundsätzlich ist der Vernetzungsgrad bei Peroxidvernetzung höher als bei der Schwefelvernetzung. Daher führt die Peroxidvernetzung zu deutlich geringeren Werten für Druckverformungsrest, Bruchdehnung, Elastizität und Weiterreißwiderstand. Da die Zugfestigkeit mit steigendem Vernetzungsgrad ein Maximum durchläuft, werden gegenüber Schwefelvernetzung ebenfalls geringere Werte gemessen (vgl. Abschnitt 3.1). Durch nachträgliche Wärmebehandlung *(Tempern)* werden flüchtige Anteile ausgetrieben und damit der typische Geruch peroxidvernetzter Elastomere verringert. Weiterhin kann auf diese Weise der Druckverformungsrest noch weiter verringert werden. Andererseits führt die Peroxidvernetzung bei dynamischer Belastung aufgrund der zu geringen Bewegungsfreiheit der Makromoleküle zu einer starken Erwärmung des Elastomers und ist daher nachteilig. Die Peroxidvernetzung ist auch bei Dienkautschuken prinzipiell möglich, führt aber nicht immer zu befriedigenden Ergebnissen. Prinzipiell lässt sich aber aufgrund der höheren Bindungsfestigkeit eine höhere Reversions- und Wärmealterungsbeständigkeit erzielen, auch bei Naturkautschuk. Bei IIR, CO und ECO führen Peroxide jedoch zum Abbau des Polymeren.

Solange die Zerfallstemperatur des verwendeten Peroxids deutlich unterschritten wird, besitzt die Mischung ausreichend Fließfähigkeit. Erst bei Erreichen der Zerfallstemperatur erfolgt rasche Vernetzung, die nicht verzögert werden kann. Die Auswahl des Peroxids richtet sich unter anderem nach seiner *Halbwertszeit* bei Vulkanisationstemperatur. In dieser Zeit soll mindestens die Hälfte des Peroxids zerfallen sein, üblicherweise liegt sie unterhalb von 10 Minuten. Die Beschleunigung der Peroxidvernetzung ist zwar prinzipiell durch eine Temperaturerhöhung möglich, bei Bedarf wird man jedoch ein Peroxid mit kürzerer Halbwertszeit auswählen. Peroxide sind recht instabil und werden fast nur als Abmischungen mit Füllstoffen angeboten, hier beträgt der Peroxidgehalt üblicherweise 40 %. Die Bruttodosierung (mit Füllstoff) beträgt je nach Peroxidgehalt, chemischer Zusammensetzung des Peroxids und des Kautschuks zwischen 4 und 12 phr.

Die hohe Reaktivität der Peroxide ist gleichzeitig ein Nachteil. Die meisten Produkte reagieren mit Sauerstoff, was bei Heißluftvulkanisation zu klebrigen Oberflächen aufgrund des hier nicht ausreichend vernetzten Kautschuks führt. Weiterhin reagieren Peroxide mit allen Chemikalien, die Doppelbindungen enthalten, wie aromatischen Weichmachern, aminischen und phenolischen Alterungsschutzmitteln (speziell Paraphenylendiaminen) sowie ungesättigten Fettsäuren (Stearinsäure). Diese Produkte wirken deaktivierend auf die Peroxidvernetzung, als Folge wird der Vernetzungsgrad erheblich verringert. Daher dürfen sie nicht in peroxidhaltigen Mischungen verwendet werden. Zinkoxid ist bei der Peroxidvernetzung nicht zwingend erforderlich, erhöht aber geringfügig die Wärmebeständigkeit. Da Peroxide durch Säuren zersetzt werden, wird Zinkoxid oft auch als Säureakzeptor zugegeben, um etwa über helle Füllstoffe eingeschleppte saure Bestandteile zu kompensieren.

Tabelle 7.4 und Tabelle 7.5 zeigen gebräuchliche Peroxide und Coagentien für die Gummiindustrie.

Tabelle 7.4 Peroxide für die Vernetzung von Kautschuken, nach [5]

Peroxide		
Bezeichnung	**Abkürzung**	**Einsatztemperatur in °C**
Dibenzoylperoxid	DBP	110–150
tert.-Butylperoxybenzoat	TBB	130–180
1,1-Di(tert.-butylperoxy)-3,3,5-trimethylcyclohexan	TBPTC	140–180
Dicumyperoxid	DCP	160–210
Bis-(tert.-butylperoxy)-diisopropylbenzol	TBPDB	160–220
tert.-Butylcumyl-peroxid	TBCP	170–220
2,5-Dimethyl-2,5-di(tert.-butyl-peroxy)-hexan	DBPH	170–220
Di-tert.-butylperoxid	DTBP	180–220

Tabelle 7.5 Coagentien für die Peroxidvernetzung, nach [5]

Bezeichnung	Abkürzung
1,4-Butandioldiacrylat	BDDA
Ethylenglycoldimethacrylat	EDMA
Diallylterephthalat	DATP
N,N′-m-Phenylenbismaleimid	MPBM
Triallylcyanurat	TAC
Triallylisocyanurat	TAIC
Trimethylolpropantrimethacrylat	TRIM

7.2.3 Vernetzung mit Metalloxiden

Im Wesentlichen stellt die Vernetzung mit Metalloxiden eine Substitutionsreaktion dar. Dabei werden reaktive Halogenatome in Allylstellung abgespalten und der Kautschuk über die nun neu gebildeten reaktiven Stellen mit Metalloxid und Beschleuniger vernetzt. Bei Chloroprenkautschuk geht man dabei eher von einer Fortführung der Polymerisation als einer konventionellen Vernetzung aus. Der Reaktionsmechanismus ist jedoch noch nicht vollständig aufgeklärt. Teilweise werden bei der Abspaltung der Halogenatome die entsprechenden Säuren gebildet (z. B. Salzsäure), woraus sich die zwingende Anwesenheit von Metalloxiden als Acceptor ergibt. Zinkoxid hat dabei beschleunigende, Magnesiumoxid verzögernde Wirkung. Die Kombination beider Oxide zeigt einen synergetischen Effekt. Mit Dosierungen von 5 phr ZnO zu 4 phr MgO wird in Chloroprenkautschuk das beste Verhältnis zwischen Anvulkanisationszeit und Vernetzungsgrad erzielt. Bei schwefelmodifizierten Polychloroprentypen wird bereits mit Zinkoxid alleine ein ausreichender Vernetzungsgrad erreicht, dagegen erfordern CR-Standardtypen, Halogenbutylkautschuke, chloriertes und chlorsulfoniertes Polyethylen sowie Polysulfidkautschuk den Zusatz von Beschleunigern. Zur Verringerung der Quellung in Wasser werden Zinkoxid und Magnesiumoxid zuweilen noch durch PbO (*„Bleiglätte“*) oder Pb_3O_4 (korrekt: 2 $PbO{\cdot}PbO_2$, *„Bleimennige“*, *„read lead“*) ersetzt, die erforderliche Konzentration beträgt bei CR 10 bis 20 phr.

Bei CM und CSM werden nur Magnesiumoxid oder Bleioxid eingesetzt, da Zinkoxid zum Abbau der Polymere führt.

Polysulfidkautschuk wird ebenfalls über ZnO (bis 10 phr) vernetzt, dabei geht man von einer Kettenverlängerung aus.

7.2.4 Weitere Vernetzungsarten

Phenol-Formaldehyd-Harze

Durch Vernetzung insbesondere von Butylkautschuk, aber auch von NBR und EPDM mit vorkondensierten Phenol-Formaldehyd-Harzen erhält man besonders wärme- und dampfbeständige Vulkanisate.

Isocyanate

Die sehr reaktiven Isocyanate sind nicht nur Basis für die Vernetzung von Polyurethankautschuken, sie erhöhen außerdem die Haftung von Dienkautschuken an textilen und metallischen Festigkeitsträgern. Isocyanate dienen auch als Härter für Klebstoffe.

Chinondioxime

Die Vernetzung von Butylkautschuk mit Chinondioximen führt zu Produkten mit guter Wärme- und Heißdampfbeständigkeit, erfordern jedoch die Anwesenheit von Bleioxiden. Für andere Kautschuke hat diese Vernetzungsart keinerlei Bedeutung.

Sonstige

Für eine Reihe von Spezialkautschuken sind noch weitere Vernetzungssysteme in Gebrauch, so zum Beispiel die Vernetzung über Diamine (ACM, AEM, CO, ECO, BIIR, CIIR, FKM), Alkalimetallseifen (ACM), quarternäre Ammoniumsalze (ACM), Silane (Q, VMQ) sowie Bisphenole (FKM, FFKM). Auf diese Systeme soll im Rahmen dieses Buches nicht weiter eingegangen werden.

In der Kabelindustrie verwendet man die kontinuierliche Vernetzung mit energiereichen Strahlen (Betastrahlen). Wie bei der Peroxidvernetzung findet zunächst eine Spaltung der Makromoleküle durch freigesetzte Radikale mit anschließender Rekombination statt. Alle für die Peroxidvernetzung geeigneten Kautschuke lassen sich mit energiereichen Strahlen vernetzen, es sind ebenfalls Coagentien erforderlich, um die Vernetzungsausbeute zu erhöhen.

7.3 Füllstoffe

Betrachtet man beliebige Elastomererzeugnisse, so fällt sofort auf, dass der bei Weitem überwiegende Teil schwarz eingefärbt zu sein scheint. Im Gegensatz zur bunten Welt der Thermoplaste scheint die Gummiwelt also recht eintönig zu sein. Die Ursache liegt im verwendeten Füllstoff, und in den allermeisten Fällen handelt es sich dabei um Ruß. Daneben sind heute noch eine Reihe mineralischer Füllstoffe in Gebrauch, wovon Kieselsäuren die wichtigste Gruppe darstellen. Außerdem werden noch Kreide, Kaolin, Talkum und andere verwendet, die zu den ältesten Füllstoffen zählen, da sie schon in der frühen Farbenindustrie bekannt waren. Mineralische Füllstoffe bezeichnet man auch als helle Füllstoffe, da sie die Herstellung von weißen und gefärbten Elastomererzeugnissen ermöglichen.

Füllstoffe dienten in der Anfangszeit der Kautschuktechnologie zunächst als Streckmittel zur Verringerung des Mischungspreises („Extenderfüllstoffe"). Erst im Laufe der Zeit erkannte man ihre verstärkende Wirkung. Ohne Füllstoffe weisen die meisten Elastomere nur unbefriedigende mechanische Eigenschaften auf. Lediglich Elastomere auf Basis Naturkautschuk, CR, CSM und EPDM verfügen aufgrund ihrer Fähigkeit zur Dehnungskristallisation auch ohne verstärkende Füllstoffe bereits über ein teilweise beeindruckendes mechanisches Eigenschaftsbild. Neben dem Vernetzungssystem stellen Füllstoffe also vermutlich die wichtigsten Mischungsbestandteile dar.

Füllstoffe beeinflussen die rheologischen, mechanischen und dynamischen Eigenschaften von Elastomeren. Je nach Zusammensetzung, Füllgrad, Oberflächenaktivität (Größe der *spezifischen Oberfläche* = Verhältnis der Oberflächengröße zur Masse eines Füllstoffpartikels) treten unterschiedlich starke Wechselwirkungen mit den Kautschukmakromolekülen auf.

Generell unterscheidet man zwischen aktiven (verstärkenden) und inaktiven (nicht verstärkenden) Füllstoffen. Innerhalb einer Füllstoffart steigt die Aktivität mit der Größe der spezifischen Oberfläche, da hier eine intensivere Berührung mit dem Kautschuk erfolgt (Bild 7.4). Auch die absolute Teilchengröße spielt eine große Rolle. Sie liegt bei aktiven Füllstoffen im Bereich 10 und 100 nm, bei inaktiven Füllstoffen zwischen 500 und 1000 nm. Zwischen diesen beiden Bereichen werden die Füllstoffe mit mäßiger Verstärkungswirkung eingeordnet.

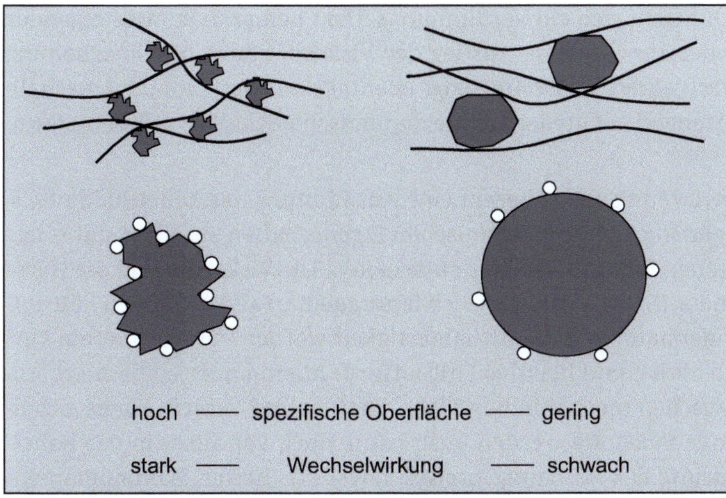

Bild 7.4 Wechselwirkung von Kautschuk und Füllstoffen unterschiedlicher Aktivität

Die Wechselwirkungen zwischen Kautschuk und Füllstoff erhöhen den Widerstand gegen Verformung, es ist also eine größere Kraft erforderlich, um gefüllte Kautschukmischungen zu verformen, zu dehnen oder zu zerreißen (Bild 7.5). Ursache für die Anbindung von Füllstoffen an Kautschuk sind sowohl physikalische Kräfte (Van-der-Waals-Kräfte, Wasserstoffbrücken) als auch eine durch chemische Bindungen verankerte dünne Kautschukschicht auf den Füllstoffpartikeln *(bound rubber)*. Dadurch wird die Beweglichkeit der Makromolekülketten weiter eingeschränkt.

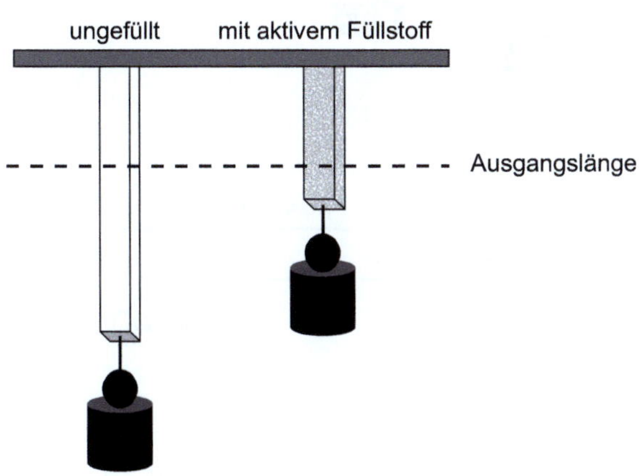

Bild 7.5
Verstärkende Wirkung von aktiven Füllstoffen

Aktive Füllstoffe erhöhen die Viskosität, die Härte und den Spannungswert von Elastomeren, während die Bruchdehnung und die Rückprallelastizität verringert werden. Die Zugfestigkeit, der Widerstand gegen Weiterreißen sowie die Abriebfestigkeit steigen ebenfalls zunächst an, durchlaufen aber bei etwa 40 bis 50 phr Füllstoff ein Maximum. Danach macht sich ein Verdünnungseffekt bemerkbar. Mit steigender Dosierung erschwert der zunehmende Anstieg der Viskosität auch die Einarbeitung aktiver Füllstoffe. Durch aktive Füllstoffe steigt ebenfalls der Verlustmodul, deshalb wirken sich größere Mengen nachteilig auf die dynamische Belastbarkeit von Elastomeren aus.

Inaktive Füllstoffe bewirken von vornherein eine Ausdünnung des Kautschukanteils, was sich zunächst ungünstig auf die mechanischen Eigenschaften auswirkt, dafür lassen sie sich, auch in hohen Mengen, leichter einarbeiten. Die Viskosität und die Härte steigen mit zunehmender Dosierung wesentlich langsamer an als bei aktiven Füllstoffen, der Weiterreißwiderstand und die Abriebfestigkeit werden von vornherein verringert. Daher werden aktive und inaktive Füllstoffe oft miteinander kombiniert, um einen Kompromiss zwischen mechanischen Eigenschaften und Verarbeitungsverhalten zu erzielen. Inaktive Füllstoffe werden auch heute noch vor allem in der Kabelindustrie zur Reduzierung des Mischungspreises sowie als inerter, flammhemmender Füllstoff verwendet. Die Menge an Füllstoff kann hier mehr als das Zweifache der Menge an Kautschuk betragen. Dabei erweist sich der geringere Anstieg der Mischungsviskosität als vorteilhaft für die Verarbeitung. Füllstoffe mit Schichtstruktur, wie Talkum oder Graphit, werden eingesetzt, um die Gaspermeation und die Quellung in Kohlenwasserstoffen zu reduzieren.

Bild 7.6 zeigt eine schematische Einteilung verschiedener Füllstoffe nach ihrer spezifischen Oberfläche.

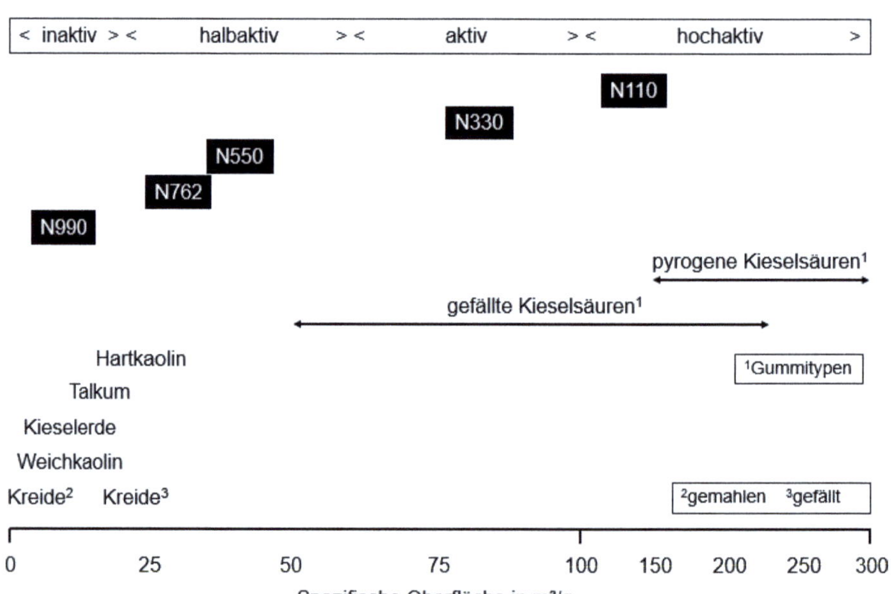

Bild 7.6 Einteilung verschiedener Füllstoffe nach ihrer spezifischen Oberfläche

Das große Spektrum an aktiven und inaktiven Füllstoffen ergibt sich nicht zuletzt aufgrund der Einsatzgrenzen in den verschiedenen Elastomeren. So werden aktive und hochaktive Füllstoffe vorwiegend für Dienkautschuke, EVM und ECO verwendet. Bei ACM, AEM und HNBR lassen sich diese nur in geringen Mengen einsetzen, da die Viskosität sonst zu stark ansteigt. Für die hohen Einsatztemperaturen dieser Kautschuke findet sich auch kein Weichmacher, mit dem die Viskosität wieder erniedrigt werden kann. Daher setzt man mittelaktive Ruße oder entsprechende mineralische Füllstoffe ein. Bei FKM werden nur inaktive Füllstoffe verwendet.

Nur für Silikonkautschuke mit ihrer sehr geringen mechanischen Festigkeit werden die extrem aktiven pyrogenen Kieselsäuren verwendet. Bei der Auswahl insbesondere mineralischer Füllstoffe ist zu beachten, dass saure Füllstoffe die Vernetzung mit Peroxiden sowie mit Diaminen (ACM) beeinträchtigen können.

7.3.1 Ruße

Als aktive Füllstoffe werden hauptsächlich Ruße mit unterschiedlichen Partikelgrößen und spezifischen Oberflächen eingesetzt. Bis auf Ausnahmen werden Ruße über das Furnace-Verfahren durch unvollständige Verbrennung von hocharomatischem, schwefelarmem Erdöl hergestellt. Die anderen Verfahren (Flammruß-, Channel-, Gasruß-, Thermal- oder Acetylenruße) sind heute nur noch von untergeordneter Bedeutung.

Rußteilchen sind unterschiedlich groß und bestehen aus zusammengesinterten Einzelteilchen. Man bezeichnet solche Zusammenballungen als *Aggregate*. Sie können eher kompakt oder eher verzweigt aufgebaut sein, der Aufbau wird generell als *Struktur* bezeichnet. Ihr Durchmesser liegt zwischen 20 und 350 nm. Weiterhin lagern sich die Aggregate durch Van-der-Waals-Kräfte zu *Agglomeraten* (auch: *Cluster*) von bis zu 100 µm zusammen. Man bezeichnet dies oft als *Sekundärstruktur* oder *Füllstoff-Füllstoff-Netzwerk*. Die Agglomerate werden durch die beim Mischen auftretenden Scherkräfte teilweise wieder abgebaut, im Vulkanisat auch bei hohen Dehnungen. Ruße werden üblicherweise am Anfang des Mischprozesses zugesetzt, da dann noch hohe Scherkräfte herrschen.

Obwohl die Viskosität von Kautschukmischungen durch Hoch-Struktur-Ruße stark ansteigt, lassen sie sich besser dispergieren als Niedrig-Struktur-Ruße, die eher zu Agglomeration neigen. Mit zunehmender Struktur steigen insbesondere Spannungswert und Härte sowie der Abriebwiderstand, dagegen nehmen Bruchdehnung und Weiterreißwiderstand, analog zu einer steigenden Vernetzungsdichte, deutlich ab. Die räumlich ausgedehnte Rußstruktur erschwert Rekombinationen gerissener Vernetzungsbrücken, daher steigt auch der Druckverformungsrest an.

Auch mit zunehmender spezifischer Oberfläche der Rußpartikel steigen Viskosität und Härte an. Zugfestigkeit, Weiterreißwiderstand und Abriebfestigkeit steigen aufgrund der höheren Adsorption bis zu einem Maximum und nehmen dann wieder ab. Eine zunehmende Partikeloberfläche ermöglicht eine leichtere Anbindung abgerissener Ketten an anderen Positionen, insofern steigt hier auch der Druckverformungsrest. Ruße mit hoher Struktur und/oder großer spezifischer Oberfläche zeigen ein ungünstiges dynamisches Verhalten, da Verlustwinkel und Heat Build-up insbesondere bei hohen Auslenkungen signifikant steigen.

Charakteristische Merkmale, die zur Einteilung der Ruße führen, sind demnach Partikelgröße, Struktur und spezifische Oberfläche, die durch verschiedene Adsorptionsverfahren bestimmt werden:

- Adsorption von Jod in g/kg,
- Adsorption von Stickstoff in m^2/g nach Brunauer, Emmet, Teller (BET-Methode),
- Adsorption von Cetyltrimethylammoniumbromid in m^2/g (CTAB-Zahl),
- Adsorption von paraffinischem Öl in ml/100 g (Oil Absorption Number OAN, früher DBP-Zahl).

Die Partikelgröße reicht von etwa 20 bis 30 nm bei aktiven Rußen bis zu rund 300 nm bei gering verstärkenden Rußen.

Die Standardklassifikation nach ASTM D 1765 verwendet eine Kombination aus drei Ziffern mit einem vorangestellten N oder S. Ruße, die die Vulkanisation nicht oder nur wenig beeinflussen, werden mit dem Buchstaben N gekennzeichnet, während S für Ruße verwendet wird, die die Vulkanisation aufgrund produktionsbedingt an der Oberfläche absorbierten Sauerstoffs verzögern (Channel-Ruße). Die erste Ziffer verweist auf die Partikelgröße, die beiden anderen kennzeichnen die Rußstruktur über die spezifische Oberfläche. Weiterhin sind teilweise noch Kennzeichnungen für typische Charakteristika in Gebrauch (Tabelle 7.6).

SAF-, ISAF- und HAF-Ruße zeigen zwar die größte Verstärkung, lassen sich jedoch teilweise recht schwierig einarbeiten, ihre Dosierung ist daher begrenzt. MT-Ruße sind besonders gut dispergierbar, zeigen jedoch kaum verstärkende Wirkung. Insofern bilden Ruße mit mittlerer Aktivität, wie etwa N 550, einen Mittelweg zwischen Verstärkung und Verarbeitungsverhalten.

Neben den genannten Einflüssen auf die mechanischen Eigenschaften erhöhen Ruße auch die elektrische Leitfähigkeit, speziell zu diesem Zweck hergestellte Ruße heißen *Leitruße*.

Tabelle 7.6 Typische Gummiruße, nach [5]

Bezeichnung nach ASTM D 1765	Spezifische Oberfläche (CTAB) in m^2/g	Kennzeichnung
N110	126	SAF
N115	128	SAF-HS
N121	121	SAF-HS
N220	111	ISAF
N234	119	ISAF bis HS
N326	83	HAF bis LS
N330	83	HAF
N339	95	HAF bis HS
N375	98	HAF bis HS
N539	41	FEF
N550	42	FEF
N650	38	GPF bis HS
N660	35	GPF
N762	29	SRF
N765	33	SRF bis HS
N774	29	SRF
N990	9	MT

Dabei bedeuten:
SAF = super abrasion (resistant) furnace black,
ISAF = intermediate super abrasion (resistant) furnace black,
HAF = high abrasion (resistant) furnace black,
FEF = fast extrusion furnace black,
GPF = general purpose furnace black,
SRF = semi reinforcing furnace black,
MT = medium thermal black,
HS = high structure,
LS = low structure.

7.3.2 Kieselsäuren

Kieselsäuren wurden ursprünglich nur zur Herstellung weißer oder farbiger Elastomerzeugnisse eingesetzt. Aufgrund ihrer besonderen Eigenschaften haben sie mittlerweile weite Verbreitung in der Kautschukindustrie gefunden, ihr Anteil beträgt etwa 15 % der verarbeiteten Rußmenge.

Für die Verwendung in Kautschuken kommen pyrogene und gefällte Kieselsäuren in Betracht. Pyrogene Kieselsäuren werden durch Hydrolyse von Siliciumtetrachlorid in einer Knallgasflamme gewonnen. Die Produkte mit spezifischen Oberflächen zwischen etwa 150 und 300 m^2/g finden fast ausschließlich als Füllstoff für Silikonkautschuke Verwendung. Ein weiteres Anwendungsgebiet sind extrem weiche NBR-Mischungen. Gefällte Kieselsäuren erhält man aus Natronwasserglas durch Zusatz von Schwefelsäure. Für den Einsatz als Füllstoff in der Gummiindustrie werden Typen mit einer spezifischen Oberfläche zwischen etwa 50 und 230 m^2/g verwendet.

Die wesentlich stärker ausgeprägte Bildung von Aggregaten und Agglomeraten, die schon bei geringen Konzentrationen einsetzt, führt bei Kieselsäuren mit hoher spezifischer Oberfläche zu einem erheblich stärkeren Anstieg der Viskosität als bei vergleichbaren Rußen. Als Ursache für die größere Tendenz zur Bildung von Füllstoff-Füllstoff-Netzwerken gelten Wasserstoffbrückenbindungen, Siloxanbindungen sowie Van-der-Waals-Kräfte. Allerdings lassen sich bei Kieselsäuren Struktur und spezifische Oberfläche nicht wie bei Rußen unabhängig voneinander einstellen. Pyrogene Kieselsäuren haben Aggregatgrößen unter einem µm, gefällte Kieselsäuren erreichen bis zu 40 µm. Dagegen ist der Einfluss auf die Mischungsviskosität bei Verwendung von Kieselsäuren mit geringer spezifischer Oberfläche mit der von Rußen vergleichbar.

Aufgrund ihrer Silanolgruppen (an Silicium gebundene Hydroxylgruppen) reagieren Kieselsäuren mit Basen oder Aminen. Daher wirken Kieselsäuren deaktivierend auf konventionelle Beschleuniger für die Schwefelvernetzung, insbesondere aber auf Peroxide und Diamine. Die Vernetzung läuft in Anwesenheit von Kieselsäure langsamer ab, der Vernetzungsgrad wird verringert. Dieser Effekt nimmt mit steigender spezifischer Oberfläche zu. Zwar kann dies zumindest partiell durch Zusatz von Basen wie Aminen, Glykolen oder Harnstoffderivaten kompensiert werden, wesentlich verbreiteter ist jedoch die Umsetzung der Silanolgruppen mit Silanen. Dabei handelt es sich um spezielle Silicium-Wasserstoff-Verbindungen mit funktionellen Gruppen aus Kohlenwasserstoff-Resten. Die Silane werden unmittelbar nach Zugabe der Kieselsäure eingemischt, dabei muss die Temperatur aber zwischen 140 °C und 160 °C liegen. Durch die Silanisierung lässt sich die retardierende Wirkung auf die Vernetzung vermeiden. Enthält das Silanmolekül Schwefel, wird eine chemische Anbindung an den Kautschuk ermöglicht. Durch Einsatz von Silanen lässt sich auch der im Vergleich zu Ruß wesentlich höhere Anstieg der Viskosität kompensieren.

Mit steigender spezifischer Oberfläche von Kieselsäuren nehmen Zugfestigkeit, Weiterreißwiderstand und Abriebwiderstand zu, die Bruchdehnung erreicht ein Minimum und verändert sich danach nicht weiter. Bei höheren Dehnungen wird das Füllstoff-Füllstoff-Netzwerk von Elastomeren mit Kieselsäure zerstört, daraus resultiert insbesondere bei hoch aktiven Kieselsäuren ein wesentlich höherer Druckverformungsrest als bei Rußmischungen. Auf der anderen Seite lassen sich mit Kieselsäure wesentlich höhere Werte für den Weiterreißwiderstand erreichen als mit Rußen. Kieselsäuren werden daher auch gezielt in Mischungen, die mit Ruß gefüllt sind, eingemischt. In bestimmten Fällen, so etwa in NBR, aber auch in HNBR, führen silanisierte Kieselsäuren zu einer etwas höheren Wärmebeständigkeit als Ruße.

Hinsichtlich der dynamischen Eigenschaften zeigen Kieselsäuren sowohl mit niedriger als auch mit hoher spezifischer Oberfläche Vorteile gegenüber Rußen, da der Verlustfaktor, also die Wärmeentwicklung, bei mittleren spezifischen Oberflächen durch ein Maximum verläuft. Rußgefüllte Elastomere zeigen dagegen einen mit steigender spezifischer Oberfläche immer weiter steigenden Verlustfaktor. Für dynamisch beanspruchte Artikel ergeben sich somit neue Möglichkeiten durch geeignete Verschnitte aus Rußen und Kieselsäuren. So nutzt man bei Reifenmischungen die geringere Wärmeentwicklung bei dynamischer Belastung sowie den reduzierten Rollwiderstand durch zusätzliche Verwendung von Kieselsäurefüllstoffen aus. Kieselsäuren sind ebenfalls für eine gute Haftung an verstärkenden Substraten wie Textil- oder Stahlcord erforderlich.

7.3.3 Weitere Füllstoffe

Füllstoffe wie Kaolin, Kreide oder Talkum besitzen geringere spezifische Oberflächen als aktive Füllstoffe und damit eine geringere Verstärkerwirkung. Sie finden aber auch in Elastomeren wie HNBR, Acrylat- und Fluorkautschuken Verwendung, deren Viskosität durch aktive Füllstoffe zu hoch ansteigt. Generell bewirken sie eine leichtere Verarbeitung, werden aber in der Tat häufig auch als Streckmittel in Mengen bis zu 300 phr eingesetzt.

Den größten Anteil bei den hellen Füllstoffen bestreitet *Kreide* (Calciumcarbonat), die hauptsächlich als Extender eingesetzt wird. Neben der natürlich gewonnen und inaktiven Kreide sind gefällte Typen in Verwendung, die bereits eine merkliche Verstärkerwirkung zeigen.

Wie bei aktiven Füllstoffen, zeigen auch *Kaoline* (Aluminiumsilikate) je nach Teilchengröße unterschiedliche Auswirkungen auf Kautschukmischungen und Vulkanisate. Hartkaolin (um 0,3 µm) lässt sich weniger gut einmischen als Weichkaolin (bis 1,5 µm) und verlangsamt die Anvulkanisation, führt jedoch zu besseren mechanischen Eigenschaften als Weichkaolin. Kalzinierte Kaoline werden aufgrund des fehlenden Kristallwassers bevorzugt in der Kabelindustrie eingesetzt.

Kieselerde (*Kieselkreide*), ein natürliches Gemisch aus Quarz und Kaolinit, zählt zu den halb verstärkenden Füllstoffen und begünstigt die Verarbeitung.

Mit Hartkaolin, Kieselerde, Aluminium-, Calcium- und Magnesiumsilikat lassen sich Zugfestigkeiten wie etwa mit mittelaktiven Rußen erzielen.

Aluminiumtrioxidhydrat (ATH) wird überwiegend als mineralisches Flammschutzmittel, zum Beispiel in Kabeln aus EVM, eingesetzt. Es brennt selbst nicht und setzt bei hohen Temperaturen Kristallwasser frei, das kühlend und flammhemmend wirkt. Dazu dient es aufgrund der hier üblichen hohen Dosierung gleichzeitig als Extender.

Schichtsilikate wie *Talkum* (Magnesiumsilikat) oder *Glimmer* werden eingesetzt, um die Gaspermeation oder die Volumenquellung zu verringern.

Bariumsulfat findet aufgrund seiner hohen Dichte in Produkten für die Lärmdämmung und den Strahlenschutz Verwendung, daneben auch für säurebeständige Artikel.

Verschiedene *Oxide* werden ebenfalls als Füllstoff eingesetzt. So erhöht Zinkoxid vor allem in großvolumigen Federelementen wie Maschinenpuffern die Elastizität und die Wärmeleitfähigkeit und damit auch die Wärme- und Ermüdungsbeständigkeit. Calciumoxid wird in Dosierungen bis zu 8 phr bei der Extrusion eingesetzt, um durch Entzug der Feuchtigkeit Porösität zu vermeiden. Titandioxid wirkt wie in Thermoplasten und Farben als Weißpigment. Bleioxide reduzieren die Wasseraufnahme und werden in größeren Mengen für Abschirmungen gegen radioaktive Strahlen verwendet (Bleischürzen).

Die elektrische Leitfähigkeit lässt sich nicht nur durch Leitruße, sondern auch durch *Graphit* und Metallpulver erhöhen, etwa zur Abschirmung gegen elektromagnetische Strahlen.

7.4 Weichmacher und Verarbeitungshilfsmittel

Die im Vergleich zu Kautschukmakromolekülen viel kleineren Moleküle von Weichmachern wandern zwischen die Polymerketten und quellen diese auf. Durch das größere freie Volumen erhalten die einzelnen Makromoleküle eine höhere Beweglichkeit, was sich in einer verringerten Viskosität bemerkbar macht, die zur Verformung erforderliche Kraft wird reduziert (Bild 7.7). Weichmacher dieser Art werden als primäre Weichmacher bezeichnet. Sie müssen hinsichtlich ihrer Polarität mit dem jeweiligen Kautschuk kompatibel sein. Nicht verträgliche Weichmacher wirken eher wie ein Schmiermittel und ermöglich lediglich ein leichteres Abgleiten der Makromoleküle aneinander. Dies erleichtert zwar ebenfalls die Verarbeitbarkeit, da sie aber den Kautschuk nicht aufquellen, haben sie kaum Einfluss auf die Mischungsviskosität. Man bezeichnet sie als sekundäre Weichmacher oder Verarbeitungshilfsmittel (Abschnitt 7.4.3).

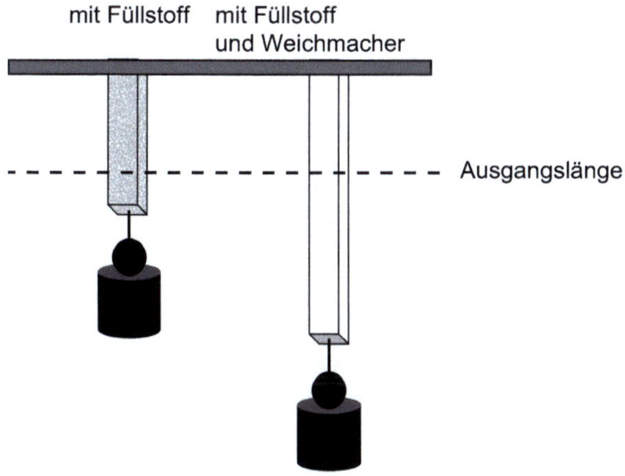

Bild 7.7
Einfluss von Weichmachern

Generell reduzieren primäre Weichmacher die Härte und den Spannungswert von Elastomeren. Dagegen steigen die Bruchdehnung und die Elastizität an. Da die Weichmacher bereits Platz zwischen den Makromolekülen einnehmen, wird zunächst auch die Volumenquellung beispielsweise durch Kohlenwasserstoffe reduziert, bei längerem Kontakt wird aber der Weichmacher extrahiert und der Kohlenwasserstoff nimmt dessen Platz ein. Solange das Elastomer in Kontakt mit dem Kohlenwasserstoff bleibt, stellt sich ein Gleichgewicht ein, das Elastomer bleibt flexibel. Erfolgt dann kein weiterer Kontakt mit dem Kohlenwasserstoff, verdunstet schließlich auch der durch Quellung aufgenommene Teil, das Elastomer verhärtet, die Flexibilität wird deutlich verringert, im Extremfall versprödet das Elastomer. Dieses Phänomen wird als Rücktrocknung bezeichnet, die hierbei auftretenden Änderungen der mechanischen Eigenschaften werden beispielsweise in Spezifikationen von Kraftstoffschläuchen limitiert. Das Ausmaß und die Geschwindigkeit dieser Änderungen hängen vom Kautschuk, vom verwendeten Weichmacher und natürlich vom Kontaktmedium ab.

Aufgrund ihres niedermolekularen Aufbaus haben Weichmacher in Abhängigkeit von ihrer Zusammensetzung eine mehr oder weniger ausgeprägte Flüchtigkeit und verdunsten daher bei längerer Wärmeeinwirkung. Hierdurch steigen Härte und Spannungswert wieder an, Bruchdehnung und Elastizität verringern sich. Es ist also nicht möglich, die Wärmebeständigkeit von Elastomeren mit Weichmachern zu erhöhen. Da die verschiedenen Weichmacher jedoch unterschiedliche Flüchtigkeit aufweisen, lässt sich durch geeignete Auswahl die wärmealterungsbedingte Änderung der mechanischen Werte (Abfall der Bruchdehnung, Anstieg von Spannungswert und Härte) entsprechend verzögern.

Weichmacher sind chemisch nicht an das Polymer gebunden, es treten aber durchaus intermolekulare Wechselwirkungen auf. So ist es möglich, mit Weichmachern die Glasübergangstemperatur zu tieferen Temperaturen zu verschieben, also die Kälteflexibilität zu verbessern. Je höher der Anteil des Weichmachers ist, desto niedriger ist die resultierende Glastemperatur. Zu diesem Zweck muss der Weichmacher natürlich eine merklich tiefere Glasübergangstemperatur als das zugrundeliegende Polymer haben (vgl. Abschnitt 2.3.3). Allerdings sind aufgrund der unterschiedlichen Polaritäten der Kautschuke nicht alle Weichmacher in gleichen Mengen einsetzbar, nicht verträgliche Weichmacher schwitzen bei Überschreiten einer oft nur geringen Menge aus.

7.4.1 Mineralölweichmacher

Mineralöle (Prozessöle) sind als Rohölderivate Gemische aus paraffinischen (gesättigten), naphthenischen (zyklischen gesättigten) und aromatischen Kohlenwasserstoffen. Die Verteilung der drei Gruppen bestimmt den Charakter des Öls (Tabelle 7.7).

Tabelle 7.7 Verteilung der Kohlenstoffverbindungen in Prozessölen, nach [5]

Prozessöl-Typ	C (paraffinisch) in %	C (naphthenisch) in %	C (aromatisch) in %
paraffinisch	60 - 75	20 - 33	2 - 10
naphthenisch	30 - 45	30 - 45	15 - 30
aromatisch	20 - 35	25 - 40	30 - 60

Mineralölweichmacher sind aufgrund ihrer unterschiedlichen Zusammensetzung nicht in allen Kautschuken gleichermaßen verträglich. Ihre Polarität nimmt in der Reihenfolge paraffinisch $<$ naphthenisch $<$ aromatisch zu. Daher werden in wenig polaren Kautschuken wie NR, BR, SBR, EPM/EPDM und IIR/BIIR/CIR vorzugsweise paraffinische und naphthenische Mineralölweichmacher eingesetzt. Für SBR verwendet man auch aromatische Mineralöle. Für polare Kautschuke, wie CR, CM/CSM und insbesondere NBR sind nur aromatische Prozessöle geeignet. Allerdings haben nur naphthenische und paraffinische Mineralöle relativ niedrige Glasübergangstemperaturen, bei aromatischen Mineralölen sind die entsprechenden Werte bereits zu hoch, um die Kälteflexibilität zu verbessern. Daher werden für CR und NBR überwiegend synthetische Weichmacher eingesetzt. In CR verzögern aromatische Mineralölweichmacher allerdings die Kristallisation. Aromatische Mineralöle werden auch bei der Reifenherstellung eingesetzt. Sie erscheinen zwar ungünstig für die Kälteflexibilität, aufgrund der guten Tieftemperatureigenschaften der für die Reifenherstellung eingesetzten Polymere ist dies jedoch nur von sekundärer Bedeutung.

Mit aromatischen und naphthenischen Mineralölen lassen sich etwas bessere mechanische Eigenschaften als mit paraffinischen Mineralölen erzielen. Allerdings wirken aromatische Verbindungen desaktivierend auf die Peroxidvernetzung. Daher sind aromatische Prozessöle für diese Vernetzungsart nicht geeignet.

Aufgrund des niedrigen Preises finden Mineralölweichmacher häufig als einfache und preiswerte Weichmacher oder zur Reduktion des Mischungspreises Verwendung. Zur Herstellung von ölgestreckten Dienkautschuktypen dienen vorwiegend aromatische Mineralölweichmacher („Extenderöle"). Bei EPDM verwendet man dazu aufgrund der geringen Polarität bevorzugt paraffinische oder naphthenische Öle, sie sind aufgrund ihrer Flüchtigkeit bei den mit EPDM möglichen hohen Einsatztemperaturen aber nur bedingt einsetzbar. Aromatische Weichmacher sind mit EPDM wenig verträglich.

Unbehandelte aromatische und naphthenische Mineralöle für die Reifenfertigung dürfen nicht mehr als drei Prozent polyzyklische aromatische Kohlenwasserstoffe (PAK) enthalten, da diese toxikologisch sehr ungünstig sind. In dieser Hinsicht sind auch entsprechende Vulkanisationsdämpfe kritisch zu bewerten.

7.4.2 Synthetische Weichmacher

Die gegenüber Prozessölen wesentlich teureren Syntheseweichmacher werden hauptsächlich zur Verbesserung bestimmter Vulkanisateigenschaften eingesetzt, insbesondere der Kälteflexibilität und der Elastizität. Wie bei Mineralölen reduzieren auch synthetische Weichmacher Viskosität, Härte, Zugfestigkeit und Spannungswert. Spezielle Typen optimieren die Flammwidrigkeit. Synthetische Weichmacher zeigen je nach Zusammensetzung bis zu etwa 30 phr eine gute Verträglichkeit zu polaren Kautschuken wie CR oder NBR. Höhermolekulare Weichmacher besitzen eine geringere Flüchtigkeit und verringern auf diese Weise den Verlust der mechanischen Werte bei Heißluftalterung. Diese sogenannten Polymerweichmacher sind schwieriger extrahierbar, zeigen allerdings auch einen deutlich geringeren Einfluss auf die Viskosität und Kälteflexibilität. Eine signifikante Verbesserung kann diesbezüglich also nur mit niedermolekularen und damit recht flüchtigen Weichmachern erzielt werden.

Die mengenmäßig bedeutendsten Syntheseweichmacher sind *Esterweichmacher*. Sie sind mit polaren Kautschuken wie CR, CM/CSM und NBR gut verträglich. Tabelle 7.8 zeigt eine Übersicht der meist verwendeten Produkte.

Phthalsäureester dienen vornehmlich zur Verbesserung der Kälteflexibilität und der Elastizität. Sie werden hauptsächlich in PVC eingesetzt, einige Produkte aber auch in der Gummiindustrie. Einige Phthalate sind als gesundheitsgefährdend eingestuft, wobei die verschiedenen Produkte sich unterschiedlich auswirken. Die von der Gummiindustrie vorwiegend verwendeten Phthalate DEHP, DINP, DIDP und DNOP sind in der EU seit 2005 generell in Babyartikeln und Spielzeug verboten, DEHP auch in Kosmetika. Unter der Annahme, dass Phthalate mit längeren Substituenten unbedenklicher sind, wurden entsprechende Ersatzprodukte hergestellt, allerdings wird dann auch die Kälteflexibilität wieder ungünstiger. Aus diesem Grund lässt sich beispielsweise DEHP nur im bestimmten Rahmen ersetzen.

Wesentlich günstiger verhalten sich hier *Trimellithsäureester*.

Aliphatische Ester, insbesondere Dioctyladipat (DOA), begünstigen vor allem die Kälteflexibilität, sind aber flüchtiger als die Phthalatester. Dioctylsebacat (DOS) bietet diesbezüglich einen guten Kompromiss. *Phosphatester* werden zur Erhöhung der Flammwidrigkeit insbesondere von CR eingesetzt, zeigen aber nur eine geringe weichmachende Wirkung und in CR und NBR eine begrenzte Verträglichkeit (etwa bis 15 phr). Mit unpolaren Kautschuken wie EPDM sind sie nicht verträglich.

Die gering extrahierbaren *Polyesterweichmacher* bieten aufgrund ihrer geringen Flüchtigkeit Vorteile bei der Heißluftalterung, jedoch zulasten der Kälteflexibilität.

Tabelle 7.8 Gebräuchliche Esterweichmacher in der Gummiindustrie, nach [5]

Gruppe	Phthalsäureester	Trimellithsäureester	aliphatische Ester	Phophorsäureester	Polyester
chemische Bezeichnung	Diisooctylphthalat (DEHP, „DOP")*	Tris(2-ethylhexyl)-trimellitat auch: Trioctyltrimellithat („TOTM")	Dioctyladipat (DOA)	Trikresylphosphat (TKP, Isomerengemisch)	Polyphthalsäureester
	Diisononylphthalat (DINP)		Dioctylsebacat (DOS)	Diphenyl-kresyl-phosphat (DPK)	Polyadipinsäureester
	Diisodecylphthalat (DIDP)			Tris(2-ethylhexyl)-phosphat (TEHP) auch: Trioctylphosphat, TOP	
Verwendung	gute Allzweck-Eigenschaften	gute Allzweck-Eigenschaften	gute Kälteflexibilität	flammwidrig	niedrige Flüchtigkeit und Extrahierbarkeit

* Bis(2-ethylhexyl)-phthalat. Wird nicht ganz korrekt auch als „Dioctylphthalat" bezeichnet.

In CR und NBR sind auch Weichmacher auf Basis *Ether/Thioether* (zum Beispiel Thioglykolsäureester) weit verbreitet. Thioether sind weniger flüchtig als Sebacinsäure- oder Adipinsäureester und führen daher zu geringeren Einbußen bei der Heißluftalterung.

Bei Nitrilkautschuk spielt die Auswahl des Weichmachers eine große Rolle. Hier wird oft eine hohe Ölbeständigkeit verbunden mit guter Kälteflexibilität gefordert. Diese Eigenschaften verhalten sich grundsätzlich gegensätzlich und hängen stark vom Acrylnitrilgehalt ab. NBR-Typen mit hohem Acrylnitrilgehalt zeigen die beste Ölbeständigkeit, weisen nur eine geringe Kälteflexibilität auf. Da sich die Kälteflexibilität durch geeignete Weichmacher verbessern lässt, wird bei gleichzeitiger Anforderung an Ölbeständigkeit und Kälteflexibilität ein Typ mit möglichst hoher Ölbeständigkeit gewählt und versucht, den Verlust an Kälteflexibilität über den Weichmacheranteil zu kompensieren. Allerdings vermögen Kraftstoffe und Lösungsmittel den verwendeten Weichmacher nahezu komplett zu extrahieren, wodurch die Elastomere verhärten und gegebenenfalls sogar schrumpfen. Hier kann durch gleichzeitigen Einsatz von Ether- oder Esterweichmachern (Kälteflexibilität) und Polymerweichmachern (Extraktion) in bestimmtem Rahmen gegengesteuert werden.

Die Einsatztemperaturen gesättigter Kautschuke lassen die Verwendung von Weichmachern nur in engem Rahmen zu. Esterweichmacher sind in unpolaren Kautschuken wie IIR oder EPDM sehr wenig verträglich und werden nur in geringen Mengen (< 10 phr) zur Verbesserung der Kälteflexibilität eingesetzt. Ansonsten muss man auf paraffinische und naphthenische Mineralöle ausweichen.

In CO/ECO und HNBR werden TOTM oder Polymerweichmacher verwendet. In EVM werden geringe Mengen paraffinischer Weichmacher eingesetzt, um die Walzenklebrigkeit zu erhöhen, zur Verbesserung der Kälteflexibilität werden gegebenenfalls Ester- oder Etherweichmacher wie DEHP, DOA oder DOS verwendet. In ACM oder AEM werden ebenfalls Ester oder Polyester in geringen Dosierungen verwendet.

Bei Silikonkautschuk finden, falls erforderlich, niedermolekulare Siloxane Verwendung, bei Fluorkautschuk niedermolekulare Fluorpolymere.

Schließlich sei noch *epoxidiertes Soyaöl* erwähnt, dass in halogenhaltigen Kautschuken (sowie in PVC) als Säureakzeptor eingesetzt wird. Es hat eine gute Widerstandsfähigkeit gegenüber extrahierenden Medien sowie eine stabilisierende Wirkung hinsichtlich Wärme- und Witterungseinflüssen.

7.4.3 Verarbeitungshilfsmittel

Verarbeitungshilfsmittel zählen zu den sekundären Weichmachern. Sie quellen den Kautschuk nicht auf und reduzieren daher nicht die Viskosität. Sie verhalten sich auch recht neutral bezüglich der Vulkanisateigenschaften. Verarbeitungshilfsmittel erleichtern das Abgleiten der Makromoleküle aneinander und begünstigen somit die Verarbeitung. Die Mischungstemperatur sinkt, die Mischung wird homogener und die Abformung bei der Extrusion wird präziser, die Kanten werden glatter und die Oberfläche zeigt eine geringere Rauigkeit. Beim Spritzgießen lassen sich höhere Fließgeschwindigkeiten erzielen.

Stearinsäure ist bei der konventionellen Schwefelvernetzung als Vulkanisationsaktivator erforderlich und wirkt auch als Verarbeitungshilfsmittel. Allerdings wirkt sie in höheren Dosierungen verzögernd und reduziert aufgrund ihrer Unlöslichkeit die Klebrigkeit der Mischungen. Diesbezüglich sind Zink- oder Calciumsalze ungesättigter Fettsäuren im Vorteil. Dabei werden Zinkseifen für polare Kautschuke wie NBR, Calciumseifen für unpolare Kautschuke wie EPDM eingesetzt. Durch die polaren Gruppen, die sich am ansonsten unpolaren Fettsäuremolekül befinden, wirken diese Produkte auch als Kompatibilisator zwischen verschieden polaren Komponenten der Kautschukmischung. Bei Acrylatkautschuken verwendet man auch die stärker alkalischen Natrium- oder Kaliumseifen. In CR, CM oder CSM bewirken Zinkseifen eine beschleunigte Anvulkanisation, hier weicht man auf Fettalkohole oder deren Ester aus. Für CM/CSM, CO/ECO und FKM finden auch Carnaubawachs oder niedermolekulares Polyethylen Anwendung.

Zu den Verarbeitungshilfsmitteln im weiteren Sinne zählen die *Klebrigmacher*, wie etwa Koresin- oder Xylol-Formaldehyd-Harze, die hauptsächlich in CR oder NBR Verwendung finden. Weitere Produkte sind Cumaron-Inden-Harze und Alkyd-Harze. In NR wird auch Kolophonium eingesetzt. Klebrigmacher erleichtern die Walzfellbildung und erhöhen die Konfektionsklebrigkeit.

Eine zu hohe Walzenklebrigkeit, wie sie etwa für CO oder ECO typisch ist, kann durch Produkte wie Pentaerythrittetrastearat reduziert werden. Solche Produkte bezeichnet man als *innere Trennmittel*, um sie von Formtrennmitteln, die in das Werkzeug eingesprüht werden, abzugrenzen.

Bei dem ursprünglich als Gummi-Ersatz angedachten *Faktis* handelt es sich um Öle, die vornehmlich mit Schwefel umgesetzt wurden. Faktisse bewirken unter anderem eine bessere Durchmischung, reduzierte Mischtemperaturen, glattere Vulkanisatoberflächen und höhere Standfestigkeit bei der Extrusion. Sie ermöglichen höhere Dosierungen an Weichmacher und erhöhen die Maßhaltigkeit bei Halbzeugen und Fertigartikeln, aber auch die Ermüdungsbeständigkeit. Faktisse verringern die Zugfestigkeit und erhöhen den Druckverformungsrest. Besonders negativ wirken sie sich auf den Abriebwiderstand aus.

Je nach dem verwendeten Öl unterscheidet man in:

- braunen oder gelben Schwefelfaktis,
- Chlorschwefelfaktis (unstabilisiert/stabilisiert),
- weißen Faktis (auf Basis Rizinusöl).

Bei der Verarbeitung von unstabilisiertem Chlorschwefelfaktis wird Salzsäure freigesetzt, daher wird er nur in Kombination mit sehr stark basischen Vulkanisationssystemen eingesetzt, zum Beispiel für Radiergummi. Stabilisierter Chlorschwefelfaktis und weißer Faktis lassen sich auch in hellen Mischungen verwenden, weißer Faktis ist auch für die Peroxidvernetzung geeignet.

Die Dosierung von Verarbeitungshilfsmitteln liegen zwischen 1 bis 5 phr, bei Harzen zwischen 20 bis 25 phr. Faktis wird für Spritzgussartikel in Dosierungen bis etwa 10 phr eingesetzt, bei extrudierten Artikeln sind Anteile bis zu 40 phr und mehr möglich. Für Radiergummi verwendet man bis zu 300 phr.

7.5 Alterungs- und Ozonschutzmittel

In Abhängigkeit von der jeweiligen Beanspruchung und der Zusammensetzung der Elastomere treten Alterungseffekte in unterschiedlicher Ausprägung und in abweichendem zeitlichem Verlauf auf (vgl. Abschnitt 4.3 und 4.4). Elastomere auf Basis von Dienkautschuken bieten aufgrund der vorhandenen Doppelbindungen in der Hauptkette Schwachstellen bezüglich der Alterung durch Wärme oder Ozon. Dies gilt auch für die Schwefelbrücken, deren Bindungsenergie geringer ist als die von Bindungen zwischen Kohlenstoffatomen. Mono- oder disulfidische Bindungen oder die Peroxidvernetzung erscheinen zunächst also vorteilhaft, sind aber für dynamische Anwendungen ungeeignet.

Alterungsschutzmittel werden hauptsächlich dazu eingesetzt, um durch Konkurrenzreaktionen Sauerstoff und Ozon abzufangen. Gesättigte Elastomere zeigen von vornherein eine wesentlich geringere Anfälligkeit für den Angriff durch Sauerstoff oder Ozon. Hier finden deshalb konventionelle Alterungsschutzmittel kaum Verwendung, viele Produkte stören außerdem die Peroxidvernetzung. Ungesättigte Elastomere altern auch schon bei Raumtemperatur, beispielsweise durch die Einwirkung von Ozon oder UV-Strahlung. Bei dynamisch belasteten Materialien tritt im Laufe der Zeit Ermüdungsrissbildung auf. Eingeschleppte Schwermetalle wie Kupfer oder Mangan (Kautschukgifte) beschleunigen die Alterung.

Alterung durch Einwirkung von Sauerstoff

Sauerstoff (O_2) ist thermisch stabil und zerfällt erst bei sehr hohen Temperaturen in atomaren Sauerstoff. Allerdings ist das Sauerstoffmolekül ein Diradikal und geht mit fast allen Elementen, außer den Edelgasen, relativ leicht Verbindungen ein. Dabei ist insbesondere seine Affinität zu Wasserstoff recht groß. Sauerstoff reagiert auch mit gebundenem Wasserstoff in chemischen Verbindungen, zum Beispiel in Kohlenwasserstoffen, zu Wasser und Oxiden (zum Beispiel CO_2). Allerdings ist Sauerstoff reaktionsträge, die Oxidation muss durch Katalysatoren (wie etwa Platin) initiiert oder regelrecht gezündet werden. Ansonsten wäre organisches Leben auf der Erde, das auf Kohlenwasserstoffen basiert, nicht möglich. Allerdings setzt sich Sauerstoff auch ohne äußere Anregung langsam mit oxidierbaren Stoffen wie etwa unedlen Metallen (zum Beispiel beim Rosten von Eisen) oder Kohlenstoffverbindungen um (stille Verbrennung, Autoxidation). Bei Dienkautschuken führt die Oxidation an den reaktiven Zentren, die sich in Allystellung zur Doppelbindung befinden (vgl. Abschnitt 4.3) entweder zu Kettenspaltungen und damit Abbau und Erweichung, oder zu Zyklisierung und Nachvernetzung und somit zu Verhärtung und Versprödung. In Natur- und Butylkautschuk überwiegt zunächst der Abbau, mit längerem Verlauf der Alterung tritt auch hier die Nachvernetzung in den Vordergrund. Kautschuke ohne Doppelbindungen in der Hauptkette sind bezüglich der Sauerstoffalterung im Vorteil.

Anaerobe Wärmealterung

Auch ohne Anwesenheit von Sauerstoff kann thermischer Abbau von Vernetzungsstellen oder Nachvernetzung auftreten, jedoch verlaufen diese Prozesse bei gleicher Temperatur wesentlich langsamer als die Sauerstoffalterung. Eine Ausnahme bilden hydrolyseempfindliche Kautschuke wie EVM, ACM, VMQ und Polyurethankautschuke, die durch Heißdampf auch in Abwesenheit von Sauerstoff rasch gepalten werden.

Alterung durch Ozon

Ozon (O_3) spaltet sich bereits bei Raumtemperatur in molekularen (O_2) und atomaren (O) Sauerstoff. Die Zerfallsgeschwindigkeit steigt mit der Temperatur sowie unter Einwirkung von UV-Licht. Atomarer Sauerstoff ist wesentlich reaktionsfreudiger als molekularer Sauerstoff und führt bei allen ungesättigten Kautschuken zu rasch wachsenden Rissen, die schließlich zum Bruch führen. Dabei treten Ozonrisse erst oberhalb einer sogenannten kritischen Dehnung, die bei Naturkautschuk jedoch nur etwa 3 % beträgt, auf. Die Geschwindigkeit der Rissbildung steigt mit der Dehnung, der Anzahl von Doppelbindungen in der Hauptkette, der Anzahl polarer Gruppen (NBR), der Luftfeuchtigkeit und der Temperatur.

Alterung durch Ermüdung

Dynamische Belastung kann auf verschiedene Weise zur Zerstörung von Elastomeren führen. Bei der Zermürbung führen Reibungsverluste und die schlechte Ableitung der dabei entstehenden Wärme zur Überhitzung und Zerstörung von Elastomeren (Heat Build-up, vgl. Abschnitt 4.2).

Dagegen hat die Ermüdung rein mechanische Ursachen. Die in jedem realen Werkstoff vorhandenen mikroskopisch kleinen Fehlstellen führen bei Zug- oder Druckbelastung zu lokal eng begrenzten, aber sehr hohen Spannungsspitzen, die bei fortwährender Belastung zunächst zu Rissen auf molekularer und schließlich makroskopischer Ebene führen (vgl. Abschnitt 4.2). Die Rissbildungsgeschwindigkeit steigt mit der Höhe und der Frequenz der Belastung, der Temperatur sowie bei Einwirkung von Sauerstoff und insbesondere Ozon. Sie ist ebenfalls von der Vernetzungsart und dem Vernetzungsgrad sowie vom jeweiligen Kautschuk abhängig. Vorteilhaft sind hohe Vernetzungsdichten mit polysulfidischen Bindungen. Naturkautschuk zeigt aufgrund seines hervorragenden Weitereißwiderstands gegenüber anderen Dienkautschuken eine deutlich langsamere Rissausbreitung bei dynamischer Belastung.

Durch Schwermetalle katalysierte Alterung

Naturkautschuk (und Isoprenkautschuk) ist außerordentlich empfindlich gegenüber anwesenden Schwermetallionen. Insbesondere Kupfer- und Mangan-Verbindungen beschleunigen bereits ab 0,001 % die Oxidationsreaktion. Eisen(II)-Salze wirken diesbezüglich auch schädlich in SBR, weitere sogenannte Kautschukgifte sind Kobalt- und

Nickelverbindungen. Die reinen Metalle oder die Oxide bewirken dabei eine geringere Schädigung als ihre organischen Verbindungen, wie etwa Oleate.

Oberflächeneffekte

Beim *Frosting* werden die an der Oberfläche befindlichen Kautschukmakromoleküle hell gefüllter Elastomere oxidiert. Dadurch reißen sie ein und die Füllstoffe werden freigelegt, wodurch der charakteristische, dem Raureif ähnelnde Belag entsteht. Frosting tritt auch bei nicht gedehnten Elastomeren in warmer, feuchter und ozonhaltiger Atmosphäre auf. Eine mögliche Erklärung ist, dass die Umhüllung der Füllstoffpartikel eine gewisse mikroskopische Dehnung einzelner Makromoleküle mit sich bringt. Zudem geht die Bruchmechanik davon aus, dass es keinen realen Werkstoff ohne Fehlstellen gibt. Begünstigt durch Wärme und hohe Luftfeuchtigkeit treten dann lokal sehr kleine Ozonrisse auf, die zum typischen Erscheinungsbild führen, obwohl das Elastomer scheinbar keiner Dehnung unterliegt.

Die Einwirkung von UV-Licht führt bei Elastomeren mit hellen Füllstoffen zu einer leichten Versprödung der Oberfläche, die als *Elefantenhautbildung* oder *Crazing* bezeichnet wird. Durch UV-Absorber kann das Crazing mittelfristig verzögert werden. Ruß ist ein exzellenter UV-Absorber, daher sind rußgefüllte Elastomere weitgehend vor dem Angriff durch UV-Licht geschützt. Da als Ursache Oxidationsprozesse vermutet werden, ist es vorteilhaft, helle und farbige Artikel vornehmlich auf Basis gesättigter Kautschuke herzustellen.

Angesichts der vielen unterschiedlichen Alterungseinflüsse ist es verständlich, dass im Laufe der Zeit ein breites Spektrum an Alterungsschutzmitteln entstanden ist. Dabei wurde die Schutzwirkung von Aminen schon 1908 entdeckt, die von Phenolen 1870. Auch heute stellt die Klasse der *Paraphenylendiamine* immer noch die wirksamsten Alterungsschutzmittel dar, allerdings führen diese Produkte zu einer tiefbraunen bis schwarzen Verfärbung hell gefüllter Elastomere. Zudem färben die damit hergestellten Produkte auf andere Produkte ab (Kontaktverfärbung, Bild 7.8). Daher finden in hellen Artikeln vorwiegend nicht verfärbende Phenole Verwendung. Sie zeigen aber beispielsweise keine Schutzwirkung gegen Ermüdung oder Ozon. Auch bei der Polymerisation werden verfärbende (p-Phenylendiamine) oder nichtverfärbende (sterisch gehinderte Phenole) Stabilisatoren verwendet.

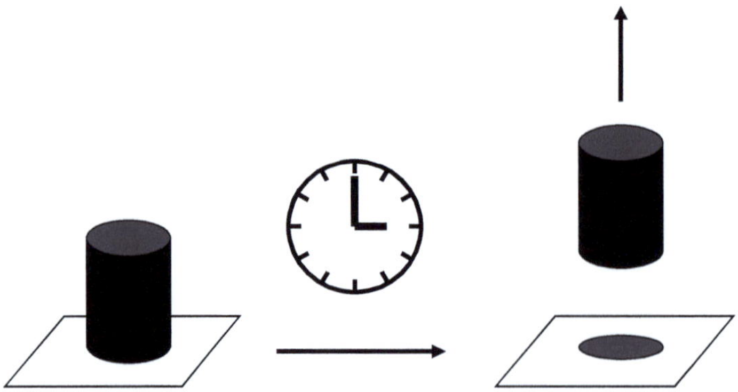

Bild 7.8 Kontaktverfärbung

Die Alterungsschutzmittel werden anhand ihrer Schutzwirkung und ihrer verfärbenden Wirkung üblicherweise in Klassen eingeteilt (Tabelle 7.9).

Tabelle 7.9 Gebräuchliche Alterungs- und Ozonschutzmittel

Verfärbende Alterungsschutzmittel mit Ermüdungs- und Ozonschutzwirkung	
N'-Isopropyl-N'-phenyl-p-phenylendiamin	IPPD
N-(1,3-dimethylbutyl)-N'-phenyl-p-phenylendiamin	6PPD
N,N'-bis-(1,4-dimethylpentyl)-p-phenylendiamin	77PD
N,N'-Bis-(1-ethyl-3-methylpentyl)-p-phenylendiamin	DOPD
N,N'-Diphenyl-p-phenylendiamin	DPPD
N,N'-Ditolyl-p-phenylendiamin	DTPD
Verfärbende Alterungsschutzmittel mit Ermüdungsschutzwirkung, ohne Ozonschutzwirkung	
Octyliertes Diphenylamin	ODPA
Styrolisiertes Diphenylamin	SDPA
Aceton/Diphenylamin-Kondensationsprodukt	ADPA
Phenyl-α-naphthylamin	PAN
Verfärbende Alterungsschutzmittel ohne Ermüdungs- und Ozonschutzwirkung	
2,2,4-Trimethyl-1,2-dihydrochinolin, polymerisiert	TMQ
Nicht verfärbende Alterungsschutzmittel mit Ermüdungsschutzwirkung, ohne Ozonschutzwirkung	
Styrolisiertes Phenol	SPH

Nicht verfärbende Alterungsschutzmittel ohne Ermüdungs- und Ozonschutzwirkung	
2,6-Di-tert.-butyl-4-methylphenol	BHT
2,2'-Methylen-bis-(4-methyl-6-tert. butyl-phenol)	BPH
2-Mercapto-benzimidazol	MBI
4,5-Methyl-mercapto-benzimidazol	MMBI
Zink-2-mercapto-benzimidazol	ZMBI
Zink-2-methyl-mercapto-benzimidazol	ZMMBI

Tabelle 7.10 vergleicht die Wirkung verschiedener Alterungsschutzmittel in Naturkautschuk.

Tabelle 7.10 Vergleich von Alterungsschutzmitteln gegen verschiedene Alterungseinflüsse in Naturkautschuk [5]

	Oxidation	Hitze	Ermüdungsrissbildung	Ozon	Schwermetalle
Substituierte Phenole	3 bis 4	4	5	5	4 bis 5
Substituierte Bisphenole	2 bis 3	3	5	5	4
Dihydrochinoline	2	1–2	4	5	3
Diphenylamine	2 bis 3	2	3 bis 4	5	3
Arylnaphthylamine	2	2–3	2	5	2 bis 3
Dialkyl-p-phenylen-diamine	2 bis 3	3	1 bis 2	1	2
Alkyl-aryl-p-phenylen-diamine	1 bis 2	2	1	1 bis 2	2
Diaryl-p-phenylen-diamine	1 bis 2	2	2	2 bis 3	2

1 = sehr gut, 5 = schlecht (keine Schutzwirkung)

Je nach Anforderung werden auch verschiedene Alterungsschutzmittel miteinander kombiniert. Bei Dienkautschuken bieten Paraphenylendiamine die beste Wirkung gegen Hitze, Ozon und Ermüdung. Dabei ist NBR allerdings am schwierigsten zu schützen. Die meisten Paraphenylendiamine zeigen aufgrund ihres basischen Charakters einen leicht beschleunigenden Effekt, insbesondere in CR. Für Anforderungen an hohe Temperaturbeständigkeit werden Produkte wie polymerisiertes 2,2,4-Trimethyl-1,2-dihydroquinolin (TMQ) oder octyliertes Diphenylamin (ODPA), gegebenenfalls in Kombination mit Mercaptobenzimidazol verwendet. Hellfarbige Produkte können nur durch nicht verfärbende Phenole geschützt werden, deren Schutzwirkung niedriger ist als die verfärbender Produkte. Bei gesättigten Kautschuken sind Ozonschutzmittel nicht erforderlich, hier werden im Wesentlichen nur Hitzeschutzmittel wie

TMQ eingesetzt. Die Ermüdungsbeständigkeit gesättigter Elastomere ist aufgrund der Peroxidvernetzung begrenzt und kann auch nicht durch Alterungsschutzmittel etwa auf das Niveau polysulfidisch vernetzter Dienkautschuke angehoben werden. Zudem stören die meisten Alterungsschutzmittel die Peroxidvernetzung, denn die verwendeten aminischen und phenolischen Produkte sind aromatische Verbindungen, deren stabile Ringsysteme freie Elektronen aufnehmen können. Gerade dieser Aufbau ist aber die Grundlage für die Funktion als Alterungsschutzmittel, denn er begünstigt die Aufnahme von Sauerstoff als Konkurrenzreaktion zur Oxidation der Polymerketten. Bei halogenhaltigen Polymeren wie CM, CSM, CO und ECO wird neben den als Säurestabilisatoren fungierendem Magnesiumoxid oder Bleioxid zusätzlich Nickel-dibutyldithiocarbamat (NDBC) als Hitzeschutz verwendet.

Da der Angriff von Ozon an der Oberfläche der Elastomere beginnt, werden Ozonschutzmittel üblicherweise mit mikrokristallinen Wachsen *(Mikrowachse)* kombiniert. Die auch als *Lichtschutzwachse* bezeichneten Produkte bilden einen physikalischen Schutzfilm aus, der den Kontakt der Elastomeroberfläche mit Ozon soweit wie möglich hinauszögert. Mikrowachse sind aufgrund ihrer verzweigten Struktur elastischer als Hartparaffine, die linear aufgebaut sind. Sie besitzen auch einen niedrigeren Erstarrungspunkt. Durch Kombination beider Wachsarten lässt sich eine Schutzwirkung über einen weiten Temperaturbereich erzielen. Neben der Funktion als Schutzschild transportieren die Wachse die Ozonschutzmittel an die Oberfläche, wo diese mit Ozon reagieren. Dieser Transport wird durch dynamische Beanspruchung begünstigt. Die Schutzschicht wird allerdings nicht nur durch die Reaktion mit Ozon, sondern beispielsweise auch durch Abrieb abgebaut. Daher muss durch häufige dynamische Beanspruchung immer wieder Ozonschutzmittel und Wachs an die Oberfläche transportiert werden. Bei dynamisch nicht belasteten Elastomeren ist die an der Oberfläche vorliegende Menge an Ozonschutzmittel nach einer bestimmten Zeit aufgebraucht, sodass nach längerer Lagerung Ozonrisse auftreten. Um eine längere Schutzwirkung zu erzielen, werden Ozonschutzmittel und Lichtschutzwachs gegebenenfalls in relativ hoher Dosierung (bis 10 phr) verwendet *(Depot-Effekt)*.

Weiterhin werden spezielle Ether und Acetale als nicht verfärbende Ozonschutzmittel eingesetzt. Sie besitzen keine Schutzwirkung gegen Ermüdung oder Alterung und müssen ebenfalls in Kombination mit Wachsen eingesetzt werden. In halogenierten Kautschuken wird eine gewisse Schutzwirkung auch ohne Zusatz von Wachsen erreicht.

Als *Hydrolyseschutzmittel* für EVM, ACM, VMQ und Polyurethankautschuke dient meistens Polycarbodiimid.

Die Dosierung der Alterungsschutzmittel liegt je nach Zusammensetzung, Anforderung und Kautschuktyp zwischen 1 und 5 phr, gegebenenfalls auch höher.

7.6 Haftmittel

Verbundwerkstoffe wie Reifen, Förderbänder, Keilriemen, Schläuche oder beschichtete Gewebe müssen sowohl elastisch sein, als auch Zug- oder Druckbelastung widerstehen. Da Elastomere sich bei Belastung verformen, ist zur Kraftübertragung ein Festigkeitsträger (Substrat) erforderlich. Solche Verstärkungen bestehen je nach Belastung aus einer oder mehreren Lagen Textil- oder Stahlcord, teilweise werden beide miteinander kombiniert. In einem solchen Verbundwerkstoff bewirkt das Elastomer die gewünschte Elastizität, das verstärkende Material überträgt die anliegenden Kräfte und erhält die Dimensionsstabilität. Für Textilcorde werden meist Fasern aus Polyamid, Polyester oder Aramid verwendet (Bild 7.9).

Ohne chemische Bindung der Festigkeitsträger zum umgebenden Elastomer würden die Verbundwerkstoffe bei dynamischer Belastung durch innere Reibung sehr schnell zerstört. Mit dem üblichen Mischungsaufbau (Füllstoffe, Weichmacher, Alterungsschutzmittel, Vernetzungssystem) wird aber nur eine ungenügende Haftung erzielt. Daher sind Haftvermittler erforderlich, die sowohl mit dem Kautschuk, als auch mit dem Festigkeitsträger reagieren und somit die Haftung erheblich verbessern. In der Regel handelt es sich um Resorcin-Formaldehyd-Harze.

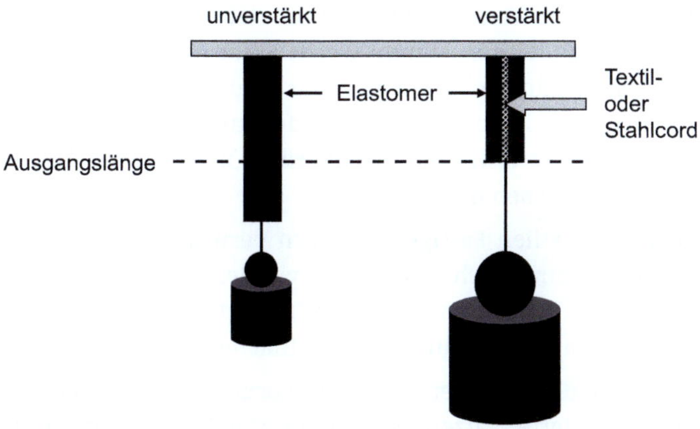

Bild 7.9 Verstärkung durch Textil- oder Stahlcord

Textile Festigkeitsträger werden in einem Tauchbad mit einer wässrigen Lösung aus einem vorkondensierten Resorcin-Formaldehyd-Harz und hauptsächlich VP-Latex (Butadien-Styrol-2-Vinylpyridin) imprägniert *(RFL-Dip)*. Bei der weiteren Aushärtung des RFL-Dips bildet das Resorcin-Formaldehyd-Harz ein Sekundärnetzwerk. Über diese Zwischenschicht werden die textilen Festigkeitsträger schließlich bei der Vulkanisation mitvernetzt. Während sich bei Rayon- oder Polyamidfasern der RFL-Dip chemisch mit der Faser verbindet, erfordern Polyester- und Aramidfasern vor dem RFL-

Dip einen Überzug auf Basis von Epoxiden oder Isocyanaten, der als *Spin-Finish* bezeichnet wird. Für Glasfasern werden dazu Silane eingesetzt.

Metallische Festigkeitsträger wie Stahlcorde erfordern in der Regel einen Überzug als Korrosionsschutz. Für die Gummiindustrie haben sich Schutzschichten aus Messing oder Zink bewährt, mit denen gleichzeitig gute Haftung zu Gummi erreicht wird. Dabei bietet Zink einen höheren Schutz gegen Korrosion, weswegen verzinkte Stahlcorde hauptsächlich bei Förderbändern verwendet werden. Es wird davon ausgegangen, dass der Haftmechanismus über eine Reaktion des Kupfers oder Zinks mit dem freien Schwefel der Kautschukmischung über polysulfidische Bindungen erfolgt. Bei Zink kann durch Zusatz von organischen Kobaltverbindungen die ansonsten bevorzugte Reaktion des Zinks mit Sauerstoff oder enthaltener Feuchtigkeit unterbunden werden, um die gebildeten Sulfide zu stabilisieren. Allerdings zeigen solche Haftsysteme auf Dauer unzureichende thermische Beständigkeit.

Mittlerweile verwendet man für metallische Festigkeitsträger chemisch ähnliche Systeme wie bei textilen Verstärkungen. Dazu werden die Haftmittel in den Kautschuk eingemischt. In diesem Fall spricht man von *Direkthaftmitteln*. Es handelt sich um sogenannte *RFS-Systeme* aus Resorcin, Formaldehyd und hochaktiver Kieselsäure (Silica). Formaldehyd wird dabei über den Zerfall von Hexa(methoxymethyl)melamin (HMMM) oder Hexamethylentetramin (HMT) freigesetzt. Die Funktion der Kieselsäure ist dabei noch nicht vollständig geklärt, sie ist aber unabdingbar. Allerdings beschleunigen die Direkthaftmittel die Vernetzungsreaktion, daher müssen Vernetzungssystem und Haftmittel aufeinander abgestimmt werden. Für optimale Haftung ist eine lange Anvulkanisationszeit günstig, damit sich das Sekundärnetzwerk aus Resorcin-Formaldehyd-Harz ausbilden kann. RFS-Systeme deaktivieren die Peroxidvernetzung. In diesem Fall muss der jeweilige Festigkeitsträger mit Haftmitteln auf Basis von Isocyanaten (Spin-Finish) vorbehandelt werden.

RFS-Systeme lassen sich auch bei textilen Festigkeitsträgern verwenden, allerdings müssen Polyester auch mit einem Spin-Finish ausgerüstet werden, um Faserschädigung durch den bei der Abspaltung des Formaldehyds freigesetzten Ammoniaks zu vermeiden. RFS-Systeme zeigen auch Haftwirkung an Metallflächen.

Bei anspruchsvollen Anwendungen (Gummi-Metall-Verbundkörper wie Schwingungsdämpfer, Elastomerlager und gummierte Walzen) werden die Metallflächen mit Haftvermittlern auf Basis von Isocyanaten oder Chlorkautschuk (chlorierter NR, BR oder CR, vgl. Abschnitt 5.8) behandelt.

Ursprünglich wurde auch Hartgummi als Haftvermittler eingesetzt, etwa bei Walzenbeschichtungen. An der Trennschicht zwischen Hart- und Weichgummi bildet sich dann jedoch ein Bereich übervulkanisiertem Materials, wodurch die dynamischen Eigenschaften deutlich beeinträchtigt werden. Daher wurde Hartgummi als Haftvermittler durch die oben genannten Systeme im Wesentlichen ersetzt.

Die Tendenz zur Haftung an textile oder metallische Substrate hängt vom verwendeten Kautschuk ab. IIR und EPDM verhalten sich diesbezüglich eher ungünstig, BR, SBR und NR sowie insbesondere CR und NBR zeigen gute bis sehr gute Anbindung an textile oder metallische Festigkeitsträger. Durch zu hohe Anteile an Weichmacher und Verarbeitungshilfsmitteln wird die Haftung negativ beeinflusst, ebenfalls durch Alterungsschutzmittel wie MBI. Die Gesamtdosierung aller Komponenten einer Direkthaftmischung beträgt rund 6 bis 8 phr.

7.7 Mastizierhilfsmittel

Naturkautschuk besitzt Makromoleküle mit relativ hoher Kettenlänge. Daher hat Naturkautschuk zunächst eine recht hohe Viskosität. Um die Viskosität zu senken und damit die Verarbeitung zu erleichtern, müssen die Polymerketten durch hohe Scherkräfte mechanisch auf Walzwerken (bis etwa 80 °C) oder thermisch im Innenmischer (über 120 °C) gespalten werden *(Mastikation)*. Die Anwesenheit von Luftsauerstoff unterbindet die Rekombination der Bruchstücke. Der energieaufwendige Abbau kann durch sogenannte Mastizierhilfsmittel *(Peptizer)* verkürzt werden, die den Abbau der Polymerketten katalysieren und damit auch bei niedrigerer Temperatur ermöglichen (Bild 7.10). Geeignete Mastizierhilfsmittel sind 2,2'-Dibenzamidodiphenyldisulfid (DBD) oder Zinkseifen, die durch sogenannte Booster (organische Metallkomplexe) aktiviert werden. Das früher benutzte sehr wirksame Pentachlorthiophenol wird aufgrund seiner toxikologischen Problematik nicht mehr verwendet. Die Dosierung von Mastiziermitteln ist recht niedrig und liegt zwischen 0,1 und 0,5 phr. Synthesekautschuke werden von vornherein mit unterschiedlichen Kettenlängen und entsprechend verschiedenen Viskositätsbereichen hergestellt, hier sind keine Mastizierhilfsmittel erforderlich.

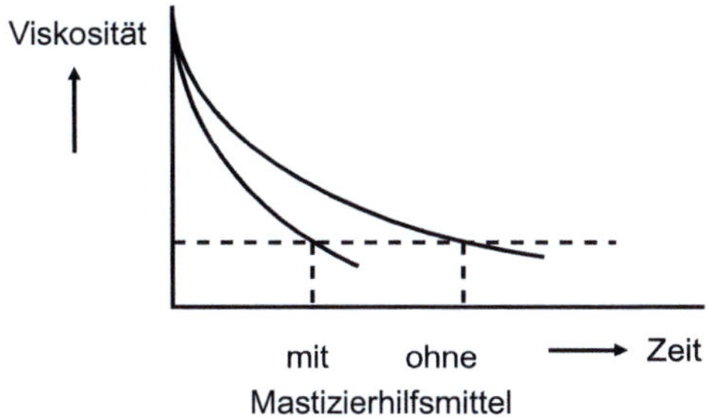

Bild 7.10
Wirkung von Mastizierhilfsmitteln

7.8 Treibmittel

Die Herstellung von Moosgummi und Zellgummi erfordert Treibmittel, die beim Erwärmen Gase, in der Regel Stickstoff, freisetzen. Dabei wird das Volumen der Kautschukmischung bis zum Zehnfachen aufgebläht. Während der Vulkanisation entsteht dadurch je nach Verfahren eine vollständig (Zellgummi), teilweise geschlossene (Moosgummi) oder überwiegend offene (Schwammgummi) Porenstruktur. Verwendete Treibmittel sind Produkte wie Azodicarbonamid (ADC) und Toluolsulfohydrazid (TSH), wobei letzteres mit Peroxiden reagiert und damit die Vernetzungsausbeute verringert. Kicker wie Diethylenglykol verringern die notwendige Zersetzungstemperatur. Anorganische Produkte wie Natriumhydrogencarbonat haben sich als ungünstig erwiesen.

Grundsätzlich ist bei der Verwendung von Treibmitteln auf besonders genaue Abstimmung mit dem Vulkanisationssystem zu achten. Die Anvulkanisationszeit soll möglichst lang sein, um eine gleichmäßige Porenstruktur zu erzielen, allerdings birgt eine zu lange Anvulkanisationszeit die Gefahr, dass bereits ausgebildete Poren beim Einsetzen der Vernetzungsreaktion wieder zusammengedrückt werden. Die Dosierungen liegen zwischen 2 und 6 phr, für besonders weichen Zellgummi bis 10 phr.

7.9 Sonstige Produkte

Für farbige Gummiartikel werden verschiedene Pigmente wie Titandioxid, Eisenoxide sowie organische Farbstoffe verwendet. In der Regel werden farbige Mischungen auf separaten Maschinen hergestellt, da schon kleine Verunreinigungen durch Ruß alle anderen Farben überdecken. Als verstärkende Füllstoffe werden hier aktive Kieselsäuren verwendet, zudem Kaoline oder Kreiden als Extenderfüllstoffe.

Die Flammwidrigkeit von Elastomeren kann auf verschiedene Weise erhöht werden. So verhalten sich halogenhaltige Polymere aufgrund ihrer intrinsischen flammhemmenden Wirkung günstiger als andere Kautschuke. Als flammhemmende Produkte werden Substanzen wie Chlorparaffin oder Antimontrioxid eingesetzt, die aber toxikologisch bedenklich sind. Beim Brand chlorhaltiger Polymere ist außerdem mit der Bildung von Chlorwasserstoff (HCl) und Dioxinen zu rechnen. Diesbezüglich sind phosphorhaltige Produkte sowie Borate wesentlich günstiger. Sie fördern durch den Entzug von Wasser die Verkokung, wodurch eine Sperrschicht gegenüber flüchtigen, brennbaren Anteilen entsteht. Eine weitere Möglichkeit, die insbesondere bei EVM ausgenutzt wird, sind hohe Anteile von Aluminiumtrioxidhydrat (ATH). Es spaltet bei hohen Temperaturen Wasser ab und verzögert auf diese Weise die Flammausbreitung.

Des Weiteren werden bei Bedarf geruchsverbessernde Mittel, Termitenschutzmittel oder antimikrobiell wirkende Substanzen zugesetzt.

Literatur Kapitel 7

[1] Engels, H. W. et al.: Rubber, 4. Chemicals and Additives, in: Ullmann's Encyclopedia of Industrial Chemistry. Weinheim: Wiley VCH Verlag 1993

[2] Hofmann, W.: Vulkanisation und Vulkanisationshilfsmittel. Stuttgart: Berliner Union 1965

[3] Hofmann, W.; Gupta, H.: Handbuch der Kautschuktechnologie. Ratingen: Gupta-Verlag 2009

[4] Holleman, A. F.; Wiberg, E.; Wiberg, N.: Lehrbuch der anorganischen Chemie. Berlin: Walter de Gruyter 2007

[5] Kempermann, T. et al.: Handbuch für die Gummiindustrie. Leverkusen: Bayer AG 1991

[6] Röthemeyer, F.; Sommer, F.: Kautschuktechnologie. München: Carl Hanser Verlag 2013

[7] Schnetger, J.: Lexikon der Kautschuktechnik. Heidelberg: Hüthig 2004

[8] Der Gefahrstoff ETU kann in der Gummiindustrie vollständig ersetzt werden: Nach Substitution des ETU Systems in ECO ist jetzt auch ein Vernetzungssystem hoher Aktivität und Effizienz für CR erhältlich. Mannheim: RheinChemie 2008

[9] Die neuen Gefahrenklassen. *https://www.reach-clp-biozid-helpdesk.de*, abgerufen am 23. 01. 2025

[10] Häufige Fragen zu Phthalaten bzw. Weichmachern. *https://www.umweltbundesamt.de*, abgerufen am 24. 01. 2025

[11] Bedarfsgegenstände aus Natur- und Synthesekautschuk im Lebensmittelkontakt. *https://mobil.bfr.bund.de*

8 Die Verarbeitung von Kautschuk und Kautschukmischungen

8.1 Übersicht

Bei der Herstellung von Kautschukmischungen besteht die Herausforderung, überwiegend Feststoffe (Füllstoffe, diverse Chemikalien), aber auch Flüssigkeiten (Weichmacher), wachsähnliche Substanzen (Verarbeitungshilfsmittel) und andere in den zähen Kautschuk einzuarbeiten. Die bestmögliche Verteilung aller Komponenten im Kautschuk ist wesentlich für ein optimales Eigenschaftsbild des Vulkanisats.

Kautschuke zeigen aufgrund ihrer hohen Verknäulung ein ausgeprägtes entropieelastisches Verhalten. Sie sind zwar fast beliebig verformbar, setzen aber der Verformung einen großen Widerstand entgegen (Rohfestigkeit, Green Strength), was sich in einer hohen Viskosität bemerkbar macht. Zwar erleichtert die im Verlauf des Mischprozesses ansteigende Temperatur das Fließen, es tritt aber kein Schmelzen ein. Die Verarbeitung von Kautschuken erfordert also eine hohe mechanische Arbeit und entsprechend leistungsfähige Maschinen.

Feste Mischungsbestandteile wie zum Beispiel Füllstoffe und viele Kautschukchemikalien werden durch Reibung *(Friktion)* zwischen den Polymerketten verteilt. Mit zunehmender Dosierung insbesondere aktiver Füllstoffe steigt auch die Viskosität. Weichmacher verteilen sich dagegen zwischen den Makromolekülen und erhöhen deren Beweglichkeit, was den durch Füllstoffe bedingten Anstieg der Viskosität zumindest teilweise wieder kompensiert. Insofern erleichtern Weichmacher die Verarbeitung, erschweren dadurch aber gleichzeitig die Füllstoffdispersion. Daher kommt der Mischreihenfolge eine besondere Bedeutung zu. Die für gleichmäßige Qualität und damit optimale mechanische und dynamische Eigenschaften erforderliche Homogenisierung nimmt eine gewisse Zeit in Anspruch.

Mischmaschinen für Kautschukmischungen bestehen prinzipiell aus zwei parallel angeordneten, gegenläufig rotierenden Zylindern, die die verschiedenen Komponenten einer Kautschukmischung durch Scherung und Druck in den Kautschuk einarbeiten. Die dabei entstehende Reibungswärme erhöht die Temperatur des Mischguts, dadurch verbessert sich die Fließfähigkeit des Kautschuks. Allerdings müssen zu hohe Temperaturen vermieden werden, um thermischen Abbau der Polymere oder – bei vernetzungsfähigen Mischungen – vorzeitige Anvulkanisation zu verhindern. Bei Naturkautschuk nutzt man vor dem eigentlichen Mischprozess den thermischen Abbau gezielt zur Verringerung der Kettenlänge *(Mastikation)*. Hierdurch sinkt die Viskosität und die Fließfähigkeit wird verbessert. Synthesekautschuke sind bereits in verschiedenen Viskositätsstufen verfügbar, daher ist eine Mastikation nicht erforderlich.

Üblicherweise arbeitet man in einem Zweistufen-Prozess. Dabei werden zunächst Füllstoffe, Weichmacher und die meisten Kautschukchemikalien in einem sogenannten *Innenmischer (Kneter)* in den Kautschuk eingearbeitet. Bei sehr hohen Füllstoffmengen hat sich das *Upside-Down-Verfahren* bewährt, bei dem Füllstoffe und Kautschukchemikalien vor dem Kautschuk in den Kneter gegeben werden. Dieses Verfahren vermeidet übermäßiges Krümeln der Mischung, wodurch nicht genügend Scherkräfte aufgebaut werden. Mischtemperaturen im Innenmischer erreichen Werte bis deutlich über 150 °C. Daher werden die zur Vernetzung erforderlichen Chemikalien bei niedrigeren Temperaturen nachgemischt, um Anvulkanisation zu vermeiden. Hier sind *Walzwerke* vorteilhaft, deren großflächige, mit Wasser temperierte Walzen wesentlich geringere Mischtemperaturen ermöglichen. Das *Nachmischen* auf dem Walzwerk ist vor allem bei Mischungen mit schnellen Vulkanisationssystemen günstig, wie etwa für die Extrusion, oder wenn Treibmittel enthalten sind. Weniger empfindliche Mischungen werden auch bei Temperaturen bis zu 120 °C im Innenmischer fertiggemischt. Nach dem Mischen werden die Mischungen zu Fellen von etwa einem Zentimeter Dicke ausgewalzt. Sollen sie über einen längeren Zeitraum gelagert werden, erfolgt das Einmischen der Vernetzungschemikalien erst unmittelbar vor der Formgebung. Dies gilt auch, wenn die Mischung vor der Weiterverarbeitung gestrainert werden soll. Beim *Strainern* wird die Kautschukmischung in einem Extruder durch Siebe gepresst, um eventuell vorhandene Restpartikel zu entfernen.

Die wichtigsten formgebenden Verfahren sind Pressverfahren, Extrusion und Kalandrieren. Auf die Formgebung folgt die Vulkanisation. Damit wird die Form des Gummiartikels zunächst fixiert, gleichzeitig wird erst durch die Vernetzung die typische Gummielastizität erreicht. Während die Vulkanisation bei extrudierten oder kalandrierten Artikeln einen weiteren Arbeitsschritt bedeutet, erfolgen Formgebung und Vulkanisation bei Formteilen zwar auch nacheinander, allerdings in einem Arbeitsgang. Verbundwerkstoffe wie verstärkte Schläuche, gummierte Walzen, Fördergurte, Riemen oder Reifen erfordern zusätzlichen Aufwand durch die sogenannte *Konfektion*, bei der vorgeformte Einzelteile vor der Vulkanisation zusammengesetzt werden.

Die Wahl des Vulkanisationsverfahrens wird meist vom Einsatzzweck bestimmt. Die Vulkanisationstemperatur und die Vulkanisationszeit hängen vom verwendeten Kautschuk, dem eingesetzten Vernetzungssystem sowie der Größe und der Wandstärke des Artikels ab. Kontinuierliche Vulkanisationsverfahren wie die Extrusion erfordern schnelle Vernetzungssysteme, ebenfalls kleine Spritzgussartikel, die in wenigen Minuten bei hoher Temperatur vernetzt werden. Großvolumige Artikel lassen sich dagegen nur in Dampf bei Verweilzeiten von mehreren Stunden vulkanisieren. Die bei Auskleidungen von Kesseln oder Rohrleitungen noch praktizierte Vulkanisation mit Heißwasser von etwa 80 °C verläuft sogar über mehrere Tage.

Bei allen Verfahren ist die schlechte Wärmeleitfähigkeit der Kautschuke zu berücksichtigen. Artikel mit großen Wandstärken werden daher vor der eigentlichen Vulkanisation oft im Wärmeschrank bei 80 °C oder mittels Mikrowellenstrahlung vorgewärmt. Alternativ besteht die Möglichkeit, die Vulkanisation über einen längeren Zeitraum bei relativ niedriger Temperatur durchzuführen, um eine möglichst gleichmäßige Erwärmung über die gesamte Wandstärke und damit einen soweit wie möglich homogenen Vernetzungsgrad zu gewährleisten. Auch, wenn sie nur lokal auftreten, führen zu hohe Temperaturen oder zu lange Verweilzeiten zu thermischem Abbau (Reversion oder Alterung).

8.2 Mastikation von Naturkautschuk

Die Mastikation von Naturkautschuk kann auf dem Walzwerk bei etwa 70 bis 80 °C (mechanisch) oder im Innenmischer (120 bis 130 °C, thermisch-oxidativ) erfolgen. Hierbei werden die Makromolekülketten gespalten und somit die Viskosität gesenkt. Der anwesende Luftsauerstoff verhindert die Rekombination der Bruchstücke. Im Innenmischer verläuft der Abbau innerhalb von wenigen Minuten, auf dem Walzwerk dauert der Prozess deutlich länger. Üblicherweise erfolgt das Mastizieren im Innenmischer als Vorprozess zum eigentlichen Mischvorgang. Durch Mastizierhilfsmittel kann der energieaufwendige Abbau deutlich beschleunigt werden (vgl. Abschnitt 7.7). Durch sehr lange Mastizierzeiten kann die Viskosität von Naturkautschuk soweit verringert werden, dass er unter seinem eigenen Gewicht fließt.

8.3 Mischen

8.3.1 Mischen im Innenmischer

Die wichtigsten Mischmaschinen in der Gummiindustrie sind *Innenmischer* (auch: *Kneter*). Sie verfügen über eine geschlossene und temperierbare Mischkammer, in der sich speziell konstruierte Rotoren (auch: Schaufeln) gegeneinander drehen (Bild 8.1 und Bild 8.2). Die geschlossene Mischkammer verringert die Staubbildung, ein hydraulischer Stempel drückt das Mischgut gegen die Rotoren. Innenmischer ermöglichen eine wesentlich raschere Homogenisierung als Walzwerke, die Mischzeiten liegen meist im Bereich von 4 bis 10 Minuten. Allerdings steigt die Temperatur recht schnell an und kann Werte von 150 bis 180 °C erreichen. Das Vernetzungssystem wird dann auf Walzwerken nachgemischt, um Anvulkanisation zu vermeiden. Man unterscheidet zwischen Innenmischern mit ineinandergreifenden und solchen mit tangierenden Rotoren (Bild 8.3).

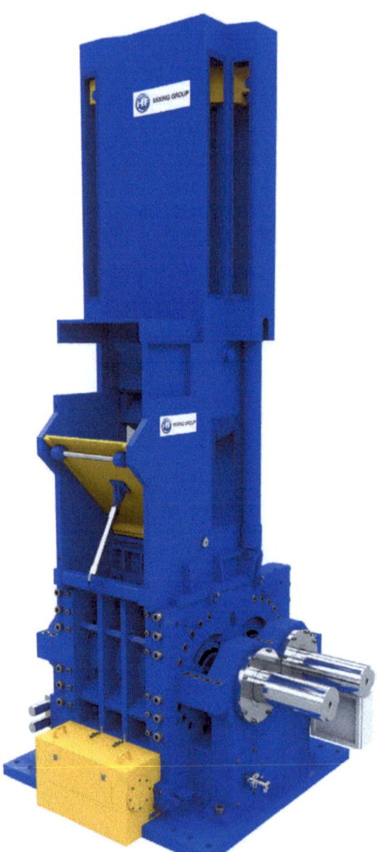

Bild 8.1
Innenmischer [Quelle: Harburg Freudenberger Maschinenbau GmbH]

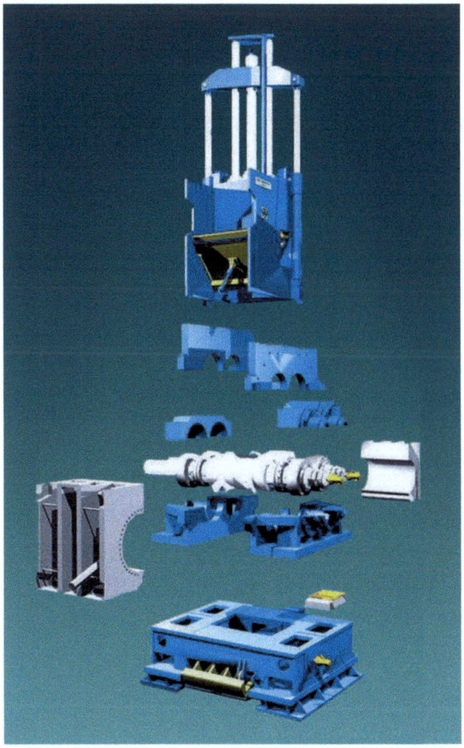

Bild 8.2
Komponenten eines Innenmischers
[Quelle: Harburg Freudenberger Maschinenbau GmbH]

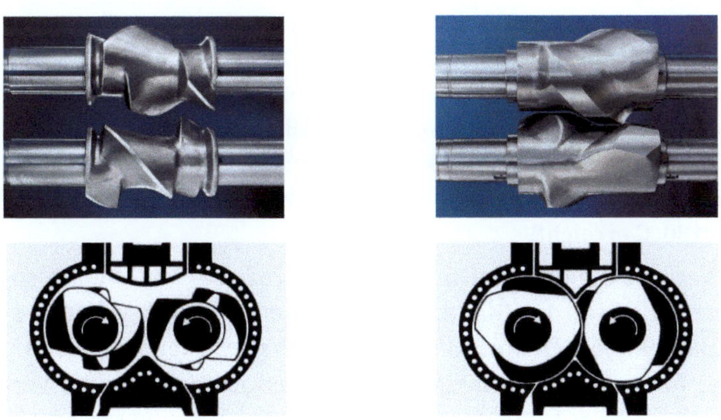

Bild 8.3 Unterschiedliche Rotorgeometrien bei Innenmischern
[Quelle: Harburg Freudenberger Maschinenbau GmbH]

Ineinandergreifende (auch: kämmende) Rotoren verfügen über aufgesetzte Schneckenblöcke und ermöglichen eine mit Walzwerken vergleichbare Dispersion sowie geringere Mischungstemperaturen. Innenmischer mit ineinandergreifenden Rotoren sind daher auch für einstufige Mischprozesse in Gebrauch (die Mischung wird einschließlich des Vernetzungssystems im Innenmischer hergestellt). Bei tangierenden Rotoren treten höhere Temperaturen auf. Innenmischer mit tangierenden Rotoren sind billiger als solche mit ineinandergreifenden Rotoren und ermöglichen größere Durchsatzmengen. Übliche Mischkammervolumina liegen zwischen 40 und 250 Litern, in der Reifenindustrie sind tangierende Kneter mit bis zu 700 Litern im Einsatz. Laborkneter haben Kapazitäten zwischen einem und sechs Litern.

Konstruktionsbedingt müssen ineinandergreifende Rotoren mit gleicher Geschwindigkeit laufen. Tangierende Rotoren arbeiten dagegen mit leicht veränderten Drehzahlen, das Drehzahlverhältnis beträgt etwa 1,1 : 1. Die Rotoren sind meist horizontal fixiert. Beim *Variable Intermeshing Clearance-Mischer* (VIC-Mischer) lässt sich die Spaltbreite zwischen den Rotoren vergrößern, um das Einzugsverhalten am Anfang des Mischprozesses zu verbessern. Übliche Drehzahlen von Innenmischern betragen um 30 bis 40 min^{-1}, gelegentlich werden auch Drehzahlen bis zu 90 min^{-1} benutzt.

Zum Mischen wird meistens der Kautschuk vorgegeben, anschließend erfolgt die Zugabe von Füllstoff und Weichmacher in bestimmten zeitlichen Abständen. Kautschukchemikalien werden als letztes zugegeben, bei tangierenden Rotoren üblicherweise jedoch keine Vernetzungschemikalien. Nach jeder Zugabe wird der Einfüllschacht geschlossen und die Mischung mit dem hydraulischen Stempel (2 bis 12 bar, typ. 4 bis 8 bar) in die Mischkammer gepresst. Falls erforderlich, wird der Stempeldruck erhöht, um die Dispersion zu verbessern. Durch Beobachtung von Kraftaufnahme und Temperatur wird der Ausstoßzeitpunkt festgelegt. In der Regel ist die optimale Durchmischung nach wenigen Minuten erreicht und der Mischungsklumpen wird durch Schwenken des Klappsattels nach unten ausgeworfen (Bild 8.4). Die Ausstoßtemperaturen liegen je nach Temperierung der Mischkammer, der Zusammensetzung der Kautschukmischung und der Fahrweise üblicherweise zwischen 100 °C und 150 °C, zuweilen werden bis zu 180 °C erreicht.

Eine Optimierung und Verkürzung des zweistufigen Mischprozesses kann durch sogenannte *Tandemmischer* erzielt werden (Bild 8.5). Hier befindet sich ein zweiter Kneter mit kämmenden Schaufeln, jedoch ohne Stempel, unterhalb des ersten Kneters. Der obere Innenmischer übernimmt die Herstellung der Basismischung (ohne Vernetzungssystem). Der untere Kneter ist deutlich größer und sorgt für eine rasche Abkühlung des Mischguts, das schon nach etwa 50 bis 70 % der sonst üblichen Zeit aus dem oberen Kneter eingeworfen wird. Durch einen zusätzlichen Einfüllstutzen lassen sich die restlichen Mischungsbestandteile im unteren Kneter zumischen.

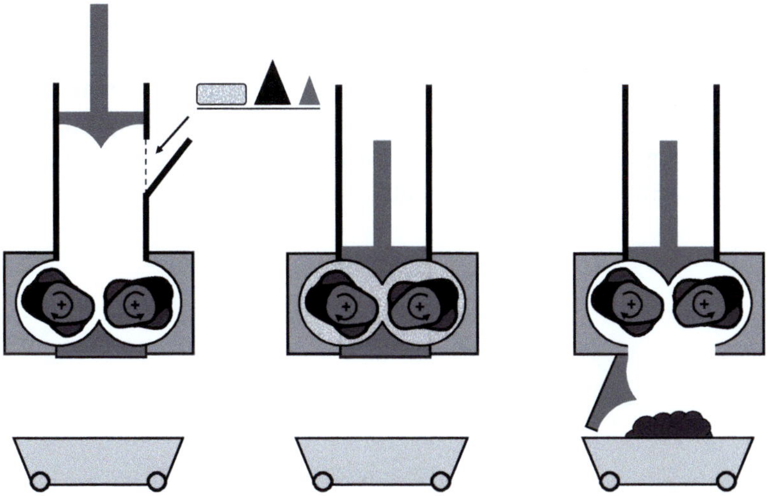

Bild 8.4 Schematischer Ablauf des Mischens im Innenmischer

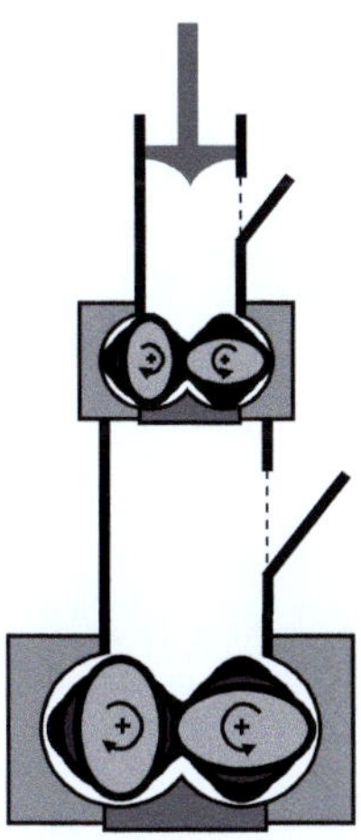

Bild 8.5
Prinzip des Tandemmischers

Die fertige Kautschukmischung fällt als Klumpen an und wird auf nachgeschalteten Walzwerken zu Fellen von rund einem Zentimeter Dicke geformt, um sie für die weitere Verarbeitung vorzubereiten. Bei Mischungen, die nicht zwischengelagert werden, wird, sofern noch nicht enthalten, auf dem Walzwerk das Vernetzungssystem nachgemischt, ansonsten erfolgt dies unmittelbar vor der Formgebung. Die fertigen Felle werden gestapelt, wobei das Aneinanderkleben durch Polyethylenfolie zwischen den einzelnen Fellen vermieden wird.

Vor allem bei der Herstellung größerer Chargen, wie etwa in der Reifenindustrie, setzen sich mehr und mehr *Ausformextruder* (Bild 8.6 und Bild 8.7) mit nachgeschaltetem Zwei-Walzen-Kalander durch *(Extruder-Roller-Die-* oder *Roller-Head-Anlage)*. Das

Mischgut wird von einem Extruder aufgenommen und durch eine Breitschlitzdüse direkt in den Walzenspalt gegeben. Roller-Head-Anlagen werden auch direkt unterhalb des Kneterschachtes angebracht, die Mischung wird mit Stempeln in den Extruderschacht gedrückt. Mittlerweile werden für Roller-Head-Anlagen hauptsächlich Stiftextruder verwendet (vgl. Abschnitt 8.4.2.1). Es lassen sich sowohl dünne Streifen von etwa 0,1 mm als auch Streifen von 10 bis 20 mm Dicke erzeugen.

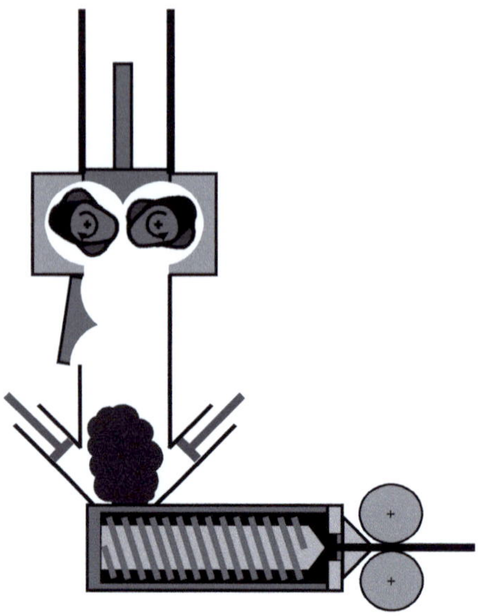

Bild 8.6 Prinzip eines Ausformextruders mit Roller-Head-Anlage

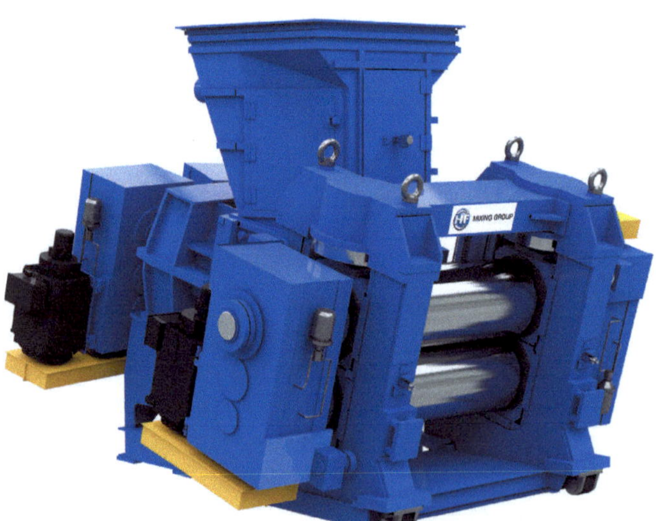

Bild 8.7 Ausformextruder mit Roller-Head-Anlage [Quelle: Harburg Freudenberger Maschinenbau GmbH]

Zur Abkühlung und Vorbereitung auf die Lagerung dienen sogenannte *Batch-Off-Anlagen* (Bild 8.8). Hier durchlaufen die vorgeformten Felle ein Trennmittelbad oder eine Trennmitteldusche und werden anschließend durch ein Gebläse getrocknet und abgekühlt. Das Trennmittel soll das Aneinanderkleben der Felle verhindern, die anschließend automatisch auf die passende Länge geschnitten und schichtweise gestapelt werden.

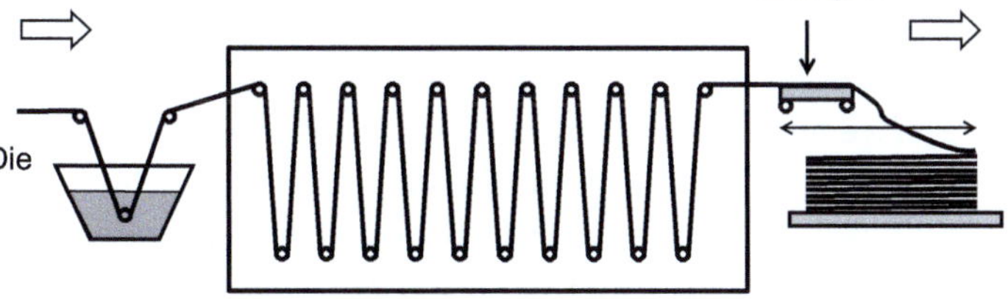

Bild 8.8 Batch-Off-Anlage

Zur Vorbereitung für die Extrusion finden auch immer häufiger Streifen- oder Trommelkühlanlagen Verwendung. Hier durchlaufen die in ihrer Breite bereits für die Extrusion optimierten Mischungsstreifen ebenfalls ein Trennmittelbad und werden automatisch abgelegt.

8.3.2 Mischen auf dem Walzwerk

Aufgrund der geringeren Temperaturbelastung verwendet man Walzwerke als zweite Mischstufe zur Einarbeitung von Beschleunigern *(Nachmischen)* oder zum Aufwärmen fertig gemischter, aber zwischengelagerter Mischungen vor der Formgebung *(Fütterwalzen)*, etwa vor dem Extruder oder Kalander. Walzwerke werden nur in besonderen Fällen für den kompletten Mischvorgang verwendet.

Die polierten Walzenzylinder werden von innen mit Wasser temperiert und mit unterschiedlichen Drehzahlen betrieben. Die hintere Walze läuft etwa 10 bis 30 % schneller als die Vorderwalze („Friktion" von 1 : 1,1 bis 1 : 1,3). Dadurch entstehen die erforderlichen Scherkräfte im Walzenspalt, außerdem wird weitgehend vermieden, dass die Mischung auf die hintere Walze gezogen wird. Einige Kautschuke wie teilkristalline EPDM-Typen tendieren zur Haftung auf der hinteren, kühleren Walze, hier kann durch Erhöhung der Temperatur oder der Drehzahl der hinteren Walze gegengesteuert werden.

Übliche Drehzahlbereiche sind etwa 24 min^{-1} für kleine und etwa 12 min^{-1} für große Walzwerke. Je nach Dimensionierung (bis zu 850 mm Durchmesser und 3000 mm Länge) lassen sich auf Walzwerken bis etwa 200 kg Mischung verarbeiten.

Zunächst wird der Kautschuk aufgegeben, der durch die Scherkräfte im Walzenspalt auseinandergezogen wird. Wenn der Kautschuk auf der Vorderwalze ein zusammenhängendes Fell gebildet hat, werden Zug um Zug die anderen Mischungsbestandteile aufgegeben, beginnend mit dem Füllstoff, gefolgt vom Weichmacher. Dabei ist es wichtig, dass sich im Einzugsbereich der Walzen ein Rollwulst ausbildet, ein Bereich scheinbar zu viel aufgegebenen Materials, der aber durch seine Rotation für die eigentliche Durchmischung sorgt. Mit zunehmender Materialmenge wird die Spaltbreite sukzessive erweitert. Damit wird auch ein zu starker Anstieg der Reibungswärme aufgrund der zunehmenden Viskosität vermieden. Das Mischungsfell wird schließlich zur Homogenisierung mehrfach abwechselnd von beiden Seiten eingeschnitten und gewendet. Schließlich wird die Mischung komplett von der Walze genommen, zu einer sogenannten Puppe aufgerollt und zur Homogenisierung mehrfach durch den wieder bis hinunter zu einem Millimeter verengten Walzenspalt geführt *(eng durchlassen)*.

Moderne Walzwerke verfügen über ein weiteres, kleineres Walzenpaar oberhalb des eigentlichen Walzwerkes, das die Homogenisierung erleichtert und aufgrund der Zu- und Abführung durch die Umgebungsluft die Mischung etwas abkühlt *(Stockblender)*. Durch hin und her bewegte Führungsrollen wird die Mischung abwechselnd von links nach rechts und zurück auf den Walzenspalt verteilt (Bild 8.9 und Bild 8.10).

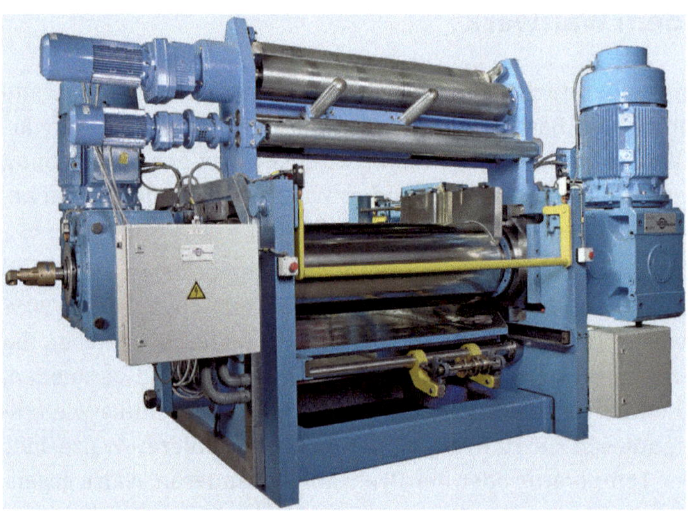

Bild 8.9 Walzwerk mit Stockblender [Quelle: Harburg Freudenberger Maschinenbau GmbH]

Zum Füttern des Stockblenders wird vom umlaufenden Walzenfell ein langer, schmaler Streifen abgeteilt und in den Stockblender geworfen. Gleichzeitig muss das Mischungsfell langsam weiter diagonal eingeschnitten werden, bis es vollständig durch den Stockblender läuft. Dieser Vorgang erfordert hohes manuelles Geschick.

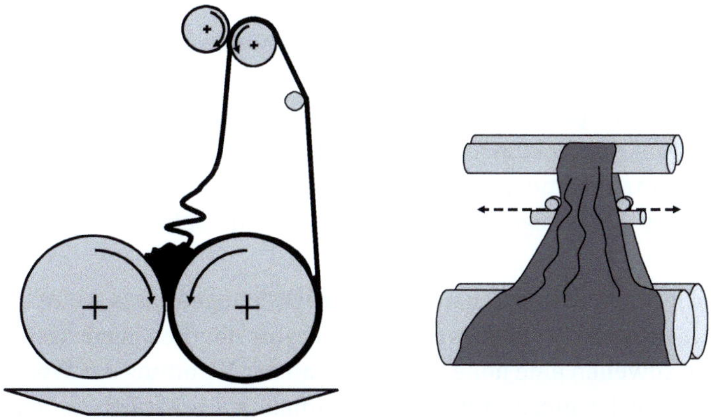

Bild 8.10 Homogenisierung auf einem Walzwerk mit Stockblender

Aufgrund der großen, temperierten Oberfläche erreichen die Temperaturen auf Walzwerken etwa 80 bis 100 °C, insofern ist die thermische Belastung der Kautschukmischung im Gegensatz zum Innenmischer erheblich geringer. Auf der anderen Seite betragen übliche Mischzeiten zwischen 20 und 45 Minuten. Walzenmischungen besitzen vergleichbare oder bessere Homogenität als Mischungen, die im Innenmischer mit kämmenden Schaufeln hergestellt wurden. Daher werden Mischungen mit besonders hohen Anforderungen bezüglich der Homogenität auch komplett auf Walzwerken gemischt. Silikonkautschuk wird ausschließlich auf Walzwerken verarbeitet, da er aus Innenmischern nicht vollständig entfernt werden kann.

8.4 Formgebung und Vulkanisation

8.4.1 Pressverfahren

Zur Herstellung von Formteilen wird die vernetzungsfähige Kautschukmischung in eine mehrteilige Metallform, das sogenannte *Werkzeug*, gepresst, und unter hohem Druck vulkanisiert. Der Hohlraum im Werkzeug (auch: *Kavität*, *Nest*) entspricht einem Negativ des herzustellenden Artikels. Damit gesichert ist, dass die Kavität unter allen Umständen vollständig gefüllt wird, ist das dosierte Volumen an Kautschukmischung etwas höher als es dem Volumen des Fertigteils entspricht. Die überschüssige Mischung entweicht über die Austriebskanäle sowie die Trennebenen zwischen den einzelnen Teilen des Werkzeugs und bildet dort einen mehr oder weniger ausgeprägten Grat. Nach Ablauf der empirisch ermittelten Vulkanisationszeit wird das Werkzeug geöffnet und der fertige Artikel entnommen. Der Anguss wird abgeschnitten, der Austrieb entweder durch Bürsten, Schleifen oder Stanzen oder durch das sogenannte Kaltentgraten entfernt. Hierbei verhärtet der dünne Austrieb durch Tiefkühlen und lässt sich anschließend leicht abbrechen.

Aufgrund des etwa zehnfach höheren Ausdehnungskoeffizienten gegenüber Stahl zieht sich die Kautschukmischung beim Abkühlen auf ein etwas geringeres Volumen zurück, als es dem Formnest entspricht. Zudem versuchen die beim Verarbeiten in Fließrichtung gestreckten Makromoleküle aufgrund ihrer Entropieelastizität wieder einen verknäulten Zustand anzunehmen. Der Volumenverlust gegenüber der Kavität liegt in der Größenordnung von einigen Prozent und wird als *Schwindung* oder *Schwund* bezeichnet.

Insbesondere bei kompliziert geformten Teilen ist zu berücksichtigen, dass der Weiterreißwiderstand von Elastomeren mit steigender Temperatur deutlich zurückgeht. Zudem zeigen Vulkanisate zuweilen eine hohe Klebrigkeit an der Wandung des Werkzeugs. Um das Entformen zu erleichtern und eine Beschädigung des Artikels zu vermeiden, werden die Werkzeugoberflächen vor der Beschickung mit der Kautschukmischung mit *Formtrennmittel* auf Basis wässriger Seifenlösung oder Silikonöl eingesprüht. Auch das Verchromen der Werkzeugoberflächen hat sich als wirksam erwiesen.

Bei allen Pressverfahren bilden sich nach einer gewissen, von der Zusammensetzung der Mischung und der Werkzeugoberfläche abhängigen Zeit Ablagerungen im Werkzeug, die als *Formverschmutzung* bezeichnet werden. Als Ursache werden unter anderem niedermolekulare Abbauprodukte, etwa von Weichmachern, Verarbeitungshilfsmitteln oder Flammschutzmitteln, aber auch Spaltprodukte von Polymeren, diskutiert. Da die Oberflächengüte der Formteile darunter leidet, ist insbesondere bei Einsatz von Weichmachern oder Flammschutzmitteln von Zeit zu Zeit ein Reinigen der Werkzeugoberfläche erforderlich. Oft wird dazu eine spezielle Reinigungsmischung *(Purge Compound)* verwendet, die die Verunreinigung bindet. Ein anderes Phänomen ist der sogenannte *Diesel-Effekt*. Dabei handelt es sich um eine spontane Selbstzündung flüchtiger und brennbarer Anteile. Beim Spritzgießen wird die viskose Kautschukmischung unter hohem Druck in die Kanäle des Werkzeugs gedrückt. Im noch verbleibenden Hohlraum steigt der Druck bis zur vollständigen Füllung immer weiter an. Dadurch treten flüchtige Komponenten an der Fließfront aus der Mischung aus und entzünden sich bei genügend hohem Druck von selbst. Der Diesel-Effekt macht sich durch verbrannte Stellen auf dem Formteil bemerkbar und kann durch geringeren Einspritzdruck, einer anderen Lage der Formteilkanäle oder einer Entlüftung derselben vermieden werden.

Typische Formteile sind Dichtungen wie O-Ringe, Faltenbälge (zum Beispiel Achs- oder Lenkmanschetten), Sohlen, Formschläuche (zum Beispiel Kühlerschläuche), aber auch Gummi-Metall-Verbundwerkstoffe wie Motor- oder Brückenlager, Rollen und Räder.

8.4.1.1 Kompressionsverfahren (Compression-Molding)

Das Compression-Molding stellt das einfachste und kostengünstigste Pressverfahren dar. Ein grob vorgeformter Rohling wird zwischen die beiden Teile des Werkzeugs gelegt, die anschließend in einer Heizpresse unter einem Druck von bis zu 300 bar zusammengepresst werden (Bild 8.11 und Bild 8.12). Dadurch füllt die Mischung schließlich die gesamte Kavität aus. Zur Vermeidung von Fehlstellen oder eingeschlossener Luft wird etwa 2 bis 5 % mehr Mischung in die Form gegeben als für das Formteil erforderlich. Die Rohlinge werden bei Raumtemperatur eingelegt und nur über die obere und untere Platte der Heizpresse beheizt, bis das Formteil ausvulkanisiert ist. Aufgrund der schlechten Wärmeleitfähigkeit von Kautschuken sind die Heizzeiten also recht lang (meist deutlich über 10 Minuten). Dickwandige Artikel erfordern relativ niedrige Temperaturen mit besonders langen Heizzeiten, um partielle Übervulkanisation zu vermeiden. Durch Vorwärmung, zum Beispiel mit Mikrowellen, lässt sich dieser Zeitraum verkürzen und eine gleichmäßigere Vulkanisation über den gesamten Artikelquerschnitt erzielen. Das Compression-Molding-Verfahren ist nur für relativ einfach geformte Artikel geeignet. Ein grundsätzlicher Nachteil des Compression-Moldings ist der hohe manuelle Aufwand. Es findet aber weiterhin im Prototypenbau sowie zur Anfertigung von Kleinserien und für die Herstellung von Prüfkörpern Verwendung.

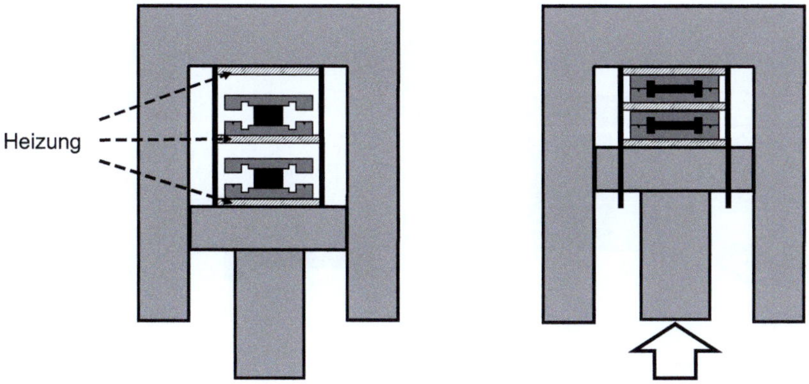

Bild 8.11 Etagenpresse zur Herstellung von Formartikeln im Kompressions- und Transferpressverfahren

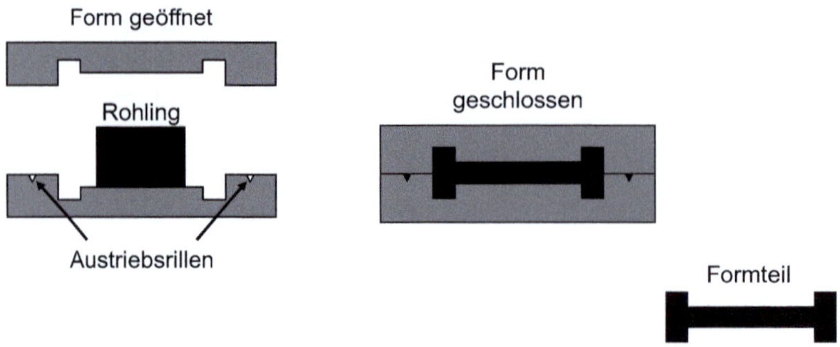

Bild 8.12 Prinzip des Kompressionsverfahrens

8.4.1.2 Transferpressverfahren (Transfer-Molding)

Das Transferpressverfahren verwendet aufwendigere und damit teurere Werkzeuge als das Kompressionsverfahren. Die meist scheibenförmig vorgeformten Rohlinge (Transferkuchen) werden zwischen Formkolben (Oberteil) und Transfereinheit (Mittelteil) einer mehrteiligen Form eingelegt. In der Transfereinheit befinden sich Angusskanäle, durch die die Mischung beim Zufahren in die Formnester des Formunterteils gedrückt („transferiert“) wird (Bild 8.13). Formnest und Transfereinheit sind bereits vor dem Einspritzen fixiert und ermöglichen dadurch auch das Einlegen beispielsweise von Metallteilen, die umspritzt werden sollen. Der Schließdruck ist höher als beim Compression-Molding und erreicht 200 bis 400 bar.

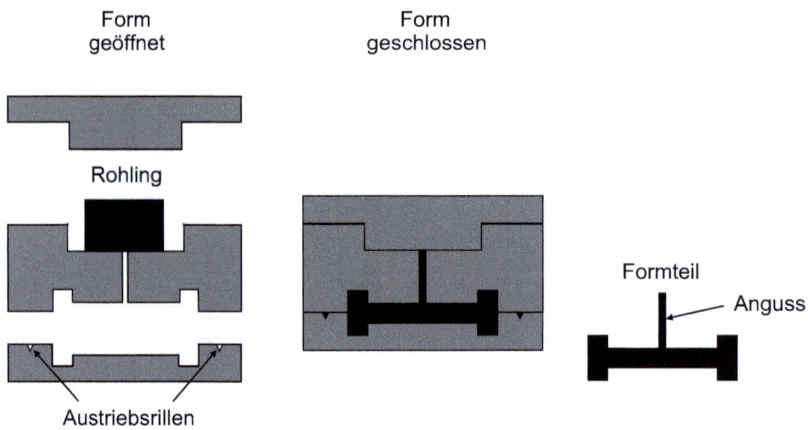

Bild 8.13 Prinzip des Transferpressverfahrens

Durch Reibung innerhalb der Angusskanäle sowie den intensiven Kontakt mit der heißen Werkzeugoberfläche heizt sich die Mischung sehr schnell auf, die Temperaturen betragen bis zu 180 °C. Daher ist das Vulkanisationssystem sorgfältig abzustimmen, um vorzeitige Vulkanisation während des Einspritzvorgangs zu vermeiden. Mit dem Transfer-Molding sind auch bei dickwandigen Artikeln Vulkanisationszeiten von nur wenigen Minuten erzielbar, es wird in der Regel aber für kompliziert geformte kleine Teile eingesetzt. Eine besondere Variante ist das *Flashlessverfahren*, das gelegentlich noch zur Herstellung von Präzisionsartikeln verwendet wird. Dabei verengen sich die Angusskanäle in Richtung der Formnester *(„Punktanguss")*. Die Nester sind flexibel gelagert, um einen gleichmäßigen Druck über die gesamte Fläche zu gewährleisten. Sie dichten sich selbst gegenüber der Pressfläche des Kolbens ab. Hierdurch entsteht so gut wie kein Austrieb, aufgrund der dünnen Angussöffnung reißt der Anguss beim Öffnen des Werkzeugs ab.

Nachteilig sind beim Transfer-Molding die hohen Kosten für die aufwendigeren Werkzeuge, der manuelle Aufwand sowie der hohe Anteil an vulkanisiertem Abfall. Zwischen Formkolben und Transfereinheit verbleibt eine flache Scheibe vulkanisierten Materials, das mit dem in den Angusskanälen vulkanisiertem Material verbunden ist *(„Angussspinne")*. Durch eine Isolierplatte mit Angusskanälen *(Kaltkanal)* zwischen Transfereinheit und den Formnestern kann die Temperatur des Transferkuchens unterhalb von 100 °C gehalten werden, sodass er nicht anvulkanisiert und für den nächsten Einspritzvorgang zur Verfügung steht.

Anstelle eines manuell eingelegten Transferkuchens kann die Kautschukmischung auch durch einen Schneckenextruder in den Transferteil eingespritzt werden *(Transferspritzpressverfahren, Injection-Transfer-Molding)*. Auf diese Weise lässt sich die benötigte Menge wesentlich genauer dosieren und die Menge an vulkanisiertem Abfall verringern.

8.4.1.3 Spritzgießverfahren (Injection-Molding)

Das modernste Pressverfahren, das gleichzeitig auch die Herstellung komplizierter Formteile ermöglicht, ist das Spritzgießverfahren. Spritzgießmaschinen bestehen aus einer Plastifiziereinheit und dem Einspritzteil. Die Plastifiziereinheit besteht bei allen Spritzgießmaschinen aus einer rotierenden Schnecke, die die in Form von Fütterstreifen eingezogene Kautschukmischung vorwärmt und schließlich an den Einspritzteil übergibt, der das Werkzeug befüllt.

Je nach Konstruktion unterscheidet man zwischen Kolbeninjektion mit Schneckenvorplastifizierung und dem Schneckenkolbenspeicherprinzip. Im ersten Fall wird die Mischung nach Plastifizierung in der Schnecke in den zwischen 60 und 110 °C temperierten Einspritzkolben überführt und aus diesem in das Werkzeug eingespritzt. Der Einspritzdruck liegt zwischen 400 und 2000 bar, dabei kann ein Volumen deutlich über 6000 cm^3 eingespritzt werden. Nachteilig ist hier, dass die zuerst plastifizierte Mischung bis ans Ende des Kolbens gefördert wird und somit die längste Verweilzeit und damit die höchste Temperaturbelastung aufweist. Bei Schneckenkolbenmaschinen zieht die rotierende Schnecke die Mischung ein, wobei sie gleichzeitig plastifiziert und vorgewärmt wird. Dabei fährt die Schnecke langsam zurück, sodass die Speicherzone vor der Schnecke immer größer wird. Hier sammelt sich die Kautschukmischung, bis sie in das Werkzeug eingespritzt wird. Dazu bewegt sich die Schnecke in Richtung Einspritzteil. Wenn die Form gefüllt ist, bewegt sich die Schnecke wieder zurück. Die auftretende Reibungswärme heizt die Mischung zusätzlich auf, sodass die Verweilzeit bis zur vollständigen Vernetzung kürzer ist als bei anderen Verfahren. Durch die hohen Vulkanisationstemperaturen von bis zu 210 °C liegen die Vulkanisationszeiten im Bereich von nur wenigen Minuten. Nach Ablauf der eingestellten Vulkanisationszeit wird das fertige Elastomerteil automatisch ausgeworfen. Der Anguss wird anschließend mechanisch entfernt. Bild 8.14 bis Bild 8.16 zeigen den schematischen Ablauf des Spritzgießens mit einer Schneckenkolbenmaschine.

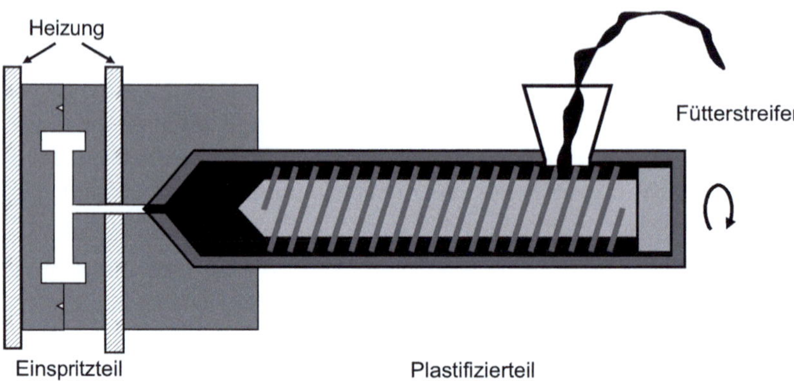

Bild 8.14 Spritzgießen von Elastomerformteilen: Einziehen und Plastifizieren

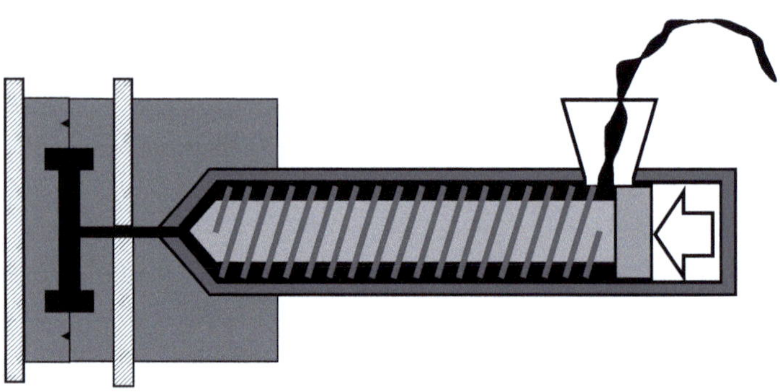

Bild 8.15 Spritzgießen von Elastomerformteilen: Einspritzen in das Werkzeug

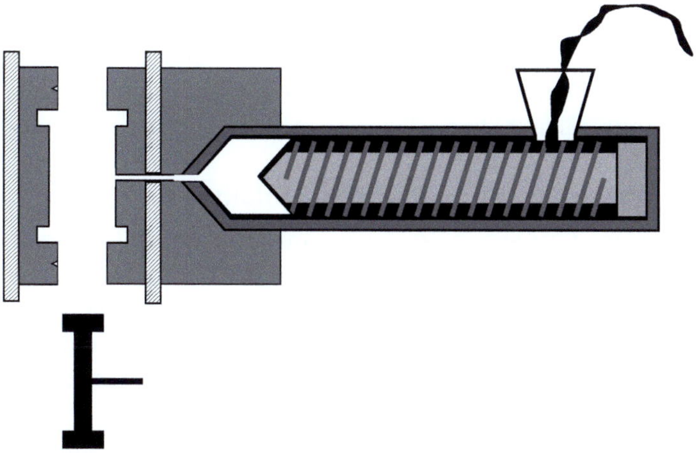

Bild 8.16 Spritzgießen von Elastomerformteilen: Auswerfen des vulkanisierten Formteils

Es gibt verschieden Bauweisen von Spritzgussmaschinen, mit integrierter oder separater Plastifiziereinheit, sowie horizontaler oder vertikaler Bauweise. Maschinen mit horizontaler Bauweise haben sich für kleine Formteile bewährt, die sich automatisch und unter dem Einfluss der Schwerkraft entformen lassen. Die vertikale Anordnung ist vorteilhaft zum Einlegen von Metallteilen, die ebenfalls mittels Schwerkraft fixiert werden, weiterhin ermöglicht sie leichteres Entformen von Teilen mit komplizierter Geometrie (Bild 8.17).

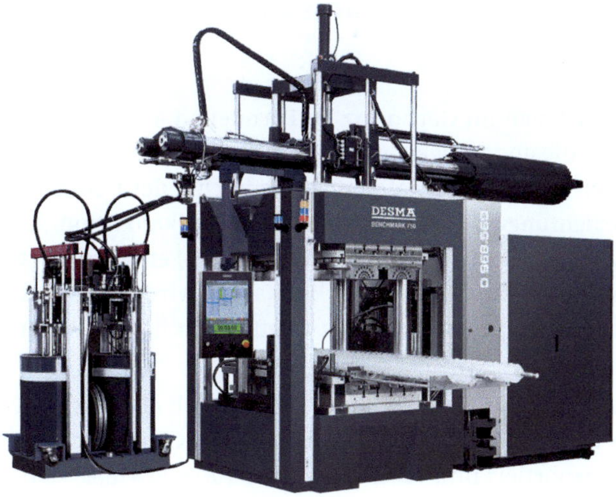

Bild 8.17 Spritzgießmaschine in vertikaler Bauweise [Quelle: Klöckner DESMA Elastomertechnik GmbH]

Für günstige Fließeigenschaften sollen die Mischungen eine möglichst niedrige Viskosität aufweisen. Das Spritzgießverfahren läuft weitgehend automatisch ab und lässt sich auch für das Umspritzen von Metallteilen sowie prinzipiell auch für großvolumige Formteile verwenden. Allerdings sind die Kosten für die Werkzeuge in der Regel exorbitant hoch und erfordern für eine wirtschaftliche Fertigung meist Stückzahlen im fünf- bis sechsstelligen Bereich. Bei entsprechender Gestaltung des Werkzeugs sind Formteile ohne Anguss herstellbar.

8.4.1.4 Spritzprägeverfahren (Injection-Transfer-Molding)

Für präzise Formteile, die keinen Grat aufweisen sollen, sowie zur Herstellung großvolumiger Formteile hat sich mittlerweile das Spritzprägeverfahren etabliert. Es stellt eine Kombination aus Spritzgießen und Transferspritzpressverfahren dar. Die Werkzeuge sind weniger kompliziert als beim Flashlessverfahren und es fällt bedeutend weniger Abfall an. Beim Spritzprägen wird eine exakt dosierte und vorplastifizierte Mischung in das teilweise geöffnete Werkzeug eingespritzt. Das Werkzeug wird dann geschlossen, wobei die Einspritzdüse am Anguss bleibt, um diesen zu versiegeln. Der Spritzdruck steigt gleichmäßig an, wobei die Kautschukmischung homogen im Werkzeug verteilt wird. Beim Schließen verringert sich das Volumen der Kavität, wodurch die Schwindung ausgeglichen wird. Werkzeuge für das Spritzprägeverfahren sind mit einem regelbaren Restspalt ausgerüstet. Wird das Werkzeug vollständig geschlossen, werden die geringen Grate beim Schließen abgequetscht. Bei geringfügig geöffnetem Restspalt sind die in den Nestern vulkanisierten Teile durch eine dünne Schicht vulkanisierten Materials miteinander verbunden und lassen sich durch Stanzen voneinander trennen. Das Spritzprägeverfahren erlaubt die Herstellung von Präzisionsteilen wie Dichtungen für die Feinmechanik, Membranen und andere.

8.4.2 Extrusion und kontinuierliche Vulkanisation

8.4.2.1 Extrusion

Profile, Schläuche und Kabel lassen sich im Gegensatz zu Formteilen kontinuierlich (endlos) herstellen. Dabei entsteht die endgültige Form, indem die Mischung in einem *Extruder* (Schneckenpresse) durch eine Spritzscheibe mit entsprechender Geometrie gedrückt wird, gefolgt von Einrichtungen zur kontinuierlichen Vulkanisation. Gewebe- oder Textilverstärkungen sowie die erforderlichen Zwischenlagen werden vor der Vulkanisation ebenfalls kontinuierlich aufgebracht. Bei Kabeln wird der metallische Leiter mit der Kautschukmischung umspritzt. Auch Laufflächen für die Reifenherstellung werden extrudiert.

Extruder bestehen aus einem beheizbaren Metallzylinder, in dem sich eine ebenfalls temperierbare Förderschnecke dreht. Dabei wird die Kautschukmischung von der Einzugszone zum Mundstück transportiert und verdichtet. *Warmfütterextruder* erfordern ein Vorwärmwalzwerk *(Fütterwalze)*, das die Kautschukmischung auf 85 bis 100 °C vorwärmt. Warmfütterextruder sind relativ kompakt aufgebaut, sie dienen lediglich zur Kompaktierung und Sicherstellung einer gleichmäßigen Fördermenge an

Extrudat für die nachfolgende Vulkanisation. In der Reifenindustrie waren sie teilweise direkt den Innenmischern nachgeschaltet. Zunehmend wurden sie aber auch hier, wie schon bei technischen Gummiwaren, durch Stiftextruder ersetzt. *Kaltfütterextruder* arbeiten mit Fütterstreifen von Raumtemperatur. Da Kaltfütterextruder zusätzlich die Mischung erwärmen und plastifizieren müssen, sind sie an ihrer deutlich längeren Bauweise zu erkennen. Kaltfütterextruder führen zu größerer Homogenität und sind wesentlich verbreiteter als Warmfütterextruder. Eine Vakuumzone entfernt eingeschlossene Luft oder flüchtige Bestandteile, die zu porösen Vulkanisaten führen würden (Bild 8.18, Bild 8.19 und Bild 8.20).

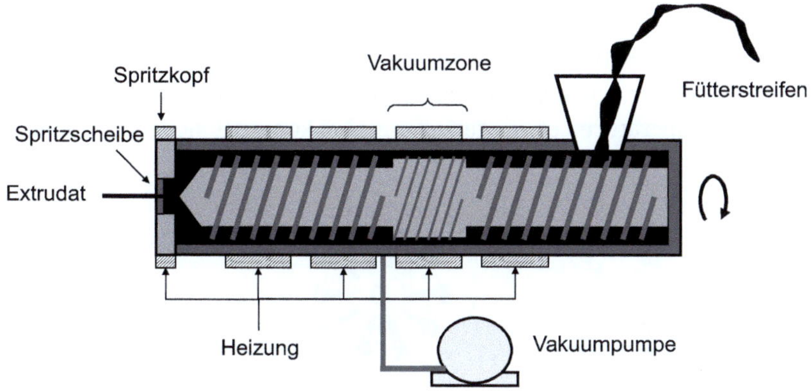

Bild 8.18 Kaltfütterextruder

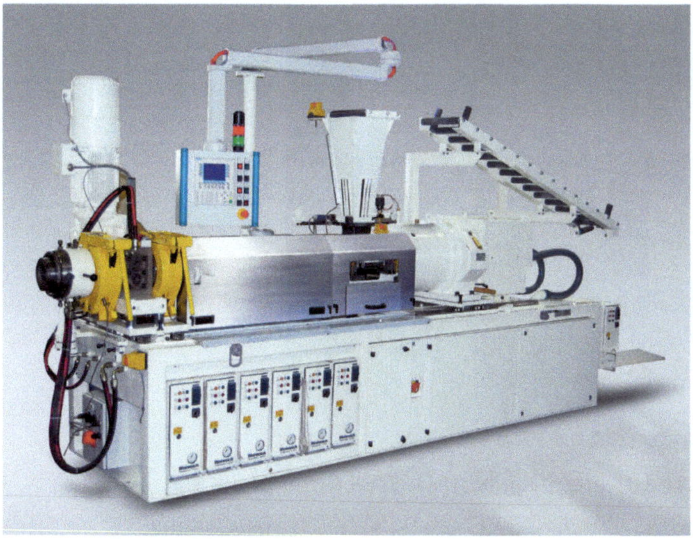

Bild 8.19 Vakuumextruder [Quelle: TROESTER GmbH & Co. KG]

Bild 8.20 Kaltfütterextruder [Quelle: KraussMaffei Berstorff GmbH]

Stiftextruder (auch: *QuerStrom-Mischextruder*) ermöglichen ein Höchstmaß an Homogenität durch in die Gänge der Schnecke ragende Stifte (Bild 8.21 und Bild 8.22). Gleichzeitig sind die Ausstoßtemperaturen etwas geringer als bei konventionellen Extrudern.

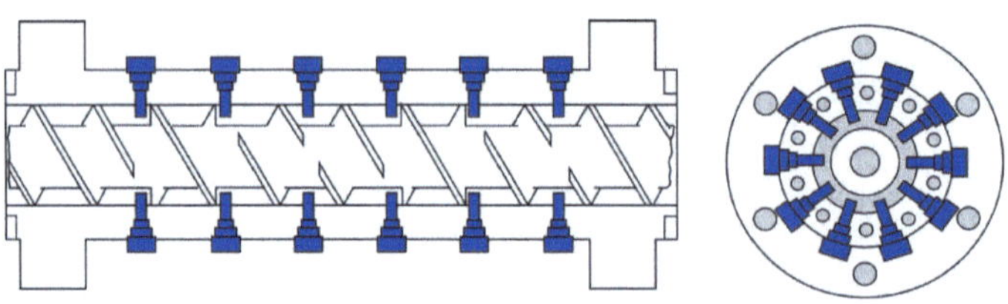

Bild 8.21 Prinzip des Stiftextruders [Quelle: KraussMaffei Berstorff GmbH]

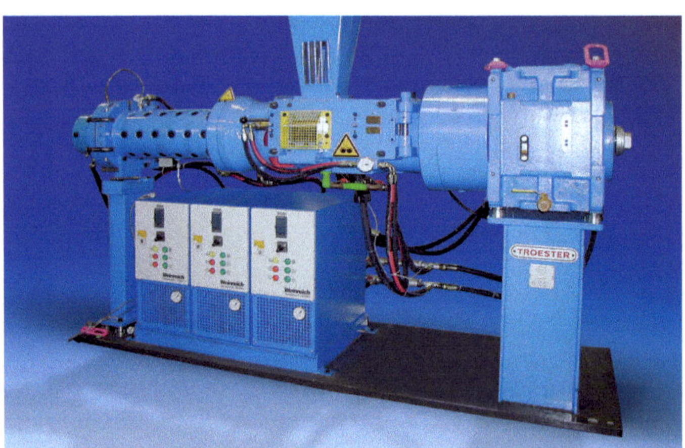

Bild 8.22 Querstrom-Mischextruder [Quelle: TROESTER GmbH & Co. KG]

Bei der Extrusion kann die Fördermenge aufgrund von unregelmäßigem Einzug, zu hoher Mischungsviskosität oder zu hoher Fördergeschwindigkeit schwanken. Dieses als *Pulsieren* bezeichnete Verhalten führt zu Abweichungen der Geometrie des Extrudats. Kaltfütterextruder werden in jüngerer Zeit vermehrt mit Zahnradpumpen zwischen Schnecke und Werkzeug ausgerüstet. Damit kann das Pulsieren bei der Förderung weitgehend vermieden werden.

Übliche Extruderschnecken haben einen Durchmesser zwischen etwa 60 und 300 mm, ihre Länge beträgt bei Kaltfütterextrudern zwischen dem 16- und dem 24-fachen ihres Durchmessers. Stiftextruder verwenden Schnecken mit einem Längen/Durchmesser-Verhältnis von 12:1 bis 18:1. Bei Warmfütterextrudern beträgt die Schneckenlänge nur etwa das 4- bis 6-fache des Durchmessers. Die Drehzahlen liegen bei Laborextrudern im Bereich von 60 bis 80 min^{-1}. Dagegen arbeiten große Extruder mit weitaus geringeren Drehzahlen, beispielsweise bis unter 20 min^{-1} bei 300 mm Schneckendurchmesser. Die Förderkapazität moderner Extruder kann mehrere Tonnen pro Stunde betragen.

Das Profil wird durch das *Spritzwerkzeug (Spritzscheibe)* im Mundstück des Extruders geformt (Bild 8.23). Es verfügt über einen dem Aussehen des Profils entsprechenden Durchlass. Bei Schläuchen und Hohlprofilen wird der Hohlraum über einen Dorn erzeugt und in der Regel durch leichten Luftüberdruck stabilisiert *(Stützluft)*. Bei dünnen Profilen oder hohen Ansprüchen an die Oberflächengüte werden vor der Spritzscheibe Siebscheiben *(Strainer)* angebracht, um möglicherweise vorhandene Restpartikel herauszufiltern. Dies bedingt jedoch einen höheren Spritzdruck und erfordert sorgfältige Temperierung, um mögliche Anvulkanisation zu vermeiden. Außerdem müssen Strainersiebe immer wieder gewechselt werden, da sie sich allmählich zusetzen. In Betrieben mit hohen Durchsatzmengen, wie etwa der Reifenindustrie, werden auch spezielle Extruder nur als Strainer eingesetzt.

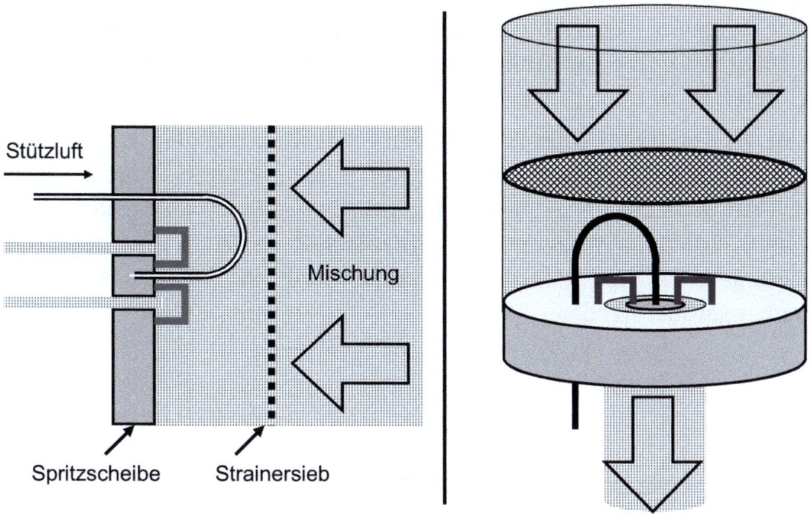

Bild 8.23 Spritzscheibe mit vorgeschaltetem Strainersieb

Aufgrund der hohen Entropieelastizität der Kautschuke haben Extrudate das Bestreben, sich nach Passieren der Spritzscheibe wieder etwas auszudehnen. Extrudate weisen daher grundsätzlich Abweichungen von den Abmessungen der Spritzscheibe auf (*Spritzquellung*, Bild 8.24). Bei größeren Hohlräumen oder komplexen Geometrien der Profile ist es zweckmäßig, vorvernetzte Kautschuke zu verwenden, die über eine höhere Standfestigkeit verfügen. Nach dem Abkühlen wird wie bei der Pressenheizung ebenfalls ein gewisser Schrumpf festgestellt, der insbesondere bei exakt abgelängten Extrudaten, etwa für die Reifenfertigung, zu berücksichtigen ist.

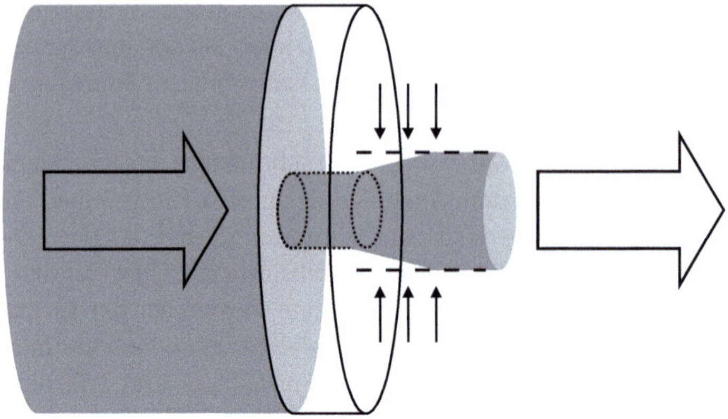

Bild 8.24 Spritzquellung beim Extrudieren (überproportional gezeichnet)

Die erforderlichen Abmessungen der Spritzscheibe werden empirisch (durch Versuche) bestimmt. Bewährt hat sich beispielsweise die Anfertigung eines Prototypen aus Blei, das relativ leicht mechanisch zu bearbeiten ist. Wenn jedoch die endgültige Form der Spritzscheibe festgelegt wurde, dürfen die Verarbeitungsbedingungen (Temperatur, Drehzahl) nicht wesentlich verändert werden, da dies einen Einfluss auf die Spritzquellung haben kann.

Üblicherweise ist der Spritzkopf eines Extruders in Förderrichtung der Schnecke angeordnet. Zum Umspritzen metallischer Leiter von Kabeln oder bei mehrlagigen Schläuchen wird ein quer zur Förderrichtung angeordneter Spritzkopf (*Querspritzkopf*, Bild 8.25 und Bild 8.26) verwendet. Reifenlaufflächen bestehen aus mehreren Kautschukmischungen, die über *Mehrfachspritzköpfe* (*Co-Ex-Adapter*, Bild 8.27 und Bild 8.28) zusammengeführt werden.

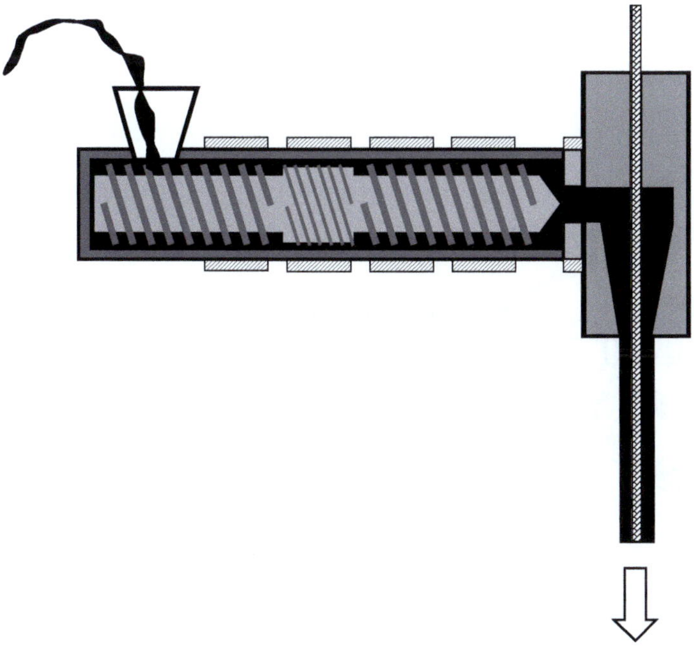

Bild 8.25 Schematischer Aufbau eines Querspritzkopfs

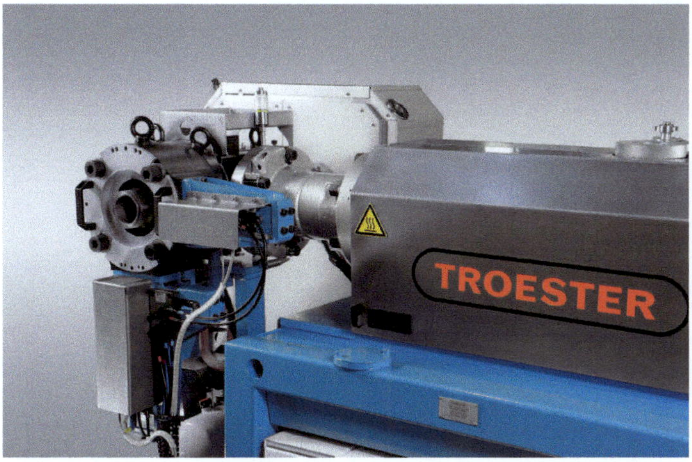

Bild 8.26 Querspritzkopf [Quelle: TROESTER GmbH & Co. KG]

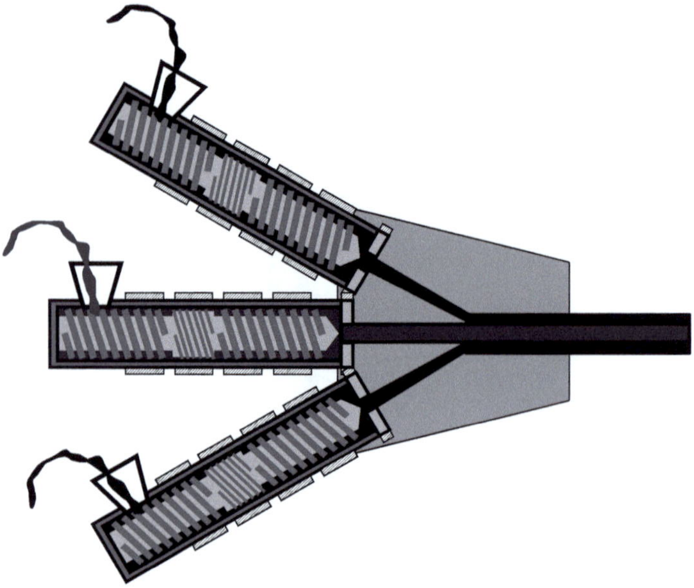

Bild 8.27 Prinzip des Mehrfachspritzkopfs (Co-Ex-Adapter)

Bild 8.28 Vierfach-Mehrfachspritzkopf [Quelle: TROESTER GmbH & Co. KG]

Zur effektiven Vorwärmung vor der Vulkanisation wurde der *Scherspritzkopf* (Bild 8.29) entwickelt. Er stellt eine Kombination aus Formgebungswerkzeug und Vulkanisationsvorwärmung dar. Dabei wird die im Extruder geförderte Mischung seitlich in einen Zylinder eingespritzt, in dem sich ein rotierender Dorn befindet. In dem verbleibenden Ringspalt wird die Mischung hohen Scherkräften unterworfen und somit rasch auf etwa 180 bis 220 °C erwärmt, sodass bei Austritt aus dem Werkzeug bereits die Anvulkanisation einsetzt. Der thermische Wirkungsgrad von Scherspritzköpfen ist sehr hoch, die Mischung kann ohne weitere Vorwärmung im Heißluftkanal ausvulkanisiert werden. Scherspritzköpfe werden bevorzugt für die Herstellung von Profilen und Schläuchen mit geringem Durchmesser eingesetzt, die Extrudate haben eine geringere Spritzquellung als bei konventionellen Spritzköpfen. Nachteilig ist jedoch die Empfindlichkeit gegenüber Schwankungen der Mischungszusammensetzung sowie der Temperatur des Fütterextruders.

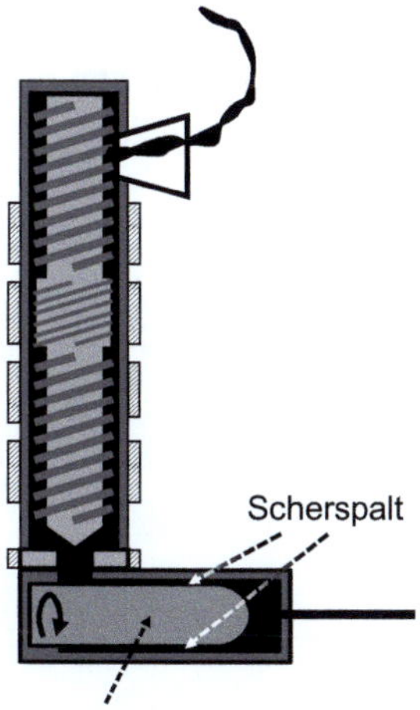

Bild 8.29
Scherspritzkopf

Das sich an die Extrusion anschließende Vulkanisationsverfahren hängt von der Mischungszusammensetzung (Vernetzungssystem, Polarität), Geometrie (Hohlkammern) und Aufbau (Verstärkung) des Artikels ab. Dabei unterscheidet man zwischen drucklosen kontinuierlichen Vulkanisationsverfahren (mittels Heißluft, Salzschmelze, Fließbett oder Strahlen) und kontinuierlichen Vulkanisationsverfahren unter Druck (Salzschmelze unter Druck, Dampfrohr, Heißgas). Bei Verbundwerkstoffen wie verstärkten Schläuchen oder Kabeln befindet sich nach der Extrusion verfahrensbedingt noch Luft zwischen der Kautschukmischung und den textilen oder metallischen Komponenten, die nur durch Vulkanisationsverfahren unter Druck herausgepresst werden kann. Verstärkte Schläuche werden deshalb auch diskontinuierlich im Autoklaven oder unter Blei vulkanisiert. Bei der drucklosen Vulkanisation mit üblichen Vulkanisationstemperaturen deutlich oberhalb von 100 °C führt eingeschlossene Luft oder Feuchtigkeit zu porösen Produkten. Hier sind Vakuumextruder zwingend notwendig, die Kautschukmischungen sollten zudem Calciumoxid als Feuchtigkeitsabsorber enthalten.

8.4.2.2 Kontinuierliche Heißluftvulkanisation

Bei der Heißluftvulkanisation läuft das zu vulkanisierende Extrudat über ein Transportband aus Metall oder Glasfasern durch einen Heißluftkanal, wo es bei etwa 250 °C vernetzt wird. Die durch Gasheizung erzeugte Heißluft strömt im Gegenstrom zur Extrusionsrichtung. Die schlechte Wärmeübertragung durch Luft sowie die geringe Wärmeleitfähigkeit der Kautschuke erfordert üblicherweise ein zusätzliche Vorwärmung *(Vorschockeinrichtung)* durch Gasbrenner oder Infrarotstrahler (Bild 8.30). Die Vorwärmung entfällt nur bei Verwendung eines Scherkopfextruders, da hier die Extrudate bereits bis auf rund 200 °C erwärmt werden. Konventionelle Heißluftkanäle sind zwischen 10 und 50 Meter lang, wobei kurze Baulängen durch Umlenkungen erzielt werden. Diese stehen jedoch der Vulkanisation verstärkter Artikel entgegen.

Bild 8.30
Infrarot-Vorschockeinrichtung [Quelle: Gerlach Maschinenbau GmbH]

Eine zusätzliche Vorwärmung kann durch einen Mikrowellenkanal (UHF) vor dem eigentlichen Heißluftkanal erfolgen. Die Kombination aus UHF- und Heißluftvulkanisation ermöglicht auch die kontinuierliche Vulkanisation von Hohlkammerprofilen und dickwandigen Profilen sowie von unverstärkten Schläuchen. Die Erwärmung durch Mikrowellen beruht auf der permanent wechselnden Ausrichtung polarer Moleküle durch elektromagnetische Felder, die mit sehr hoher Frequenz (UHF = Ultra-High-Frequency) ihre Richtung wechseln. Durch das Zusammenprallen mit anderen Molekülen entsteht Wärme. Mikrowellen ermöglichen durch ihre große Eindringtiefe eine gleichmäßige Erwärmung kompakter Stoffe, erfordern aber eine ausreichende Polarität der aufzuheizenden Materialien. Bei unpolaren Kautschuken wie EPDM oder IIR ist der Zusatz aktiver Ruße oder polarer Komponenten wie zum Beispiel Ethylenglykol oder Triethanolamin erforderlich. Da die meisten Peroxide mit Luftsauerstoff reagieren, würde die Vulkanisation im Heißluftkanal zu Extrudaten mit klebriger Oberfläche führen, hier muss auf Verfahren unter Luftausschluss ausgewichen werden. Durch modularen Aufbau lassen sich UHF-Kanäle von bis zu 18 Metern und Heißluftstrecken von bis zu 24 Metern realisieren (Bild 8.31, Bild 8.32 und Bild 8.33). Die Kühlung erfolgt in einem nachgeschalteten Kühlkanal, typischerweise ein Wasserbad.

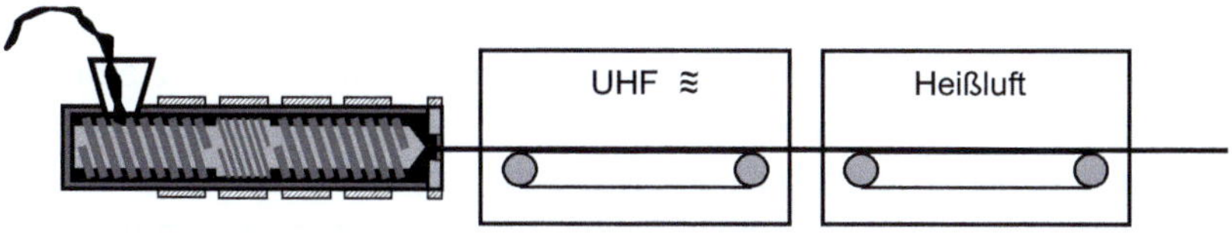

Bild 8.31 Prinzipielle Darstellung einer Extrusionslinie mit Mikrowellenheizung und Heißluftkanal. Der nachfolgende Kühlkanal wurde aus Gründen der Übersichtlichkeit nicht eingezeichnet.

Bild 8.32 Mikrowellenheizung [Quelle: Gerlach Maschinenbau GmbH]

Bild 8.33 Heißluftkanal [Quelle: Gerlach Maschinenbau GmbH]

8.4.2.3 Kontinuierliche Dampfvulkanisation

In der Kabelindustrie ist die Vulkanisation durch Sattdampf unter Druck weit verbreitet. Das *CV-Verfahren* (engl.: *continuous vulcanisation*) mit Temperaturen von 180 bis 225 °C und Drücken von 9 bis 25 bar erlaubt hohe Durchsatzraten in der Größenordnung von bis zu etwa 200 m/min. Das bis zu 250 Meter lange Dampfrohr muss dicht mit dem Extruderspritzkopf und dem zur Kühlung nachgeschalteten Wasserbad verbunden sein (Bild 8.34). Für mehrlagige Kabel verwendet man entweder eine sequenzielle Anordnung von mehreren Spritzköpfen oder einen Mehrfachspritzkopf. Nachteilig sind die relativ raue Oberfläche sowie die Bildung mikroskopisch kleiner Hohlräume. Unter dem Einfluss elektrischer Felder und gleichzeitiger Einwirkung von Feuchtigkeit können sich an solchen Störstellen als *Water-Trees* bezeichnete Strukturen ausbilden, die eine dauerhafte Schädigung der Isolation verursachen und damit bei Kabeln zu Spannungsdurchschlägen führen können.

Das CV-Verfahren wird auch zur Herstellung verstärkter Schläuche verwendet. Dabei wird der extrudierte Schlauch mittels eines extrudierten Dorns aus Kunststoff (meist Polyamid) durch die Anlage gezogen.

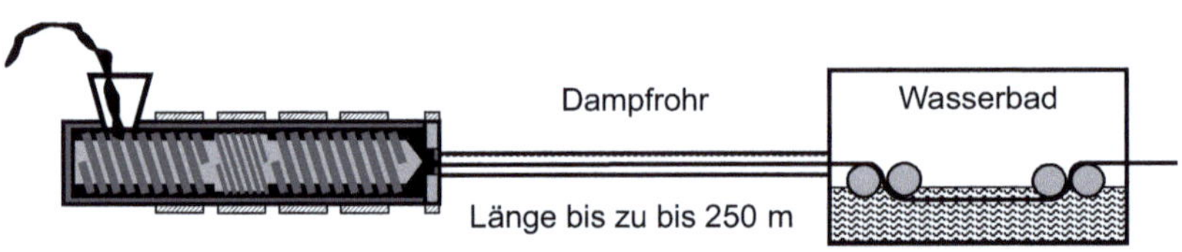

Bild 8.34 Prinzipielle Darstellung einer CV-Anlage

8.4.2.4 Kontinuierliche Heißgasvulkanisation

Im Gegensatz zur Sattdampf-Vulkanisation erhält man bei der Verwendung von Inertgasen wie Stickstoff, Helium oder Schwefelhexafluorid glatte Oberflächen, das Problem der Water-Trees tritt hier nicht auf. Das Verfahren ist auch für die Peroxidvernetzung geeignet, die erreichbaren Vulkanisationstemperaturen liegen bei 350 °C. Die bis zu 70 Meter langen Anlagen sind recht kostenintensiv.

8.4.2.5 Salzbadvulkanisation (LCM – Liquid-Curing-Medium)

Das Grundprinzip des LCM-Verfahrens ist die gegenüber Heißluft wesentlich bessere Wärmeübertragung durch flüssige Wärmeträger. Als Wärmeträgermedium haben sich eutektische Salzgemische durchgesetzt, die relativ preiswert sind und gegenüber anderen flüssigen Wärmeträgern, wie zum Beispiel Silikonöl, leicht vom Vulkanisat zu entfernen sind. Das Extrudat wird aufgrund seines Auftriebs durch ein Metallförderband unter die Oberfläche des zwischen 200 und 260 °C heißen, flüssigen Salzgemisches gedrückt und durch die intensive Wärmeübertragung vulkanisiert (Bild 8.35 und Bild 8.36).

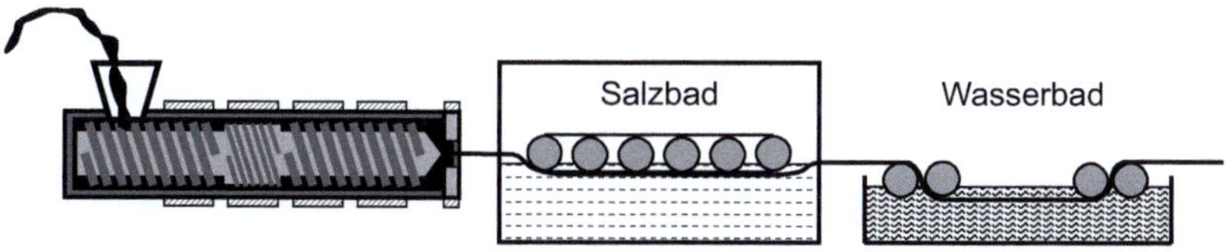

Bild 8.35 Prinzipielle Darstellung einer Extrusionslinie mit LCM

Bild 8.36 Anlage zur Salzbadvulkanisation [Quelle: TROESTER GmbH & Co. KG]

Durch den Ausschluss des Luftsauerstoffs ist dieses Verfahren auch für die Peroxidvernetzung geeignet. Allerdings kann durch den mechanischen Druck des Förderbands eine Deformation des noch nicht vollständig vernetzten Extrudats auftreten, daher ist es insbesondere für größere Hohlprofile nur bedingt geeignet. Die Zufuhr von Stützluft kann dem Zusammenfallen von Hohlprofilen in bestimmtem Rahmen entgegenwirken, vorteilhaft ist hier die Verwendung vorvernetzter Kautschuke. Durch Berieselung mit Salzschmelze am Anfang des Kanals lassen sich dünne Profil-Lippen vorvernetzen, sodass sie beim Eintauchen in das eigentliche Salzbad nicht deformiert werden. Konventionelle Salzgemische bestehen aus 53 % Kaliumnitrat, 40 % Natriumnitrit und 7 % Natriumnitrat. Nachteilig ist, dass die enthaltenen Nitrite Nitrosamine bilden und daher besondere Umweltschutzmaßnahmen erfordern. Daher werden auch Gemische aus 30 % Kaliumnitrat und 70 % Lithiumnitrat eingesetzt. Mit dem LCM-Verfahren werden überwiegend Profile und unverstärkte Schläuche oder Niederdruckschläuche hergestellt. Bei dickwandigen Profilen besteht aufgrund der schlechten Wärmeleitung von Kautschuken die Gefahr einer Übervulkanisation der Oberflächen. LCM-Anlagen besitzen Baulängen von 10 bis 30 Metern. Nach Verlassen des Salzbades wird anhaftendes Salz durch Bürsten im Wasserbad abgewaschen, dabei wird das Vulkanisat gleichzeitig heruntergekühlt.

Eine Variante dieses Verfahrens ist die kontinuierliche Salzbadvulkanisation unter Druck. Das sogenannte *PLCV-Verfahren* (engl.: *pressurized liquid continuous vulcanisation*) wurde zur Vernetzung von verstärkten Schläuchen und Kabeln entwickelt. In den etwa 20 bis 40 Meter langen, kompakt aufgebauten PLCV-Anlagen dient ein eutektisches Salzgemisch als Wärmeträger, zusätzlich wird das System mit Stickstoff unter einen Druck von 5 bis 10 bar gesetzt. Bei verstärkten Schläuchen führt dies gegenüber der drucklosen Vulkanisation zu einer besseren Haftung zwischen Gummi und der Verstärkung. PLCV-Anlagen ermöglichen mit bis zu 300 °C höhere Vulkanisationstemperaturen als bei der Vulkanisation im Dampfrohr, ihre komplizierte Bauweise steht aber einer weiten Verbreitung entgegen.

8.4.2.6 Vulkanisation im Fließbett (Fluid-Bed)

Beim Fließ- oder Wirbelbettverfahren wird die Wärme durch aufgewirbelte, erhitzte Glaskügelchen (Ballotini) übertragen. Von unten wird Heißluft oder ein Gemisch aus Heißluft und Dampf eingeleitet, das die Teilchen aufwirbelt und das Extrudat in der Schwebe hält. Die Wärmeübertragung ist nicht ganz vergleichbar mit der von LCM-Anlagen, allerdings muss das Extrudat nicht unter die Oberfläche des Wärmeträgermediums gedrückt werden. Insofern werden Deformationen vermieden, zusammen mit der guten Wärmeübertragung ist dieses Verfahren besonders für die Herstellung von Profilen mit komplexer Geometrie oder von Zellgummi geeignet. Die Ballotini müssen nach der Vulkanisation durch Bürsten oder Ultraschallanlagen entfernt werden, was zuweilen aufgrund der guten Haftung am Profil schwierig zu bewerkstelligen ist. Durch unbeabsichtigt auf dem Boden verteilte Ballotini besteht erhebliche Rutschgefahr für das Bedienpersonal. Das Fluid-Bed-Verfahren findet fast nur in Großbritannien und Japan Verwendung.

8.4.2.7 Vernetzung durch energiereiche Strahlen

Kabel werden auch mit energiereichen Strahlen (Beta- oder Gammastrahlen) vernetzt. Hier macht man sich die Kettenspaltung und Rekombination über freie Radikale zunutze. Es werden keine Vernetzungschemikalien benötigt, allerdings ist dieses Verfahren nur für hohe Mengen wirtschaftlich. Dabei ist zu berücksichtigen, dass die Strahlungsenergie mit zunehmender Materialdicke von außen nach innen abnimmt. Gegebenenfalls werden Coagentien wie für die Peroxidvernetzung eingesetzt, um die Vernetzungsausbeute zu erhöhen.

8.4.2.8 Extrusion und Vulkanisation von verstärkten Schläuchen

Unverstärkte Schläuche dehnen sich unter Druck aus, daher sind sie nur für Anwendungen mit sehr geringem Druck verwendbar, zum Beispiel als einfache Wasserschläuche im Labor. Ein Sonderfall sind Kühlerschläuche, die bei einem geringen Druck (max. 1,5 bis 2 bar) betrieben werden. Schon alleine aufgrund ihrer komplizierten Geometrie handelt es sich um Formartikel, die auf Dorn vulkanisiert und nur zur Stabilisierung mit einem grobmaschigen Gewebe verstärkt werden.

Technische Schläuche sind in der Regel mit engmaschigen Textilgeweben oder – bei höheren Drücken – mit Stahlgeweben oder Kombinationen beider Typen verstärkt. Um die Verformung des noch nicht vulkanisierten Schlauches durch die beim Aufbringen der Verstärkung aufgebrachten Kräfte zu vermeiden, wird zunächst die

Schlauchseele auf einen Dorn aus Polyamid oder Stahl extrudiert. Seine Länge bestimmt die maximale Länge des fertigen Schlauches, sie kann bis zu mehreren tausend Metern betragen. Es handelt sich also um ein semi-kontinuierliches Verfahren. Auf die Schlauchseele wird zunächst eine Gummilösung zur Verbesserung der Haftung aufgetragen. Danach wird die Verstärkung mit einer Schlauchumflechtmaschine aufgeklöppelt. Auf diese folgen entweder die Schlauchdecke oder eine Zwischenschicht und weitere Verstärkungen, bis schließlich die Schlauchdecke aufextrudiert wird. Die Kautschukmischungen werden jeweils mit Querspritzköpfen aufgebracht (Bild 8.37).

In den Hohlräumen der textilen oder metallischen Verstärkungen ist noch Luft enthalten, die zu unzureichender Haftung zwischen Gummi und Verstärkung führen kann. Deshalb werden die Schläuche vor der Vulkanisation mit Textilbändern umwickelt und zusätzlich mit Blei oder Thermoplasten ummantelt. Aufgrund der unterschiedlichen Wärmeausdehnung der verwendeten Materialien entsteht bei Vulkanisationsbedingungen ein hoher Druck, der die noch enthaltene Luft aus den Zwischenräumen presst. Schließlich werden die Schläuche auf großen Trommeln aufgewickelt und mit Heißluft oder Dampf bei 140 bis 200 °C in großen Druckbehältern (Autoklaven) vulkanisiert. Danach wird der Dorn durch Wasserdruck wieder hinausgedrückt.

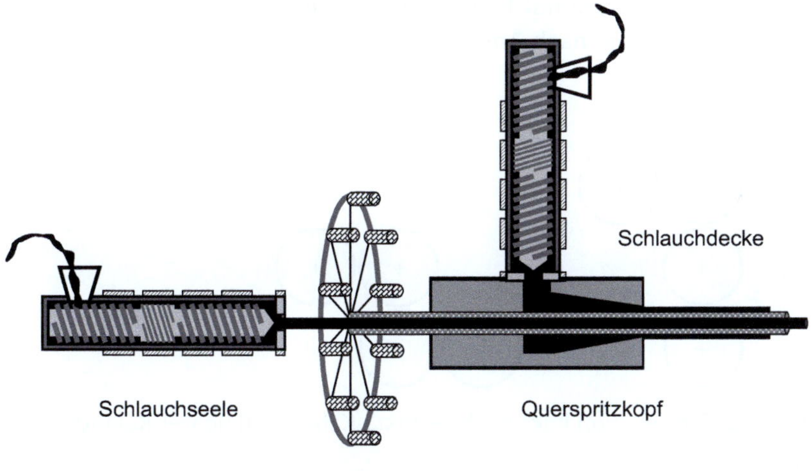

Bild 8.37 Prinzip der Herstellung verstärkter Schläuche

Bei Kabeln müssen die elektrischen Leiter nach außen und gegeneinander isoliert werden. Die einzelnen Leiter werden durch die Spritzscheibe eines Extruders geführt und mit der Isolationsmischung umspritzt. Mehrere auf diese Weise isolierte Adern werden gemeinsam durch einen weiteren Extruder geführt, der die Füllmischung aufbringt. Bei kleinen Durchmessern werden die Adern vorher miteinander verdrillt.

Schließlich wird der äußere Kabelmantel aufgespritzt, unmittelbar danach schließt sich die kontinuierliche Vulkanisation an.

8.4.2.9 Beflocken von Profilen

Fensterführungsprofile von Fahrzeugen werden mit Polyester oder Polyamid beflockt, um die Reibung zwischen Gummi und Scheibe zu vermindern. Zunächst werden die vulkanisierten Profile aufgeraut oder mit UV-Strahlen, Plasma oder anderen Verfahren vorbehandelt und dann mit Klebelösung bestrichen. Die Flocken werden elektrostatisch aufgebracht und die Aushärtung erfolgt mittels Infrarotstrahlen. In jüngerer Zeit werden auch Beschichtungen mit Polyurethanlacken sowie Silikonbeschichtungen verwendet.

8.4.3 Kalandrierte Artikel

Kalander dienen zur Herstellung von Kautschukbahnen (auch: Platten) unterschiedlicher Breite und Dicke sowie von beschichteten Geweben für Förderbänder, Riemen oder Reifen. Die Herstellung solcher Bahnen erfolgt mit hoher Präzision, in einem Arbeitsgang sind Dicken zwischen etwa 0,1 und 1,5 mm möglich. Kalander besitzen drei oder vier temperierte Walzen mit Längen von bis zu 3000 mm und Durchmessern von bis zu 1000 mm, die je nach Anwendung unterschiedlich angeordnet sind (Bild 8.38).

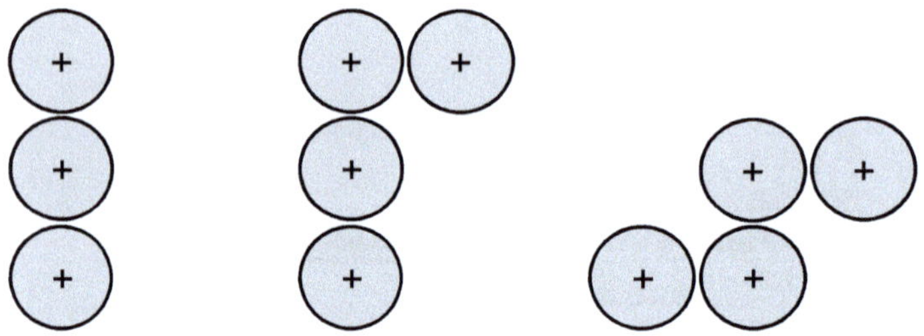

Bild 8.38 Kalanderbauformen, von links nach rechts: I-Kalander (linearer Kalander), F-Kalander, Z-Kalander

Kalanderwalzen sind einzeln angetrieben und ermöglichen variable Drehzahlen für jede Walze. Auch die jeweilige Spaltbreite kann individuell und stufenlos eingestellt werden. Beim Kalandrieren wirken sehr hohe Drücke auf die Walzen ein. Hierdurch können sich die Walzen geringfügig durchbiegen, was eine ungleichmäßige Dicke der kalandrierten Bahn zur Folge hätte. Dies kann beim Schleifen der Walzen durch eine minimale Aufwölbung zur Mitte hin ausgeglichen werden *(bombieren)*, allerdings ist dadurch der Einsatzbereich des Kalanders auf die der Berechnung der Bombierung zugrunde liegenden Verfahrensparameter beschränkt. Daher lassen sich in den meisten Fällen Kalanderwalzen gegeneinander verschränken, um eine gleichmäßige Dicke über die gesamte Breite zu erzielen. Eine andere Möglichkeit ist das sogenannte *Rollbending*, wo auf die äußeren Enden der Walze ein Gegendruck wirkt, der die Durchbiegung kompensiert.

Für die Herstellung von Kautschukbahnen und zur einseitigen Beschichtung von Verstärkungsmaterialien ist ein Dreiwalzenkalander ausreichend. Vierwalzenkalander sind dagegen universell einsetzbar und erlauben auch das beidseitige Belegen von Textil- und Stahlverstärkungen mit Bahnen aus Kautschukmischungen. Daher werden sie insbesondere in der Reifenindustrie eingesetzt. Aus praktischen Gründen, unter anderem wegen der leichteren Beschickung, wird oft die Z-Bauweise bevorzugt. Allerdings kann das hohe Rückstellvermögen von Kautschukmischungen dazu führen, dass im Versatz zwischen den beiden mittleren Walzen seitliche Kräfte auftreten, wodurch sich das Spaltmaß unkontrolliert ändern kann. Dies wird bei linear aufgebauten Kalandern vermieden. Bei aktuellen Maschinen wird die Dicke des Walzenspalts kontinuierlich gemessen und gegebenenfalls automatisch korrigiert (Bild 8.39).

Bild 8.39 Linear aufgebauter Vierwalzenkalander
[Quelle: KraussMaffei Berstorff GmbH]

Für die Herstellung profilierter Platten werden spezielle Vierwalzenkalander verwendet. Hier besitzt die letzte, kleinere Walze die gewünschte Oberflächenstruktur und überträgt diese in die Kalanderbahn. Für höhere Flexibilität bei den Oberflächenstrukturen lässt sich die Profilwalze relativ leicht austauschen.

Wie bei Walzwerken bildet sich vor den einziehenden Walzen ein Rollwulst. Um Lufteinschlüsse zu vermeiden, sollte dieser aber so klein wie möglich gehalten werden. Auf dem Kalander wird die Kautschukmischung durch mehrfaches Passieren der Walzenspalte immer weiter und gleichmäßiger zusammengepresst. Die Walzentemperaturen liegen meist im Bereich von 40 bis 50 °C, um eine mögliche Anvulkanisation auszuschließen. Dies erfordert einerseits ein vorgeschaltetes Aufwärmwalzwerk oder einen Kaltfütterextruder, andererseits eine niedrige Viskosität der Mischung. Die Temperaturführung beim Kalandrieren ist wesentlich für das Erzielen guter Ergebnisse. Abgesehen von der Gefahr der Anvulkanisation führt eine zu hohe Mischungstemperatur in den meisten Fällen zur Bildung von Blasen. Auf der anderen Seite weisen zu kalte Mischungen Oberflächenfehler auf *(„Krähenfüße“)*. Kalandrierte Platten werden auf einer nachfolgenden Schneidewalze durch federgelagerte Rollmesser genau zugeschnitten. Hinter dem Kalander befinden sich die Abzugsvorrichtung (im einfachsten Fall ein Förderband), Kühlwalzen sowie Aufwickel- und Schneidevorrichtungen.

Für die Herstellung textil- oder stahlverstärkter Elastomerereerzeugnisse verwendet man Drei- oder Vierwalzenkalander. Die Verstärkung begrenzt das Ausdehnen von Reifen durch den Luftdruck, bei Riemen und Förderbändern nimmt sie die Zugkräfte in Bewegungsrichtung auf. Zum Beschichten von Geweben müssen diese vorher gummifreundlich ausgerüstet werden, was die Haftung zur Kautschukmischung erheblich verbessert. Beim *Imprägnieren* wird das Gewebe zunächst durch ein Tauchbad geführt, in dem sich eine wässrige Lösung aus Resorcin, Formaldehyd und hauptsächlich VP-Latex (Butadien-Styrol-2-Vinylpyridin) befindet. Man bezeichnet solche Lösungen als *RFL-Dip* (vgl. auch Abschnitt 7.6). Anschließend wird das auf diese Weise behandelte Gewebe getrocknet. Alternativ wird für sehr dünne Schichten oder bei sehr genau einzuhaltender Schichtdicke das *Streichverfahren* angewendet. Hierzu wird das zu beschichtende Gewebe unter einem verstellbaren Streichmesser (Rakel) durchgeführt. Vor der Rakel wird eine in Benzin, Ester oder aromatischen Kohlenwasserstoffen gelöste Kautschukmischung aufgetragen. Die Herstellung einer solchen Kautschuklösung in einem speziellen Lösungskneter beträgt üblicherweise zwei bis acht Stunden. Rührwerkskugelmühlen mit vorgeschaltetem Aufwärmextruder erlauben kontinuierliches Lösen mit einer Prozesszeit von sogar deutlich unter einer Stunde. Generell wird nur das Polymer gelöst, feste Bestandteile wie Füllstoffe liegen als Dispersion vor. Die bestrichenen Textilien werden vor der Weiterverarbeitung getrocknet. Da die Schichtdicke im Bereich von 0,02 bis 0,05 Millimeter liegt, werden dickere Schichten in mehreren Durchgängen erzielt.

Die durch Imprägnieren oder Streichen beschichteten Gewebe werden anschließend *friktioniert*, das heißt, eine sehr weiche Kautschukmischung wird einseitig durch Reibung aufgrund leicht unterschiedlicher Walzendrehzahlen in die Hohlräume des Textilgewebes eingedrückt. Bei der folgenden beidseitigen Belegung (*Skimmen*) des friktionierten Gewebes mit weiterer Kautschukmischung arbeitet man mit gleich laufenden Walzen. Einseitiges Belegen kann auf einem Dreiwalzenkalander erfolgen, zum Skimmen verwendet man einen Vierwalzenkalander (Bild 8.40).

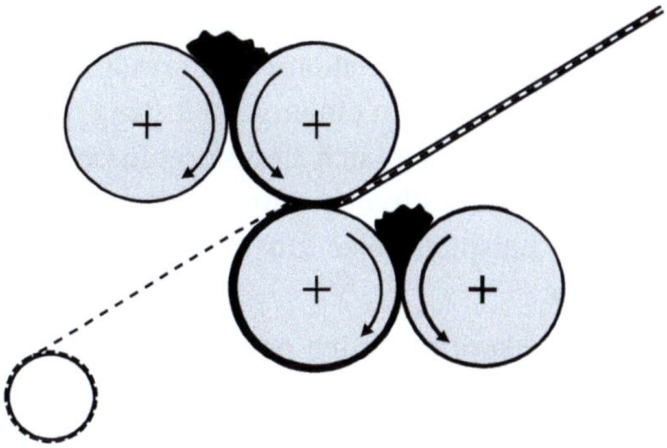

Bild 8.40
Beidseitiges Belegen von Gewebe auf dem Z-Kalander

Kalandrierte Platten neigen insbesondere in Längsrichtung zu Schrumpf, da die gedehnten Makromoleküle aufgrund ihrer Entropieelastizität dazu tendieren, nach Entlastung wieder den verknäulten Zustand anzunehmen. Insofern steigt nach einer gewissen Entlastungszeit die Dicke wiederum leicht an *(Kalandereffekt)*. Daher wird der letzte passierte Walzenspalt immer etwas dünner eingestellt, als die Dicke der zu fertigenden Platte betragen soll. Zur Herstellung von Kalanderplatten von bis zu 8 mm Dicke, etwa für Transportbänder, werden dünne Bahnen auf dem Abzugsförderband solange aufeinander gelegt und durch eine Anpresswalze miteinander verbunden, bis die gewünschte Dicke erreicht ist *(doublieren)*. Auf diese Weise lassen sich Lufteinschlüsse vermeiden, die bei direktem Kalandrieren auf die Anwendungsdicke unweigerlich vorhanden wären (Bild 8.41). Ist die gewünschte Stärke erreicht, wird die dublierte Bahn auf Rollen aufgewickelt und im Autoklaven geheizt. Die Länge der Doublieranlage entspricht etwa der halben maximalen Bahnlänge. Damit Ober- und Unterseite der dublierten Bahn beim Aufwickeln nicht zusammenkleben, werden sie durch hochschmelzende Kunststofffolien voneinander getrennt.

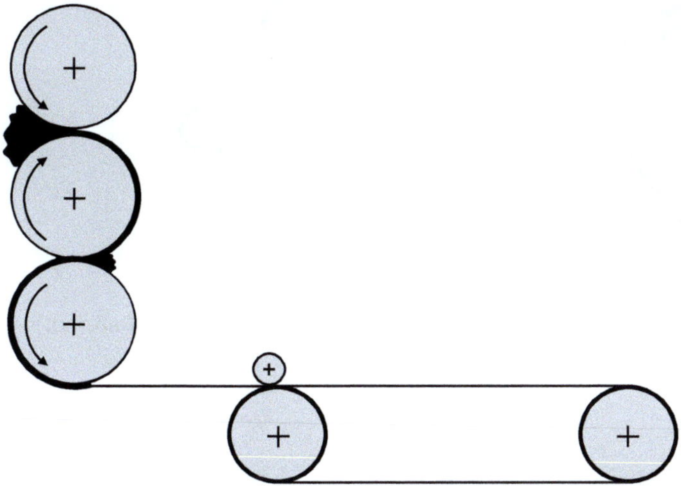

Bild 8.41 Schema eines I-Kalanders mit Doubliereinrichtung

Roller-Head-Anlagen sind Kombinationen aus (Stift-)Extrudern mit einem Zweiwalzenkalander (vgl. Abschnitt 8.3.1). Die Walzen laufen im Gleichlauf und ermöglichen auch die Herstellung von Platten bis zu etwa 20 mm Dicke in einem Arbeitsgang. Werden solche Anlagen einem Kalander vorgeschaltet, lassen sich Lufteinschlüsse vermeiden, da der vor den Einzugswalzen entstehende Rollwulst sehr gering gehalten werden kann. Dieses Verfahren benutzt man beispielsweise zur Herstellung von Drucktüchern, die äußerste Präzision erfordern.

Die Vulkanisation von Kalanderbahnen kann diskontinuierlich oder kontinuierlich erfolgen. Förderbänder weisen meistens große Dicken auf und sind durch die relativ steife Stahlverstärkung sperrig zu handhaben. Sie werden daher abschnittsweise in großen Pressen vulkanisiert. Bei der Endmontage (und bei späteren Reparaturen, wo auch größerer Stücke ausgetauscht werden), werden mobile Vulkanisationspressen verwendet. Dieses Verfahren führt allerdings zu überlappenden Bereichen, die doppelt vulkanisiert werden.

Bahnen bis zu etwa 10 mm Dicke, etwa für Dichtungsfolien, Dachfolien, Bodenbeläge und dünnere Förderbänder, lassen sich kontinuierlich im *Rotationsvulkanisationsverfahren* bei 140 bis 200 °C vernetzen. Die kalandrierten Halbzeuge werden mit einem Stahlband an einer langsam rotierenden beheizten Trommel vorbeigeführt und hydraulisch an diese gepresst. Der Trommeldurchmesser liegt zwischen einem und drei Metern, die Breite beträgt bis zu 2,5 Metern. Bei Bedarf werden zusätzliche Heizeinheiten (Infrarotstrahler, Heißluftkanal) angebracht (Bild 8.42 und Bild 8.43). Diese Maschinen sind unter dem Namen AUMA® (Automatische Mattenvulkanisieranlage, Fa. Kraussmaffei Berstorff GmbH) oder dem Begriff Rotocure bekannt.

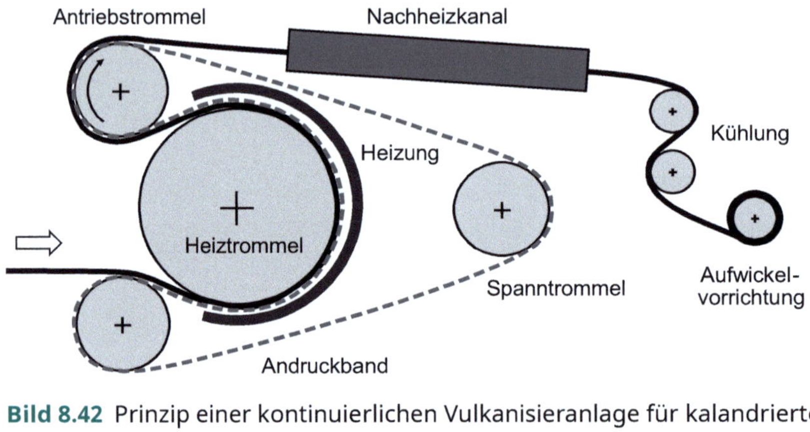

Bild 8.42 Prinzip einer kontinuierlichen Vulkanisieranlage für kalandrierte Bahnen, nach [6]

Bild 8.43 AUMA® Automatische Mattenvulkanisieranlage [Quelle: KraussMaffei Berstorff GmbH]

8.4.4 Vulkanisation im Autoklaven (Freiheizung)

Ein *Autoklav* ist im Grunde genommen ein heizbarer Kessel, der mit Druck beaufschlagt werden kann. Die Vulkanisation im Autoklaven ist nach wie vor ein gängiges Verfahren und findet nicht nur bei Kalanderplatten, beschichteten Geweben oder verstärkten Schläuchen, sondern auch bei Profilen, großvolumigen Teilen sowie kleinen Serien Anwendung. Die zu vulkanisierenden Halbzeuge werden dabei allenfalls mechanisch gestützt oder mit Textilbändern umwickelt (Schläuche), ansonsten stehen oder liegen sie frei auf großen Blechen *(Freiheizung)*. Die Vulkanisation im Autoklaven erfordert generell schnelle Vulkanisationssysteme, um ein Verformen durch das Eigengewicht zu vermeiden. Als Wärmeträger kommen Heißluft (drucklos), Sattdampf oder Heißdampf in Frage.

Die drucklose Vulkanisation in Heißluft hat den Nachteil der schlechten Wärmeübertragung und ist nur für dünnwandige Artikel und Vulkanisationstemperaturen bis 150 °C geeignet. Bei dickwandigen Artikeln führt die Heißluftvulkanisation zu Porosität aufgrund eingeschlossener Luft und Restfeuchte. Weiterhin besteht bei ungesättigten Kautschuken aufgrund der langen Vulkanisationszeit die Gefahr der vorzeitigen Alterung aufgrund von Oxidation.

Eine wesentlich bessere Wärmeübertragung wird durch Sattdampf als Wärmeträger erzielt. Bei Temperaturen von bis zu 200 °C (entsprechend 16 bar Dampfdruck) lassen sich Vulkanisationszeiten von nur wenigen Minuten erreichen. Es tritt keine Sauerstoffalterung auf, allerdings sollten zu Reversion neigende Kautschuke bei niedrigeren Temperaturen vulkanisiert werden. Im Sattdampf vulkanisierte Artikel zeigen an der Oberfläche häufig Kondenswasserflecken. Da die Kondensation eine Kühlung bewirkt, sind diese Stellen gegebenenfalls auch etwas untervulkanisiert. Durch vorheriges Besprühen oder Bestreichen mit Netzmitteln kann die Bildung dieser Flecken vermieden werden. Grundsätzlich sind alle gegen Hydrolyse empfindlichen Kautschuke, wie etwa Polyurethankautschuke, für dieses Verfahren nicht geeignet.

Die Vulkanisation mit Heißdampf (überhitztem Dampf) würde zwar die Bildung von Kondenswasserflecken vermeiden, hat sich allerdings aufgrund der schwierigen Temperaturregelung und der korrodierenden Wirkung nicht durchgesetzt.

8.4.5 Vulkanisation mit heißem Wasser

Insbesondere für Auskleidungen von Industriekesseln hat sich die Vulkanisation mit heißem Wasser bewährt. Hierbei wird der mit der kalandrierten Mischung ausgekleidete Kessel mit Wasser von bis zu 100 °C beheizt. Aufgrund der niedrigen Temperatur sind Vulkanisationszeiten von mehreren Tagen keine Seltenheit. Allerdings wurde dieses Verfahren aufgrund der Entwicklung von Vernetzungssystemen für Raumtemperatur (selbstvulkanisierende Mischungen) sowie der hier verbreiteten schnell vulkanisierenden Halobutylkautschuke weitgehend verdrängt. Die Heißwasservulkanisation kann auch im Autoklaven unter Druck erfolgen, wodurch höhere Vulkanisationstemperaturen möglich sind. Hier dient Wasser nicht nur als Wärmeträger, sondern stabilisiert im Gegensatz zur Freiheizung auch den zu vulkanisierenden Artikel.

8.4.6 Tempern

Einige Kautschuke, wie etwa CO/ECO, ACM/AEM und Q erfordern nach der eigentlichen Vulkanisation noch eine zusätzliche Wärmebehandlung in einem Heizschrank, um einen optimalen Vernetzungsgrad zu erzielen. Der als *Tempern* oder Nachvulkanisation bezeichnete Vorgang führt zu einem höheren Vernetzungsgrad, was sich in steigendem Spannungswert, steigender Härte, verringerter Quellung und geringerem Druckverformungsrest äußert. Durch das Tempern werden auch niedermolekulare Spaltprodukte der Peroxidvernetzung entfernt, die oft einen deutlich wahrnehmbaren Geruch verursachen. Die für das Tempern erforderliche Zeit sowie die Temperatur hängen vom jeweiligen Polymer ab. Während beispielsweise peroxidvernetzter HNBR etwa 4 bis 6 Stunden bei 150 bis 175 °C getempert wird, sind für FKM bis zu 24 Stunden bei bis zu 250 °C erforderlich. Weichmacherhaltige Elastomere sind aufgrund der hohen Temperaturen für dieses Verfahren nicht geeignet.

8.5 Artikelbezogene Spezialverfahren

8.5.1 Walzenbeläge

Gummierte Walzen, etwa für die Druck- und Textilindustrie, bestehen aus mechanisch oder per Sandstrahl geschliffenen Stahlwalzen unterschiedlicher Größe, die mit einer bis zu 25 mm dicken Gummischicht überzogen werden. Harte Walzenbeläge bestehen aus Ebonit, der gleichzeitig eine gute Haftung zur Stahlwalze hat. Es bietet sich daher an, Ebonit auch als Haftvermittler bei weichen Walzen zu verwenden, allerdings zeigen solche Walzen ungünstige dynamische Eigenschaften aufgrund übervulkanisierter Grenzschichten zwischen Ebonit und der weichen Beschichtung. Daher werden bei weichen Walzenbelägen spezielle Haftmittel eingesetzt (vgl. Abschnitt 7.6). Anschließend wird der Walzenbelag per Kalander Schicht um Schicht aufgetragen, um eingeschlossene Luft zu vermeiden. Mittlerweile hat sich auch der Aufbau der Walzenbeschichtung aus extrudierten Streifen durchgesetzt, die direkt auf den rotierenden Walzenkern aufgebracht werden. Die konfektionierte Walze wird mit feuchten Textilstreifen umwickelt, die bei der nachfolgenden Vulkanisation im Dampfkessel schrumpfen und dadurch den Walzenbelag kompaktieren und gegen den Kern drücken. Um partielle Übervulkanisation und Reversion zu vermeiden, werden insbesondere große Walzen langsam aufgeheizt und über mehrere Stunden bei relativ niedriger Temperatur vulkanisiert. Anschließend werden die Textilbandagen entfernt und die Walze auf Anwendungsdicke geschliffen.

8.5.2 Antriebs- und Zahnriemen

Auch bei der Herstellung von Riemen werden Kalanderbahnen schichtweise auf einer Trommel aufgebaut. Der Durchmesser der Trommel entspricht dem jeweiligen Innendurchmesser des Riemens. Je nachdem, ob Keil- oder Zahnriemen hergestellt werden sollen, hat die Trommel entweder Längsrillen entlang des Umfangs oder Querrillen (Bild 8.44). Zunächst wird die Kernmischung aufgegeben, gefolgt vom Zugträger (Textilcord), der Deckmischung und schließlich einem beschichteten Gewebe zum Schutz vor Abrieb und Umwelteinflüssen. Die vollständig belegte Trommel wird im Autoklaven vulkanisiert, anschließend werden die einzelnen Riemen ausgeschnitten. Bei Keilriemen entsteht durch das V-förmige Profil naturgemäß immer ein gewisser Abfall, der nicht wieder verwendet werden kann (vgl. Kapitel 12). Bei Keilrippenriemen und Zahnriemen wird dies weitgehend vermieden.

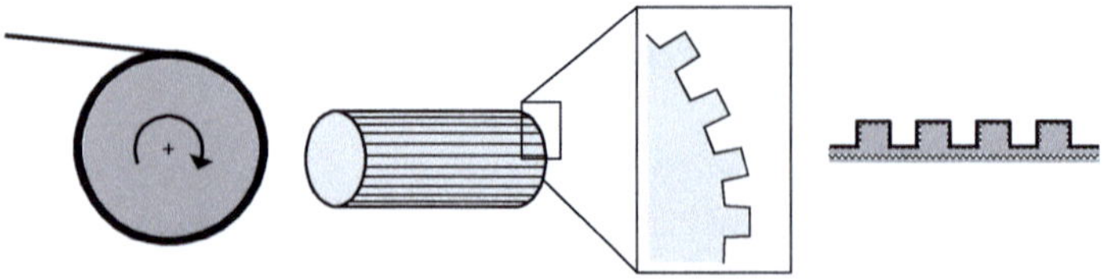

Bild 8.44 Prinzip der Riemenherstellung am Beispiel eines Zahnriemens

8.5.3 Reifen

Die komplexesten Verbundwerkstoffe in der Gummiindustrie sind Reifen. Die Herstellung von Reifen gilt daher immer noch als die Königsklasse unter den Verarbeitungsverfahren für Kautschuke, denn hier werden mehrere unterschiedliche Kautschukmischungen und mehrere Verstärkungslagen aus Textil- und Stahlcord miteinander kombiniert. Dies erfordert eine genaue Abstimmung der einzelnen Vulkanisationssysteme.

Zunächst werden die Textil- und Stahlverstärkungen für Karkasse und Gürtel auf einem Kalander mit Haftmischungen belegt. Auch die innerste Reifenschicht, die sogenannte Tubeless-Platte, die das Entweichen von Luft verhindern soll, wird kalandriert. Dagegen besteht die Lauffläche aus extrudierten Streifen. Aktuelle „cap and base“-Laufflächen bestehen aus zwei Komponenten, deren obere (cap) sich durch hohe Abriebfestigkeit, die untere (base) durch eine gute dynamische Beständigkeit auszeichnet. Sie werden gemeinsam in einem Mehrfachspritzkopf hergestellt und auf den Gürtel aufgetragen. Auf diese Weise lässt sich gleichzeitig auch die Seitenwand extrudieren, sofern sie nicht separat hergestellt wird.

Die Herstellung von Reifenrohlingen erfolgt in zwei Stufen auf speziellen Reifenbaumaschinen. Bild 8.45 zeigt schematisch den Ablauf.

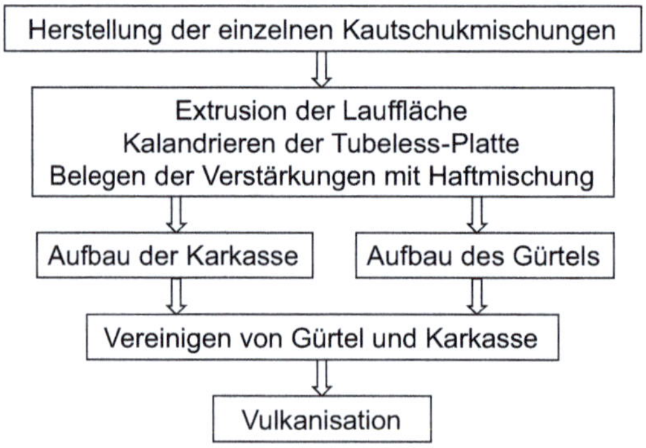

Bild 8.45 Schema des Ablaufs bei der Reifenherstellung

Der Gürtel wird aus mehreren exakt zugeschnittenen Lagen Stahl- und Textilverstärkung sowie der Lauffläche auf der Gürteltrommel der Reifenbaumaschine von innen nach außen aufgebaut. Parallel dazu wird die Karkasse auf einer anderen Trommel ebenfalls schichtweise aufgebaut. Die unterste Schicht ist die Tubeless-Platte, darauf folgen Textilverstärkungen. Dann werden auf beiden Seiten Drahtringe für den sicheren Sitz des Reifens auf der Felge mit ihren Abdeckmischungen (Drahtkappe) eingelegt und die äußeren Enden der bisherigen Lagen umgeschlagen. Schließlich folgt die Seitenwand. Die Rohkarkasse wird nun aufgeblasen und mit dem Gürtel vereinigt. Anschließend wird der Reifenrohling in einer Reifenpresse vulkanisiert. Dabei wird der Rohling durch einen Heizbalg in die Form gepresst. Die beweglichen äußeren Segmente der Presse entsprechen dem Negativ des Profils. Die Vulkanisationszeit beträgt für einen Pkw-Reifen etwa 15 Minuten bei 160 °C, für die komplizierter aufgebauten Lkw-Reifen kann sie bis zu etwa einer Stunde liegen, um in allen Schichten optimalen Vernetzungsgrad zu erzielen. Lkw-Reifen haben einen weitaus höheren Anteil an Naturkautschuk als Pkw-Reifen, daher werden sie zur Vermeidung von Reversion bei einer niedrigeren Temperatur vulkanisiert als Pkw-Reifen. Bild 8.46 bis Bild 8.50 skizzieren den Ablauf der Reifenfertigung.

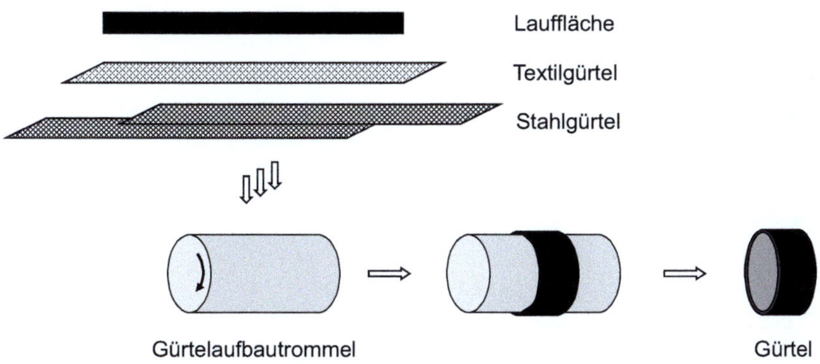

Bild 8.46 Reifenfertigung: Aufbau des Reifengürtels

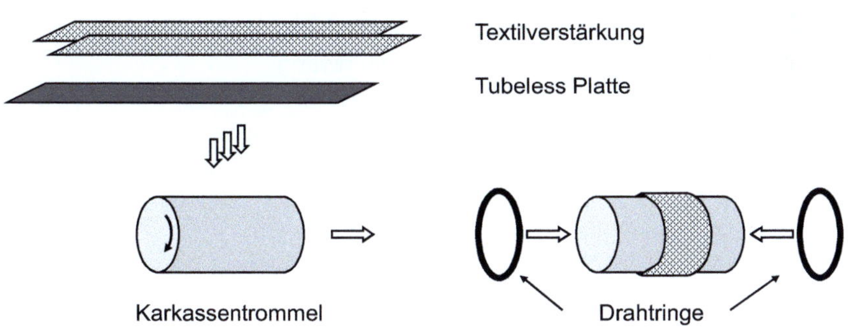

Bild 8.47 Reifenfertigung: Aufbau der Karkasse; Tubeless-Platte und Textilverstärkung, Einsetzen der Drahtringe

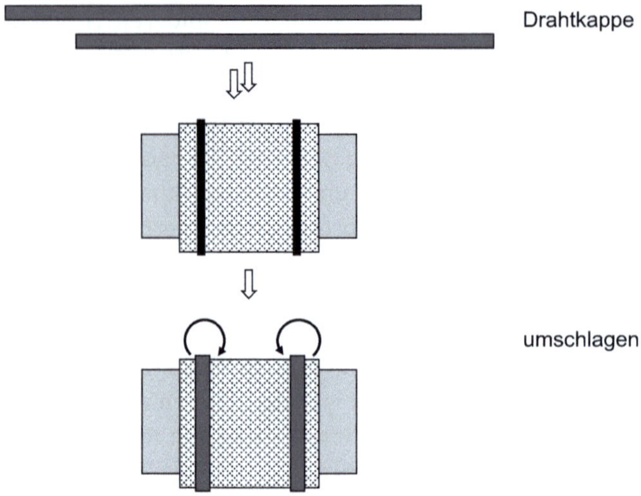

Bild 8.48 Reifenfertigung: Abdecken der Drahtringe und Umschlagen

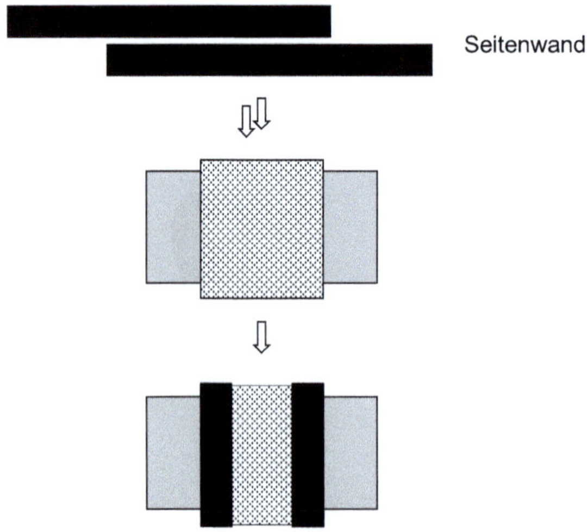

Bild 8.49 Reifenfertigung: Aufsetzen der Seitenwand

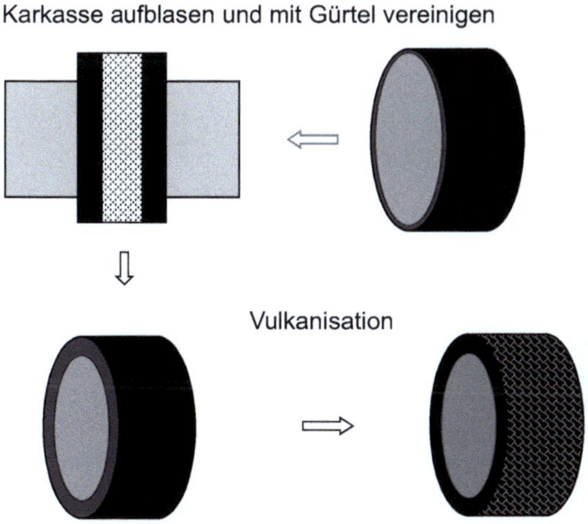

Bild 8.50
Reifenfertigung: Zusammenfügen von Karkasse und Gürtel, Vulkanisation

Bild 8.51 zeigt eine Reifenbaumaschine und Bild 8.52 eine Reifenpresse.

Bild 8.51 Reifenbaumaschine [Quelle: Harburg Freudenberger Maschinenbau GmbH]

Bild 8.52
Heizpresse für Reifen [Quelle: Harburg Freudenberger Maschinenbau GmbH]

8.5.4 Moos-, Zell- und Schwammgummi

Während die Porenbildung durch eingeschlossene Feuchtigkeit eher unerwünscht und unregelmäßig strukturiert ist, soll bei sogenannten getriebenen Artikeln eine kontrollierte Porenstruktur gezielt erzeugt werden. Dazu werden der Kautschukmischung spezielle Treibmittel zugefügt, die während der Vulkanisation Gas (meist Stickstoff) freisetzen (vgl. Abschnitt 7.8). Aufgrund der entstandenen Struktur unterscheidet man in *Zellgummi* (vollständig geschlossene Poren), *Moosgummi* (teilweise geschlossene Poren) oder *Schwammgummi* (überwiegend offene Poren). Treibmittel und Vernetzungssystem müssen sorgfältig aufeinander abgestimmt werden, um die gewünschten Resultate zu erzielen.

Beim *Treibverfahren* bläht sich die Mischung aufgrund der Zersetzung des Treibmittels um das bis zu zehnfache Volumen auf und wird erst dann vulkanisiert, Porenbildung und Vulkanisation verlaufen also nacheinander. Bei zu früh einsetzender Vulkanisation wird die Porenbildung zumindest teilweise verhindert, bei zu später Vulkanisation fallen die Poren wieder zusammen. Um bestmögliche Ausdehnung zu erzielen, wird die Vulkanisationsform nur teilweise mit der treibmittelhaltigen Kautschukmischung gefüllt. Nach der Vulkanisation sind die Poren zunächst noch teilweise geschlossen (Moosgummi). Soll Schwammgummi hergestellt werden, müssen die Poren in mehreren Durchgängen auf einem Walzwerk mechanisch aufgebrochen werden.

Zellgummi entsteht vorwiegend durch das *Expansionsverfahren*. Die verwendeten Treibmittel haben höhere Zersetzungstemperaturen als beim Treibverfahren, die Freisetzung von Stickstoff verläuft also parallel zur Vernetzungsreaktion. Die Form wird vollständig gefüllt, daher kann die Mischung nicht ausweichen. Als Folge bilden sich geschlossene Gaszellen mit einem sehr hohen Druck. Vor Erreichen des Vernetzungsmaximums wird die Form geöffnet, woraufhin die Gaszellen expandieren und geschlossene Poren bilden. Dabei wird die Expansion durch angeschrägte Formwände erleichtert. Der Zeitpunkt des Öffnens, die Dosierung an Treibmittel sowie der Gegendruck durch die Vulkanisationspresse bestimmen die Größe der Poren und damit die Elastizität des Zellgummis.

8.6 Die Verarbeitung und Anwendung von Latex

Unter Latex versteht man eine wässrige Dispersion von natürlichem oder synthetischem Kautschuk. Naturkautschuk wird über Aufarbeitung aus Naturlatex gewonnen (vgl. Abschnitt 5.2). Synthesekautschuke wie SBR, NBR oder CR werden im Emulsionsverfahren polymerisiert, wobei zunächst ebenfalls Latex entsteht (vgl. Abschnitt 5.1).

Der flüssige Zustand ermöglicht die Herstellung diverser Beschichtungen (Papier, Teppichrücken), den Einsatz als Klebe- und Bindemittel (Dispersionskleber, Gummihaar, Korkplatten) sowie für die Bitumenvergütung (höhere Festigkeit, Zähigkeit und Elastizität) und insbesondere dünnwandiger Tauchartikel (Handschuhe, Kondome, Ballons). Auch bei der Herstellung von Schaumstoffen, Gummifäden und gummiertem Gewebe wird Latex verwendet.

Latexdispersionen enthalten bereits alle für die Vernetzung erforderlichen Chemikalien, zudem Alterungsschutzmittel, gegebenenfalls Pigmente, flammhemmende Substanzen, Klebrigmacher (Harze) und andere. Der Rezepturaufbau ist ähnlich dem von Festkautschuken. Als Vulkanisationsbeschleuniger dienen üblicherweise die ultraschnellen Xanthogenate, die in Festkautschuk aufgrund ungenügender Verarbeitungssicherheit nicht eingesetzt werden können (vgl. Abschnitt 7.2.1.1). Dithiocarbamate sind ebenfalls in Gebrauch. Der für die Vernetzung erforderliche Schwefel wird in sehr fein dispergierter Form zugesetzt *(Kolloidschwefel)*. Auch bei der Vernetzung von Latex dient Zinkoxid als Aktivator. Sofern nicht bereits bei der Polymerisation Stabilisatoren zugesetzt wurden, werden in der Regel nicht verfärbende Alterungsschutzmittel verwendet, um die Herstellung transparenter Produkte zu ermöglichen. Eventuell zugesetzte helle, inaktive Füllstoffe wie Kreide oder Kaolin dienen nicht zur Verstärkung, sondern sollen die Klebrigkeit von Latexfilmen verringern. Nicht in Wasser lösliche Komponenten müssen vorher separat durch gemeinsames Mahlen mit einer wässrigen Lösung eines Dispergiermitttels fein verteilt werden. Die Teilchengrößen liegen dabei zwischen 0,1 und 50 µm, bevorzugt ist der Bereich zwischen 1 und 5 µm. Zusätzlich sind noch Emulgatoren, Stabilisatoren zur Vermeidung vorzeitiger Koagulation, Wärmesensibilisierungs- und Konservierungsmittel sowie einige andere, auf die jeweilige Anwendung abgestimmte Chemikalien enthalten.

Naturlatex enthält etwa 25 bis 40 % Feststoff und wird vor der Verarbeitung überwiegend durch Zentrifugieren auf etwa 60 % Feststoffanteil konzentriert. Durch mehrmaliges Verdünnen mit Wasser und erneutes Zentrifugieren erhält man einen sehr reinen Latex, der insbesondere zur Herstellung von Hygiene- und medizinischen Artikeln verwendet wird. Alternativ kann man Naturlatex auf einen Feststoffgehalt von bis über 70 % eindampfen, allerdings sind dann noch natürliche Proteine und andere Bestandteile enthalten. Diese sind für die Verwendung als Dispersionsklebstoff vorteilhaft.

Die in Naturkautschuk enthaltenen Proteine können Allergien auslösen. Daher werden zunehmend Einmalhandschuhe aus „latexfreiem Nitril" angeboten. Allerdings ist diese Bezeichnung unzutreffend, denn diese Handschuhe werden aus Syntheselatex hergestellt, in diesem Fall Nitril-Latex, der die Vorstufe des Nitrilkautschuks bildet (vgl. Abschnitt 5.2), allerdings keine Proteine enthält.

Die bei der Produktion von Synthesekautschuken entstehenden Latices haben Feststoffgehalte zwischen etwa 25 und 35 %. Das Aufkonzentrieren erfolgt entweder über Eindampfen oder durch das sogenannte *Aufrahmen*. Hierbei werden spezielle Chemikalien zugesetzt, die das Agglomerieren der Latexteilchen herbeiführen, sie schwimmen dann an der Oberfläche.

Für Verfahren wie Tauchen, Spinnen oder Beschichten ist es vorteilhaft, vorvernetzten Latex einzusetzen. Dazu wird der bereits mit Vulkanisationschemikalien gemischte Latex für mehrere Stunden auf etwa 50 °C erwärmt, wodurch die Vernetzungsreaktion einsetzt. Durch Zentrifugieren werden anschließend nicht umgesetzte Komponenten aus der Dispersion entfernt.

Tauchartikel

Werden Formen aus Glas, Porzellan oder Metall in die Dispersion getaucht, bildet sich auf der Oberfläche eine dünne Schicht. Nach Trocknen und Vulkanisation in Heißluft wird der Artikel von der Form entfernt. Durch mehrfaches Wiederholen des Tauchvorgangs wird die gewünschte Schichtdicke eingestellt. Dabei muss nach jedem Beschichtungsvorgang getrocknet werden. Bei Verwendung von vorvernetztem Latex entfällt die Vulkanisation. Es hat sich als zweckmäßig erwiesen, die Form vorher mit gelösten Calciumsalzen zu benetzen, da diese die Koagulation beschleunigen. Typische auf diese Weise erhaltene Tauchartikel sind medizinische und Haushaltshandschuhe, Kondome, Ballons, Schnuller und andere; Bild 8.53 verdeutlicht das Prinzip.

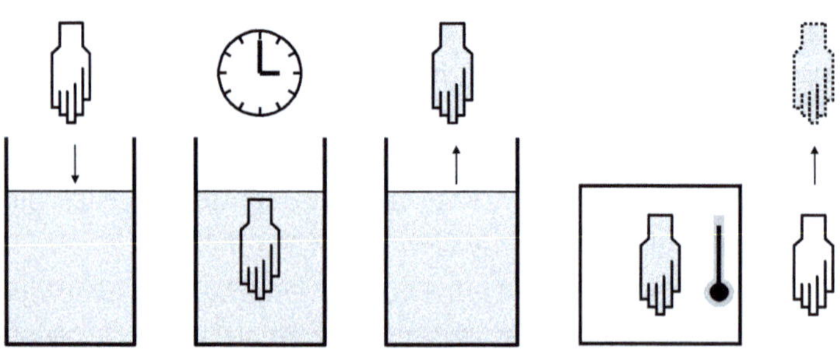

Bild 8.53 Prinzip der Herstellung von Tauchartikeln

Schichtdicken von bis zu einem Millimeter lassen sich auch durch die wärmesensible Gelierung erhalten. Dabei enthält die Latexmischung wärmeempfindliche Zink-Amin-Komplexverbindungen oder bestimmte Polyether. Die Komplexe zersetzen sich beim Eintauchen von Metallformen, die auf etwa 70 °C vorgewärmt sind. Durch die freiwerdenden Zinkionen wird die Dispersion instabil und koaguliert. Polyether sind in Abhängigkeit von ihrer Zusammensetzung bis zu Temperaturen zwischen 35 und 60 °C wasserlöslich und lagern sich an die Latexpartikel an, wodurch diese stabilisiert werden. Bei entsprechender Temperaturerhöhung werden die Polyether unlöslich, wodurch rasche Koagulation einsetzt. Das Wärmesensibilisierungsverfahren wird auch bei der Beschichtung von Membranen, Teppichen oder Arbeitshandschuhen verwendet.

Gummifäden

Wie bei der Aufarbeitung von Naturlatex zu Festkautschuk wird zur Herstellung von Gummifäden die Koagulation durch Zusatz von Ameisen- oder Essigsäure eingeleitet. Dabei tritt die Latexmischung durch eine Düse in das Koagulationsbad, wodurch feine Fäden entstehen, die nachfolgend vulkanisiert werden müssen.

Gewebebeschichtung

Hier unterscheidet man zwischen dem *Imprägnieren* und dem *Streichen*. Zum Imprägnieren nimmt das Gewebe die Latexmischung in einem Tauchbad auf (vgl. RFL-Dip, Abschnitt 8.4.3), beim Streichen wird die Latexmischung mit einer Streichmaschine aufgebracht. Anschließend folgen Trocknung und Vulkanisation. Grundsätzlich erhält man die beste Haftung zur umgebenden Gummimischung, wenn Latex und Kautschuk die gleiche Polymerbasis haben. Bei Verbundstoffen wie Schläuchen werden aber oft verschiedene Kautschuke eingesetzt, beispielsweise CR oder EPDM für die Deckschicht und NBR für die Seele. Hier wird bevorzugt VP-Latex (2-Vinylpyridin-Styrol-Butadien-Copolymerisate) eingesetzt, der wie CR-Latex eine gute Bindung sowohl zum Textilgewebe als auch zu den umgebenden Kautschuken zeigt.

Latexschaum

Das Schäumen von Latexdispersionen erfolgt in der Regel mechanisch, wobei spezielle Seifen zugesetzt werden. Ist die gewünschte Porosität erreicht, werden Koagulationsmittel zugesetzt, der Schaum wird anschließend durch Vulkanisation stabilisiert.

Anwendungsbeispiele für verschiedene Latices

- NR: Tauchartikel wie Handschuhe, Kondome, Ballons, Schnuller und andere.
- SBR: Papierbeschichtung, Teppichrückenbeschichtungen, Polstermaterialien in Sohlen und Handschuhen sowie Schaumstoffe. Nicht vulkanisierte SBR-Latices werden zur Herstellung von Dosenverschlussmassen verwendet.

- NBR, XNBR: fett- und ölbeständige Tauchartikel wie Membranen oder Handschuhe, Bindemittel für Mineralfasern (Brems- und Kupplungsbeläge), schaumbeschichtete Vliesstoffe (Fenstertücher).
- CR: chemikalienbeständige Handschuhe, Klebstoffe, meteorologische Ballons, Sitzpolster, Bindemittel für elastische Sportplatzbeläge, Bitumenvergütung, Imprägnieren von Textil- und Glascord (für Hydraulikschläuche, Fördergurte und Riemen).
- VP: Imprägnieren von Textilcord (für Reifen, Hydraulikschläuche, Fördergurte und Riemen).

Literatur Kapitel 8

[1] Hofmann, W.; Gupta, H.: Handbuch der Kautschuktechnologie. Ratingen: Gupta-Verlag 2009

[2] Kempermann, T. et al.: Handbuch für die Gummiindustrie. Leverkusen: Bayer AG 1991

[3] Nagdi, K.: Gummi-Werkstoffe. Ratingen: Gupta-Verlag 2004

[4] Röthemeyer, F.; Sommer, F.: Kautschuktechnologie. München: Carl Hanser Verlag 2013

[5] Schnetger, J.: Kautschukverarbeitung. Würzburg: Vogel 1998

[6] Schnetger, J.: Lexikon der Kautschuktechnik. Heidelberg: Hüthig 2004

[7] Latexallergien und Prävention. *https://www.bgw-online.de*, abgerufen am 26. 01. 2025

9 Prüfung von Kautschukmischungen und Elastomeren

Die Herstellung von Elastomeren mit spezifischen Eigenschaften aus einer Vielzahl von Komponenten ist keineswegs trivial. Neben der Auswahl der Kautschuke und Mischungsbestandteile hat auch die Verarbeitung entscheidenden Einfluss auf das Eigenschaftsbild des fertigen Elastomers. Um zu prüfen, ob der hergestellte Werkstoff für die angedachte Funktion in der Tat einsetzbar ist, wurden eine Reihe spezieller, auf das entropie-elastische Verhalten von Elastomeren abgestimmte Prüfungen entwickelt. Zudem erfordert die Zähigkeit der noch unvulkanisierten, aber bereits vulkanisationsfähigen Kautschukmischungen eine Bewertung hinsichtlich der Eignung für die durch die Geometrie der Fertigartikel festgelegten Verarbeitungs- und Vulkanisationsverfahren.

Im Folgenden wird eine Auswahl wichtiger Prüfmethoden vorgestellt. Für Details zu Prüfkörpern und Prüfbedingungen wird auf die entsprechenden internationalen Normen (bevorzugt ISO) verwiesen, ansonsten auf die jeweilige DIN-Norm. In vielen Fällen wurden ISO-Normen als DIN ISO oder DIN EN ISO national angepasst.

Es sei darauf hingewiesen, dass bei der Mischungsentwicklung im Gegensatz zur Fertigung oft Misch- und Formmaschinen mit kleineren Volumina und daher einem besseren Verhältnis von Oberfläche zu Volumen verwendet werden. Bis zu einer gewissen Untergrenze sind Labormischungen dadurch oft homogener und werden durch die effektivere Kühlung thermisch weniger belastet. Dadurch resultieren in der Regel etwas bessere Prüfwerte für die im Labor hergestellten Elastomere. Weiterhin beziehen sich Materialspezifikationen in der Industrie oft auf Prüfungen an Proben, die aus dem Fertigteil, etwa durch Stanzen, herausgearbeitet werden. Diese zeigen üblicherweise Nachteile gegenüber Prüfkörpern, die im Labor unter idealisierten Bedingungen hergestellt wurden. Daraus folgt, dass zur Erfüllung technischer Spezifikationen die im Labor hergestellten Proben immer etwas bessere Werte als gefordert aufweisen müssen.

9.1 Rheologische Prüfungen

9.1.1 Mooney-Viskosität und Mooney-Relaxation (DIN 53523, ISO 289)

Kautschuke und Kautschukmischungen setzen der Verarbeitung aufgrund ihres visko-elastischen Verhaltens einen Widerstand entgegen. Ursache sind intramolekulare Kräfte bei der Scherung der einzelnen Schichten. Dieser Widerstand wird als Zähigkeit oder (Scher-)Viskosität η bezeichnet (vgl. Abschnitt 2.3.2).

Die Viskosität von Kautschuken und Kautschukmischungen lässt sich direkt aus der Kraft, die sie ihrer Verarbeitung entgegensetzen, bestimmen. Im *Scherscheibenviskosimeter nach Mooney* wird dazu ein Rotor in einer beheizbaren Kammer oben und unten mit Probensubstanz umschlossen und in Bewegung gesetzt. Die Flächen der Prüfkammer sowie des Rotors sind strukturiert, um Gleiteffekte zu vermeiden (Bild 9.1, Bild 9.2 und Bild 9.3). Die Prüftemperatur beträgt in der Regel 100 °C. Nach einer Minute Aufwärmzeit wird die Scheibe in Rotation versetzt, die Umlaufgeschwindigkeit beträgt zwei Umdrehungen pro Minute. Das nach vier Minuten gemessene Drehmoment entspricht der jeweiligen *Mooney-Viskosität*, sie wird in Mooney-Einheiten (ME) ausgedrückt (Bild 9.4).

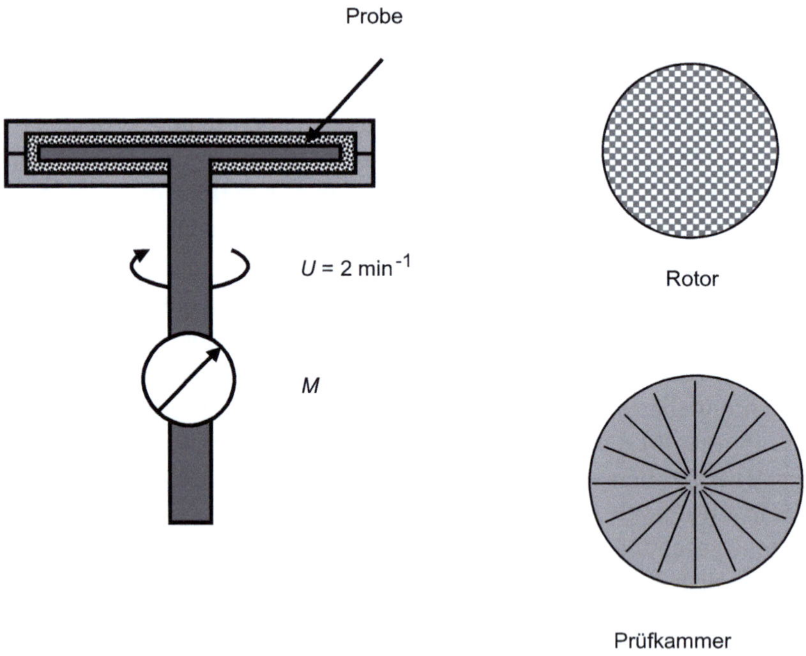

Bild 9.1 Schematische Darstellung des Scherscheibenviskosimeters

Bild 9.2
Scherscheibenviskosimeter [Quelle: GÖTTFERT Werkstoff-Prüfmaschinen GmbH]

Bild 9.3 Scherscheibenviskosimeter: Prüfkammer [Quelle: GÖTTFERT Werkstoff-Prüfmaschinen GmbH]

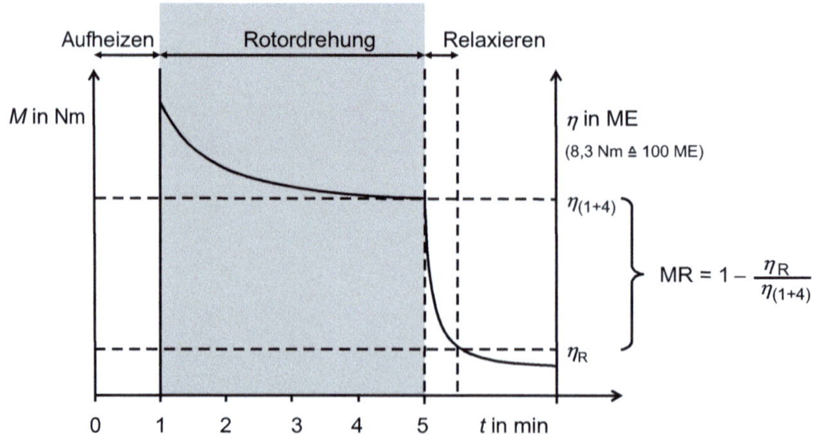

Bild 9.4 Mooney-Viskosität und Mooney-Relaxation

Die Viskosität wird zusammen mit den jeweiligen Prüfbedingungen angegeben, beispielsweise ML (1+4) 100 °C = 70 ME (Mooney Viscosity, Large Rotor, Vorwärmzeit und Prüfzeit in Minuten, Prüftemperatur, Wert in Mooney-Einheiten). In diesem Buch angegebene Werte für die Mooney-Viskosität beziehen sich generell auf diese Prüfparameter. Synthesekautschuke liegen zwischen 20 (z. B. EVM) und 100 ME, einige NBR- und EPDM-Typen erreichen Werte über 100 ME. In solchen Fällen werden auch höhere Temperaturen (zum Beispiel 125 °C), längere Vorwärm- und Messzeiten oder auch ein kleinerer Rotor verwendet. So dienen höhere Temperaturen etwa bei Verschnitten von NBR und PVC dem Aufschmelzen des thermoplastischen Anteils.

Sehr vereinfacht ausgedrückt, ist die Viskosität ein Maß für den Widerstand, den die Makromoleküle der Verarbeitung entgegensetzen. Je höher die Viskosität ist, desto niedriger ist die Fließgeschwindigkeit bei ansonsten gleichen Verarbeitungsbedingungen. Mit steigender Viskosität erhöht sich die zur Verformung erforderliche Energie. Die Viskosität von Kautschuken lässt sich durch Erwärmen etwas verringern, allerdings bei Weitem nicht in dem Maße wie bei Thermoplasten. Die Viskosität von Kautschukmischungen hängt von der Viskosität des Kautschuks sowie der Art und Menge der eingesetzten Füllstoffe und Weichmacher ab. Die Viskosität der Kautschuke wiederum hängt von der Stärke der Wechselwirkungen zwischen den einzelnen Molekülen sowie deren Struktur (Länge, Seitenketten, Verzweigungen) ab. Die verschiedenen Viskositätsstufen von Synthesekautschuken erlauben eine dem Verarbeitungsverfahren angepasste zielgerechte Auswahl. Naturkautschuk muss dagegen durch mechanischen Kettenabbau (Mastizieren) auf die gewünschte Kettenlänge gebracht werden.

Aktive Füllstoffe erhöhen die Mischungsviskosität, gleichzeitig aber auch Zugfestigkeit und Weiterreißwiderstand der Elastomere. Zwar kann man durch steigende Weichmachermengen die Viskosität wieder verringern, dabei werden jedoch auch die mechanischen Eigenschaften reduziert. Daher wählt man niedrigviskose Polymere für Mischungen mit hohem Füllstoffgehalt, um ein zu starkes Ansteigen der Mischungsviskosität zu vermeiden.

Hohe Mischungsviskositäten sind günstig für die Standfestigkeit von Extrudaten. Nur mit ausreichender Standfestigkeit bleibt die durch die Spritzscheibe erzeugte Form bis zur nachfolgenden Vulkanisation erhalten. Beim Ziehen von Kalanderplatten vermeiden hochviskose Mischungen das Auftreten von Luftblasen.

Für schnelle Verarbeitungsverfahren (Spritzgießen), insbesondere bei langen Fließwegen oder komplizierten Formteilgeometrien, werden dagegen niedrigviskose Mischungen bevorzugt. Dadurch wird die Füllung des Werkzeugs beschleunigt, die Reibungswärme reduziert und somit eine vorzeitige Anvulkanisation vermieden.

Der günstigste Viskositätsbereich für die meisten Verarbeitungsverfahren liegt zwischen 60 und 70 ME. Höhere Viskositäten erfordern größere Scherkräfte beim Mischen und bei der Formgebung, wodurch Energieverbrauch, Mischungstemperatur und damit die Gefahr der Anvulkanisation zunehmen. Zu niedrige Viskositäten erschweren die Aufnahme von Füllstoffen, Weichmachern und anderen Mischungsbestandteilen, da nicht genügend Scherkräfte aufgebaut werden. Dies kann zu inhomogenen (ungleichmäßigen) Mischungen führen.

Die Messung der Mooney-Viskosität erfolgt bei relativ kleiner und konstruktionsbedingt nicht konstanter Schergeschwindigkeit (etwa 1 bis 2 s^{-1}). Sie dient vornehmlich zur Materialcharakterisierung. Eine bessere Aussage zum Verarbeitungsverhalten erlauben *Kapillarrheometer*. Bei diesen Geräten wird eine Kautschukmischung zunächst auf 100 °C aufgeheizt und dann innerhalb eines Zeitraums von 4 Minuten mit einem Kolben durch eine Düse gedrückt. Die Schergeschwindigkeit liegt bei 330 s^{-1}, insofern lässt sich über die Durchflussmenge das Verhalten beim Extrudieren oder Spritzgießen abschätzen. Moderne Hochdruckkapillarrheometer erlauben die Messung bei unterschiedlichen Schergeschwindigkeiten (10 bis 10 000 s^{-1}).

Das Scherscheibenviskosimeter erlaubt dagegen auch die Bestimmung visko-elastischer Größen wie des Verlustwinkels (vgl. Abschnitt 4.2). Dazu wird der Rotor nach Ablauf der Messzeit abrupt angehalten und das abfallende Drehmoment über 30 Sekunden aufgezeichnet (*Mooney-Relaxation*, MR, Angabe in %). Je höher der elastische Anteil einer Probe ist, desto geringer ist der Abfall des Drehmoments. Der Verlustwinkel wird über spezielle mathematische Verfahren berechnet.

9.1.2 Anvulkanisation (DIN 53523, ISO 289)

Wird eine vernetzungsfähige Mischung in ein Scherscheibenviskosimeter eingelegt, kann über den Anstieg des Drehmoments die Anvulkanisationszeit ermittelt werden. Nach einer Vorheizzeit von einer Minute beginnt sich der Rotor zu drehen. Die Messtemperatur wird entsprechend des Vernetzungssystems angepasst, in der Regel beträgt sie 130 °C. Durch die eingebrachte thermische und mechanische Energie wird die Viskosität zunächst etwas verringert, was zu einem Abfall der Drehmomentkurve führt. Danach steigt die Kurve an, bis die Probe vulkanisiert ist. Als Anvulkanisationszeit oder *Scorchzeit* MS-t_5 (130 °C) wird die insgesamt abgelaufene Zeit in Minuten betrachtet, bei der das Drehmoment um fünf Mooney-Einheiten über das Minimum angestiegen ist (Bild 9.5). Um die Reaktionsgeschwindigkeit verschiedener Vernetzungssysteme zu vergleichen, wird die Messung bis zum Anstieg um 35 Mooney-Einheiten fortgeführt. Je geringer die Differenz Δt zwischen MS-t_{35} und MS-t_5 ist, desto schneller verläuft die Vulkanisation.

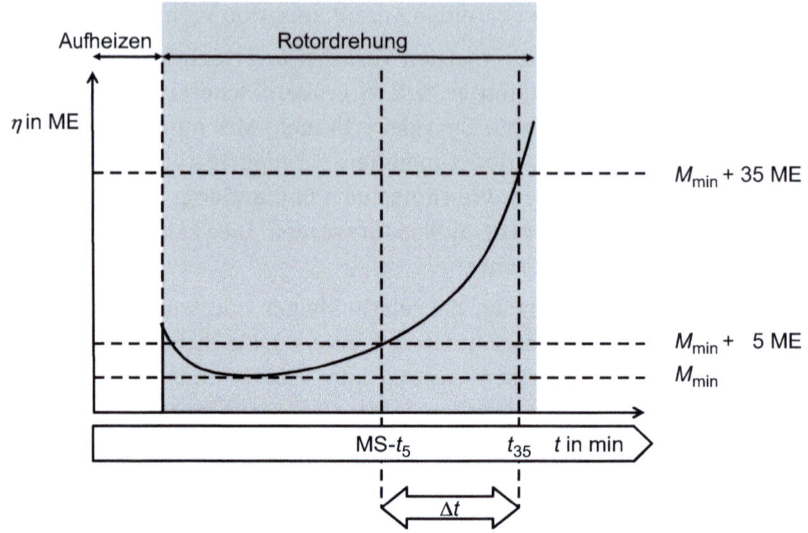

Bild 9.5 Bestimmung der Anvulkanisationszeit mit dem Scherscheibenviskosimeter

9.1.3 Bestimmung der Vernetzungsisotherme (DIN 53529)

Mit Beginn der Vernetzungsreaktion steigt die zur Verformung der Kautschukmischung erforderliche Kraft. Bei maximaler Kraft ist die Vernetzung abgeschlossen, das Elastomer ist ausvulkanisiert. In einem *Rheometer* macht man sich diesen Zusammenhang zunutze.

Die ersten Geräte basierten auf einer durch einen Exzenter angeregten linearen, zyklischen Bewegung (*Linearschubvulkameter*, Bild 9.6). Die weitere Entwicklung führte zu einem Aufbau ähnlich dem des Viskosimeters, jedoch mit einer oszillierenden Scheibe (ODR = *Oscillating-Disc-Rheometer*, Bild 9.7). Das MDR (*Moving-Die-Rheometer*, Bild 9.8, Bild 9.9 und Bild 9.10) besteht aus einer Probenkammer mit einer starren oberen und einer beweglichen unteren Hälfte. Dadurch werden Wärmeverluste über den Rotor vermieden. Der Rotor (ODR) oder die beiden Hälften der Probenkammer (MDR) sind zur Vermeidung von Rutscheffekten geriffelt. Aufgrund der unterschiedlichen Bauarten sind die erhaltenen Ergebnisse der verschiedenen Rheometer nicht ganz deckungsgleich.

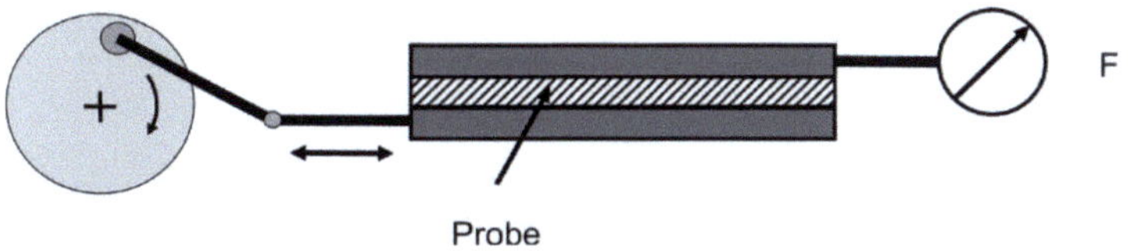

Bild 9.6 Prinzip des Linearschubvulkameters

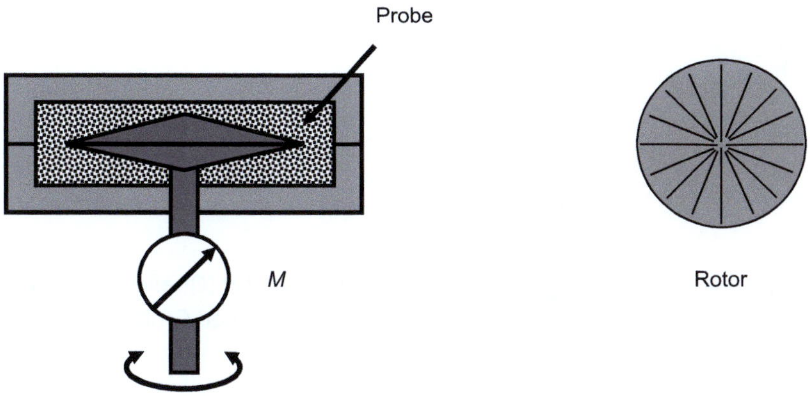

Bild 9.7 Prinzip des Oscillating-Disc-Rheometers (ODR)

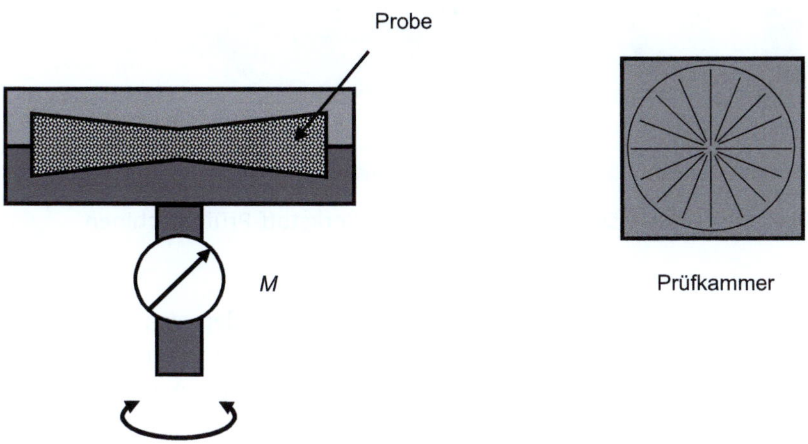

Bild 9.8 Prinzip des Moving-Die-Rheometers (MDR)

Bild 9.9
Moving-Die-Rheometer [Quelle: GÖTTFERT Werkstoff-Prüfmaschinen GmbH]

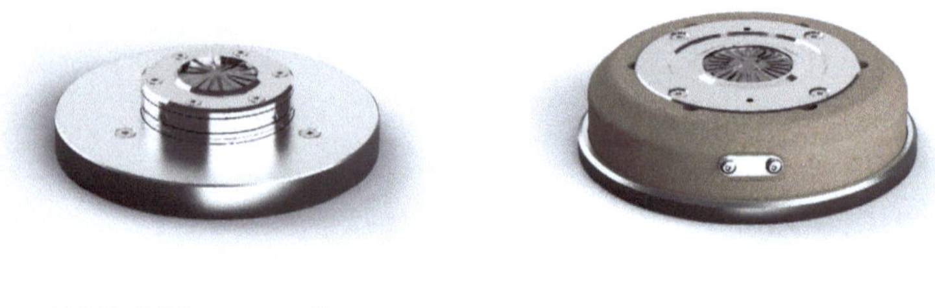

Bild 9.10 Prüfkammer eines MDR [Quelle: GÖTTFERT Werkstoff-Prüfmaschinen GmbH]

Nach Aufheizen auf Vulkanisationstemperatur wird eine Probe der vernetzungsfähigen Kautschukmischung eingefüllt und der Rotor (ODR) oder die untere Hälfte der Prüfkammer (MDR) in oszillierende Bewegung versetzt. Die Oszillationsbewegung beträgt je nach Gerät nur 0,1 bis 2° bei einer Frequenz von 3 bis 100 min^{-1}. Die erforderliche Kraft wird als Drehmoment gemessen und in Abhängigkeit von der Zeit aufgetragen. Mit steigender Vernetzungsdichte wird auch das Drehmoment immer höher, die grafische Aufzeichnung über die Zeit ist die *Vernetzungsisotherme* (*Vulkanisationskurve*, vgl. Bild 3.3 in Abschnitt 3.1).

Aktuelle dynamische Rheometer (Rubber-Process-Analyzer) ermöglichen Messungen bei variablen Frequenzen, Amplituden und Temperaturen. Mit diesen Geräten soll der gesamte Verarbeitungsprozess vom Mischen bis zur Formgebung simuliert werden.

Eine einfache Betrachtung der Verhältnisse beim Spritzgießen erlauben *Rheovulkameter*. Dabei handelt es sich um Kapillarrheometer, die in ein Spiral- oder Verästelungswerkzeug einspritzen. Über den Füllgrad des Werkzeugs lässt sich abschätzen, ob die Mischung für den Spritzgießprozess geeignet ist.

9.2 Mechanische Prüfungen

9.2.1 Bestimmung der Härte (ISO 7619, ISO 48)

Der Widerstand, den ein Körper dem Eindringen eines anderen Körpers entgegensetzt, wird als Härte definiert. Bei Elastomeren wird die Härte durch Bestimmung der Eindringtiefe eines metallischen Eindringkörpers (Indentor) ermittelt. Bei der *Shore-Härte* (ISO 7619) ist der Indentor entweder ein Kegelstumpf (Shore A) oder eine abgerundete Kegelspitze (Shore D), der durch Federkraft auf die Probe einwirkt (Bild 9.11 und Bild 9.12).

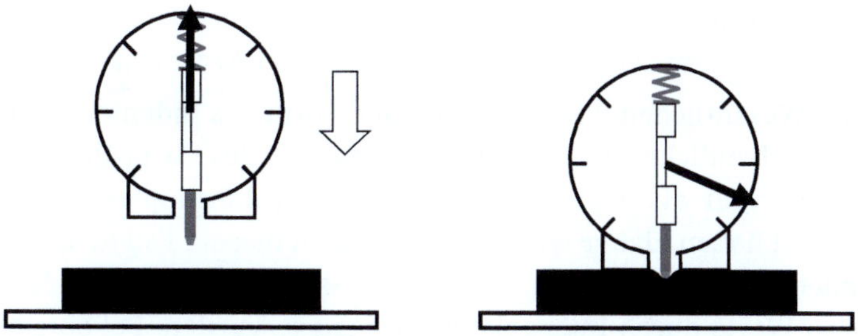

Bild 9.11 Prinzip der Härtemessung nach Shore

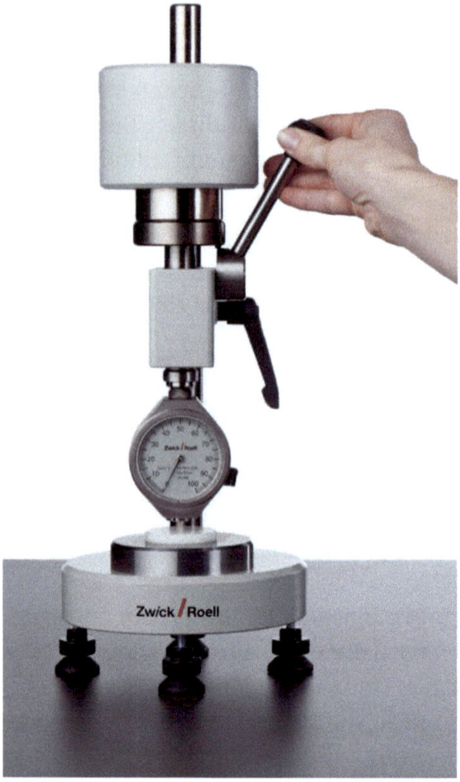

Bild 9.12
Härteprüfgerät mit Prüfständer
[Quelle: Zwick Roell AG]

Dagegen werden bei der Bestimmung der *Kugeldruckhärte* (*IRHD* – International-Rubber-Hardness-Degree, ISO 48) und der *Mikrohärte* (bei sehr kleinen Prüfkörpern) die Proben mit Kugeln unterschiedlichen Durchmessers bei konstanter Kraft belastet.

Die Eindringtiefe hängt im Wesentlichen von der Größe und Form des Indentors, der aufgebrachten Kraft, der Probendicke und dem Spannungswert des zu prüfenden Elastomers sowie der Temperatur ab. Proben mit einem hohen thermoplastischen Anteil (wie TPE) neigen zum Fließen, daher wird die Messzeit in diesem Fall deutlich verlängert. Die verschiedenen Messmethoden verwenden Skalen mit Härtegraden zwischen 0 und 100, deren Werte durch Interpolation festgelegt wurden. Bei einem Härtegrad von 0 zeigt eine Probe den geringsten Widerstand, bei einer Härte von 100 die geringste Eindringtiefe. Die Resultate sind nicht linear von der Eindringtiefe abhängig und zwischen den verschiedenen Methoden auch nur bedingt vergleichbar. Im Bereich von 30 bis 60 Shore A entsprechen die Messwerte etwa denen nach IRHD, oberhalb davon werden mit IRHD höhere Werte gemessen. Bild 9.13 verdeutlicht die unterschiedlichen Wertebereiche.

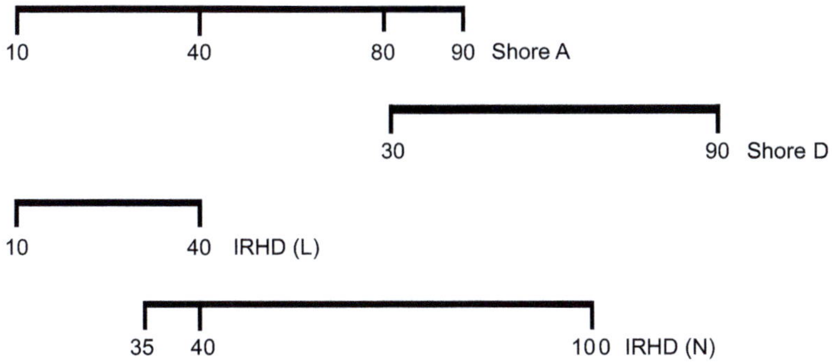

Bild 9.13 Wertebereiche verschiedener Methoden für die Härtemessung nach [7]. Es sei noch einmal darauf hingewiesen, dass die Skalen nicht linear sind.

Die Härteprüfung lässt sich im Gegensatz zum Druckverformungsrest mit handlichen Geräten leicht durchführen (Bild 9.14). Dabei ist jedoch zu berücksichtigen, dass bei solchen Messungen die Streuung höher ist als bei fest installierten Prüfgeräten. Die Härte steigt mit zunehmendem Vernetzungsgrad auch bei Überschreiten des Optimums der Vernetzungsisotherme immer weiter an, daher ist die Härtemessung alleine kein gutes Maß für den Vernetzungsgrad. (Eine Ausnahme bilden nur Elastomere auf Basis von Naturkautschuk und Butylkautschuk, die zur Reversion neigen und bei Überschreiten des Maximums erweichen, vgl. Abschnitt 3.1). Allerdings bietet die Härte einen ersten Anhaltspunkt zum Verhalten des Elastomers bei Verformung. Die Härte dient somit auch oft als Auswahlkriterium für Dichtungen (vgl. Abschnitt 10.1.1).

Bild 9.14 Mobiles Härteprüfgerät [Quelle: Zwick Roell AG]

9.2.2 Zugversuch (ISO 37)

Der Zugversuch dient zur Ermittlung der Belastungsgrenzen eines Elastomers. Hierzu werden vorwiegend hantelförmige Prüfkörper („Schulterstäbe“) in einer Zugmaschine mit einer Traversengeschwindigkeit von 500 mm/s bis zum Bruch (Zerreißen) auseinandergezogen (Bild 9.15, Bild 9.16 und Bild 9.17).

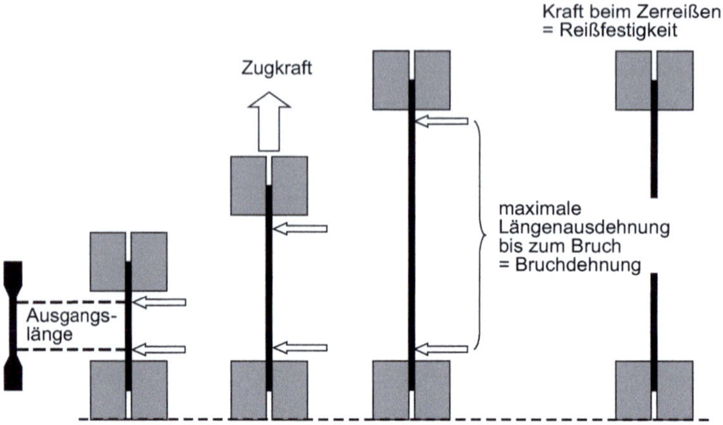

Bild 9.15 Prinzip des Zugversuchs

Bild 9.16
Zugprüfmaschine [Quelle: Zwick Roell AG]

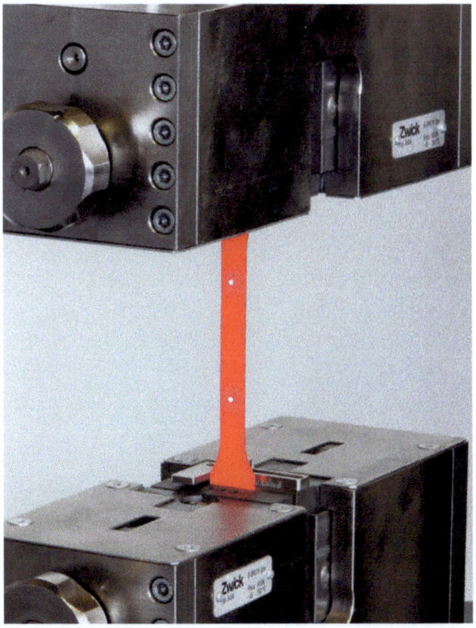

Bild 9.17
Zugprüfstab in der Einspannvorrichtung einer Zugprüfmaschine. Die Messung der Bruchdehnung erfolgt über berührungslose Extensiometer, die sich an aufgebrachten Markierungen orientieren [Quelle: Zwick Roell AG]

Bild 9.18 Berührungslose Dehnungsaufnehmer (Extensiometer) [Quelle: Zwick Roell AG]

Bis zur Entwicklung präziser berührungsloser Messwertaufnehmer (Bild 9.18) für die Längenänderung wurden überwiegend Ringe geprüft, deren Längenänderung über den Abstand der Einspannräder bestimmt wurde (Bild 9.19). Allerdings sind die erhaltenen Werte für die Zugfestigkeit etwas niedriger als bei Stäben.

Bild 9.19
Zugprüfung am Ring
[Quelle: Zwick Roell AG]

Die in ISO 37 vorgegebenen Schulterstäbe sind dünner als die ebenfalls genormten Ringe und ermöglichen bei gewalzten Prüfplatten auch die Betrachtung anisotroper Einflüsse, also unterschiedlicher Messwerte bei Stäben, die längs oder quer zur Fließrichtung ausgestanzt wurden. Da die Anzahl der, nach gängigen Theorien der Bruchmechanik, in jedem realen Werkstoff vorhandenen Mikrorisse und anderer Fehlstellen proportional zum Volumen steigt, werden bei den 2 mm dünnen Schulterstäben bessere Werte als bei den 4 mm dicken Ringen erzielt.

Bei energieelastischen Stoffen wie Metallen oder keramischen Werkstoffen verläuft die beim Zugversuch aufgenommene *Spannungs-Dehnungs-Kurve* bis zur Elastizitätsgrenze linear, insofern lässt sich aus dem Quotient von Spannung σ und Dehnung ε der *Elastizitätsmodul E* berechnen, der ein Maß für die Steifigkeit ist. Im Gegensatz dazu zeigen polymere Werkstoffe kein lineares Verhalten und folgen damit nicht dem Hookeschen Gesetz (vgl. Abschnitt 2.3.2). Besonders charakteristisch ist der typische S-förmige Verlauf bei Elastomeren (Bild 9.20).

Daher kann für Polymere kein Elastizitätsmodul über den gesamten Verlauf der Spannungs-Dehnungs-Kurve angegeben werden. Thermoplaste verhalten sich im Bereich von 0,05 bis 0,25 % Dehnung noch weitgehend energieelastisch, daher wird die Steigung innerhalb dieses Bereichs als Elastizitätsmodul definiert. Thermoplaste werden bei der praktischen Anwendung üblicherweise auch nicht höheren Dehnungen ausgesetzt, sodass dieser Kompromiss eine gute Abschätzung der Steifigkeit und einen Vergleich verschiedener Produkte erlaubt.

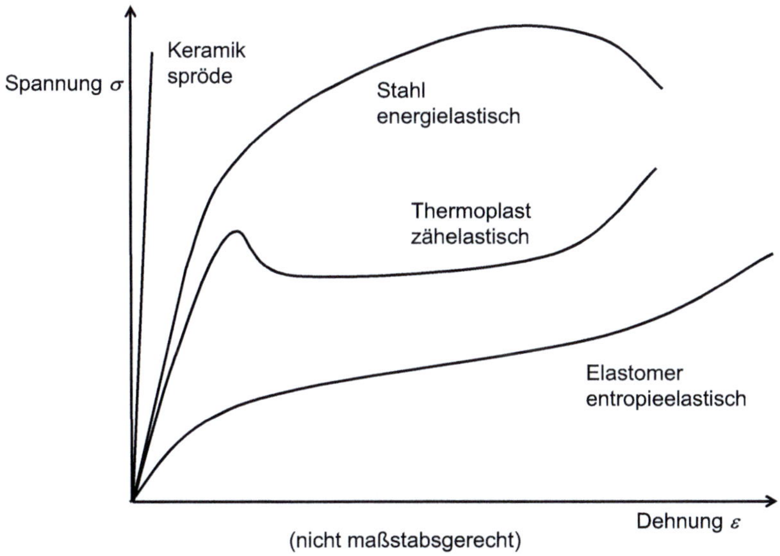

Bild 9.20 Spannungs-Dehnungs-Kurven für verschiedene Werkstoffe

Das ausgeprägte visko-elastische Verhalten von Elastomeren führt jedoch schon bei vergleichsweise geringen Änderungen der Zugspannung zu nicht proportionalen Unterschieden in der Dehnung, die eine Berechnung eines Elastizitätsmoduls allenfalls näherungsweise und nur auf einen eng begrenzten Bereich am Anfang der Spannungs-Dehnungs-Kurve zulassen. Ursache ist der fließende Übergang von der elastischen zur plastischen Verformung (Kriechen, vgl. Abschnitt 2.3.2). Als Maß für die Steifigkeit dienen daher die Quotienten von Spannung σ und Dehnung ε bei festgelegten Dehnungen, in der Regel bei 100 und 300 %. Sie werden als *Spannungswert* σ_{100} und σ_{300} bezeichnet. Schon aus dem teilweise erheblichen Unterschied der jeweiligen Messwerte wird ersichtlich, dass die Bezeichnung „Modul" nicht gerechtfertigt ist, sie wird aber trotzdem in der internationalen Literatur verwendet (M_{100}, M_{300}). Für die Bewertung des mechanischen Verhaltens von Elastomeren ist daher der gesamte Verlauf der Spannungs-Dehnung-Kurve entscheidend. Beim Zugversuch werden aus der Messkurve neben den Spannungswerten noch die *Reißfestigkeit* σ_R, die *Reißdehnung (Bruchdehnung)* ε_R und die *Zugfestigkeit* σ_{max} ermittelt (Bild 9.21). Die Reißfestigkeit ist der Quotient aus der Kraft beim Zerreißen (Bruch) des Prüfkörpers und dessen unbelasteten Anfangsquerschnitt, die Zugfestigkeit der Quotient aus der höchsten gemessenen Kraft und dem Anfangsquerschnitt. Bei Elastomeren sind Reißfestigkeit und Zugfestigkeit fast immer identisch, sie werden in MPa oder N/mm^2 angegeben. Die Bruchdehnung in % errechnet sich aus der Differenz der Probenlänge beim Bruch und der Ausgangslänge, bezogen auf die Ausgangslänge.

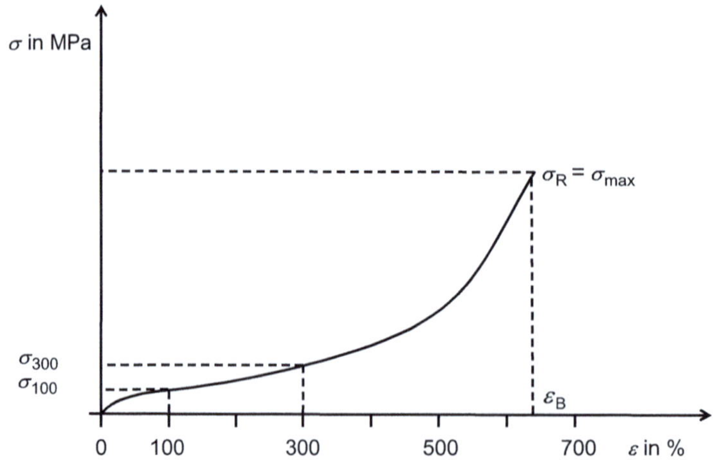

Bild 9.21 Spannungs-Dehnungs-Kurve am Beispiel eines NR-Elastomers mit dem typischen S-förmigen Verlauf

Üblicherweise wird die Zugprüfung wie die meisten Prüfungen bei 23 °C durchgeführt. Bei höheren Prüftemperaturen sinken Spannungswerte, Zugfestigkeit und Bruchdehnung. Der Zugversuch wird oft auch an künstlich gealterten Proben (nach Lagerung in Heißluft oder in Chemikalien) durchgeführt, um Aussagen über das Langzeitverhalten zu gewinnen.

Im praktischen Einsatz von Elastomeren ist zu berücksichtigen, dass bereits beim Einbau von Dichtungen und Bälgen durch die hier erforderliche Dehnung des Artikels eine Verschiebung der Spannungs-Dehnungs-Kurve auftritt (Mullins-Effekt, vgl. Abschnitt 4.2).

Bei Elastomeren werden Zugfestigkeiten im Bereich von 5 bis über 20 MPa erreicht, übliche Bruchdehnungen liegen zwischen 200 und 500 %. Der Spannungswert bei 100 % Dehnung liegt in der Größenordnung von 10 bis 30 % der Zugfestigkeit, der Spannungswert bei 300 % ist je nach erreichter Bruchdehnung etwa zwei- bis fünfmal so hoch wie der σ_{100}.

9.2.3 Rückprallelastizität (ISO 4662)

Bei dieser Prüfung wird die Rückprallhöhe eines Pendels bestimmt, das auf eine Probe fällt (Bild 9.22 und Bild 9.23). Als Rück- oder Stoßelastizität *R* wird das Verhältnis der gespeicherten und wiedergewonnenen Energie zur aufgewendeten Energie bezeichnet. Sie ist gleichzeitig ein Maß für den *Verlustfaktor* tan δ (vgl. Abschnitt 4.2). Je höher die Rückprallelastizität, desto geringer ist der Verlustfaktor, und desto weniger ausgeprägt ist das viskose Verhalten. Je nach verwendetem Kautschuk und Vulkanisationssystem sind Werte bis etwa 50 % und mehr (insbesondere bei NR) möglich.

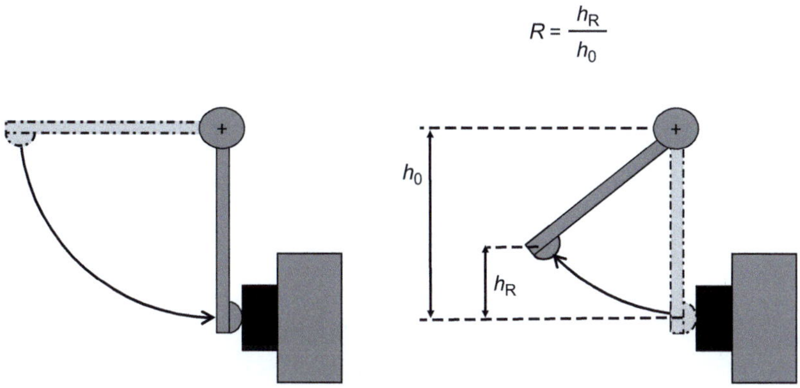

Bild 9.22 Prinzip der Messung der Rückprallelastizität

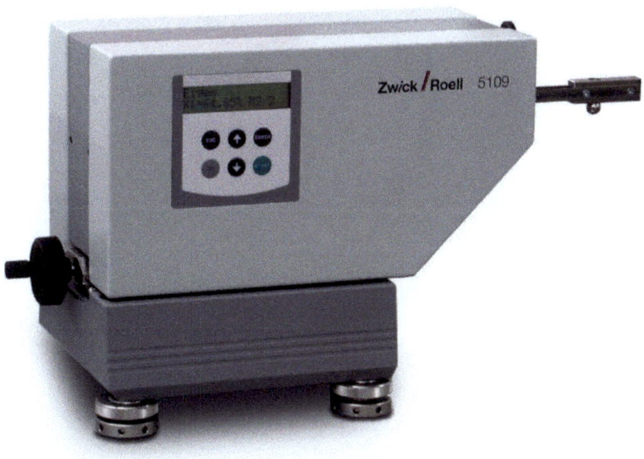

Bild 9.23 Prüfgerät für die Rückprallelastizität [Quelle: Zwick Roell AG]

9.2.4 Weiterreißwiderstand (ISO 34)

Zur Prüfung des Weiterreißwiderstands werden definierte Proben in einer Zugprüfmaschine bis zum Zerreißen gedehnt. Der Weiterreißwiderstand ergibt sich aus dem Quotient von auftretender Maximalkraft und der Probendicke in N/mm. Dabei soll die Kraft senkrecht zur Schnittrichtung wirken. Es gibt eine Reihe unterschiedlicher Probekörper, die an ihnen ermittelten Prüfwerte sind nicht vergleichbar:

- Trouser (längs teilweise eingeschnittener Prüfstreifen, ISO 34)
- Graves/Angle (gewinkelter Prüfkörper ohne und mit Einschnitt, ISO 34)
- Crescent (gebogener Prüfkörper mit Einschnitt, ISO 34)

- Delft (Prüfstreifen mit einem mittigen Einschnitt in Querrichtung, ISO 816)
- Pohle (Ringe mit mehreren Einschnitten, nicht genormt, wird kaum noch verwendet)

Graves-, Crescent- und Delft-Prüfkörper werden jeweils an den Enden eingespannt, der Trouser-Prüfkörper an den beiden durch den Einschnitt gebildeten Teilen (Bild 9.24 und Bild 9.25).

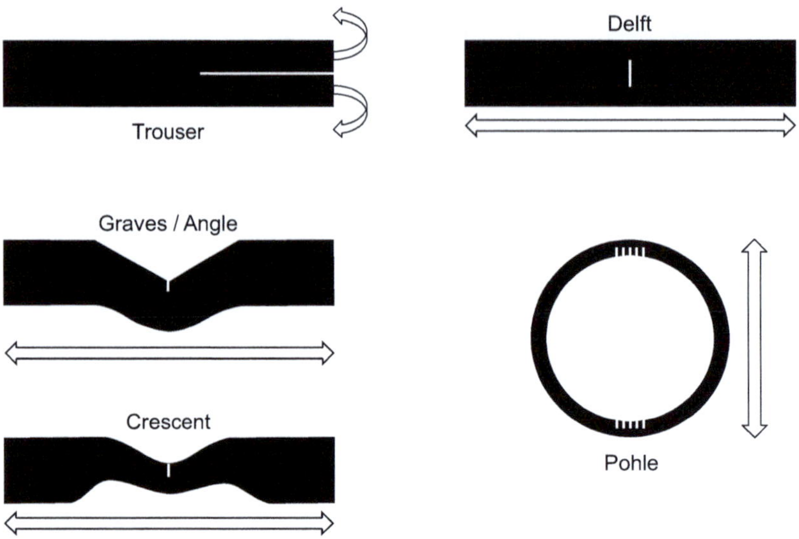

Bild 9.24 Prüfkörper zur Bestimmung des Weiterreißwiderstands

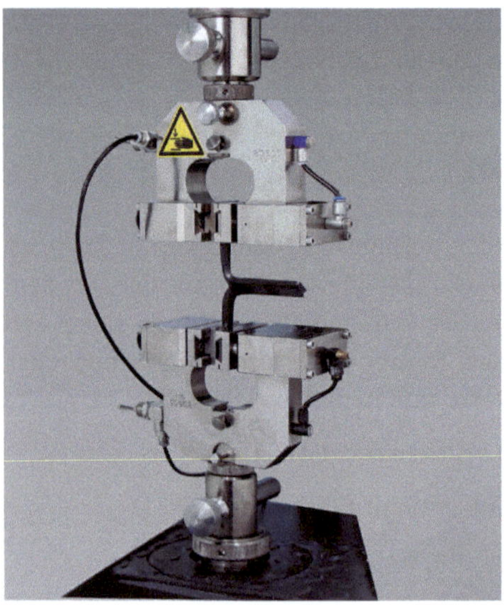

Bild 9.25
Prüfung des Weiterreißwiderstands am Trouser-Prüfkörper [Quelle: Zwick Roell AG]

Der Weiterreißwiderstand verläuft mit steigendem Vernetzungsgrad durch ein Maximum, das kurz vor dem optimalen Vernetzungsgrad liegt. Dagegen wird der günstigste (niedrigste) Druckverformungsrest erst bei optimaler Vernetzung erzielt. Somit muss im Einzelfall abgewogen werden, welcher Eigenschaft der Vorzug gegeben wird.

Übliche Werte für den Weiterreißwiderstand nach ISO 34 liegen im Bereich zwischen etwa 2 und 50 N/mm. Hohe Werte werden insbesondere durch Kieselsäure-Füllstoffe und durch Kautschuke, die zur Dehnungskristallisation neigen (NR, CR), erzielt. Polysulfidische Vernetzungsbrücken sind ebenfalls vorteilhaft für einen hohen Weiterreißwiderstand, mit Peroxidvernetzung werden generell niedrige Werte erzielt. Ein hoher Weiterreißwiderstand ist günstig für die Entformung und Montage von Elastomeren mit komplizierter Geometrie oder dünner Wandstärke, etwa von Wellendichtringen. Kritisch für die Entformung aus den noch heißen Werkzeugen ist, dass der Weiterreißwiderstand mit steigender Temperatur stark abnimmt.

9.2.5 Druckverformungsrest (ISO 815)

Der Druckverformungsrest *(Compression-Set)* ist eine wesentliche Kenngröße für Dichtungen. Eine zylinderförmige Probe wird für eine definierte Zeit zwischen zwei Platten eingespannt und dabei üblicherweise um 25 % zusammengedrückt. Die nach der Prüfung verbleibende Verformung wird auf die ursprüngliche Höhe bezogen und als Druckverformungsrest definiert (Bild 9.26). Erfolgt die Abkühlung im eingespannten Zustand, wie es einige Kfz-Spezifikationen fordern, werden deutlich ungünstigere (höhere) Werte als bei der Abkühlung im entspannten Zustand erhalten.

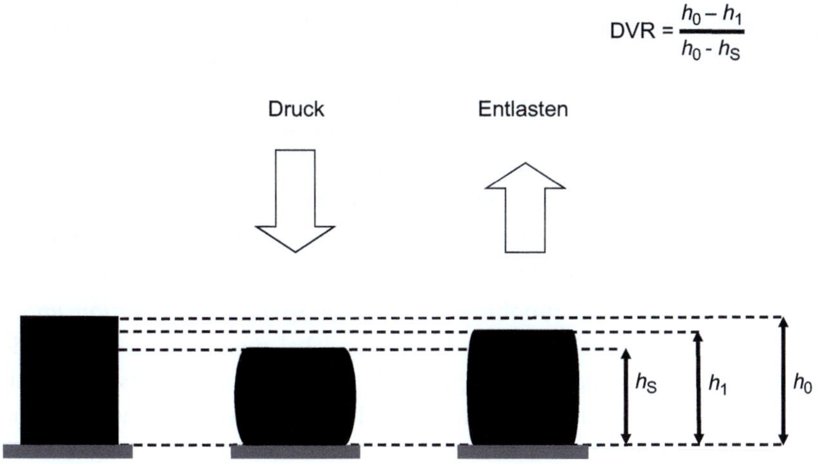

Bild 9.26 Bestimmung des Druckverformungsrests

Die Prüfung bei höherer Temperatur, zum Beispiel 70 Stunden bei 100 °C, dient zur Abschätzung des Langzeitverhaltens. Dabei kommt die Regel von van 't Hoff zur Anwendung, nach der sich die Lebensdauer bei einer Erhöhung der Anwendungstemperatur um 10 K halbiert (vgl. Abschnitt 4.4).

Bei bestimmten Anforderungen wird die Prüfung nicht an Luft, sondern in einem Prüfmedium, zum Beispiel Öl, durchgeführt. Da bei der Prüfung des Druckverformungsrests auch Alterungseffekte durch Sauerstoff eine Rolle spielen, kann der Druckverformungsrest hier günstiger ausfallen als in Heißluft. Zudem begünstigen quellende Öle den Druckverformungsrest, denn sie wirken wie Weichmacher und erleichtern die Fließfähigkeit der Makromoleküle. In solchen Fällen kann die Rückverformungshöhe höher ausfallen als bei der Prüfung in Luft. Im Extremfall kann sie sogar größer als die Ausgangshöhe werden, wodurch rechnerisch negative Werte für den Druckverformungsrest entstehen.

Zur Abschätzung des Relaxationsverhaltens von Artikeln, die längere Zeit statischen Beanspruchungen bei tiefen Temperaturen ausgesetzt sind, wird die Prüfung auch bei Temperaturen deutlich unter 0 °C durchgeführt.

Der Druckverformungsrest hat sein Minimum bei optimalem Vernetzungsgrad. Für Dichtungen im Kfz-Sektor werden oft Werte unter 20 % verlangt, bei besonderen Anforderungen sogar unter 10 %.

Der im Wesentlichen nur an Fertigteilen durchgeführte *Zugverformungsrest* nach ISO 2285 führt zu vergleichbaren Ergebnissen wie der Druckverformungsrest. Dazu werden ausgestanzte Prüfstreifen verwendet. Diese werden beispielsweise um 25 % gedehnt und dann im Heißluftschrank gelagert.

Die Phänomene, die sowohl beim Druck- als auch beim Zugverformungsrest die Werteänderungen hervorrufen, sind die gleichen wie bei einer Übervernetzung (Auftrennen von Vernetzungsstellen und Rekombination, vgl. Abschnitt 3.2 und 4.3). Daher führt die Peroxidvernetzung in der Regel zu günstigeren Werten für den Druck- oder Zugverformungsrest. Bei der Schwefelvernetzung sind EV-Systeme aufgrund ihrer überwiegend monosulfidischen Vernetzungsbrücken vorteilhaft (vgl. Abschnitt 7.2.1). Allerdings weisen sowohl Peroxid- als auch EV-Vernetzung einen ungünstigeren Weiterreißwiderstand als konventionelle Schwefel-Vulkanisationssysteme auf. Für optimalen Druckverformungsrest bei höheren Temperaturen werden peroxidvernetzte Elastomere nach der Vernetzung oft noch zusätzlich getempert. Dagegen sind bei Tieftemperaturanwendungen polysulfidisch vernetzte Elastomere im Vorteil.

Bei Dichtungen und Lagern wird zunehmend auch die *Spannungsrelaxation unter Druck* (ISO 3384) gemessen. Dazu wird eine Probe zunächst meist um 25 % komprimiert und nach 30 Minuten die dazu benötigte Kraft K_0 gemessen. Sie entspricht der Rückstellkraft des Elastomers. Anschließend wird die Probe bei der gewünschten Prüftemperatur wieder eingespannt und vorzugweise für 168 Stunden gelagert. Danach wird die Rückstellkraft erneut gemessen (K_1). Bei kurzfristiger Belastung ist die Rückstellkraft aufgrund des visko-elastischen Verhaltens der Elastomere höher als nach längeren Zeiträumen, da im Laufe der Zeit mehr Umlagerungen und Neuvernetzungen stattfinden, wodurch die Spannungen in der Probe abnehmen (relaxieren). Die Spannungsrelaxation berechnet sich aus SR = $(K_0 - K_1) / K_0$.

9.2.6 Abriebwiderstand (ISO 4649, ISO 5470, ASTM D394)

Beim Abrieb oder Verschleiß von Elastomeren spielen viele Vorgänge eine Rolle. Insofern korrelieren Messungen, die nur nach einer Norm durchgeführt wurden, oft wenig mit den Verhältnissen in der Praxis. Daher ist eine Vielzahl verschiedener Prüfmethoden in Gebrauch, von denen einige sich an praktischen Gegebenheiten orientieren und auch nicht genormt sind. Die Messwerte lassen nur in Ausnahmen Korrelationen zwischen den einzelnen Prüfverfahren zu. In vielen Fällen erlaubt nur ein Test unter Praxisbedingungen relevante Aussagen. Allen Tests gemeinsam ist die Messung des Gewichtsverlusts einer Probe nach definierter Belastung und Prüfzeit.

Bei der Prüfung nach ISO 4649 wird ein Prüfkörper unter langsamer waagerechter Bewegung mit einer konstanten Anpresskraft gegen eine rotierende Trommel gedrückt, die mit einem Schmirgelpapier definierter Körnung bespannt ist. Dabei wird ein Weg von 40 Metern zurückgelegt (Bild 9.27 und Bild 9.28).

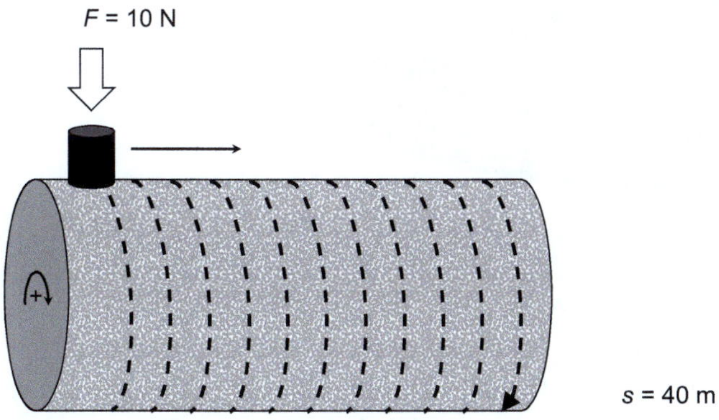

Bild 9.27 Prinzip der Abriebprüfung nach ISO 4649

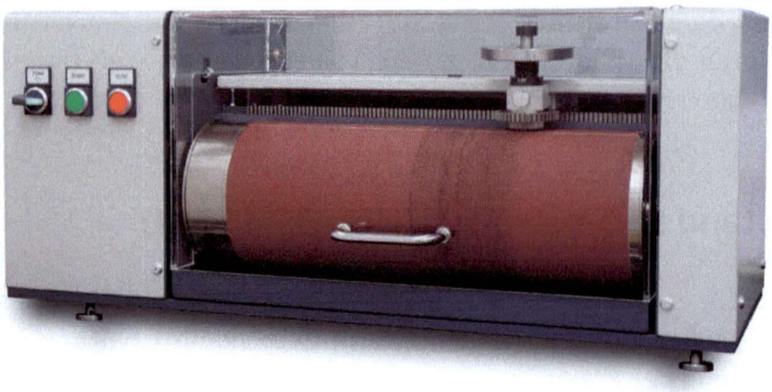

Bild 9.28 Abriebprüfmaschine [Quelle: Zwick Roell AG]

Zur Verschleißprüfung dünner Proben sowie von beschichtetem Gewebe wird häufig der *Taber-Abraser* (ISO 5470) eingesetzt. Hier treibt ein scheibenförmiger Prüfkörper zwei Reibrollen an (Bild 9.29).

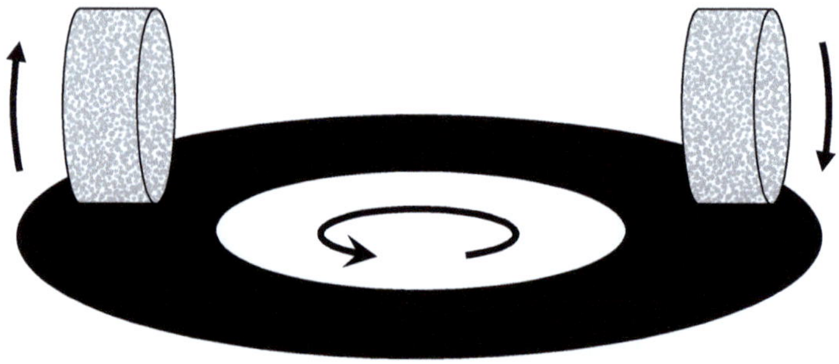

Bild 9.29 Messprinzip des Taber-Abrasers

Weitere Abriebprüfungen sind beispielsweise in der ASTM D394 beschrieben.

Ein Beispiel für einen Praxistest ist die Verschleißprüfung von Spinnriemen. Hier wird das Blockieren von Antriebsrollen simuliert. Dazu wird der Riemen mit hoher Geschwindigkeit über einen feststehenden Dorn geführt. Auch dieser Test zeigt keinerlei Korrelation zu ISO 4649.

Beim *Abrasion Tester nach Grosch* läuft ein als Scheibe geformter Prüfkörper über eine Oberfläche aus Korund. Damit soll der Reifenabrieb auf Asphalt simuliert werden.

9.3 Dynamische Prüfungen

In vielen Anwendungen unterliegen Elastomere einer dynamischen Belastung, also einer zyklisch wiederholten Druck- oder Biegeverformung. Das visko-elastische Verhalten von Elastomeren äußert sich als verzögerte Reaktion auf die einwirkenden Kräfte sowie einer ebenfalls verzögerten Rückverformung nach Entlastung. Dies äußert sich in einem unterschiedlichen Verlauf der Spannungs-Dehnungs-Kurven für Belastung und Entlastung *(Hysterese)*. Zugleich führt der Mullins-Effekt (vgl. Abschnitt 4.2) zu einer Spannungserweichung und damit zu einer geänderten Spannungs-Dehnungskurve.

Bei permanenter dynamischer Belastung kann die entstehende Reibungswärme auf Dauer nicht abgeführt werden *(Heat Build-up)* und führt schließlich zum thermischen Abbau durch *Zermürbung*. Das Verhältnis der durch Reibung verlorenen Energie (viskoser Anteil) zur für die Rückverformung verwendeten Energie (elastischer Anteil) wird als *Verlustfaktor* bezeichnet, das Verhältnis der gespeicherten und wiedergewonnenen Energie zur aufgewendeten Energie ist als Stoß- oder *Rückprallelastizität* definiert.

Dagegen beruht die *Ermüdung* von Elastomeren auf der zunehmenden Ausbreitung von zunächst mikroskopisch kleinen Rissen, wie sie in jedem realen Werkstoff vorhanden sind (vgl. Abschnitt 2.3.2 und 4.2).

Das Versagen von Elastomeren bei dynamischer Beanspruchung tritt bei wesentlich kleineren Belastungen als bei einmaliger oder statischer Beanspruchung auf.

9.3.1 Zermürbungsprüfungen

Die Zermürbung wird nach ISO 4666 mittels Kompressions- oder Rotations-Flexometern ermittelt. Beim *Goodrich-Flexometer* handelt es sich um ein *Kompressionsflexometer*, in dem eine vorgespannte Probe einer zyklischen Kompression unterworfen wird. Im *Rotationsflexometer (St. Joe-Flexometer)* wird die Probe zwischen zwei rotierenden Scheiben eingespannt, deren Drehachsen zueinander versetzt werden können. Dadurch erfolgt zusätzlich eine Scherbelastung (Bild 9.30). Messgrößen sind die Temperaturerhöhung und die bleibende Verformung. Die Resultate erlauben in Form einer *Wöhlerkurve* Vorhersagen zur Lebensdauer eines Elastomers. Dabei wird die Anzahl von Lastwechseln *(Schwingspielzahl N)* bis zum Bruch oder einer festgelegten maximalen bleibenden Verformung gegen die Amplitude der Belastung, zum Beispiel der Kompression oder der Spannung, ermittelt. In doppelt logarithmischer Auftragung ergibt sich eine Gerade (Bild 9.31). Als Dauerfestigkeit betrachtet man dabei die Belastung, die beliebig lange aufrechterhalten werden kann, ohne dass die Probe bricht oder der vorgegebene Grenzwert der maximalen Verformung überschritten wird.

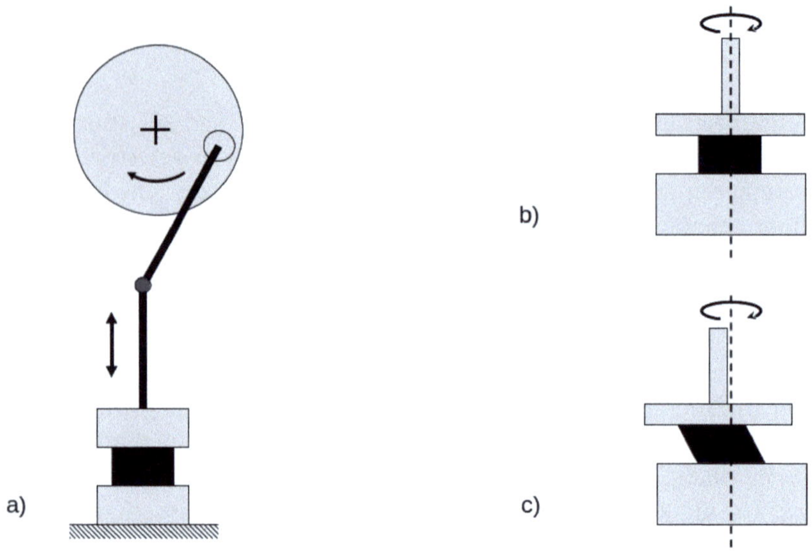

Bild 9.30 Prinzip der Flexometer-Prüfung

a) Kompressionsflexometer, b) Rotationsflexometer, c) Rotationsflexometer mit Scherbelastung der Probe

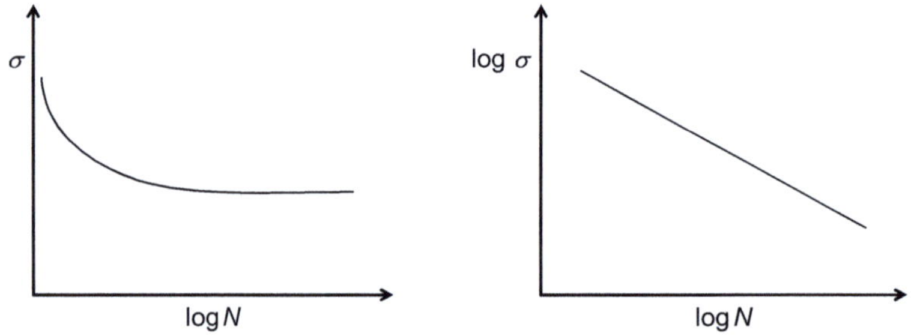

Bild 9.31 Wöhlerkurve

Ähnlich wie beim Kompressionsflexometer wurden beim heute kaum noch bekannten *Roelig-Gerät* Proben zyklisch gestaucht. Die dabei in der Probe auftretende Spannung sowie die jeweilige Verformung wurden gegeneinander aufgetragen. Die typische Verzögerung aufgrund des visko-elastische Verhaltens resultierte in einer Ellipse, aus deren Fläche sich der Verlustwinkel ableiten ließ.

Ein heute zuweilen als Kuriosität betrachtetes Verfahren ist die *Martens Kugelzermürbung*. Dabei liefen kugelförmige Proben in einer Rinne zwischen zwei runden Platten. Die Belastung wurde durch Auflegen von Gewichten stufenweise gesteigert, bis die Kugeln durch Überhitzung platzten. Alternativ konnte die Temperaturerhöhung bei bestimmter Belastung durch ein Einstichpyrometer gemessen werden. Auch hier war es üblich, eine Wöhlerkurve aufzustellen.

9.3.2 Ermüdungsprüfungen

Zur Bestimmung der Rissbildung und des Risswachstums von Elastomeren dient der *Dauerknickversuch* nach *De Mattia* (ISO 132). Dabei werden streifenförmige Probekörper, die in der Mitte eingekerbt sind, mit einer Frequenz von 5 Hz zyklisch gestaucht (Bild 9.32). Die Prüfung wird immer wieder angehalten und die Proben werden auf Risse untersucht. Sobald erste Risse auftreten, wird in festgelegten Abständen das Risswachstum beobachtet und in sechs Kategorien nach Länge, Tiefe und Anzahl beurteilt. Werden die Prüfkörper vorher mit einem definierten Werkzeug in der Mitte der Einkerbung durchstochen, kann das Risswachstum unter dynamischer Belastung ermittelt werden (ISO 133). Der De Mattia-Test wird auch in ozonhaltiger Atmosphäre als dynamische Ozonprüfung angewendet.

Die früher durchgeführte *DuPont-Kettenermüdung* bediente sich eines ähnlichen Prinzips wie die De Mattia-Prüfung. Aus Kettengliedern mit unterschiedlichen Einkerbungen wurde eine Endloskette zusammengesetzt und V-förmig über einige Rollen geführt. Auch hier wurde die Rissbildung in Abhängigkeit von der Laufzeit in Kategorien unterteilt.

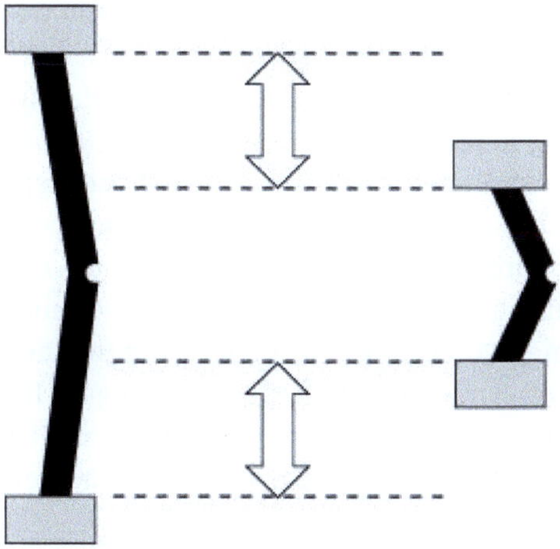

Bild 9.32
Prinzip des De Mattia-Testers

Eine weitere Methode zur Bestimmung der Ermüdung ist der *Fatigue-to-Failure-Test* (ISO 6943). Hier werden hantelförmige Proben, wie sie auch für den Zugversuch verwendet werden, über einen Exzenter zyklisch gedehnt (Bild 9.33). Die Dehnung kann mittels verschiedener Exzenter eingestellt werden. Messgrößen sind die Anzahl der Zyklen bis zur Zerstörung oder die bleibende Verformung nach einer festgelegten Anzahl von Zyklen.

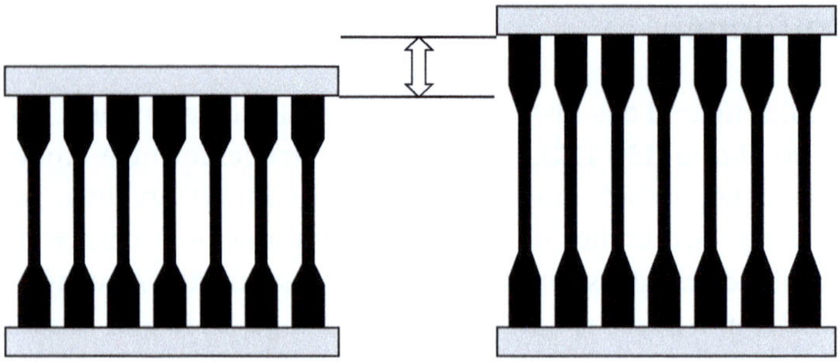

Bild 9.33 Prinzip des Fatigue-to-Failure-Tests

9.4 Alterung und chemische Beständigkeit

Kautschuke und die daraus hergestellten Elastomere unterliegen wie alle polymeren Werkstoffe im Laufe der Zeit Abbauprozessen, die zur Änderung der Eigenschaften bis hin zur Zerstörung führen. Diese Abbauprozesse werden durch den Einfluss von Wärme, Sauerstoff/Ozon, energiereicher Strahlung (z. B. UV-Licht), Chemikalien oder auch durch Ermüdung aufgrund dynamischer Belastung induziert. Ausmaß und Geschwindigkeit des Abbaus hängen dabei von der Zusammensetzung des Werkstoffs sowie der Art und Dauer der einwirkenden Belastung ab. Die Änderung der daraus resultierenden Eigenschaften wird als *Alterung* bezeichnet (vgl. Abschnitt 4.3). Besonders empfindlich sind Elastomere auf Basis von Dienkautschuken, da sie noch Doppelbindungen aufweisen. Bei Vulkanisaten auf Basis von Natur- und Butylkautschuk tritt durch die Alterung zunächst eine Erweichung ein (Kettenabbau), Elastomere auf Basis von Synthesekautschuken verhärten durch Um- und Nachvernetzung. Grundsätzlich äußert sich die Alterung jedoch in einem Rückgang der Zugfestigkeit und der Bruchdehnung sowie einem Anstieg der Härte, somit sind diese Messgrößen gute Indikatoren für das Ausmaß der Alterung. Die Umlagerung von Vernetzungsstellen durch Alterungseffekte (und Übervernetzung) ist außerdem sehr gut an einem steigenden Druckverformungsrest erkennbar.

Da chemische Reaktionen, zu denen auch die Alterungsprozesse zählen, mit steigender Temperatur immer rascher ablaufen, kann für Abschätzungen des Langzeitverhaltens eine beschleunigte Alterungsprüfung bei höherer Temperatur als der Anwendungstemperatur durchgeführt werden. Aus der Regel von van ’t Hoff wird geschlossen, dass sich die Lebensdauer bei einer Erhöhung der Anwendungstemperatur um 10 K etwa halbiert. Die Lebensdauer bei einer bestimmten Beanspruchung wird mittels eines Arrhenius-Diagramms abgeschätzt (vgl. Abschnitt 4.4). In der Praxis werden oft empirisch bestimmte Grenzwerte für die Änderung gegenüber den Ausgangswerten ungealterter Proben spezifiziert.

Zur Bestimmung von Alterungseffekten werden in der Regel unbelastete Zugprüfstäbe in geeigneten Öfen oder Autoklaven unter Heißluft (z. B. *Geerofen*) oder Sauerstoff (z. B. *Bierer-Davis*) bei erhöhter Temperatur gelagert (Bild 9.34). Um gegenseitige Beeinflussung der Proben durch Austreten flüchtiger Anteile zu vermeiden, wird bei Vergleichen von Weichmachern oder Alterungsschutzmitteln ein sogenannter *Zellenofen* eingesetzt, in dem jede einzelne Probe isoliert in einer Messzelle gelagert wird. Durch Vergleich mit Messwerten nicht gealterter Proben kann die Eignung für den beabsichtigten Einsatzzweck ermittelt werden. Übliche Parameter zur Bewertung sind Spannungswert, Zugfestigkeit, Bruchdehnung, Härte und Weiterreißwiderstand. Bei Dichtungen ist meist auch eine maximale Änderung des Druckverformungsrests spezifiziert. Die hier üblichen zylindrischen Prüfkörper werden auf Blechen im Ofen gelagert und nach Alterung gemessen.

Für die Prüfung auf Ozonbeständigkeit werden Proben in verschiedenen Dehnungsstufen in einer feuchten, ozonhaltigen Atmosphäre gelagert und das Rissbild bewertet (vgl. Abschnitt 4.3). Die Einwirkung von Sonnenlicht (UV) und Feuchtigkeit wird in speziellen Bewitterungsgeräten simuliert, Langzeitaussagen werden auch über zum Teil mehrjährige Freibewitterungen erhalten.

Die Beständigkeit gegenüber Chemikalien wird durch Lagerung in geeigneten Gefäßen, oft auch bei erhöhter Temperatur, ermittelt (Bild 9.35). Dabei ist zwischen der reinen Volumenquellung (Anstieg von Masse und Volumen des Probekörpers) und chemischem Angriff (drastische Änderung mechanischer Werte) zu unterscheiden, vgl. Abschnitt 4.5.

Typische Prüfzeiten sind 24, 72, 100 oder 168 Stunden, verbreitete Prüftemperaturen sind 70, 100, 125 und 150 °C. Bei der Prüfung auf chemische Beständigkeit ist darauf zu achten, dass sich beispielsweise nicht stabilisierte Öle bei zu hoher Temperatur zersetzen. Die Spaltprodukte führen dann zu einem chemischen Abbau, der den Effekt der Volumenquellung überlagert.

Für die Alterungsprüfung finden unter anderem die folgenden Normen Anwendung:

- ISO 188/471: Alterung allgemein
- ISO 1431: Bestimmung der Ozonbeständigkeit
- ISO 4665: Bewitterungsprüfung
- ISO 4892: Lichtbeständigkeit
- ISO 1817: Quellung
- DIN 53386: Freibewitterung

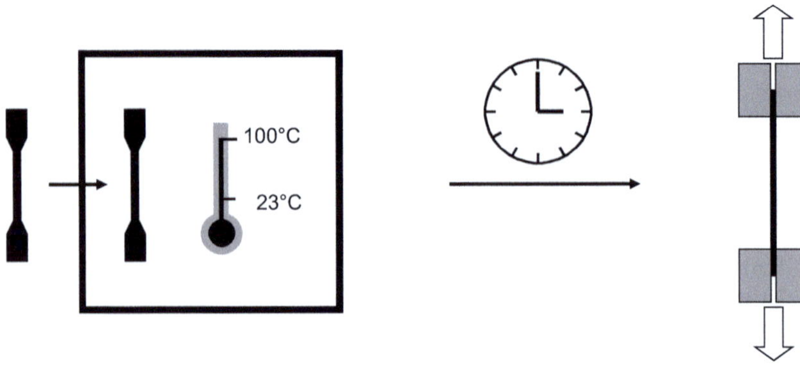

Bild 9.34 Bestimmung der Alterungsbeständigkeit von Elastomeren im Heißluftofen

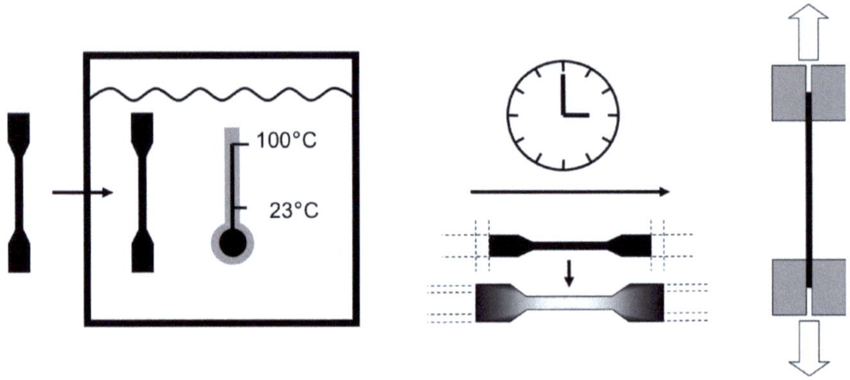

Bild 9.35 Bestimmung der chemischen Beständigkeit von Elastomeren

9.5 Kälteflexibilität

Unterhalb der Raumtemperatur geht die Entropieelastizität von Elastomeren allmählich in Energieelastizität über. Dies äußert sich beispielsweise in einem Anstieg des Schubmoduls, des Druckverformungsrests und der Härte, bis Versprödung auftritt. Während der Schubmodul von Elastomeren oberhalb von Raumtemperatur nahezu konstant bleibt, steigt er mit tieferen Temperaturen deutlich an. Beim Auftrag des Schubmoduls gegen die Temperatur gilt der rechnerisch ermittelte Wendepunkt der Schubmodulkurve als *Kälterichtwert* T_R. Der Übergang vom elastischen zum glasartig harten, energieelastischen Zustand ist als *Glasübergangstemperatur* T_G definiert, sie liegt etwa 15 bis 25 K unterhalb des Wendepunktes der Schubmodulkurve. Dazwischen liegt die durch Schlagbeanspruchung ermittelte *Kältesprödigkeitstemperatur* T_S *(Brittleness-Point)*. Sie ist die tiefste Temperatur, bei der eine Probe eine Schlagbeanspruchung mit einem Pendel ohne Bruch übersteht (vgl. Abschnitt 2.33 und 4.6). Die Kältesprödigkeitstemperatur nach ISO 812 dient zur Abschätzung der Mindesteinsatztemperatur von Elastomeren. Diese Prüfung dient beispielsweise dem Vergleich verschiedener Weichmacher (Bild 9.36).

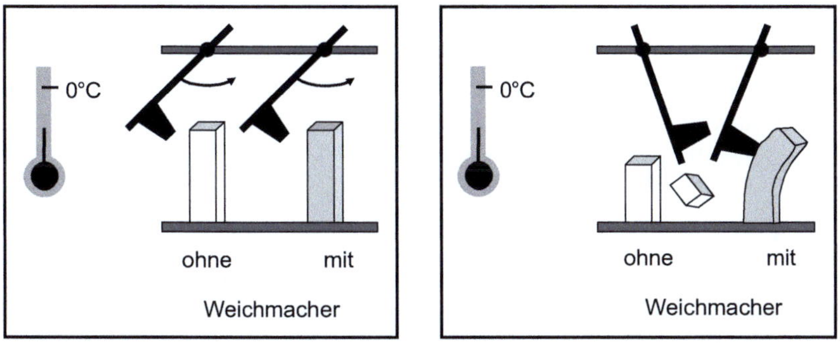

Bild 9.36 Prinzip der Messung der Kältesprödigkeitstemperatur

Eine weitere praxisnahe Prüfung ist der *TR-Test* (Temperature-Retraction, ISO 2921). Dabei werden Streifenproben um 25 oder 50 % gedehnt und eingefroren. Anschließend wird beobachtet, inwieweit sich die Proben mit wieder steigender Temperatur wieder zusammenziehen. Die Temperatur, bei der eine Rückverformung um 10 % eingetreten ist, wird als TR10-Wert bezeichnet.

Der Kälterichtwert wird mittels *Torsionsschwingversuch* (ISO 4663) ermittelt. Eine streifenförmige Probe wird durch Auslenkung zu einer freien Sinusschwingung angeregt, deren Amplitude durch die Reibungsverluste immer geringer wird (abklingende Schwingung). Da eine frei schwingende Probe eines Elastomers ein zu geringes Trägheitsmoment besitzt, wird am unteren Ende eine Schwungmasse befestigt (Bild 9.37). Aus der Frequenz der Schwingung kann der Schubmodul sowie der Verlustfaktor ermittelt werden.

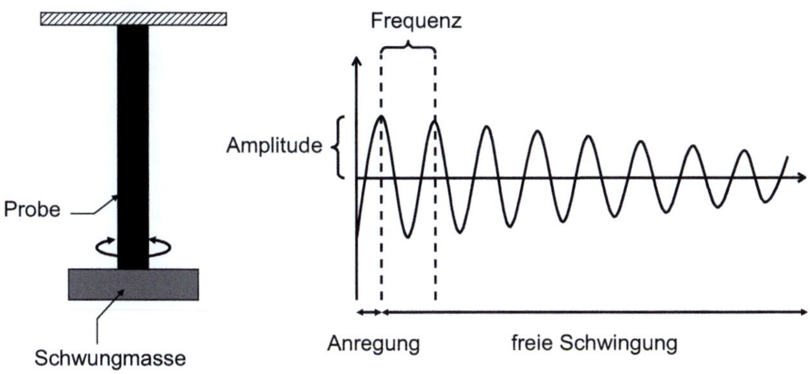

Bild 9.37 Prinzip des Torsionsschwingversuchs

Bei der Glasübergangstemperatur handelt es sich genau genommen um einen Bereich, da Polymere keine einheitliche Kettenlänge besitzen. In vielen Fällen wird der Wendepunkt der Schubmodulkurve ebenfalls als Glasübergangstemperatur bezeichnet. Die Ermittlung erfolgt über spezielle thermische Analyseverfahren wie der dynamischen Differenz-Thermoanalyse (Differential Scanning Calorimetry, DSC) oder der dynamisch-mechanischen thermischen Analyse (DMTA).

Die Kristallisation in der Kälte tritt bei Elastomeren auf Basis von Naturkautschuk oder Polychloropren auf. Sie macht sich durch einen Anstieg der Härte nach Lagerung bei tiefen Temperaturen bemerkbar. Die maximale Kristallisationsgeschwindigkeit liegt deutlich oberhalb der Einfriertemperatur.

Literatur Kapitel 9

[1] Abts, G.: Kunststoff-Wissen für Einsteiger. München: Carl Hanser Verlag 2020

[2] Grellmann, W.; Seidler, S.: Kunststoffprüfung. München: Carl Hanser Verlag 2015

[3] Hofmann, W.; Gupta, H.: Handbuch der Kautschuktechnologie. Ratingen: Gupta-Verlag 2009

[4] Nagdi, K.: Gummi-Werkstoffe. Ratingen: Gupta-Verlag 2004

[5] Röthemeyer, F.; Sommer, F.: Kautschuktechnologie. München: Carl Hanser Verlag 2013

[6] Schmitt, W.: Kunststoffe und Elastomere in der Dichtungstechnik. Stuttgart: Kohlhammer 1987

[7] Schnetger, J.: Lexikon der Kautschuktechnik. Heidelberg: Hüthig 2004

10 Typische Produkte

Elastomere finden sich in fast allen Gegenständen des täglichen Gebrauchs. Dabei erfüllen Reifen, Schläuche, Förderbänder oder Antriebsriemen ihre Aufgaben deutlich sichtbar, während viele wichtige Funktionselemente wie Dichtungen, Lager und Membranen in der Regel versteckt eingebaut sind. An dieser Stelle sollen die wichtigsten Elastomerartikel und ihre Anforderungsprofile vorgestellt werden.

10.1 Formteile

Als Formteile oder Formartikel werden alle Erzeugnisse bezeichnet, die in einer Form gefertigt werden. In der Regel kommt das Spritzgussverfahren zum Einsatz, auch bei Verbundteilen aus Gummi und Metall (Schwingungsdämpfer, Motorlager usw.).

Formteile weisen die größte Vielfalt aller Gummiartikel hinsichtlich Geometrie und Material auf, das Spektrum reicht vom O-Ring in unterschiedlichen Größen bis hin zu Manschetten für Gelenkwellen.

Formteile werden oft als Dichtelemente verwendet, sei es in Rohren und Leitungen, Kupplungen oder zur sicheren Verbindung anderer Hohlkörper. Daher ist eine gute Beständigkeit gegen die beförderten Stoffe sowie gegen Hitze und/oder Kälte erforderlich. Dies erklärt die Vielfalt der verwendeten Elastomere.

10.1.1 O-Ringe

Der O-Ring ist der Inbegriff der klassischen *Dichtung*. Die Dichtfunktion wird durch die Verformung des O-Rings erreicht, womit er sich dem Dichtspalt anpasst (Bild 10.1). Daher ist der Druckverformungsrest die charakteristischste Kenngröße einer

Dichtung. Er sollte so gering wie möglich sein. Dies wird durch Verwendung von Vulkanisationssystemen auf Basis von Schwefelspendern oder Peroxiden erreicht. Eine absolute Dichtheit lässt sich jedoch niemals erzielen. In der Praxis bedeutet die geforderte Leckagefreiheit, dass beim Transport von Flüssigkeit kein Tropfen auftritt. Niedermolekulare Stoffe, und besonders Gase, vermögen in geringem Umfang die nach wie vor vorhandenen Trennfugen zwischen Dichtung und Wandung zu passieren, teilweise diffundieren sie auch durch die Dichtung selbst hindurch *(Permeation)*. Um den Austritt von niedermolekularen Verbindungen soweit wie möglich zu reduzieren, werden Dichtungen oft zusätzlich mit hochmolekularen Schmiermitteln eingefettet. Bei kritischen Anwendungen wird durch einen Druckunterschied zwischen dem abzudichtenden Bereich und der Umgebung erreicht, dass vereinzelt die Dichtung passierende Moleküle sich nur in einer Richtung bewegen und durch spezielle Filtersysteme gebunden werden. Bei Stoffen, die hochexplosive Gemische mit Luft bilden, wie etwa Wasserstoff, werden Leitungen zuweilen auch mit einem weiteren Mantel umgeben, durch den permanent Luft geleitet wird. Hierdurch wird eventuell austretendes Gas so weit verdünnt, dass keine Explosionsgefahr besteht.

Dichtungen werden nicht nur aus den verschiedensten Elastomeren, sondern auch in unterschiedlichen Härten angeboten. Die Härte hängt vom aufzubringenden Gegendruck und den Spaltmaßen ab. Eine hohe Härte bewirkt einen hohen Gegendruck und hält somit größeren Druckkräften stand, bedingt aber auch hohe Verformungskräfte bei der Montage. Je niedriger die Härte ist, desto besser passen sich Elastomere dem Dichtspalt oder Unebenheiten an. Dichtungen mit niedriger Härte sind allerdings besonders empfindlich gegenüber Schäden durch fehlerhaft ausgeführte Montage, zudem besteht die Gefahr der *Spaltextrusion*. Dabei wird der Werkstoff durch ständige oder überhöhte Druckeinwirkung in den Dichtspalt gedrückt, was langfristig zum Versagen der Dichtfunktion führt.

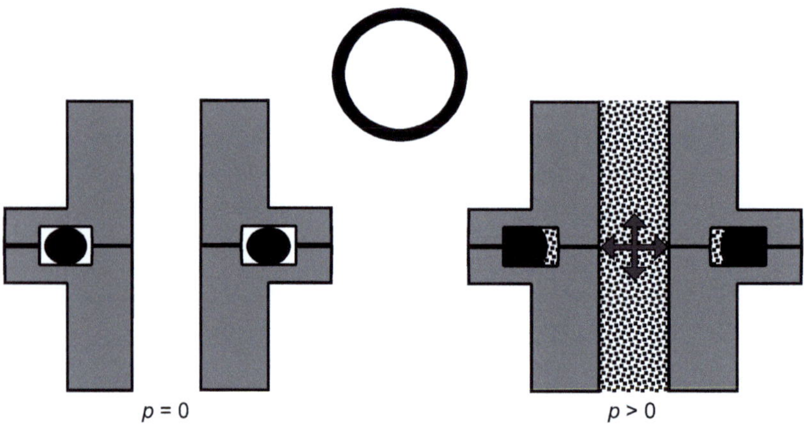

Bild 10.1 Prinzip der Abdichtung mit einer O-Ring-Dichtung

Wie bereits erwähnt, richtet sich die Auswahl der Elastomere nach ihrer chemischen Beständigkeit gegenüber dem abzudichtenden Medium sowie der Einsatztemperatur. Aufgrund gestiegener Anforderungen, hauptsächlich bei Kraftfahrzeugen, wurden klassische NBR-Dichtungen vielfach durch solche aus Hochleistungselastomere wie HNBR, AEM, ACM, ECO, VMQ und FKM ersetzt. Bei unpolaren Medien, Säuren/Laugen oder Dampf findet EPDM Verwendung. Prüfkriterien für die Eignung als Dichtmaterial sind neben dem Druckverformungsrest die Änderung der Härte mit der Zeit sowie die Volumenquellung nach Lagerung im abzudichtenden Medium.

Thermoplastische Elastomere sind aufgrund ihres Kriechverhaltens nicht für anspruchsvolle Dichtungen geeignet.

10.1.2 Faltenbälge und Schutzkappen (Manschetten)

Faltenbälge und Manschetten zählen ebenfalls zu den Dichtungen, da sie beispielsweise Achsgelenke oder Lenkgestänge mit ihrem relativ großen Bewegungsspielraum vor eindringendem Schmutz und Fremdkörpern (zum Beispiel hochgewirbelte scharfkantige Steine) schützen und gleichzeitig das Austreten des Schmierfettes verhindern. Sie werden meist durch Schlauchschellen vor dem Abrutschen gesichert. Faltenbälge besitzen relativ geringe Wandstärken und werden beim Entformen oft weiter gedehnt als im laufenden Betrieb. Da der Weiterreißwiderstand mit steigender Temperatur abnimmt, muss die Rezeptur entsprechende Reserven aufweisen.

Faltenbälge für Kraftfahrzeuge (*Achs- und Lenkmanschetten*, Bild 10.2) werden überwiegend aus CR und EPDM hergestellt. EPDM wird aufgrund seiner Beständigkeit gegenüber alkalischen Substanzen auch für Faltenbälge in Waschmaschinen verwendet (Türdichtung). Thermoplastische Elastomere werden zunehmend für die thermisch weniger belasteten radseitigen Achsmanschetten eingesetzt. Sie verfügen nicht über das ausgeprägte Dehnvermögen sowie den hohen Weiterreißwiderstand vernetzter Elastomere. Da sie über das Blasformverfahren hergestellt werden, wird die Entformungsproblematik unterlaufen.

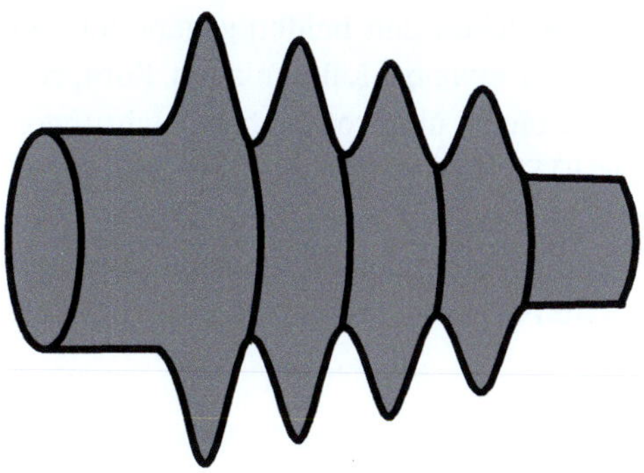

Bild 10.2
Skizze einer Achsmanschette

10.1.3 Wellendichtringe und Gleitringdichtungen

Radial-Wellendichtringe (RWDR) dienen der Abdichtung drehender Wellen an Maschinen, Getrieben und Kurbelwellen. Dabei werden Drehzahlen von bis zu mehreren zehntausend Umdrehungen in der Minute erreicht. Je nach Betriebstemperatur und Additivierung der zur Schmierung der Wellen verwendeten Öle kommen NBR, HNBR, ACM, VMQ oder FKM, aber auch PTFE (Polytetrafluorethylen) zum Einsatz. Wellendichtringe bestehen aus einer stabilisierenden Stahleinlage, die in das Elastomer einvulkanisiert ist. Die eigentliche Abdichtung erfolgt über eine durch einen Federring abgestützte Dichtlippe (Bild 10.3). Insbesondere bei Radial-Wellendichtringen ist der Gough-Joule-Effekt zu beachten. Er besagt, dass sich Elastomere bei Erwärmung zusammenziehen (vgl. Abschnitt 2.3.3). Daher sind Radial-Wellendichtringe etwas größer zu dimensionieren, wenn sie bei höheren Temperaturen eingesetzt werden sollen.

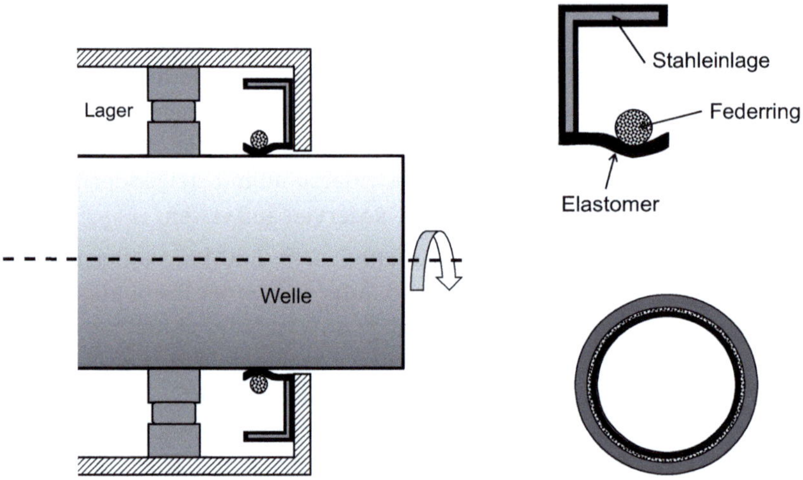

Bild 10.3 Prinzip der Abdichtung durch einen Wellendichtring

Gleitringdichtungen werden verwendet, wenn zwischen den beiden gegeneinander abzudichtenden Orten Druckunterschiede bestehen, etwa bei Kälteanlagen, Kompressoren und Turboladern. Es handelt sich dabei zunächst um großflächige Dichtungen aus Metallen, Oxidkeramiken, Karbiden oder PTFE. Gleitringdichtungen benötigen allerdings noch eine Zusatzdichtung (Sekundärdichtung) aus einem Elastomer, das gegen den abzudichtenden Betriebsstoff beständig sein muss. In der Regel sind dies O-Ringe, die je nach Anforderung aus den gleichen Elastomeren gefertigt werden wie Wellendichtringe.

10.1.4 Federelemente: Puffer und Schwingungsdämpfer

Federelemente aus Elastomeren können verschiedenartige Aufgaben habe. So fangen Puffer vereinzelte Stöße weich und elastisch auf, Schwingungsdämpfer isolieren Vibrationen weitgehend gegenüber anderen Bauteilen. Vulkanisate auf Basis Butylkautschuk zeigen typischerweise eine sehr hohe Dämpfung, dagegen lassen sich mit Elastomeren aus Natur- und Butadienkautschuk sehr hohe Elastizitätswerte erzielen.

Motor- oder Maschinenlager werden vorwiegend aus Naturkautschuk hergestellt, da die entsprechenden Vulkanisate sehr gute dynamische Eigenschaften und eine hohe Elastizität aufweisen. Damit sind sie hervorragend zur Isolation von Schwingungen geeignet. Die entsprechenden Kautschukmischungen enthalten oft hohe Mengen an Zinkoxid, um die durch dynamische Walkarbeit entstehende Wärme rasch abzuführen. Andererseits sollen aber auch niederfrequente Motorschwingungen gedämpft werden, die ansonsten auf die Karosserie übergehen. Da Motor und Karosserie ein Resonanzsystem bilden, werden etwa beim Überfahren von Unebenheiten auftretende Stöße erheblich verstärkt, was den Fahrkomfort schmälert. Zur Absorption dieser Stöße wären Motorlager mit einer hohen Dämpfung vorteilhaft. Es wird versucht, diese widersprüchlichen Forderungen durch eine Vielzahl Lagerelemente mit unterschiedlicher Charakteristik zu erfüllen, die auf das jeweilige Fahrzeug abgestimmt werden müssen.

Bau- und Brückenlager erfordern eine gute Witterungsbeständigkeit und werden aus sehr langsam kristallisierenden CR-Typen hergestellt. Bei einigen Anwendungen wird gleichzeitig gute Ölbeständigkeit gefordert. Hier wird NBR oder ECO eingesetzt.

Puffer und *Schwingungsdämpfer* sind typische *Gummi-Metall-Verbundkörper*. Im einfachsten Fall handelt es sich um zylindrische Gummielemente, die an der Ober- und der Unterseite metallische Befestigungselemente mit Bolzen oder Gewindebohrungen aufweisen. Daneben gibt es etliche weitere Bauweisen, wie trapezoide Formen und andere. Die Metalle werden mit Haftvermittler vorbehandelt und direkt in die Vulkanisationsform eingelegt.

Eine weitere Möglichkeit, Stöße zu eliminieren, sind *Luftfedern*. Sie bestehen im Wesentlichen aus druckbelasteten beschichteten Geweben. Durch automatische Regelkreise reagieren sie selbsttätig auf Niveauänderungen. Gleichzeitig erlauben sie, etwa bei Omnibussen, das gezielte Absenken des Fahrzeugs, um das Einsteigen zu erleichtern. Bei Schienenfahrzeugen ermöglichen sie durch ihre besondere Laufruhe höhere Geschwindigkeiten als konventionell gefederte Waggons.

In sogenannten *Hydrolagern* werden Lager aus Naturkautschuk mit hydraulischen Elementen kombiniert, die als Schwingungsdämpfer wirken. Auf diese Weise lassen sich auch die widersprüchlichen Anforderungen nach hoher Elastizität bei gleichzeitig hoher Dämpfung erfüllen.

10.2 Schläuche

Vor der Entdeckung des Naturkautschuks dienten zusammengenähtes Segeltuch oder genietetes Leder als Werkstoffe für Schläuche. Vor der Entdeckung der Vulkanisation wurden auch Schläuche aus unvernetztem Naturkautschuk sowie mit Kautschuklösung imprägnierte Gewebe verwendet. Bis zu den heutigen leistungsfähigen Verbundwerkstoffen war es aber noch ein weiter Weg.

Schläuche gibt es in den verschiedensten Ausführungen, sei es für Kraftstoffe, Öle, Hydraulik- und Bremsflüssigkeiten, für Kältemittel in Klimaanlagen, für den Transport von Gasen (Druckluft, Acetylen, Propan, Sauerstoff ...), verschiedenster Chemikalien (Säuren, Laugen, Lösemittel) bis hin zu Feststoffen (Sand, Thermoplastgranulate ...) und natürlich auch für Wasser und Lebensmittel. Schläuche müssen flexibel sein und gleichzeitig die Umwelt gegen die beförderten Stoffe abdichten, was natürlich auch eine entsprechende Beständigkeit gegenüber diesen Stoffen voraussetzt.

Da Gummi sich unter Belastung dehnt, sind unverstärkte Schläuche nur für sehr geringe Drücke verwendbar. Schläuche sind also in den meisten Fällen mit einer oder mehreren Lagen Textilgewebe oder messingbeschichteten Stahldrähten verstärkt, die jeweils durch eine dünne Zwischenschicht voneinander getrennt sind. Die Art und Anzahl der Verstärkungslagen wird vom Innendruck bestimmt. Bei sehr hohen Drücken werden zusätzlich bis zu sechs Drahtspiraleinlagen verwendet (Bild 10.4). Es liegt auf der Hand, dass drahtverstärkte Schläuche zwar eine höhere Druckfestigkeit besitzen, dafür allerdings eine verringerte Flexibilität aufweisen. Die Innenschicht oder *Schlauchseele* muss gegen die zu fördernden Stoffe beständig sein, die Außenschicht *(Schlauchdecke)* soll Umwelteinflüssen (Temperatur, Ozon, UV-Strahlung, Abrieb) widerstehen, gegebenenfalls ist auch Flammwidrigkeit gefordert, etwa im Untertagebergbau. Daher ist der Einsatz verschiedener Elastomere eher die Regel als die Ausnahme. Bei solchen Kombinationen ist darauf zu achten, dass der Diffusionskoeffizient (vereinfacht: die Durchlässigkeit für Gase oder Flüssigkeiten) von innen nach außen größer wird, um eine Trennung der einzelnen Schichten aufgrund von Gasblasen zu verhindern. Denn es lässt sich nicht ganz vermeiden, dass niedermolekulare Stoffe, insbesondere unter Arbeitsdruck, aus der Schlauchseele ausdiffundieren. Würde nun eine Lage mit niedrigerem Diffusionskoeffizienten (geringere Durchlässigkeit) folgen, wandern die niedermolekularen Stoffe nicht schnell genug weiter und reichern sich an der Grenzfläche zwischen den Lagen an. Schließlich entstehen kleine Gasblasen, die die Lagen voneinander trennen.

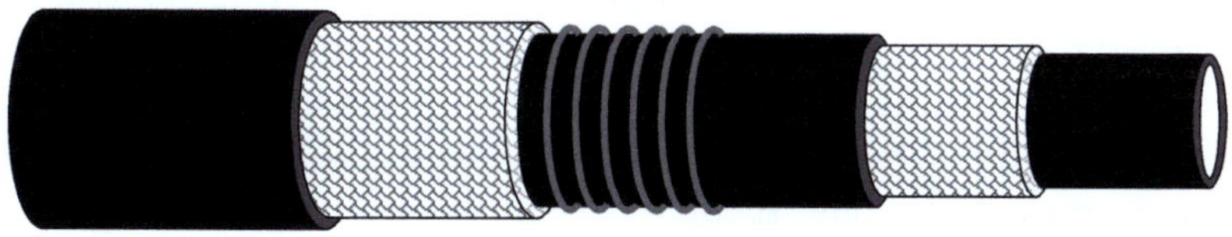

Bild 10.4 Schematische Darstellung eines Hochdruckschlauchs

Alle eingesetzten Elastomere müssen zudem eine gute Haftung zur Verstärkung aufweisen, was oft durch spezielle Haftmischungen erzielt wird, und für den geforderten Temperaturbereich geeignet sein. Daraus ergibt sich eine Vielzahl von Materialkombinationen. Durch gestiegene Anforderungen an Temperatur- und Chemikalienbeständigkeit, vor allem in Kraftfahrzeugen, werden zunehmend Hochleistungselastomere wie ECO, HNBR, AEM, VMQ und FKM eingesetzt. Die früher üblichen Verstärkungsmaterialien wie Polyamid und Polyester wurden aufgrund der höheren Einsatztemperaturen ebenfalls weitgehend durch Aramid ersetzt.

Schläuche werden fast ausschließlich über Extrusionsverfahren hergestellt. Mehrschichtige, in der Regel also verstärkte Schläuche werden über Co-Ex-Adapter und Querspritzköpfe auf einen Dorn extrudiert, die Verstärkung wird über Schlauchumflechtmaschinen aufgebracht. Sie werden vor der Vulkanisation mit feuchten Textilbandagen umwickelt, die sich aufgrund der Trocknung in der Vulkanisationshitze zusammenziehen und somit die verschiedenen Lagen fest gegeneinander und gegen den Dorn pressen. Damit wird die in den Hohlräumen der Verstärkung noch enthaltene Luft bei der Vulkanisation im Autoklaven herausgepresst. Alternativ wird ein Mantel aus Blei oder Thermoplasten aufgebracht.

Klassische *Hydraulikschläuche* besitzen eine NBR-Seele und eine CR- oder EPDM-Decke. Sie sind gegenüber Hydraulikflüssigkeiten auf Basis von Mineralölen, Emulsionen von Öl und Wasser oder Wasser-Glykol-Lösungen ausreichend beständig. Im Zuge der Entwicklung neuer Hydraulikflüssigkeiten auf Basis von Phosphorsäureestern wurden Schlauchseelen aus Butylkautschuken und EPDM, bei additivierten Ölen oder chlorierten Kohlenwasserstoffen auf Basis fluorierter Kautschuke erforderlich. Zunehmend werden auch biologisch abbaubare Hydraulikflüssigkeiten auf Basis pflanzlicher Öle, wie etwa Rapsöl, eingesetzt.

Zu den Hydraulikschläuchen im weiteren Sinne zählen auch *Servolenkschläuche* und *Bremsschläuche*. Auch hier hat sich aufgrund steigender Temperaturen und der Entwicklung neuer Hydraulikflüssigkeiten ein Wechsel zu Hochleistungselastomeren vollzogen. Bei Hydraulikbremsschläuchen bestehen Seele und Decke aus EPDM, als Verstärkung werden Gewebe aus Polyvinylalkohol oder Reyon eingesetzt. Servolenkschläuche verwenden je nach Anforderung Innenschichten aus NBR, CSM und HNBR. Über der Verstärkung aus Polyamid-Gewebe ist die Decke aus CR, CSM oder HNBR aufgebracht.

Kältemittelschläuche für Klimaanlagen müssen besonders niedrige Permeationsraten (geringe Gasdurchlässigkeit) aufweisen. Dies wird durch eine dünne Innenschicht aus Polyamid realisiert, auf die die eigentliche Schlauchseele aus EPDM oder HNBR extrudiert ist. Als Festigkeitsträger wird Aramidgewebe verwendet, die Schlauchdecke besteht wiederum aus EPDM oder HNBR.

Bei *Kraftstoffschläuchen* mit konventioneller NBR-Seele lassen sich aktuelle Anforderungen an die Beständigkeit gegen hochquellende alkoholhaltige Kraftstoffe sowie hinsichtlich einer guten Kälteflexibilität kaum noch erfüllen. Zudem sind auch hier die Forderungen bezüglich einer geringen Permeationsrate deutlich gestiegen. Mittlerweile werden dünne Innenschichten aus FKM verwendet, darüber befindet sich eine Zwischenschicht aus CSM, ECO oder AEM. Über dem Festigkeitsträger aus Aramid befindet sich die Schlauchdecke aus CSM, ECO, EVM oder AEM.

Eine besondere Spezies sind *Kühlerschläuche*, deren komplizierte Geometrie nur durch Herstellung als Formschlauch zu verwirklichen ist. Sie bestehen durchgängig aus EPDM und benötigen aufgrund des relativ geringen Innendrucks nur ein Stützgewebe aus weitmaschig gestricktem Aramidgewebe. Allerdings wurden die früher verwendeten schwefelvernetzten EDPM-Typen durch gesättigte, nur mit Peroxid vernetzbaren EPM-Typen ersetzt, die eine höhere Temperaturbeständigkeit aufweisen.

Niederdruckschläuche werden üblicherweise mit Schellen oder speziellen Steckverbindern befestigt. Druckschläuche besitzen aufgeklemmte oder aufvulkanisierte Schlauchkupplungen.

10.3 Profile

Profile werden hauptsächlich als Dichtelemente im Bauwesen und bei Kraftfahrzeugen verwendet. Sie dienen auch als Schutz zum Abfedern kleiner Stöße, etwa bei Karosserieteilen. Da Dichtungen im Wesentlichen im Außenbereich eingesetzt werden, wird bevorzugt das witterungsbeständige EPDM verwendet. Im Bausektor ist allerdings auch PVC verbreitet. Das früher bei Kraftfahrzeugfensterprofilen verwendete CR wurde ebenfalls längst durch EPDM ersetzt, findet sich aber noch in speziellen Dichtungen im Bausektor, in der Elektrotechnik sowie vielen technischen Anwendungen. Je nach Anforderung werden auch noch NR, NBR, ECO und Silikonkautschuk verwendet, letzterer vor allem in der Medizintechnik. In jüngerer Zeit finden auch vermehrt thermoplastische Elastomere Verwendung. Während Bau- und Fahrzeugprofile einen recht komplexen Aufbau besitzen, sind auch Rundschnüre oder Vierkantprofile als Meterware für einfache Dichtfunktionen in Gebrauch. Um eine optimale Dichtfunktion zu erfüllen, ist in der Regel ein niedriger Druckverformungsrest gefordert.

Profile werden durch Extrusion gefertigt, die Vulkanisationsverfahren hängen vom verwendeten Elastomer, dem zugrundeliegenden Mischungsaufbau, insbesondere dem Vernetzungssystem, und der Geometrie des Profils ab. Durch spezielle Extrusionswerkzeuge lassen sich auch Profile mit variablen Querschnitten fertigen. Profile können, über Co-Ex-Adapter hergestellt, auch aus unterschiedlichen einzelnen Profilen zusammengesetzt sein, so zum Beispiel eine Kombination aus Vollgummi und Moosgummi. Dichtungen für bewegliche Fenster wie Fahrzeugseitenscheiben werden zur Verminderung des Reibungskoeffizienten mit Polyamid- oder Polyesterfasern beflockt. Daneben finden auch Gleitlacke auf Basis von Polyurethanen oder Silikonen Verwendung.

Profile werden über bei der Extrusion eingebrachte flexible Metalleinlagen oder Kunststoffklipse befestigt. Alternativ werden die Gummiprofile auch nur in geeignete Blechbänder eingesteckt. Für dauerhafte Verbindungen werden auch spezielle Schmelz- oder Polyurethanklebstoffe verwendet.

10.4 Antriebs- und Steuerriemen

Antriebsriemen haben ausgehend von geklammerten Flachriemen aus Leder bis zu heutigen Keilrippenriemen eine regelrechte Evolution durchlaufen. Im Gegensatz zu Zahnrädern oder Ketten benötigen Riemen keine komplizierte Mechanik und lassen sich leicht auf unterschiedliche Übersetzungsverhältnisse anpassen. So lassen sich mit Keilriemen in Kombination mit zwei Paaren von Kegelscheiben stufenlose Getriebe realisieren. Flache Transmissionsriemen werden heute kaum noch verwendet, da Keil- und Keilrippenriemen aufgrund der Haftreibung („Reibschluss") zwischen den Flanken der Riemen und den konischen Antriebsscheiben eine wesentlich bessere Kraftübertragung ermöglichen. Die zur Kraftübertragung erforderliche Gewebeverstärkung unterbindet übermäßige Dehnung und damit Schlupf.

Keilriemen (V-Belts) bestehen aus Kern, Zugträger und Deckplatte. Kern und Decke sind glasfaserverstärkt. Zum Schutz vor mechanischer Beschädigung bei den vielfältigen und oftmals rauen Einsatzbedingungen sind Keilriemen für den Maschinenbau meist vollständig ummantelt. Dagegen ist bei den in Kraftfahrzeugen üblichen flankenoffenen Keilriemen nur noch die Rückseite durch ein beschichtetes Gewebe geschützt. Um engere Biegeradien bei immer kompakteren Motoren zu ermöglichen, werden Kfz-Keilriemen zudem gezahnt. Durch unregelmäßige Abstände zwischen den Zähnen lassen sich Laufgeräusche minimieren.

Bei Riemen für den Maschinenbau wird häufig noch Naturkautschuk verwendet. Keilriemen für Kraftfahrzeuge sind oft höheren Temperaturen als im Maschinenbau ausgesetzt, daher wurden mit steigenden Anforderungen CR, CSM, schwefelvernetzter HNBR, ECO und mittlerweile EPDM verwendet. Als Zugträger für Keilriemen dient in der Regel Polyestergewebe, für hohe Beanspruchungen wird Aramid verwendet. Für selbstnachstellende Keilriemen werden vorgereckte Gewebe verwendet, die bei steigender Temperatur schrumpfen und somit einen sicheren Kraftschluss bieten.

Keilriemen dürfen nicht über den Rücken gebogen werden, außerdem ist ihr Biegevermögen aufgrund ihrer Steifigkeit reduziert. Selbst bei großvolumigen Motoren lassen sich daher mit einem einzelnen Keilriemen nur der Lüfter und die Lichtmaschine, gegebenenfalls auch noch die Wasserpumpe, gleichzeitig betreiben. Zusätzliche Nebenaggregate, wie etwa die Servolenkpumpe und der Kompressor für die Klimaanlage, erforderten in der Vergangenheit separate Keilriemenantriebe. Die zunehmende Anzahl dieser Nebenaggregate auch in kompakteren Fahrzeugen führte schließlich zur Entwicklung der heute vorherrschenden *Keilrippenriemen* (Poly-V-Belts). Durch ihre flache Bauweise sind sie wesentlich flexibler als Keilriemen und übernehmen den Antrieb von vielen Aggregaten gleichzeitig. Keilrippenriemen bestehen aus einem Zugträger aus Polyester- oder Polyamidgewebe, das auf der Rückseite mit einer Gummischicht abgedeckt ist. Die Kraftübertragung erfolgt über mehrere parallele, V-förmige Rippen an der Innenseite. Keilrippenriemen lassen sich auch über den Rücken biegen und über entsprechende Vorrichtungen automatisch nachspannen. Sie erreichen einen Umfang von über zwei Metern. Aufgrund ähnlicher Anforderungen kommen die gleichen Kautschuke wie bei Keilriemen in Betracht. Aktuelle Keilrippenriemen für Kraftfahrzeuge basieren ebenfalls auf EPDM, im Maschinenbau wird auch noch CR/SBR verwendet.

Zahnriemen (Synchronriemen) dienen zur Steuerung der Nockenwelle. Hierbei handelt es sich um einen Flachriemen mit präzise ausgeformten Zähnen in konstanten Abständen. Die Kraftübertragung erfolgt durch das Ineinandergreifen von Zähnen und Vertiefungen der Nockenwelle („Formschluss“). Die auftretenden Kräfte sind geringer als bei Keil- oder Keilrippenriemen. Zahnriemen erlauben kleinere Biegeradien, sind leichter und laufen wesentlich leiser als Steuerketten. Sie werden daher bevorzugt, aber nicht ausschließlich, in kleineren und mittleren Fahrzeugen verwendet. Als Zugträger wird aufgrund der extrem hohen Anforderungen hinsichtlich geringer Längenausdehnung in der Regel Aramid verwendet. Die Zähne der Zahnriemen sind mit Polyamidgewebe gegen Beschädigungen geschützt. Zahnriemen sind ähnlichen Umgebungsbedingungen wie Antriebsriemen ausgesetzt. Daher wurde das in der Vergangenheit häufig verwendete Polychloropren mittlerweile weitgehend durch CSM und schwefelvernetztes HNBR ersetzt.

Für den Maschinenbau existieren noch eine Reihe weiterer Bauformen wie Mehrfachkeilriemen mit gemeinsamer Deckplatte, Breitkeilriemen, Doppelkeilriemen und mehr.

Riemen werden auf speziellen Trommeln aufgebaut, in Autoklaven vulkanisiert und auf die gewünschte Anwendungsbreite geschnitten.

Bild 10.5 zeigt einen Vergleich der verschiedenen Riemenarten

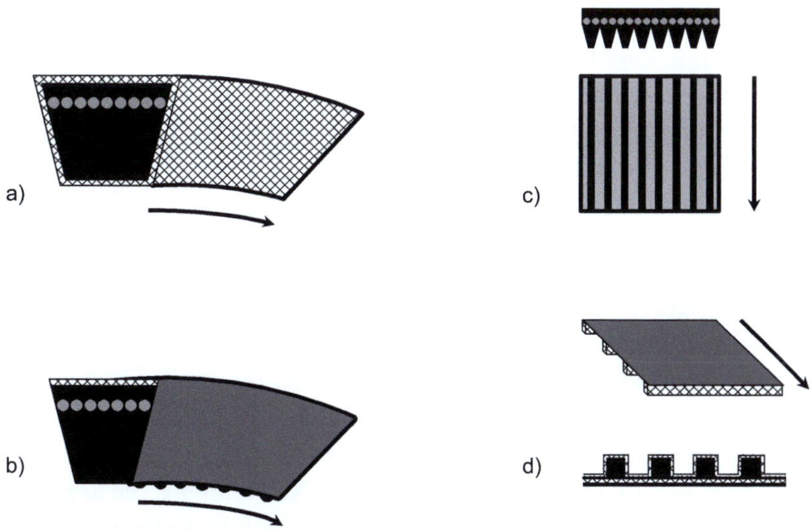

Bild 10.5 Ummantelter Keilriemen (a), flankenoffener Keilriemen, gezahnt (b), Keilrippenriemen (c), Zahnriemen (d)

10.5 Transportbänder (Fördergurte)

Transportbänder sind die Arbeitspferde unter den Gummiartikeln. Da unverstärkter Gummi sich bei Zugbelastung dehnt, sind Transportbänder in Zugrichtung verstärkt (Bild 10.6). Bei textilverstärkten Transportbändern werden sogenannte EP-Gewebe als Zugträger verwendet. Dabei handelt es sich um Mischgewebe aus Polyester und Polyamid, wobei die Polyesterfäden in Längsrichtung (Kettrichtung) angeordnet sind. Bei hohen Beanspruchungen wird auch Aramid verwendet. Textilverstärkte Fördergurte haben eine wesentlich geringere Trägfähigkeit als Stahlseil-Fördergurte, dafür sind sie flexibler und lassen engere Biegeradien an den Umlenkrollen zu. Zum Schutz vor dem Eindringen scharfkantiger Körper werden bei Stahlseilfördergurten Querarmierungen aus Textillagen aufgebracht. Die Seiten von textilverstärkten Gurten sind oft mit Vollgummimischungen zum Schutz des Gewebes vor Umwelteinflüssen abgedeckt. Industrielle Fördergurte sind bis über zwei Meter breit.

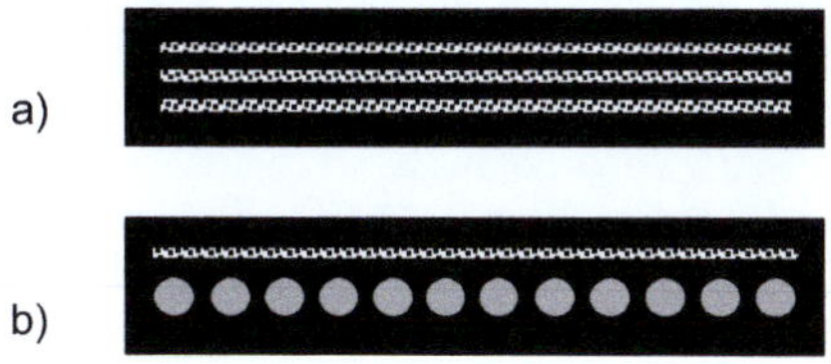

Bild 10.6
Schematischer Aufbau von Fördergurten mit Festigkeitsträgern aus Textilgewebe (a) und Stahlcord (b)

Transportbänder werden oft im Freien verwendet und müssen daher Umwelteinflüssen wie Hitze, Kälte, Ozon und UV-Strahlung widerstehen, gleichzeitig müssen sie abriebfest und gegen die zu transportierenden Stoffe beständig sein. Bei großformatigen Förderbändern, wie sie beispielsweise im Braunkohletagebau verwendet werden, wird weiterhin eine Reparaturfähigkeit vor Ort gefordert.

Förderbänder bestehen aus kalandrierten Bahnen, die Verstärkungen werden ebenfalls im Kalander mit Kautschukmischungen belegt. Je nach Größe werden Förderbänder etappenweise in speziellen Heizpressen oder auf einer kontinuierlichen Vulkanisieranlage (z. B. AUMA®) vulkanisiert. Die Stahlseile sind verzinkt, da dies im Gegensatz zu Messingbeschichtungen eine höhere Korrosionsbeständigkeit bewirkt. Für die Haftung zur umgebenden Elastomermatrix werden Direkthaftmittel eingesetzt.

Im Bauwesen sowie im Bergbau finden aufgrund der guten Abriebbeständigkeit hauptsächlich NR, SBR, NR/SBR-Blends oder NR/BR-Blends Verwendung. Die Rezepturen sind ähnlich aufgebaut wie bei Reifenlaufflächen. Heißgutförderbänder werden aus IIR oder EPDM hergestellt. Bei ölhaltigen Fördergütern wird auch NBR verwendet. Besonders im Untertagebergbau finden sich aus Gründen der Flammwidrigkeit Fördergute aus CR. Für den Transport von Lebensmitteln haben sich beispielsweise NBR/PVC-Verschnitte bewährt.

10.6 Walzenbeläge

In der Druck- und Textilindustrie finden sich gummierte Walzen in vielen Größen. Sie bestehen aus einem Stahlkern, der mit einer bis zu 25 mm dicken Gummischicht überzogen ist. Je nach Anforderungen besteht die Beschichtung aus Weich-, Hart- oder Moosgummi. Der Belag wird entweder Schicht um Schicht mit kalandrierten Bahnen oder mit extrudierten Streifen aufgebaut. Bei kleinen Durchmessern werden auch vorgeformte Rohlinge auf den Kern aufgezogen. Zur Vulkanisation wird der Belag mit feuchten Textilstreifen umwickelt und langsam aufgeheizt. Durch Heizzeiten von mehreren Stunden bei mäßiger Temperatur wird Übervulkanisation vermieden. Die Bandagen schrumpfen dabei und pressen den Belag gegen den mit Haftvermittlern überzogenen Kern. Nach der Vulkanisation werden die Walzen auf Anwendungsdicke geschliffen.

Walzen für die Papierindustrie haben eine hohe Härte und bestehen aus NR oder NR/SBR. Dabei erweist sich Ebonit von Vorteil, da er ohne Haftvermittler eine sehr gute Haftung zur Stahlwalze aufweist.

Weiche Druckwalzen (um 20 bis 30 Shore A) bestehen meist aus NBR. Gegebenenfalls werden auch Elastomere mit höherer Wärme- und Chemikalienbeständigkeit verwendet. Für besonders abriebfeste Walzen, etwa in der textilverarbeitenden Industrie, wird XNBR verwendet.

Aufgrund des weiten Spektrums von Eigenschaften (elastisch bis duroplastisch) und der leichten Verarbeitbarkeit haben mittlerweile Walzenbeläge aus Polyurethan-Gießharzen in vielen Anwendungen solche aus klassischen Elastomeren verdrängt.

10.7 Kabel

Die ersten verwendeten Kabel wurden mit Papierhüllen isoliert. Später kam als erstes polymeres Material Guttapercha hinzu, das einige Zeit auch für Seekabel benutzt wurde. Für Transformatorenkabel werden auch heute noch Lacke zur Isolation verwendet. Ein Großteil der aktuell in der Elektrotechnik verwendeten Materialien sind Thermoplaste wie Weich-PVC sowie Polyethylen. Dabei besitzt Polyethylen den Vorteil, ohne Zusatz von Weichmacher sehr dehnbar zu sein und gleichzeitig dünne Wandstärken zu ermöglichen. Die Einsatzbereiche liegen zwischen –70 °C und +80 °C. Kabel müssen über mindestens 20 000 Stunden ihre Funktionsfähigkeit behalten. Dies erklärt die geringeren maximalen Anwendungstemperaturen im Vergleich zur Automobilindustrie.

Zu den verwendeten Elastomeren in der Elektroindustrie zählen NR, SBR, CR, CSM, EPDM, EVM, MVQ und FKM. NR und SBR werden für Schlauchleitungen und Stecker bis zu einer Anwendungstemperatur von maximal 60 °C verwendet. Bei höheren Temperaturen, etwa für Heizleitungen, kommen EPDM (90 °C) und EVM (120 °C) zum Einsatz. Für schwer entflammbare Leitungen und Stecker bei Temperaturen bis 90 °C wird aufgrund der inhärenten Flammwidrigkeit CR eingesetzt, etwa im Untertagebergbau. CR ist wie PVC halogenhaltig und erfordert für anspruchsvolle Anforderungen an die Flammwidrigkeit noch den Zusatz toxikologisch bedenklicher Flammschutzmittel. Dies kann durch Verwendung von EVM vermieden werden. EVM selbst brennt zwar, lässt sich aber durch hohe Mengen an Aluminiumoxid-Trihydrat (ATH) flammwidrig ausrüsten. Solche Kabel bleiben auch bei direkter Flammeinwirkung noch eine gewisse Zeit funktionsfähig, im Brandfall werden keine korrosiven Rauchgase freigesetzt (FRNC-Kabel, engl.: *flame retardant non corrosive*). CSM und EPDM findet beispielsweise für Zündleitungen und Zündstecker sowie für Verteilerstecker in der Kfz-Industrie Verwendung, hier wird eine maximale Temperatur von 100 °C zugrunde gelegt. Bei noch höheren Anforderungen an die Temperaturbeständigkeit werden Silikonkautschuke (bis 180 °C) und Fluorkautschuke (bis 210 °C) eingesetzt. Anwendungsbereiche liegen hier in der Leuchtentechnik sowie im Motoren- und Apparatebau. Auch thermoplastische Elastomere finden mehr und mehr in der Elektroindustrie Verwendung, allerdings bei wesentlich geringeren Anforderungen an die Betriebstemperatur.

10.8 Beschichtete Gewebe

Neben Reifen, Schläuchen und Riemen finden beschichtete Gewebe auch als eigenständige Artikel Verwendung. Die Wahl des hierfür verwendeten Kautschuks richtet sich nach dessen Beständigkeit gegenüber den abzudichtenden Stoffen sowie den im Einsatz auftretenden Temperaturen. So finden beispielsweise NR, SBR, CR, CSM, NBR, IIR, EPDM, ECO, MVQ, FMVQ und FKM Verwendung. Die Trägermaterialien sind Baumwoll-, Viskose-, Polyamid-, Polyester- oder Aramidgewebe. Je nach Einsatzgebiet sind dynamische Beständigkeit, Abriebfestigkeit, Witterungsbeständigkeit, Beständigkeit gegenüber Chemikalien und gegenüber hohen oder tiefen Temperaturen gefordert.

Beschichte Gewebe werden durch Belegen auf dem Kalander hergestellt und auf einer kontinuierlichen Vulkanisieranlage vernetzt. Gelegentlich werden auch Ultrabeschleunigersysteme für die Vernetzung bei Raumtemperatur verwendet.

Tabelle 10.1 zeigt einen Auszug verschiedener Anwendungen für gummierte Gewebe.

Tabelle 10.1 Beispiele für Anwendungen gummierter Gewebe

Anwendungsbeispiel	Basiskautschuk	Eigenschaften
Allzweckstoffe	CR	witterungsbeständig
Drucktücher	NBR	beständig gegen Druckfarben
Hydrolager	EPDM	beständig gegen Hydraulikflüssigkeit
Kompensatoren (Anlagenbau)	FKM	hitze- und chemikalienbeständig
Luftfedern	CR	dynamisch beständig, witterungsbeständig
Membranen	FKM	hitze- und chemikalienbeständig
	FVMQ	kälteflexibel, hitze- und kraftstoffbeständig
	ECO	ölbeständig bei relativ hohen Temperaturen
	NBR	öl- und kraftstoffbeständi
	EPDM	beständig gegen Heißwasser
	NR	dynamisch beständig, gute Abriebfestigkeit
	IIR	geringe Gasdurchlässigkeit
Schlauchboote, Rettungsinseln	CSM	witterungsbeständig, farbecht, flammwidrig
	NR	kälteflexibel

Anwendungsbeispiel	Basiskautschuk	Eigenschaften
Schutzanzüge	FKM/IIR	chemikalienbeständig (Außenschicht)/ geringe Gasdurchlässigkeit (Innenschicht)
Treibstoffbehälter (flexibel)	CSM/NBR	witterungsbeständig, farbecht, flammwidrig (Außenschicht)/öl- und kraftstoffbeständig (Innenschicht)
Waggonübergänge (Personenzüge)	CR, CSM	witterungsbeständig, flammwidrig

10.9 Reifen

Thomsons und Dunlops Luftreifen wurden noch direkt auf die Felge vulkanisiert und erforderten einen recht großen Aufwand beim Wechseln. Später entwickelten die Gebrüder Michelin leichter zu demontierende Produkte. Aber von den heutigen Laufleistungen über mehrere zehntausend Kilometer waren die ersten Reifen noch meilenweit entfernt.

Moderne Reifen sind komplexe Verbundwerkstoffe. Durch die eingeschlossene Luft wird ein elastisches Polster gebildet, das Straßenunebenheiten abfängt. Um übermäßiges Aufblähen des Reifens unter dem herrschenden Luftdruck zu vermeiden, ist die innerste Lage eines Reifens mit Gewebelagen, der sogenannten Karkasse, umhüllt. Zur Versteifung dient ein Gürtel aus Stahldrähten. Karkasse und Gürtel werden im Kalander mit den jeweiligen Kautschukmischungen belegt. Schließlich bildet der Laufstreifen mit seinem Profil die Kontaktfläche zur Straße. Da die einzelnen Reifenbauteile aus recht unterschiedlichen Mischungen bestehen, ist die Abstimmung der einzelnen Vulkanisationssysteme von großer Bedeutung, um partielle Über- oder Untervulkanisation zu vermeiden. Maßgeblich daran beteiligt war die Entwicklung des Linearschubvulkameters. Im Folgenden werden die einzelnen Bauteile eines Reifens von innen nach außen näher beschrieben (Bild 10.7).

Die Luft wird bei modernen schlauchlosen Reifen durch eine Schicht mit geringer Gasdurchlässigkeit, der *Reifeninnenwand* (auch: „Inner-Liner“ oder „Tubeless-Platte“) am Entweichen gehindert. Sie besteht aus Brom- oder Chlorbutylkautschuk, die sich im Gegensatz zu nicht halogeniertem Butylkautschuk mit Dienkautschuken covulkanisieren lassen. In Diagonalreifen wird anstelle einer Innenwand ein Schlauch aus Butylkautschuk verwendet.

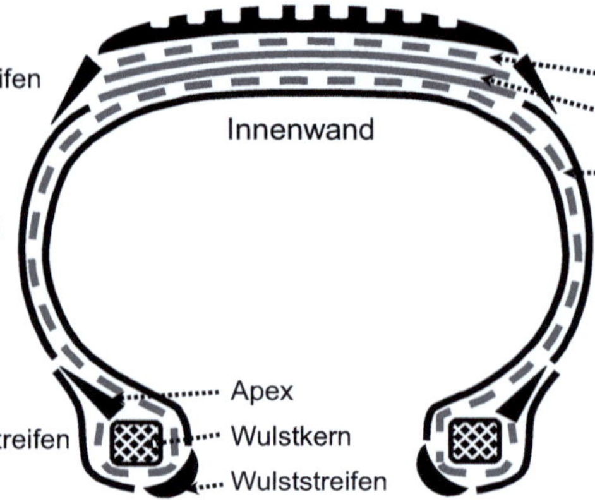

Bild 10.7 Skizze des Aufbaus eines Pkw-Reifens

Als Festigkeitsträger eines Reifens *(Karkasse)* dienen Gewebelagen aus Rayon, Polyester oder Polyamid. Bei Diagonalreifen verlaufen zwei Lagen im Winkel von etwa 35°, bei Radialreifen eine Lage senkrecht (radial) zur Laufrichtung. Diagonalreifen sind leichter herzustellen, werden aber nur noch bei Fahrzeugen mit vergleichsweise geringen Beanspruchungen verwendet, wie Fahrrädern, Karren und landwirtschaftlichen Geräten.

Über der Karkasse verläuft der *Gürtel* aus zwei (Pkw), drei (SUV) oder vier (Lkw) Lagen Stahlcord mit verschiedener Breite und Schnittwinkel. Er verleiht dem Reifen die erforderliche Steifigkeit. Der Stahlgürtel führt in Verbindung mit nur noch einer erforderlichen Karkasslage zu einem wesentlich geringeren Wärmestau im Reifen und zu einem deutlich verringerten Rollwiderstand gegenüber dem Diagonalreifen.

Eine weitere, mit Kautschukmischung belegte Lage Cordgewebe bildet das *Gürtelabdeckband* (Bandage). Durch seine Konstruktion soll eine bei allen Fahrbedingungen möglichst gleichbleibende Aufstandsfläche sichergestellt werden. Diese nimmt etwa die Größe einer Postkarte ein. Auch die *Schulterstreifen* an den äußeren Enden der Lauffläche dienen diesem Zweck. Die *Lauffläche* moderner Reifen besteht aus zwei Schichten. Die untere Schicht, die sogenannte Basis, soll aufgrund ihrer geringen Hysterese die Wärmeentwicklung beim Abrollen reduzieren. Der eigentliche Laufstreifen mit dem Profil soll neben einer guten Abriebbeständigkeit auch hohe Rutschfestigkeit aufweisen.

Neben der Lauffläche ist die *Seitenwand* das wichtigste Bauteil eines Reifens. Sie befindet sich permanent unter Biegespannung, auch bei einem stehenden Fahrzeug. Daher ist sie besonders empfindlich gegenüber dem Angriff von Sauerstoff und Ozon. Die Walkarbeit beim Fahren führt zu einer extremen dynamischen Belastung. Durch ein *Wulstschutzprofil* (Humpstreifen) wird der Reifen zur Felge hin abgedichtet. Der *Wulstkern* besteht aus Stahldrähten und versteift den Reifen zur Felge hin. Darüber befindet sich das *Kernprofil* (Apex) als Übergang zur Seitenwand. Es begrenzt die Verformungen bei Lenkvorgängen. Eine zusätzliche Wulstverstärkung dient dem gleichen Zweck.

Für die Lauffläche von Pkw-Reifen werden bevorzugt BR/SBR Blends verwendet. Dabei begünstigt SBR die Nassrutschfestigkeit, BR verringert den Abrieb und den Rollwiderstand und zeigt eine geringere Erwärmung bei dynamischer Belastung. Ungünstig ist bei BR jedoch die Haftung auf Nässe, Schnee und Eis. Lkw-Reifenlaufflächen bestehen vorwiegend aus Naturkautschuk, da dieser im Vergleich zu BR und SBR einen geringeren Heat Build-up aufweist. Für die Seitenwand und die Wulstmischungen werden Blends aus NR und BR verwendet.

Vollgummireifen sind nur für geringe Beanspruchungen und Geschwindigkeiten geeignet. Der Fahrkomfort ist wesentlich geringer, außerdem würden Vollgummireifen bei hoher dynamischer Belastung durch die entstehende Wärme zerstört.

Literatur Kapitel 10

[1] Bednarz, J.: Kunststoffe in der Elektrotechnik und Elektronik. Stuttgart: Kohlhammer 1988

[2] Hofmann, W.; Gupta, H.: Handbuch der Kautschuktechnologie. Ratingen: Gupta-Verlag 2009

[3] Röthemeyer, F.; Sommer, F.: Kautschuktechnologie. München: Carl Hanser Verlag 2013

[3] Schmitt, W.: Kunststoffe und Elastomere in der Dichtungstechnik. Stuttgart: Kohlhammer 1987

[5] Walter, G.: Kunststoffe und Elastomere in Kraftfahrzeugen. Stuttgart: Kohlhammer: 1985

11 Anhang

11.1 Chemische Beständigkeit von Elastomeren

Die Beständigkeit von Elastomeren gegenüber Chemikalien hängt von vielen Faktoren wie etwa Einwirkungsdauer, Temperatur und Konzentration der angreifenden Stoffe ab. Weiterhin muss zwischen reiner Volumenquellung und chemischer Zersetzung unterschieden werden (vgl. Abschnitt 4.5). In der Literatur finden sich Tabellen, in denen die Beständigkeit gegen Chemikalien meist in Stufen von sehr gut bis unbeständig angegeben ist.

Generell zeigt sich, dass die Angriffsschärfe in der Reihenfolge Alkohole < Aldehyde, Amine < Ether, Ester, Ketone < Aromaten < chlorierte Kohlenwasserstoffe zunimmt. Bei Fetten, Ölen und Kraftstoffen sowie aliphatischen Lösungsmitteln zeigen polare Elastomere wie NBR/HNBR, ACM, CO/ECO und Fluorelastomere Vorteile. Verdünnte, nicht oxidierende Säuren und Laugen sind bei vielen Elastomeren weniger problematisch, führen jedoch zum Abbau insbesondere von ACM, AEM und AU/EU. Die meisten Elastomere werden außerdem durch Wasserdampf angegriffen, bis zu etwa 150 °C lassen sich nur EPM, IIR und Fluorelastomere verwenden, darüber hinaus sind perfluorierte Elastomere erforderlich.

Detaillierte Beständigkeitslisten finden sich beispielsweise in Ehrenstein, G. W., Pongratz, S.: Beständigkeit von Kunststoffen, Band 2, S. 1150 ff.

Weiterhin wird auf den General Chemical Resistance Guide der Fa. The Chemours Company LLC verwiesen (*http://chemours-site.force.com/CRG_TlargiGuide*). Die dort publizierten Ergebnisse sind Resultate einer von der The Los Angeles Rubber Group, Inc., durchgeführten umfangreichen Literaturstudie.

Es wird jedoch empfohlen, im Einzelfall eine Prüfung durchzuführen, insbesondere, wenn maximale Änderungen der mechanischen Werte und/oder eine maximale Volumenquellung spezifiziert sind.

11.2 Weiterführende Fachliteratur

- Bauman, J.T.: Fatigue, Stress, and Strain of Rubber Components. München: Carl Hanser Verlag 2012
- Dick, J.S.: How to Improve Rubber Compounds. München: Carl Hanser Verlag 2014
- Dick, J.S.: Rubber Technology. München: Carl Hanser Verlag 2014
- Gent, A.: Engineering with Rubber. München: Carl Hanser Verlag 2012
- Limper, A.: Mixing of Rubber Compounds. München: Carl Hanser Verlag 2012
- Linhares, F.: Development of Biodiesel-Resistant Nitrile Rubber Compositions. München: Carl Hanser Verlag 2016
- Scholz, K.-G.: Tribologie der Elastomere. Ratingen: Gupta-Verlag 2006
- Sommer, J.G.: Engineered Rubber Products. München: Carl Hanser Verlag 2012
- Sommer, J.G.: Troubleshooting Rubber Problems. München: Carl Hanser Verlag 2014
- White, J.L., Kim, K.-J.: Thermoplastic and Rubber Compounds. München: Carl Hanser Verlag 2012

11.3 Fachinformationen

- KGK Kautschuk Gummi Kunststoffe, Hüthig Verlag, *https://www.kgk-rubberpoint.de*
- European Rubber Journal, *https://www.european-rubber-journal.com*
- Rubber Journal Asia (RJA), Rubber News, *https://www.rubbernews.com*

11.4 Verbände und Institute

- Wirtschaftsverband der deutschen Kautschukindustrie e.V. (wdk), *https://www.wdk.de*
- Deutsche Kautschuk-Gesellschaft e.V. (DKG), *https://www.dkg-rubber.de*

- Deutsches Institut für Kautschuktechnologie e. V. (DIK), *https://www.dikautschuk.de*
- Association of Natural Rubber Producing Countries (ANRPC) *https://www.anrpc.org*
- European Tyre & Rubber Manufacturers' Association (ETRMA), *https://www.etrma.org*
- International Rubber Study Group (IRSG), *https://www.rubberstudy.com*
- International Institute of Synthetic Rubber Producers (IISRP), *https://iisrp.com*

11.5 Studiengänge

- Kunststoff- und Elastomertechnik, Fachhochschule Würzburg-Schweinfurt, *www.fhws.de*
- Weiterbildungsstudium Kautschuktechnologie, Leibniz Universität Hannover, *www.wbs-kautschuk.de*

12 Zum Recycling von Elastomererzeugnissen

Auch bei Elastomeren stellt sich die Frage nach einer möglichen Wiederverwendung durch Recycling. Gesetzliche Rahmenbedingungen sind beispielsweise das Deponieverbot für Altreifen, die europäische Abfallrahmenrichtlinie (AbfRRl, EU) und das deutsche Kreislaufwirtschaftsgesetz (KrWG), in dem im Jahr 2017 die Heizwertklausel gestrichen wurde. Diese setzte die thermische Verwertung von Abfällen der stofflichen Verwertung gleich, sofern der Brennwert mindestens 11 000 kJ/kg betrug und keine andere Verwertung durch entsprechende Verordnung festgelegt wurde.

Bei Thermoplasten sind Recyclingquoten bis nahezu 100 % möglich, wenn anwendungsspezifische Rücknahmesysteme vorhanden sind. So beträgt die Recyclingquote bei Getränkeflaschen aus Polyethylenterephthalat (PET) bereits 99 % und bei Bierkästen aus Polyethylen (PE) bis zu 40 %. Dies wird auch durch ein Pfandsystem unterstützt. In einigen anderen Industriezweigen werden Abfälle durch die Montagebetriebe rückgeführt und lassen sich teilweise wiederverwerten, so etwa bei Fensterrahmen und Bodenbelägen aus Polyvinylchlorid (PVC). Dies gilt auch für einige großvolumige Fahrzeugteile, wie etwa Kraftstofftanks und Radhausschalen aus Polyethylen (PE) oder Schürzen für Stoßfänger aus Polypropylen (PP). Solche Teile lassen sich relativ leicht vom Fahrzeug trennen. Beim Recycling von Thermoplasten wird ausgenutzt, dass sich diese Werkstoffe wieder einschmelzen und in eine neue (oder wieder in die gleiche) Form bringen lassen. Allerdings ist mit jedem Schmelzvorgang eine neue thermische Belastung verbunden, sodass hier bereits mit Einbußen bei den mechanischen Eigenschaften aufgrund einsetzender Alterungsprozesse zu rechnen ist. Demzufolge werden solche Abfälle nur in begrenztem Umfang wieder der ursprünglichen Anwendung zugeführt und in kritischen Anwendungen nicht verwendet.

Elastomere lassen sich aufgrund ihrer Vernetzung weder aufschmelzen noch umformen. Angüsse, Schnittabfall (etwa bei Keilriemen) und sonstige, bereits vulkanisierte Produktionsabfälle sind also auch nicht in den entsprechenden Herstellungsprozess rückführbar, sondern nur Mischungsreste, die noch nicht vernetzt sind. Bereits vernetzungsfähig eingestellte Mischungen sind nur begrenzt lagerfähig und bergen je nach Vernetzungssystem und Lagerungsbedingungen (Temperatur, Zeit) das Risiko, das die Vernetzung bereits eingesetzt hat, die Mischung also „angesprungen“ und damit nicht mehr verwendbar ist.

Etwa zwei Drittel der hergestellten Elastomererzeugnisse entfallen auf Reifen, ein Drittel auf technische Gummiwaren, von denen wiederum etwa die Hälfte in Kraftfahrzeugen verwendet wird. Damit erscheint es sinnvoll, Potenziale für das Recycling zunächst am Beispiel des wichtigsten Absatzmarkts zu suchen.

Reifen haben, nicht nur durch Abrieb, sondern auch aufgrund der dynamischen Belastung sowie dem Einfluss von Hitze, Ozon und UV-Licht, nur eine begrenzte Lebensdauer. Derzeit fallen alleine in Deutschland bis zu 600000 Tonnen Altreifen jährlich an. Sie dienten in der Vergangenheit aufgrund ihres Heizwerts von ca. 9,0 kWh/kg (32400 kJ/kg) überwiegend als gefragter Brennstoffersatz in Zementwerken, Zellstoffwerken und Kraftwerken. Durch Streichung der Heizwertklausel sollen Altreifen nun vornehmlich der stofflichen Verwertung zugeführt werden. Derzeit werden etwa 30% der Altreifen auf diese Weise verwertet.

Bezüglich der stofflichen Verwertung ist natürlich die Runderneuerung der Königsweg. Denn sofern die Reifenkarkasse, die etwa 80% des Reifens ausmacht, noch einwandfrei ist, kann sie runderneuert werden (werkstoffliches Recycling). Dabei wird die alte Lauffläche abgeschält und eine neue aufvulkanisiert. Das ist möglich, da bei der Vernetzung von Elastomeren nur wenige Prozent der vernetzungsaktiven Stellen ausgenutzt werden und somit noch genügend bindungsfähige Stellen verbleiben. Diese Tatsache wird übrigens auch bei der Reparatur von großen Transportbändern, etwa im Bergbau, ausgenutzt.

Die Runderneuerung spart gegenüber der Produktion eines Neureifens bis zu 50% Energie und etwa zwei Drittel der Rohstoffe. Die Emission von CO_2 verringert sich um 60%. Die Allianz Zukunft Reifen (AZuR), ein Netzwerk aus über 80 Partnern aus Industrie, Handel und Wissenschaft, engagiert sich für eine nachhaltige Reifen-Kreislaufwirtschaft in Europa. Die dem Netzwerk angeschlossenen Reifenhersteller wollen durch Senkung von Emissionen und Energieverbrauch Neureifen möglichst nachhaltig herstellen, sie sollen auch grundsätzlich für die Runderneuerung geeignet sein. Der Anteil runderneuerter Nutzfahrzeugreifen soll etwa im Jahr 2030 bei 40% liegen.

Allerdings sind nicht alle Reifen gleichermaßen für eine Runderneuerung geeignet. Die Gründe dafür sind vielfältig. Neue Pkw-Reifen haben eine wesentlich längere Lebensdauer als Lkw-Reifen. Mit zunehmender Einsatzdauer altert aber die Karkasse, daher kann sie bei Pkw-Reifen nur einmal runderneuert werden, bei Lkw-Reifen bis zu dreimal. Auch werden nicht alle Reifengrößen runderneuert. Werden die runderneuerten Karkassen vor der Montage nicht sortiert, ist es möglich, dass bei einem Satz zwar vier identische Laufflächen, aber vier verschiedene Karkassen verwendet werden. Dies beeinflusst das Fahrverhalten negativ (uneinheitliches Federungsverhalten, längerer Bremsweg, geringere Nassrutschfestigkeit und geringere Kurvengeschwindigkeit). In einigen Ländern, beispielsweise Frankreich, bestehen daher spezifische Anforderungen, hier dürfen ausschließlich Reifen gleicher Fabrikate auf der gleichen Achse montiert werden. In den UNECE Regulativen 108 (Pkw) und 109 (Nutzfahrzeuge) sind einige Grundanforderungen für runderneuerte Reifen festgelegt.

Insgesamt werden nur etwas mehr als 10% aller Altreifen runderneuert. Während dies mit rund 30% bei Lkw-Reifen gängige Praxis ist, beträgt der Anteil runderneuerter Pkw-Reifen nur wenige Prozent, wobei die Angaben je nach Quelle unterschiedlich sind. Ein Grund ist möglicherweise die enorm zunehmende Anzahl niedrigpreisiger Neureifen aus Asien. Bei Vergleichstests ordnen sich runderneuerte Pkw-Reifen meist im hinteren Mittelfeld an, sind aber dann immer noch besser als viele Billigreifen mit teilweise desaströser Performance. Grundsätzlich ist die Runderneuerungstechnologie jedoch bewährt, so etwa bei Flugzeugreifen, die bei der Landung fast spontan auf rund 250 km/h beschleunigt werden und dann enorme Verzögerungskräfte aufnehmen müssen. Beim Start ist die Belastung durch die Walkarbeit aufgrund des deutlich höheren Gewichts des vollgetankten Flugzeugs sogar noch wesentlich größer. Nach ca. 150 Starts und Landungen werden ein- und dieselben Flugzeugreifen bis zu zwölfmal runderneuert. Rechnet man mit einer Strecke von 3500 Metern für den Start und 2500 Metern für die Landung, würde eine zehnmal runderneuerte Karkasse immerhin rund 9000 Kilometer zurücklegen.

An dieser Stelle sei ebenfalls erwähnt, dass der Reifenabrieb eines Fahrzeugs durchschnittlich etwa 120 Gramm pro 1000 Kilometer Laufleistung beträgt, pro Reifen also 30 Gramm pro 1000 Kilometer. In der EU gelangen damit etwa 500 000 Tonnen Reifenabrieb jährlich in die Umwelt. Es ist allerdings nicht möglich, den Reifenabrieb wesentlich zu verringern, ohne sicherheitsrelevante Eigenschaften, insbesondere die Nassrutschfestigkeit eines Reifens, in erheblichem Maße nachteilig zu beeinflussen.

Etwa 45% der Altreifen werden stofflich zu Sekundärrohstoffen verwertet. Dies beschränkt sich nicht nur auf die zur Verstärkung verwendeten Textilfasern und Stahldrähte, sondern auch auf die elastomeren Komponenten. Als fein gemahlene Granulate lassen sie sich beispielsweise für Recyclingprodukte wie etwa elastische Bodenbeläge für Spiel- und Sportplätze sowie zum Schall- und Bautenschutz einsetzen. Daneben dient gemahlenes Gummimehl aus Altreifen für die Modifizierung von Straßenbaubitumen und Asphalt, was die Bildung von Spurrillen und Rissen deutlich verringert. Auf diese Weise lässt sich auch ein offenporiger Asphalt herstellen, der sich durch eine verringerte Lärmbildung auszeichnet. Allerdings würde die geplante EU-Regelung zur Beschränkung des Eintrags von „Mikroplastik“ (Kunststoffpartikel mit einer Größe von weniger als 5 Millimetern) die Verwendung von Altgummi-Granulat erheblich erschweren.

Technische Gummiwaren haben, unter anderem wegen der Verwendung hochwertiger Kautschuke, oft eine wesentlich längere Lebensdauer als Reifen. Zudem fällt Abfall aus diesen Bereichen auch nicht regelmäßig und in planbaren Mengen an, weiterhin fehlen geeignete Sammelsysteme. In einem Kraftfahrzeug befinden sich etwa 100 verschiedene Bauteile aus Elastomeren. Im Wesentlichen sind dies Profildichtungen für Türen, Hauben und Scheiben, O-Ringe und andere Formteile wie etwa Achsmanschetten oder Luftansaugschläuche, Dämpfungselemente (Motorlager), Abdichtungen von Laufbuchsen (Wellendichtringe), verschiedene Schläuche, beispielsweise für Kraftstoffe, Kühlwasser und Kältemittel für die Klimaanlage, Bremsflüssigkeit und andere. Zum Teil sind diese Artikel Verbundwerkstoffe, wie etwa die meisten Schläuche, die mit Textil- oder Stahlcord verstärkt sind, sowie beflockte Dichtprofile für bewegliche Scheiben, Gummi-Metall-Verbundteile wie Wellendichtringe oder Motorlager mit einvulkanisierten Gewinden zur Fixierung. Dichtungen (meist O-Ringe) sind verhältnismäßig klein und oft schwer zugänglich, da sie fest verbaut sind. Profile sind vielfach mit starren Scheiben verklebt. Weiterhin resultieren die unterschiedlichen Anforderungen in einer großen Bandbreite der verwendeten Kautschuke und Rezepturen. Dabei sind nur etwa 35 Kilogramm Elastomerwerkstoffe in einem Pkw verbaut, der durchschnittlich 1700 Kilogramm wiegt. (Für Reifen ist etwa das gleiche Gewicht zu veranschlagen.) In aktuellen Fahrzeugen sind weiterhin etwa 100–120 Kilogramm überwiegend thermoplastische Werkstoffe verbaut, die prinzipiell recyclingfähig sind. Allerdings lassen sich nur die eingangs erwähnten, großvolumigen Teile mit relativ wenig Aufwand entfernen. Aus dieser Aufstellung geht hervor, dass eine sortenreine Trennung und Verwertung dieser Bauteile nicht realisierbar ist. Die systematische Zerlegung von Kraftfahrzeugen würde regelrechte Demontagewerke erfordern, in dem die Fahrzeuge mit hohem manuellen Aufwand zerlegt und die einzelnen Polymere strikt nach Art und Typen getrennt gesammelt (und vielfach auch erst gereinigt) werden müssten.

In anderen Industriezweigen ist ebenfalls eine große Bandbreite an Anforderungen und damit der hergestellten Elastomerteile zu finden, wobei aber, bezogen auf das Gewicht, wesentlich geringere Mengen identischer Artikel produziert werden. Entsprechend fällt Abfall auch nur unregelmäßig und nicht in konstanter Menge an.

Aufgrund der großen Vielfalt an technischen Elastomererzeugnissen lassen sich rund 90 % der Abfälle nur noch thermisch verwerten, der Rest wird zu Gummimehl verarbeitet.

Dies gilt sinngemäß auch für die vielen Varianten thermoplastischer Elastomere. Sie sind zwar prinzipiell recyclingfähig, da sich Abfälle nach Gebrauch wieder einschmelzen lassen. Der thermoplastische Charakter erlaubt aber auch die relativ einfache Fertigung von Verbundbauteilen, bei denen weitgehend starre, thermoplastische Kunststoffe mit flexiblen thermoplastischen Elastomeren durch Anspritzen in einem Arbeitsgang fest miteinander verbunden werden. Solche Verbundteile lassen sich nur mit unverhältnismäßig hohem Aufwand wieder in einzelne Komponenten zerlegen. Thermoplastische Elastomere verteilen sich zudem auf eine Vielzahl von speziellen, oft langlebigen Anwendungen, wohingegen etwa zwei Drittel der Thermoplaste (im Wesentlichen Polyethylen, Polypropylen, Polyethylenterephthalat und Polystyrol) für vergleichsweise relativ einheitliche, aber kurzlebige Verpackungen verwendet werden. Daher ist auch bei thermoplastischen Elastomeren eine Sammlung oder gar eine sortenreine Rückgewinnung weder wirtschaftlich noch technisch möglich. Allerdings lassen sich Produktionsabfälle thermoplastischer Elastomere direkt wieder in den Prozess rückführen. Nach Definition der Richtlinie 2008/98/EG ist dies aber kein Recycling, hier passt eher der Begriff „Best Practice". Hier gilt ebenfalls, dass jeder Schmelzvorgang eine weitere thermische Belastung darstellt, sodass wieder mit einsetzenden Alterungsprozesse zu rechnen ist.

Für die sehr heterogenen Abfälle aus Elastomeren verbleibt noch die Möglichkeit, über Pyrolyse (Erhitzen unter Luftabschluss auf 500 bis 800 °C) die Polymerketten zu spalten, um niedermolekulare Stoffe zu gewinnen (Pyrolyseöl). Diese Stoffe lassen sich auch wieder zu neuen Polymeren umsetzen oder in Raffinerien als Ausgangsprodukte für Treibstoffe verwenden. Hier handelt es sich also ebenfalls um rohstoffliches Recycling. Solche Verfahren des chemischen Recyclings bieten für Abfälle vernetzter Polymere (Elastomere und Duroplaste), aber auch für gemischte Kunststoffabfälle, die einzige Möglichkeit, Rohstoffe wieder zu gewinnen. Mittlerweile laufen erste großtechnische Anlagen, etwa bei der Firma Pyrum Innovations AG, bei der vor allem Ruß und Pyrolyseöl aus Altreifen gewonnen werden.

Ein anderer Ansatz, der sich noch im Versuchsstadium befindet, ist die Devulkanisation. Hierbei sollen durch Hitze, mechanische Energie und dem Einsatz von Chemikalien die Vernetzungsbrücken aufgespalten werden, um die auf diese Weise gewonnenen Produkte wieder zu verarbeiten und zu vulkanisieren.

Für weitergehende Informationen zum Thema Recycling von Kunststoffen und anderen Werkstoffen wird auf das Buch Kunststoff-Wissen für Einsteiger verwiesen.

Literatur Kapitel 12

[1] Abts, G.: Kunststoff-Wissen für Einsteiger. München: Carl Hanser Verlag 2020

[2] Allianz Zukunft Reifen (AZuR), *https://azur-netzwerk.de*, abgerufen am 27. 01. 2025

[3] Moving in Circles. *https://www.wdk.de*, abgerufen am 17. 01. 2025

[4] Runderneuerungsverfahren. *https://www.kraiburg-retreading.com*, abgerufen am 27. 01. 2025

[5] Lohnen sich runderneuerte Reifen? *https://www.acv.de*, abgerufen am 27. 01. 2025

[6] Runderneuerte Reifen: Eine gute Alternative zu Neureifen? *https://www.adac.de*, abgerufen am 28. 01. 2025

[7] Großer ADAC-Sommerreifen-Test (2023). *https://www.adac.de*, abgerufen am 29. 01. 2025

[8] Dem Mikroplastik auf der Spur. *https://www.adac.de*, abgerufen am 29. 01. 2025

[9] The Rubber Goods Industry at A Glance. *https://www.etrma.org*, abgerufen am 02. 02. 2025

[10] Auswirkungen der Elektromobilität auf die Kautschukindustrie. *https://www.bundestag.de*, abgerufen am 03. 02. 2025

[11] wdk: Die Kautschukindustrie 2023–2024. *https://www.wdk.de*, abgerufen am 06. 01. 2025

[12] Wie viele Kilometer kann ein Reifen zurücklegen? *https://www.pirelli.com*, abgerufen am 04. 02. 2025

[13] Auf einmal waren Ruß und Öl stabil. Kunststoffe 05/2025, S. 36. München: Carl Hanser-Verlag 2025

Index

Symbole

A

B

F

G

H

I

K

L

M

N

O

P

T

U

V

W

Z